科学出版社“十三五”普通高等教育本科规划教材

园林种苗繁殖与经营管理

张国君　郭明春　主编

科学出版社
北京

内 容 简 介

本书集园林种苗繁殖与苗圃经营管理知识为一体，共分10个项目。内容涵盖园林苗木培育理论及生产技术，以及园林绿化行业的相关行规标准与经营管理的常识，包括园林苗圃的区划与建设、园林植物种实生产、苗木的播种繁殖技术、苗木的营养繁殖技术、大苗培育技术、园林苗圃栽培管理、苗木质量评价与出圃、设施育苗技术、园林苗圃的经营管理、常见园林植物的繁殖方法。

本书将园林苗木生产的基础理论与应用技术有机结合，资料翔实、视野开阔，可作为农林院校和职业院校园林、园艺等专业学生和教师的教材，同时可供相关专业技术培训人员和苗圃技术人员参考。

图书在版编目（CIP）数据

园林种苗繁殖与经营管理 / 张国君，郭明春主编．—北京：科学出版社，2016

科学出版社“十三五”普通高等教育本科规划教材

ISBN 978-7-03-048958-6

Ⅰ. ①园… Ⅱ. ①张… ②郭… Ⅲ. ①园林植物－种子繁殖－高等学校－教材 ②园林－经营管理－高等学校－教材 Ⅳ. ① S680.3 ② TU 986.3

中国版本图书馆CIP数据核字（2016）第139159号

责任编辑：王玉时 / 责任校对：郑金红
责任印制：张　伟 / 封面设计：黄华斌

科 学 出 版 社 出版
北京东黄城根北街 16 号
邮政编码：100717
http://www.sciencep.com
北京凌奇印刷有限责任公司 印刷
科学出版社发行　各地新华书店经销

*

2016 年 6 月第 一 版　开本：787×1092 1/16
2023 年 1 月第五次印刷　印张：19 1/2
字数：462 000

定价：69.00 元

（如有印装质量问题，我社负责调换）

《园林种苗繁殖与经营管理》编审人员名单

主　编　张国君　（河北科技师范学院）
　　　　　郭明春　（河北科技师范学院）
副主编　卫尊征　（北京市农林科学院）
　　　　　骈瑞琪　（华南农业大学）
　　　　　雷绍宇　（河北科技师范学院）
　　　　　牛焕琼　（云南林业职业技术学院）
　　　　　李保印　（河南科技学院）
参　编　周秀梅　（河南科技学院）
　　　　　程小毛　（西南林业大学）
　　　　　孙宇涵　（北京林业大学）
　　　　　胡君艳　（浙江农林大学）
　　　　　任爽英　（北京市电气工程学校）
　　　　　王　莉　（北京市延庆区第一职业学校）
　　　　　辛红河　（冀州中学）
　　　　　沈俊岭　（青岛农业大学）
　　　　　雷庆哲　（内蒙古农业大学）
　　　　　王子华　（河北科技师范学院）
审　稿　杨俊明　（河北科技师范学院）
　　　　　刘会超　（河南科技学院）

前　言

根据《教育部　财政部关于实施职业院校教师素质提高计划的意见》（教职成 [2011] 14 号），教育部、财政部规划了“职教师资本科专业培养标准、培养方案、核心课程和特色教材开发”项目，河北科技师范学院联合河北工程大学、河北旅游职业学院、北京正和恒基滨水生态环境治理股份有限公司、上海农林职业技术学院、河北省武安职业技术教育中心等单位承担了园林专业项目的开发任务。其中，园林本科专业特色教材是本项目开发成果的一个重要组成部分。

根据项目要求，紧密结合园林专业和行业特点，本套教材提出“以学生为主体，以过程为线索，以项目作导向，以任务作驱动，以问题作引导，理实一体化”的编写思路。教材依照“任务驱动”、“问题解决”的模式确定结构，通过解决问题的方式使学生提高解决专业问题的能力。教材内容的选取一方面体现学科的专业要求，同时体现已应用于实际的学科前沿成果；另一方面围绕学生“专业实践能力”和“专业问题解决能力”的培养与提升，强调理论与实践一体化。

本教材邀请了全国有关院校教师参与编写。河北科技师范学院张国君负责设计教材编写体系与统稿，并负责课程导入、项目 9、项目 10 和附录的编写，以及项目 2、项目 6、项目 7 部分内容的编写；河北科技师范学院郭明春负责设计教材编写体系和项目 2 的编写，以及部分习题和参考答案的编写；北京市农林科学院卫尊征负责项目 6 和项目 7 部分内容的编写；华南农业大学骈瑞琪负责项目 6 和项目 7 的编写；河北科技师范学院雷绍宇负责项目 1 的编写；云南林业职业技术学院牛焕琼负责项目 3 的编写；河南科技学院李保印负责项目 5 的编写；河南科技学院周秀梅负责项目 4 的编写；西南林业大学程小毛负责项目 8 的编写；北京林业大学孙宇涵负责项目 8 部分内容的编写；浙江农林大学胡君艳参与项目 8 部分内容的编写；北京市电气工程学校（原北京市东方职业学校）任爽英参与项目 2 部分内容的编写；北京市延庆区第一职业学校王莉参与项目 3 部分内容的编写；冀州中学辛红河参与项目 7 部分内容的编写；青岛农业大学沈俊岭参与项目 5 部分内容的编写；内蒙古农业大学雷庆哲参与项目 6 部分内容的编写；河北科技师范学院王子华参与项目 4 部分内容的编写。

在本书出版之际，特别感谢课题组和项目专家指导委员会的信任和指导；感谢河北科技师范学院领导和科学出版社的大力支持；感谢河南科技学院、北京正和恒基滨水生态环境治理股份有限公司、北京市电气工程学校、北京市延庆区第一职业学校和冀州市职业教育中心领导的帮助。同时本书在编写过程中引用了大量参考文献及相关的图表资料，在此一并感谢！

由于编者水平有限，教材中定有不当之处，恳请各位同仁和广大读者给予批评指正。

编　者

2016 年 2 月

目　录

课程导入

园林苗木作为园林绿化建设的物质基础、改善环境的重要途径和丰富生物多样性的主要因素，在城镇建设中起着至关重要的作用。因此，园林苗木的生产和供应，自然成了城市园林绿化的重要基础环节，随着全球城市化发展及人类对改善生态环境的强烈要求，其也得到了持续加强与发展。我国城市建设日新月异，社会主义新农村建设高潮正在掀起，园林绿化是城市也是乡镇建设的重要组成部分，是物质文明与精神文明建设的重要标志之一，直接关系着人们的生存质量与生活质量。以园林苗圃为基础、园林苗木生产为核心、园林苗木经营为龙头的园林苗圃产业，在我国已经从传统的农业中脱胎出来，并随着国民经济快速增长、城市化进程加快、重大项目（如奥运会、高速路等）建设投入力度加强、房地产业与旅游业兴起、民众收入的提高和环境意识的觉醒等，开始步入快速发展的轨道，表现出广阔的发展前景。同时，园林种苗繁殖与经营管理（园林苗圃学）也不断充实与发展，逐渐形成了较为完整的内容体系，发展成为园林学科中一门成熟的分支学科。学习园林种苗繁殖与经营管理的主要目的是要系统掌握园林苗木生产的技术及其原理，以及园林苗圃经营管理的基本知识，最终使学习者能完成或指导完成特定园林苗木生产任务及具备经营管理园林苗圃的基本能力。

1　园林苗圃在城市园林绿化中的地位和作用

园林苗圃（landscape nursery）是指为了满足城镇园林绿化建设的需要，专门生产和经营园林景观绿化苗木的机构，在现阶段既是城市园林绿化的基础建设之一，又可以是独立的生产经营企业。因此，园林苗圃一方面必须根据城市发展和绿化建设的需要，在城市建设、园林和绿化等有关部门的支持和引导下发展；另一方面又必须健全适应市场经济的生产、管理体制，通过加大科技投入、改进生产技术、调整种植结构和降低生产成本等手段，提高苗木的品质，在市场竞争中求生存、谋发展。在目前园林绿化苗木生产与供应产业化，即园林苗圃产业（landscape nursery industry），也可称为园林绿化苗木产业（landscape greening plant industry）已经形成的历史条件下，园林苗圃已经开始摆脱传统观念的束缚，成为园林苗圃产业链条中最基础也是最关键的一环，必须对它的理论内涵和实际功能有新的、更为准确的认识，才能正确引导园林苗圃的健康发展，充分发挥它在城镇园林绿化和园林苗圃产业发展中的重要作用。

随着我国园林绿化事业及园林苗圃产业的发展，园林苗圃已经从原来单一的生产功能向生产、经营、科技创新与示范推广、生态与环境等为一体的复合功能方向发展，成为重要的生产、研发和科普教育基地，在完成自身发展目标的同时，客观上还发挥着社会或公益的功能。

1.1　提供园林绿化的植物材料　园林绿化归根结底需要园林苗木，园林苗圃产业发展的首要任务也是促进园林苗木的生产。如果没有园林苗圃的苗木生产，园林绿化建设就会成为“无米之炊”，园林苗圃产业发展也就成了“空中楼阁”。因此，园林苗圃首要的目的和任务是要为城市园林绿化提供各种类型和规格的苗木，以及园林绿化的植物材料，这也是园林苗圃建设和发展的基础。只有生产培育出大量优质园林绿化苗木，才能谈得上经营与发展。然而，由于园林苗木生产繁殖的周期较长，投资与风险较大，因此生产也一定要在总体经营计划的指导下进行，从苗木品种与规格、繁殖技术、市场供应等各方面综合考虑，避免盲目跟风，以免造成不必要的损失。

1.2 具有生态、教学和科普示范功能 一个园林苗圃在发挥上述基本的内在功能、追求经济效益的同时，也主动或自然地衍生出各种不同的辐射功能，产生巨大的社会效益。首先，园林植物具有改善生态环境的作用，位于城市近郊的园林苗圃，在向城市提供苗木的同时，也在改善城市生态环境中发挥着一定作用。在北京和上海等城市建设中，已经把环城及近郊的绿化和生态建设作为城市绿化建设和改善城市生态环境的重要内容，园林苗圃可作为这一系统工程的组成部分，发挥它的生态功能。其次，有些园林苗圃还可以作为引种驯化新品种、研究改进苗木生产技术、培训技术人员和学生参观、实习的基地，作为示范性苗圃和科研与生产、生产与市场之间的连接，在园林植物新品种和繁殖育苗新技术推广及普及中发挥着重要作用。例如，原北京园林局东北旺苗圃、北京市园林绿化局小汤山苗圃等，一直在周边地区大专院校有关教学实习中发挥着重要作用。然而，一些大专院校的教学苗圃和科研单位的实验苗圃，则是以单一的科普示范、教学和实验研究为主，并不具备一般园林苗圃的生产、经营功能，因此这类苗圃不是园林苗圃产业的主体，而只能作为它的必要补充，但同样是苗圃产业和园林绿化事业发展不可缺少的组成部分。

1.3 促进新产品与新技术研发与推广 产品与技术的创新是产业不断发展的动力，园林苗圃产业高投入、高效益和高风险及对种植资源和环境的依赖性强等特点，使其对新产品和新技术的渴求更为强烈。园林苗圃为了自身发展，必须不断调整生产苗木的品种结构，并通过改进培育技术来提高苗木产量与质量。一方面，园林苗圃可以根据自己拥有的资源与人才情况，独立地培育新品种或开发新技术，从而具有自己独立的知识产权或技术；另一方面，园林苗圃也可以从大专院校、科研院所等专门研究机构，以及从国外或其他企业或个人合法获得科研成果或新品种与新技术，利用自己的生产管理和经营体系进行引种、示范与推广。肯定园林苗圃的创新功能，对促进我国园林苗圃产业的发展及科研成果的转化有特殊的积极作用。

2 园林苗圃的生产现状

2.1 中国苗圃产业的发展与现状 最早的花卉及园林苗木的种植是作为农业生产的一部分逐渐发展的，园林植物栽培与古代园林的产生与发展相伴，是农业文明高度发展的产物。早在我国的殷商时期，甲骨文中就出现了“园”、“圃”、“囿”等字样。“园”就是栽培果树、经济林木与观赏植物的场所，是栽培蔬菜瓜果的地方。“圃”通常是在村旁或屋旁的空地上，四周筑以藩篱或砌以围墙，其内植果树、蔬菜、花木之类的植物，在其中能够休息与赏玩，故可认为是一种早期的园林形式。“囿”是以游憩为目的的又一种园林形式，以后发展为以种植观赏花木为主的园苑。因此，可以这样认为，园林苗圃在我国古代早就随着园、囿等古代园林的发展而出现了。从诗经时代到秦汉的发展，根据各种具体的史料记载可以肯定，苗圃已经随着园林规模与苗木栽培技术的发展而变得普遍。到了唐宋时期，园林花卉种植栽培已经成为社会生活的重要内容之一，促进了古代花卉业的发展，形成了专业的花农与专门出售花卉的场所即“花市”，并通过明清时期的继承与发展，我国传统的花卉及园林苗木种植技艺更臻于完善，形成了有异于西方各国的、独具中华文化特征的园林植物及栽培与应用传统（舒迎澜，1993）。

毫无疑问，我国园林苗圃的发端及苗木生产的技术水平，在农业文明高度发达的古代强于西方国家。但到了近现代，植物激素、塑料大棚、智能温室及喷雾与灌溉各种现代科学技术成果，都被西方发达国家先成功地应用在苗木生产中，使苗木生产技术设施甚至生产观念都发生了重大改变，形成了一个欣欣向荣的现代苗木产业领域（Mason，2004）。而我国在20世纪实行改革开放政策、发展社会主义市场经济以来，苗圃产业才开始萌芽并发展，其整体水平还远远落后于发达国家。目前我国的园林苗圃产业已经形成了一个专门的产业，它是在改革开放后的30多年内快速发展起来的。借助园林绿化市场的不断发展，我国的苗木产业规模从小到大，从恢复发展到巩固提高，再到调整转型，产品质量、栽培技术与创新能力不断提高，苗木种类、生产方式不断得到调整，经营流通手段更加多样、完善，已初步形成了一个现代化的新型产业体系，并在国家环境生态建设与城乡园林绿化建设推动下持续发展。

我国的园林苗圃产业从无到有，经历了一个漫长而又短暂的过程。新中国成立后，苗圃建设进入了第一个高潮，但都是以公有制形式存在，属于各地的园林绿化管理部门，由于计划经济体制和政策的影响，难以形成产业。1978年，国家有关部门首次提出了发展城市园林，自主发展苗木生产的设想。20世纪80年代初实行改革开放政策以来，农村实现了联产承包制，在国家机关、企事业单位和个体农民的大量参与下，苗圃产业开始萌动。由于当时的发展过热及过分炒作，结果苗价暴涨，所有苗木都成了繁殖“母本”，而实际的消费市场滞后和不成熟，使一大批参与者遭受惨重损失，最终在80年代中期发生了对我国苗圃产业发展具有特殊意义的“龙柏烧狗肉”现象（成仿云，2012）。这种类似“养狗看龙柏，龙柏烧狗肉”的教训，同样在其他苗木产区如江苏武进、河南鄢陵等地发生，是最初我国苗木生产发展、苗圃产业尚未发展健全的真实反映。

1992年，在全国展开了“国家园林城市”的创造活动，城市园林绿化建设的迅速发展，促进了园林苗木市场的发展。到20世纪90年代中期，我国园林绿化市场全面启动，苗圃产业也迎来了繁荣发展的时代。在苗圃产业发展的背景下，国家林业局首批评选并命名的59个“中国花木之乡”，成为我国苗木发展的重要基地。进入21世纪后，尤其是我国加入世界贸易组织后，在国内外综合因素作用下，我国的苗圃产业走上了一条健康发展的道路。从起初的“苗贩子”、“倒爷”，到目前苗木经纪人队伍的形成与壮大，加上网络、展会、配送中心、苗木超市（大卖场）等经营与畅通环节的规范化与现代化，我国苗木生产更能根据市场需要进行。从传统技艺下单一大田裸根苗生产，到容器苗、造型苗、苗圃套种、组织繁殖、保护地与温室繁殖生产与生产技术的不断创新与发展，标志着适合我国国情的现代化苗木生产技术在苗圃产业发展中发挥着日益重要的作用。尤其是容器苗及容器栽培技术的日渐普及，明显拉近了我国苗木产业与国际先进水平的距离，标志着我国苗木生产从数量到质量、从简单栽培到技术创新的重大改变。我国的苗圃生产现状体现为以下几点。

2.1.1 城市园林建设加快、拉动园林苗圃迅速膨胀 园林苗圃是城市绿地发展的物质基础，种苗生产是园林绿化的首要工作。近些年来，我国城市生态环境建设的超常规发展，刺激、拉动了园林苗圃产业的迅速膨胀。苗圃产业之所以发展快，首先得益于国家重视园林生态和城市环境建设。国家投入城市园林建设的资金多，园林规划企业发展快，苗木需求量则大；种苗价格好，苗木生产、经营者收益高，调动了老百姓育苗的巨大积极性。其次，新品种、优良品种、速生苗木的诱导作用大。苗木新品种层出不穷，优良品种推广日趋加快，先进栽培管理技术不断提高，促进了苗木产量、生产效率的提高，也使园林苗木更具有观赏性、公益性，苗木生产更具有时效性、诱惑性。最后，农业生产不景气，粮、棉、油价格走势过低，也变相促使了苗木业的大发展。

2.1.2 非公有制苗圃发展迅速，已成为苗木产业的主力 几十年来，国有苗圃一直独领风骚，在苗圃行业唱主角。但近几年，非公有制苗圃发展迅速，除了转向苗木生产经营的农户增多之外，其他行业、非农业人士加入种苗行列，从事苗木生产的已不计其数。浙江的萧山已成为浙江花木生产的重地，产品包含花灌木、彩叶植物、绿篱植物等 10 大类近 1000 个品种，其中花木生产以柏木类和黄杨类为主。

2.1.3 经营树种、品种越来越多 经过近年来多渠道引进树种，科研部门育种、推广，还有乡土树种、稀有树种广泛应用，使种苗生产者经营的树种、品种越来越多。栽培树种、品种的增多，给广大育苗经营者带来更多选择和调剂苗木的机会，跨地区、省际的种苗采购、调剂日趋增多。

2.1.4 区域化生产、集约性经营、呈现良好的发展趋势 不少地区区域化生产、集约性经营，逐步走向正规，趋于科学、合理。在区域化生产方面，经济发达的东部大中城市周围地区，花卉产业已初具规模，并出现一些花卉品种相对集中的产区，如广东的顺德已成为全国最大的观叶植物生产及供应中心，浙江的萧山已成为浙江花木生产的重地。产业布局的另一个特点是有些省份已形成多样化、区域化趋势的花卉产地，如山东省的曹州生产牡丹，莱州生产月季，平阴生产玫瑰，德州生产菊花，泰安生产盆景；而江西、辽宁的杜鹃，天津的仙客来，四川的兰花，福建漳州的水仙，海南的观叶植物，贵州的高山杜鹃，江西大余的金边瑞香，山东菏泽及河南的牡丹在全国享有盛名；盆景的产地主要集中在江苏、河北、安徽、河南、新疆、宁夏、广东、上海等地。

2.1.5 种苗信息传播加快，人们的经营理念日趋成熟 随着全国林木种苗交易会、信息交流会的逐年增多，人们的信息、市场观念增强，经营理念日趋成熟。近年来，国家有关部门、各省市举办各种名目的种苗交易会、信息博览会，大大促进了种苗生产、经营者的信息交流和技术合作。加上报刊、电视、广播等媒体的宣传、报道，使人们获得的信息量增多，在新品种的引进、种苗购置、苗木交易等方面都逐渐理智、成熟。

2.2 国外苗圃产业的发展

2.2.1 欧美苗圃发展史 在十六七世纪，法国就有大批重要的苗圃存在，最终扩展到整个欧洲。比利时的根特（Ghent）早在 1366 年就著有《园丁指南》一书，到 1598 年建立了第一个玻璃温室；维耳莫（Vilmorin）家族在 1815 年建立了苗圃贸易（nursery business），一直经营维持了 7 代。早期的植物育种通常是与法国具有标志性的维克托·莱莫恩（Victor Lemoine）苗圃联系在一起的，他在球根秋海棠（*Begonia*）、百合（*Lilium*）、剑兰（*Gladiolus*）及其他园林花卉育种方面成就斐然。Nickolas Hardenpont 等则在水果尤其是梨的育种方面擅长。在英国，威奇（Veitch）家族在 1832 年开始经营苗圃，而著名果树育种家 Thomas Andrew Knight 在 1804 年创建了皇家园艺学会。

早期的殖民者把种子、接穗与植物从欧洲带到了美国，西班牙传教士把各种植物材料带到了西海岸地区。1730 年，William 王子父子在长岛建立了第一个苗圃后，直到 19

世纪，苗圃才扩张到整个美国东部。虽然也已经开始生产观赏植物与造林树种，但早期的苗圃在很大程度上都是以选育与嫁接果树为主。

太平洋西北岸苗圃产业的发展是一个独一无二的成就，在1847年夏，爱荷华州塞伦的Henderson Leweling创建了一个旅行苗圃（travelling nursery），把嫁接苗种植在木箱内土壤与木炭混合基质中，跨越大平原行程逾3000km，来到俄勒冈州的波特兰。结果有350株树苗成活，以此为基础建立了苗圃，成为该地区苗圃发展的始祖。

今天的苗圃产业是规模宏大而十分复杂的，不仅包括了许多为销售与扩散植物而进行苗木繁殖生产的各种团体，而且有大量涉及提供服务、销售团体等的产业团体，主要从事管理、提供咨询、进行研究与开发，或者进行教学与培训等。在这个复杂的体系中，关键性的人物是植物繁殖者，即苗圃生产者（种植者）或经营者，他们具有完成或者指导完成特殊植物繁殖任务即苗木生产任务的知识与技能、有经营一定规模苗圃的管理知识与能力（Kester et al.，2002）。

2.2.2 欧美苗圃产业发展现状与趋势 近几十年，苗圃产业在发达国家不断成长，甚至在经济衰退期也不例外。美国是世界上最大的苗圃作物生产国，根据农业部有关数据，苗圃与温室工业是美国农业发展最快的部分，1992～1997年销售增长了43%。类似的情况也发生在其他生产中心，据报道英国的花园业（gardening industry）自1990年以来一直有良好的增长；澳大利亚的苗圃产业也在持续扩张，尽管扩张的速度比以前有所减缓。目前园艺或园林发展的潮流与许多因素有关，包括家庭住房的增加、可支配收入的增加、人口老龄化及生活方式的改变，苗圃的管理常常随着公众消费方式而发生显著的改变（Mason，2004）。

随着社会的发展，苗圃产业已成为世界经济的一个重要组成部分。先进的技术、科学的管理及不断扩大的市场，使欧美发达国家的现代苗圃产业具备了较强的创新能力，引领着世界苗圃产业发展的方向，其发展趋势与特点主要表现如下。

（1）*苗木生产的专业化与规模化* 专业化可有效降低生产成本，提高产品质量与生产量；规模化可集中经营、节省投资、方便管理与新技术应用，是优化生产环节、提高市场竞争力的必然选择。因此，发达国家的苗圃产业早已沿着专业化和规模化的方向发展。

（2）*苗圃质量的标准化是发展的必然趋势* 由于市场对苗木质量的要求越来越高，只有统一的管理规格与标准才便于市场批发交易，同时也促进了各种专业化、规模化生产与管理技术的应用，因此，美国等苗圃产业发达国家都由相应的专业协会制定了相当规范的苗木质量标准（standards for nursery stock）。

（3）*苗圃生产的工厂化与管理的自动化* 这是各种现代化与先进技术发展的结果，是科技进步在苗圃产业发展中的体现。目前，先进国家的苗木生产除了普遍应用现代化可控温室为苗木生长与生产提供优化条件外，传统的播种、嫁接、扦插及修剪、起苗、移植等苗木繁殖、生产的过程也都大部分通过相关机械机具完成。

（4）*苗木消费的多样化、优质化与全球化* 这是因为园林苗木是一种美化绿化环境的产品，只有丰富多样的苗木（植物）种类，才能为消费者提供更多的选择，也只有各种优质化的产品，才能不断刺激与满足人们的消费欲望，促进市场不断发展。同时，基于对市场、资源的竞争与追求经济效益与发展，苗木产品消费的全球化发展也逐渐成为一个人们无法回避的事实。

3 园林苗圃存在的问题

现阶段我国的苗圃产业整体上与外国发达国家差距十分显著，随着园林苗木生产的迅速发展，一些问题逐渐显现出来，并在一定程度上制约了园林苗木的正常发展，给生产经营者带来了巨大的经济损失。

3.1 苗木存圃量大，管理粗放，苗木规格低 根据政府主管部门统计的数字及有关方面的报道，现在全国苗木生产面积已具有较大规模，但是不能出圃及移植的一二年的小规格苗木占总面积的近 1/2。另外，种苗行业中新手很多，他们大多数不懂园林苗木生产的理论知识和技术要求，不能因地制宜地发展苗木，加上苗木管理不过关，生产出的苗木质量大多不能符合园林用苗标准。

由于新品种的增加、苗木培育技术的提高，苗木生长迅速，产量增加很快，再用 3～5 年的时间，常用的大规格苗木将基本供应充足，因此，不应再继续扩大种植面积。同时，应注重合格苗木的生产，减小密度，科学培育，尽快培育适合城乡绿化的各种苗木。因此，加快培育高质量、大规格的苗木更为迫切。

3.2 生产品种单一，苗圃缺乏特色 受传统种植观念的影响，“大家种啥我种啥”、“什么赚钱我种什么”等现象非常普遍。首先，新品种热一阵风，结果很多小苗积压存圃，卖不动。其次，各苗圃生产品种雷同，缺乏特色。苗圃面积虽然大小不一，但经营品种别无他样，你有我也有，比比皆是。

3.3 缺乏长远的苗木培育规划，苗木结构不合理 由于对城市建设发展所要求的城市园林绿化步伐缺乏长远的预见性，没有注重对苗木结构的长远规划，使得城市园林苗圃中常绿类所占比重过大，落叶乔灌木不足，特别是缺乏大规格的优质乔木。另外，新优品种少，原有品种单调，缺乏市场竞争力。如许多苗圃绿篱苗中桧柏严重过剩，造成大量积压。上百万的待出圃桧柏的养护管理每年就是一笔不小的投入，无形中加大了生产成本。

4 园林苗圃的发展趋势

4.1 专业化程度较高的苗圃将跟上园林事业新形势的发展 随着经济现代化的发展及各级政府对园林事业的关注度越来越高，以后苗圃所经营的品种必须紧跟各地实际情况的发展，不能像以前一样盲目地、一窝蜂似地追求一个极端。各地的个体苗木经营者必须要掌握最新的当地园林动态，因地制宜地发展所需的品种，同时还要关注周边相近地区及近省的园林发展趋势。这就要求苗木经营者具有较高的专业水平和一定的预见性，能够把握当地的苗木品种的总体质量和水平，适时发展，实地发展，这样才能跟上政府的发展要求和人们生活水平提高的要求。

4.2 苗木生产标准的逐渐完善将大大增加区域间的苗木营销范围 近几年来苗木经营者相互合作的增加在一定程度上对标准的产生和完善起到了促进作用。网络的发展使经营者的联系更加方便，当相互合作的机会越来越多的时候，他们之间的小标准就会产生；进而，与之联系的其他经营者也在不断地加入，久而久之区域性的标准就会产生；依次推之，统一的生产标准就会在不久产生。如果有统一的标准作为依据，那么跨省的、大规模的苗木营销将变得简约而有效率，无论是在人力、物力方面，还是在财力方面都将起到举足轻重的作用。相信在各级政府、专业技术人员及广大的苗木经营者的共同努力下，苗木统一标准的产生指日可待。

4.3 园林苗圃的新作用随着社会经济的发展不断地完善 苗圃经营者的经营思路在不停地更新，为了增加收入，经营者在保持原有经营品种的前提下，逐渐放弃以前的旧思想，不时地寻求发展新思路。他们利用各自地区的资源优势，将自己的苗圃和当地的科研院校合作，不断开发、繁育园林新品种。虽然有的并没有取得太大的成果，但也有些小的新成果。园林新品种不是一朝一夕能够产生的，苗圃为两者的合作提供了场所，随着时间的推移，园林苗圃这种载体的新作用将充实园林事业的细胞。

园林苗圃发展的现阶段要着眼于对当前苗木种植结构的调整，使苗木生产经营区域化、集约化、现代化。结合城乡绿化需要，加快培育高质量、大规格的苗木，特别应注重合格苗木的生产，压缩常规小苗木的生产，增加信息交流，引导苗木生产走向良性循环的道路。

5 园林苗圃的内容和任务

园林种苗繁殖与经营管理是论述园林苗木生产繁殖的技术与理论及园林苗圃的经营与管理的一门应用学科，是服务于园林苗圃产业和城镇园林绿化建设的一门实践性和应用性很强的综合性学科。它以植物学、土壤学、植物生理学、栽培学和树木学，甚至管理学等课程为基础，是园林专业重要的专业课程之一，内容涵盖一系列园林苗圃建立、运转与发展所必须了解的有关理论与技术，以及园林绿化行业的相关行规标准与经营管理的常识。

园林种苗繁殖与经营管理研究和论述的范畴包括了园林苗木生产与经营的全部过程，其内容基本包括了以下 4 个方面。

5.1 园林植物资源与生产繁殖材料获得 绿化苗木生产对植物资源的依赖性很强，生产苗木的种类或品种是生产首先要面临的问题。通过引种、杂交选育、开发野生资源及从其他科研或生产单位合法引进等途径，不断推进新优品种是生产和产业持续发展的基础。

5.2 生产场所选择与设施建设，即苗圃（场圃）建立 根据自然条件、经营条件与投资条件，选择适宜的地址，建立与获得生产所必需的土地、设施和器具等，为苗木生产奠定基础。

5.3 苗木的繁殖生产 这是园林种苗繁殖与经营管理最关心与最主要的内容，也是园林苗圃的主要工作与任务。

5.4 以苗木的市场化为目的的苗圃经营管理 没有市场的苗木生产是盲目的，生产的苗木得不到应用是徒劳的，因此，苗木的市场化销售是体现苗木价值与发挥功能的必要环节，也是园林种苗繁殖与经营管理应该了解与掌握的内容。这样，围绕上述 4 个方面的问题，就形成了本教材的知识体系。

园林种苗繁殖与经营管理论述的对象与服务的行业特点，决定了它是一门实践性强、技术性强、综合性突出的学科。学习园林种苗繁殖与经营管理的主要目的是要系统掌握园林苗木生产的技术及其原理，以及园林苗圃经营管理的基本知识，最终使学习者能够完成或指导完成特定园林苗木生产任务及具备经营管理苗圃的基本能力。这里的“特定园林苗木”，是指园林苗圃中需要进行生产繁殖的园林苗木种类及其品种，是根据市场需要不断变化的生产对象；“能够完成”是通过自己独立动手、操作完成苗木生产的实际能力的要求；而“指导完成”则不仅要求具备自己“能够完成”的能力，而且还要具备灵活运用有关苗圃繁殖技术与原理，指导产业工人进行生产的综合创新能力。

要实现这一目的，园林种苗繁殖与经营管理的学习一方面要有扎实的理论知识，不仅要学好园林树木学、栽培学等专业课，而且也要学好植物学、植物生理学、生态学和土壤学等专业基础课；另一方面还要有丰富的实践经验，掌握各种具体的生产繁殖技术，同时还必须留心学习与掌握园林绿化行业与苗圃产业发展的需求与相关动态，这样才能学以致用、触类旁通。因此，只有坚持理论联系实践的原则和方法，才能把学习、掌握生产技术和理论与具体的生产对象、生产任务及苗木市场的需求有机地结合在一起，达到园林种苗繁殖与经营管理的基本学习要求。

【相关阅读】

“龙柏烧狗肉”现象

20 世纪 70 年代末，在我国重要的苗木产区之一的杭州萧山等地，龙柏小苗每株售价高达 4 元，不仅农民，甚至城市居民在房屋前后也种植龙柏，为防止苗木被盗，人们纷纷养狗看管龙柏。其实，当时龙柏并非为市场消化，而是仅仅被作为繁殖的母本，在生产者与苗圃间倒来倒去。到 1985 年左右，龙柏苗的价格降到几毛钱每株，于是在房前屋后、田间地头、到处都是被砍倒的龙柏。狗没用了，农民纷纷把砍下来的龙柏当柴火，杀了狗烧着吃。

苗圃相关的专业组织

许多专业组织，主要包括相关的协会与学会，把苗圃苗木生产与技能知识的传授与传播作为组织工作的主要任务与工作目标之一，并致力于保障苗圃产业中种植者与销售者的利益。以下简要介绍一些国内外的主要专业组织，供读者参考。

（1）国际植物繁殖者协会（The International Plant Society，IPPS） IPPS（http://www.ipps.org）成立于 1951 年，旨在聚焦全球园艺植物成果，分享知识、信息技术，为把该行业作为终身事业的人士提供指导和支持，提升该行业的认可度，并最大程度地将研究、教育和园艺知识整合为一体。目前该协会有超过 2100 位会员，遍及世界各地。协会在世界各地举行国际董事会议并向会员介绍不同的繁殖生产实践技术、新的植物种类等。每个地区都举办年会，论文发表在《联合汇编》（*Combined proceedings*）中，该出版物的发行仅限会员和图书馆。协会为会员更好地互相学习及建立长久的组织和友谊提供了非常多的机会。

（2）美国苗圃与景观协会（American Nursery and Landscape Association，ANLA） ANLA（http://www.anla.org/）成立于 1875 年，是美国苗圃与园林行业的全国性贸易组织，其宗旨是比政府更强调产业的利益并且为会员提供能够实现长期受益必不可少的独特商业知识，协会服务的对象既包括只有单一部门的企业又包括多元化的企业，主要为协会成员提供教育、研究、公共关系及代理服务等。它为大约 3200 个涉足苗圃贸易（nursery business）的会员企业提供服务，主要包括批发种植商、公园中心零售商、园林企业、邮单苗圃（mail-order nurseries）和园艺社团的联合提供者。ANLA 通过提供信息、举办培训会员和年会，以及出版双月刊《美国苗圃者》（*American Nurserymen*）为会员提供帮助，并通过各种途径为有关大学和研究科研人员从事与苗圃产业发展相关的研究提供资助。《美国苗圃者》的文章包括有关繁殖和植物材料的信息。ANLA 还通过各种方式为相关研究人员与学生提供研究经费与奖学金，促进与苗圃业发展相关各领域的研究。

（3）加拿大苗圃与景观协会（The Canada Nursery and Landscape Association，CNLA） CNLA（http://www. canadanursery.com）成立于 1992 年，最初称为加拿大苗圃贸易协会，于 1998 年更名为加拿大苗圃景观协会。该协会是一个全国性非盈利联盟，包括 9 个地区级景观和园艺协会，拥有超过 3600 名的会员。CNLA 主要是通过各地级协会来开发项目，进行计划并形成同盟以获取持续稳定的利益。

（4）澳大利亚苗圃与园艺产业协会（Nursery and Garden Industry Association of Australia，NGIA） NGIA（http://www.niga.com.au）是澳大利亚苗圃与园林的最高行业协调机构，是一个协助农业及园艺的生产者、零售商及其他有关人士的官方组织，致力于提供产业方面的帮助和信息。该协会在各个省和州都设有附属机构和代表各自领域的专业组织。NGIA 与各州协会代表着澳大利亚苗圃行业的生产商、批发商、零售商、贸易联盟、咨询公司和相关媒体等的利益。

（5）英国园艺贸易协会（UK the Horticulural Trades Association，HTA） HTA（http://www.the-hta.org.uk/）成立于 1899 年，致力于协助英国园艺产业和其会员的发展，为会员提供大范围低成本的业务支持，并为新产品的开发提供资助。协会还为所有的会员提供了一个讨论和处理园艺关键问题的论坛。该协会的会员覆盖了园艺行业的各个领域，包括 1600 个代表企业及 2700 个销售点的零售商、种植者、景观设计者、服务供应商、制造业者和园艺材料经销商。英国所有的观赏植物的种植者都是该协会的成员。

（6）国际园艺学会（International Society for Horticultural Science，ISHS） ISHS（http://www.ishs.org/）于 1864 年发起，1959 年正式成立。是由园艺科学家、教育工作者、附属机构人员和产业成员组成的国际性学会，现在它有来自 150 个国家的超过 7000 位成员。它每年资助一次国际园艺学大会，也资助了许多专题研究和专题会议，会议汇编发表在《园艺学报》（*Acta Horticulture*）中。此外还发行《园艺快报》（*Scripta Horticulture*）及每年发行 4 期《园艺纪事》（*Chronica Horticulture*）。

（7）英国皇家园艺协会（Royal Horticultural Society，RHS） RHS（http://www.rhs.org.uk）成立于 1804 年，最初是以伦敦园艺学会为名成立的，1861 年更名为英国皇家园艺协会。它是世界领先的园艺组织和英国领先的非营利园艺机构之一。RHS 以帮助人们共同分享对植物的热忱，鼓励对园艺事业作出卓越贡献及启发对园艺有浓厚兴趣的人为目标，致力于推进园艺事业，提高园艺工作。该协会通过组织花展和建立向公众开放的模型花园来推广园艺事业。协会发行 *The Garden*（月刊）、*The Plantsman*（旬刊）和 *The Orchid Review* 及年报 *Hanburyana* 等刊物，并自国际植物登录机构成立以来拥有一些种类的栽培植物的登录权。

（8）美国园艺学会（American Society for Horticultural Science，ASHS） ASHS（http://www.sahs.org/）会员包括了对园艺感兴趣的科学家、教育工作者、附属机构人员和企业人员。该组织每年举办全国性和地区性的年会，出版系列科学刊物《美国园艺学会会刊》（*Journal of American for Horticultural Science*）、《园艺科学》（*HortScience*）和《园艺技术》

(*HortTechnology*)。它包括许多涉及所有繁殖领域的工作小组。

（9）中国花卉协会（Chinese Flowers Association，CFA）　CFA（http://chinaflower.org/）成立于1984年，是由花卉及相关行业的企事业单位和个人为达到共同目标而自愿组成的全国性非盈利行业组织。其宗旨是在政府主管部门的指导下，宣传花卉业在“两个文明”建设中的地位和作用；组织协调全国花卉科研、推广、生产、销售，促进行业内的分工与合作；维护和增进会员的合法权益；协助政府组织开展行业调研、人才培训、展览展销、信息交流、经验推广等活动，提高花卉业产业化水平，推动花卉业持续健康发展；发展农村经济、调整农业结构、增加农民收入服务。中国花卉协会现有分支机构包括月季、茶花、兰花、桂花、荷花、杜鹃花、牡丹芍药、梅花腊梅、蕨类植物、零售业、盆栽植物11个分会，以及花卉产业化促进委员会和花文化委员会两个专业委员会。

其他有关的国内外组织有美国种子贸易协会（American Seed Trader Association，ASTA）、官方种子认证机构协会（美国）（Association of Official Seed Certifying Agencies，AOSCA）、美国种子贸易协会（American Seed Trade Association，ASTA）、加拿大种子贸易协会（Canadian Seed Trade Association，CSTA）、国际植物组织培养协会（International Association for Plant Tissue Culture，IAPTC）、离体生物学学会（Society for In Vitro Biology，SIVB）、国际种子检验协会（International Seed Testing Association，ISTA）及日本园艺学会、中国园艺协会等。

项目1 园林苗圃的区划与建设

当投资者决定进入苗圃行业时，首先要建立苗圃，以此为基础才能进行苗木生产的经营管理。建立苗圃首先确定欲建苗圃的类型，然后择城择地，确定苗圃位置，估计苗圃面积，搜集建设资料，接着开始规划设计苗圃，最后根据设计图纸建设苗圃的各种设施，为苗木生产做好准备，这就是本项目内容的内在逻辑联系。本项目的重点是掌握苗圃地的选择与园林苗圃的规划设计，难点是园林苗圃的规划设计，通过让学生实地调查学校所在城市的某一苗圃来帮助掌握苗圃的规划设计这一难点。教师授课时以案例教学法为宜，可模拟建立园林苗圃来让学生更好地学习和理解园林苗圃的建立过程与方法，教学手段建议采用PPT课件。

任务1 苗圃种类与特点

【任务介绍】 当要概括地提起某个苗圃的时候，人们总会提及它的位置、面积、产品种类、规格，甚至生产技术手段，并且如果有人要投资兴建一个苗圃的话，他也要首先确定这些要素。因为这些要素概括了一个苗圃的基本特征，不同的苗圃在这些要素上各不相同，所以以这些要素为标准就可以把苗圃分为不同的种类，种类不同其特点也不同。

【任务要求】 通过本任务的学习使学生了解苗圃的种类和特点。

【教学设计】 教学中宜举实例讲解，可让学生先调查某一指定苗圃，获得感性认识，结合该苗圃授课，或者模拟投资者建设苗圃来进行，这样就能更接近于实际。

【理论知识】

1 按园林苗圃的面积划分

苗圃根据面积大小一般可分为大型苗圃、中型苗圃、小型苗圃。

1.1 大型苗圃 面积大于$20hm^2$。一般生产的苗木种类较多，规格齐全，包括乔灌木大苗、露地或温室草本花卉、地被植物和草坪，甚至盆花和鲜切花，生产技术和管理水平高，一般拥有现代化生产设施和大型生产机械，生产经营期限长，有的还有一定的生产技术和苗木新品种研发能力。

1.2 中型苗圃 面积为$3\sim20hm^2$。生产的苗木种类多，一般包括乔灌木大苗、露地或温室草本花卉和草坪，生产设施先进，一般都有现代化的温室，生产技术和管理水平较高，生产经营期限长。

1.3 小型苗圃 面积小于$3hm^2$。生产苗木种类较少，规格单一，往往随市场需求变化而更换产品种类，生产技术水平大多处于行业平均水平。

2 按园林苗圃的产品种类划分

苗圃按照园林苗圃产品种类可划分为专类苗圃和综合性苗圃。

2.1 专类苗圃 只生产一种至几种苗木产品的苗圃，如专门生产花卉的景观花卉圃，生产草坪的草皮生产圃，为其他苗圃如苗木基地提供新优种苗的种苗圃。这类苗圃的面积和技术力量不一，有的面积大、技术力量雄厚如种苗圃，经济效益好；有的则面积较小，技术力量较弱，经济效益一般。

2.2 综合性苗圃 生产多种（一般20种以上）苗木产品的苗圃，这类苗圃面向园林绿化市场的需求培育园林绿化用的商品苗木、草皮和地被植物。有的还生产面向大众家居消费的盆栽观叶植物、观花植物和鲜切花。有的功能更为综合，除了具有研发和生产能力外还提供休闲服务。一般苗圃的面积大，科技含量高，大多具有引种驯化和研发的能力，市场竞争力强，经济效益好。

3 按园林苗圃所在位置划分

苗圃按照园林苗圃所在位置可划分为城市苗圃和乡村苗圃（苗木基地）。

3.1 城市苗圃 这类苗圃一般位于城市近郊，靠近需求市场和公路，便于运输和销售。市场目标一般为附近的城市绿化市场提供用于城镇绿化、美化的苗木和大众花木消费，特别适于生产珍贵和不耐移植的苗木。

3.2 乡村苗圃 一般位于县城郊区或者建制镇或乡村，位于建制镇或乡村也叫做苗木基地，苗木基地多是多家苗圃成片聚集在一起，各家的面积一般不大，总体上处于社会平均生产水平，远离销售市场但交通比较便利，并具有土地和劳动力成本低的优点，多家聚集也具有规模化的优势，产品多为大众化的城市绿化苗木。

4 按苗木产品的规格划分

苗圃按照园林苗圃产品的规格可分为大树苗圃、小苗苗圃、大苗苗圃等。

4.1 大树苗圃 城市绿化中有时需要点缀大树或是为了早见效而使用大树，这类苗圃就是提供这种绿化大树的苗圃。一般大树价格高，苗圃效益好但风险也高。大树来源或为从偏远乡村地区挖掘自然生长的苗木或者购买其他苗圃的大树或者购买大苗再经培育而成。

4.2 小苗苗圃 为其他苗圃提供播种繁殖小苗或者无性繁殖小苗的苗圃，这类苗圃一般作为快繁基地，技术要求不高，但具有一定研发实力的，经济效益才会好。

4.3 大苗苗圃 提供合乎城市绿化要求的大规格苗木的苗圃。大苗培育所需的周期较长，所以所需用地较大，资金较多，风险较大。

大多数苗圃的产品都以提供绿化大苗为主要产品，同时包括了上述三种类型。

5 其他划分类型

除上述几种分类外，还可以有其他分类标准。依据经营周期可分为固定苗圃和临时苗圃。固定苗圃的使用年限较长，一般面积较大，培育苗木的种类也较多。为了提高苗圃的效益，有较大的投资投入到基础设施（如温室、组培室等）和机械化生产建设中，趋向大面积、规模化、集约化和现代化生产经营。临时苗圃的使用年限较短，为满足某一时间段的苗木需求而临时设置的苗圃，当市场缩小或因苗圃地土壤肥力消耗，不能继续育苗时即停止使用。临时苗圃一般面积相对较小，育苗的种类相对比较单一。

依据苗木的培育方式可分为大田育苗、容器育苗、保护地育苗、组培育苗；依据苗圃的主要功能可分为生产型（大多数苗圃都属于这一类）、工程配套型（为方便工程获取、建设或者维护而设立的苗圃，作为工程示范接待客户，所以一般不生产，规模也不大）、综合休闲型（开展多种经营除生产苗木外还有休闲功能）、销售型（由于地域条件所限，市场上的本地花卉苗木都有一定的局限性，所以需要异地调货进入本地市场，扮演这一角色的苗圃就是销售型的）、示范品种推广型。

任务2　苗圃地的选择

【任务介绍】为了以最低的经营成本培育出符合城市绿化建设要求的优良苗木，在进行园林苗圃建设之前需要对其经营条件和自然条件进行综合分析，根据这些分析选择适当的城市和地段作为苗圃地址。

【任务要求】通过本任务的学习使学生了解影响苗圃选址的经营条件和自然条件。

【教学设计】可让学生先调查某一指定苗圃，获得感性认识，教学时结合该苗圃分析其经营条件和自然条件来授课，或者模拟投资者建设苗圃时的选址来进行，这样就能更接近于实际。

【理论知识】

1　经营条件

经营条件是从商业营销的角度考虑苗圃的选址，这些条件都是苗圃的外部条件即社会性条件，选择适当则可降低苗圃的经营成本，提高经营收益。其中交通条件、销售条件、人力条件是重点考虑的因素。

1.1　交通条件　园林苗圃宜选在临近主要交通线如国道、省道、高速公路连接线的地方，以便于苗木的出圃和育苗物资的运入。一般城市郊区道路密度较大，交通相当方便，主要应考虑在运输通道上有无空中障碍或低矮涵洞，如果存在这类问题，必须另选地点。乡村苗圃（苗木基地）距离城市较远，应当选择在交通方便的地方，过于偏僻或者路况不佳均不宜建设园林苗圃。

1.2　销售条件　园林苗圃选址也需要考虑苗木供应的区域，将苗圃设在苗木需求量大的城市附近或者距离若干个主要销售区域都比较近的地方。一则减少运输成本，二则易于发现买家，所以往往具有较强的销售竞争优势。即使苗圃自然条件不是十分优越也可以通过销售优势加以弥补。如果设在离城市较远的地方就需要苗圃知名度很大或者提供特色专有产品以弥补远离销售市场的缺陷。

1.3　人力条件　苗圃生产是一种劳动密集型的产业，需要较多的普通劳动力，在育苗繁忙季节还可能需要大量临时用工，并且苗圃对于大多数劳动力的技术要求不高，因此，园林苗圃应设在靠近村镇的劳动力充裕、价格较低的地方，以便于降低生产成本。

1.4　周边环境条件　园林苗圃应远离工业污染源，防止工业污染对苗木生长产生不良影响。园林苗圃所需电力应有保障，在电力供应困难的地方不宜建设园林苗圃。另外，苗圃周边若有农林科研机构则容易获得技术支持。

总之，全面考虑苗圃的外部条件然后选择适当的位置，则可创造良好的经营管理条件，有利于提高经营管理水平。

2 自然条件

苗圃地的自然条件是那些影响苗圃生产（苗木生长）的苗圃用地的自然属性，主要有以下几个方面。

2.1 地形、地势及坡向 苗圃地宜选择地势较高、地形平坦的开阔地带，坡度以1°～3°为宜。坡度过大宜造成水土流失，降低土壤肥力，不便于机械耕作与灌溉；坡度过小则易于积水。坡度大小可根据不同地区的具体条件和育苗要求来决定，南方多雨，为了便于排水，可选用3°～5°的坡地，北方少雨，以坡度小为宜。土壤黏重的，坡度可适当大些，沙性土壤则坡度宜小，以防冲刷。在坡度大的山地则需修成梯田，而积水的洼地则不宜选作苗圃地，或者通过工程措施如挖沟予以整理。

在地形起伏大的地区，不同的坡向影响光照、温度、水分和土层的厚薄等环境因素，这些因素对苗木的生长影响很大。一般南坡光照强，光照时间长、温度高、湿度小、昼夜温差大；北坡与南坡相反；东西坡介于二者之间，但东坡在日出前到上午较短的时间内温度变化很大，西坡则因我国冬季多西北寒风，易造成冻害。可见不同坡向各有利弊，必须依当地的具体自然条件及栽培品种，因地制宜地选择最合适的坡向。如在华北、西北地区，干旱寒冷和西北风危害是主要矛盾，故选用东南坡最好；而南方温暖多雨，南坡和西南坡因阳光较强而使幼苗易受灼伤，所以常以东南、东北坡为佳。另外，根据树种的不同习性将其种植在不同的坡向，如北坡培育耐寒喜阴的种类，南坡培育耐旱喜光的种类等。

2.2 土壤 土壤供给苗木生长所需的水、养分和根系生长所需的温度与氧气，因此土壤的质地、酸碱度等因素对苗木生长都有重要的影响。建立苗圃时应了解用地的土壤状况。

2.2.1 土壤质地 苗圃一般选择团粒结构深厚的土壤，如肥力较高的砂质壤土、轻壤土或壤土；这种土壤结构疏松，透水透气性能好，土温较高，苗木根系生长阻力小，种子易于破土；耕地除草、起苗等也较省力。其余如黏土则结构紧密，透水透气性差，土温较低，种子发芽困难，中耕时阻力大，起苗易伤根。砂土则过于疏松，保水保肥能力差，苗木生长阻力小，根系分布较深，移植时土球易松散。

尽管不同的苗木可以适应不同的土壤，但是大多数园林植物的苗木还是适宜在砂质壤土、轻壤土和壤土上生长。一般土层厚度达到50cm以上、含盐量低于2‰、有机质的含量大于2.5%的具有团粒结构的土壤较为适宜苗木种植。由于黏土、砂土和盐碱土的改造难以在短期内见效，一般情况下，这些土壤不宜选作苗圃地。

2.2.2 土壤酸碱度 土壤酸碱度影响苗木的生长，土壤过酸过碱都不利于苗木生长。土壤过酸（pH≤4.5）时，土壤中植物生长所需的氮、磷、钾等营养元素有效性下降，铁、镁等溶解度增加，危害苗木生长的铝离子活性增强，这些都不利于苗木生长。土壤过碱（pH＞8）时，磷、铁、铜、锰、锌、硼等元素的有效性明显降低，苗圃地病虫害增多，苗木发病率增高。同时过高的碱性和酸性抑制了土壤中有益微生物的活动，因而影响氮、磷、钾和其他元素的转化和供应。所以一般要求苗圃的土壤pH为6.0～7.5。

不同植物适应土壤酸碱度的能力不同，如丁香、月季等适宜碱性土壤，杜鹃、茶花、栀子花等适宜酸性土壤。一般阔叶树以中性或微碱性土壤为宜，pH为6.0～8.0。也有些阔叶树和大多数针叶树适宜在中性或微酸性土壤上生长，pH为5.0～6.5。

2.3　水源及地下水位　苗木在培育过程中要有充足的水分。苗圃地附近有江、河、湖、塘、水库等地表水源或者地下水丰富最好，利于引水灌溉，使用喷灌、滴灌等节水灌溉技术，如能自流灌溉则更可降低育苗成本。一般苗圃灌溉用水水质为淡水，水中盐含量一般不超过0.1%，最高不得超过0.15%。地表水水质达到《GB 5084—2005　农田灌溉水质标准》、地下水没有受到重度污染即可使用，水中有淡水小鱼虾可作为适于用作灌溉用水的表观标志。

地下水位过高时土壤的通透性差，根系生长不良，地上部分易发生徒长现象，秋季苗木木质化不充分易受冻害，若超过临界水位还易造成土壤盐渍化。地下水位过低则土壤易于干旱，增加灌溉次数及灌水量。最合适的地下水位一般情况下为砂土1～1.5m、砂壤土2.5m左右、黏性土壤4m左右。

2.4　病虫害和植被　在选择苗圃时，一般应在苗圃所在地周围作病虫害调查，了解当地病虫害情况和感染程度，病虫害过分严重的土地和附近大树病虫害感染严重的地方不宜选作苗圃。对金龟子、象鼻虫、蝼蛄及立枯病等主要苗木病虫害尤需注意，土生有害动物如鼠类过多的地方也不易选作苗圃。这一点需小心在意，若不慎病虫害连年流行，轻则减少经营效益，重则无法生产。另外，苗圃用地是否生长着某些难以根除的灌木杂草也是需要考虑的问题之一。如果不能有效控制苗圃杂草，将对育苗工作产生不利影响。

2.5　其他条件　气象因素对选择苗木种类和日常管理影响很大，在寒流汇集地如峡谷、风口、林中空地等日温差变化较大的地方和经常出现早霜冻、晚霜冻及冰雹多发的地方，苗木易受冻害，不宜选作苗圃地，或者说，园林苗圃应选择气象条件比较稳定、灾害性天气很少发生的地区；因幼苗在盐碱土上难以生长所以盐碱地也不宜选作苗圃；易被水淹和冲击的地方也不宜选作苗圃。

任务3　园林苗圃的规划设计

【任务介绍】确定了苗圃的位置以后就可着手建立苗圃，为保证苗圃营建的科学性，应该获得与苗圃规划设计有关的各种信息资料，当然有的资料如气象资料对于苗圃的生产管理也是必须获取的。当搜集完与苗圃兴建有关的资料以后，就该规划设计苗圃了。首先计算苗圃的面积，然后作出苗圃生产区区划、管理建筑、服务性辅助生产设施的规划设计和道路、排灌水等苗圃生产所必需的工程性基础设施的规划设计，最后将这些规划设计的内容都以图纸和文字的形式表达出来，这样就完成了苗圃的规划设计。

【任务要求】通过本任务的学习使学生达到如下要求：①了解苗圃建立前应调查的资料种类；②了解苗圃规划设计技术成果的内容；③掌握苗圃生产区区划。

【教学设计】可让学生先调查某一指定苗圃，获得感性认识，教学时结合该苗圃分析其面积计算和各项内容的规划设计，或者模拟投资者建设苗圃时对苗圃的规划设计来进行，这样就能更接近于实际。

【理论知识】

1　苗圃建立前的资料调查

与苗圃营建有关的资料通常通过现场勘查和向相关部门咨询而获得，所需获得的资料通常有以下类别。

1.1 用地概况 一般由设计人员、施工人员及经营管理人员到圃地现场勘查与访问，从而了解圃地现状、历史、土壤、植被、水源、交通及病虫害等情况，提出初步区划意见。

1.2 地形图 地形图是规划设计的基础，要求地形图比较详细，如果没有现成的则需现场测绘，比例尺一般为1∶(500～2000)，等高距为20～50cm，与规划设计有关的各种地形如高坡、道路、水面等都要绘入图中。

1.3 土壤状况 根据圃地的地形、地势及指示植物分布选择典型地区挖掘土壤剖面，调查土层厚度、土壤结构、质地、酸碱度、肥力、地下水位等各种因子，必要时采集样本进行室内分析。一般1～5hm^2做一个剖面，并在地形图上绘出土壤分布图。

1.4 病虫害调查 主要调查圃地内地下害虫、深根性杂草及周围植物病虫害的种类及感染程度。一般采用挖样坑的方式调查土壤虫害，样坑1.0m×1.0m，深至土壤母质。一般5hm^2以下的苗圃5个样坑，小型苗圃可以加大样坑密度至10个/hm^2，同时简化样坑面积至0.25m^2、深40cm。通过统计样坑调查土壤病虫害的种类、数量、危害程度，了解发病史和防治方法。

1.5 气象资料的收集 气象资料对于苗圃地生产管理具有重要意义，因此应向当地的气象部门收集有关的气象资料。如年（月）平均温度、极温、无霜期、冻土层厚度、年（月）降水量、日照时数、主风风向、风速、降雪与积雪日数等，还要了解圃地的小气候条件。

2 苗圃规划设计的技术成果

苗圃规划设计的技术成果包括图纸和设计说明书两部分。

2.1 图纸

2.1.1 总平面图 比例1∶(500～1000)，绘出主要建筑物、路、渠、沟、林带等各要素的位置、形状、大小。划分适宜的作业区和作业小区的长度、宽度及方向。

2.1.2 道路系统规划设计图 比例1∶(500～1000)，绘出道路的纵横断面图及结构设计图。

2.1.3 灌排水系统规划设计图 比例1∶(500～1000)，绘出排灌水渠的断面图，排灌方向要用箭头表示。

2.2 设计说明书 设计说明书是园林苗圃规划设计的文字材料、苗圃规划设计不可缺少的组成部分。图纸上没有表达或不易表达的内容，都必须在说明书中加以说明。具体可分为总论和各论两部分进行编写。

2.2.1 总论 主要叙述该地区的经营条件和自然条件，并分析其对育苗工作的有利和不利因素及相应的改进措施。

（1）经营条件 包括苗圃所处位置及当地居民的经济条件、生产情况、劳动力情况和对苗圃生产经营的影响，苗圃周边的交通状况、电力条件和机械化程度，苗圃成品苗供给的区域范围及发展展望。

（2）自然条件 气候条件，土壤条件，病、虫、草、有害动物及植被情况，地形特点，水源情况等。

2.2.2 各论

1）苗圃的面积计算。

2）苗圃的区划说明。包括作业区的大小，各育苗区的配置，道路系统的设计，排灌系统的设计，防护林带及防护系统的设计，建筑区建筑物设计，保护地大棚、温室、组培室设计。

3）育苗技术设计。

4）建圃的投资和苗木成本回收及利润计算等。

【任务过程】

3 园林苗圃的面积计算

在苗圃选址确定以后就应确定苗圃的用地面积，以便于土地征收购置、苗圃区划和兴建等具体工作的进行。苗圃的总面积，包括生产用地和辅助用地两部分。

3.1 生产用地的面积计算 生产用地即直接用来生产苗木的地块，通常包括播种区、营养繁殖区、移植区、大苗区、母树区、实验区及轮作休闲地等。一般生产用地占总用地的75%～85%，大型苗圃通常占80%以上。

计算生产用地面积应根据计划培育苗木的种类、数量、单位面积产量、规格要求、出圃年限、育苗方式及轮作等因素，具体计算公式如下：

$$S=\frac{NA}{n}\times\frac{B}{C} \tag{1-1}$$

式中：S为某树种所需的育苗面积；N为该树种的计划年产量；A为该树种的培育年限；B为轮作区的区数；C为该树种每年育苗所占轮作的区数；n为该树种的单位面积产苗量。

由于土地较紧，在我国一般不采用轮作制，而是以换茬为主，故B/C常取1计算。

依上述公式所计算出的结果是理论数字，在实际生产中，在苗木抚育、起苗、贮藏等工序中苗木都将会受到一定损失，在计算面积时要留有余地。故每年的计划产苗量应适当增加，一般增加3%～5%。

某树种在各育苗区所占面积之和即该树种所需的用地面积，各树种所需用地面积的总和再加上引种实验区面积、温室面积、母树区面积就是全苗圃生产用地的总面积。

3.2 辅助用地的面积计算 辅助用地包括道路系统、排灌系统、防风林、管理区建筑、仓储、堆肥厂等的用地。苗圃辅助用地面积不能超过苗圃总面积的20%～25%，一般大型苗圃的辅助用地占总面积的15%～20%；中小型苗圃占18%～25%。

4 园林苗圃的区划

苗圃的位置和面积确定后，为了充分利用土地，便于生产和管理，接着需进行苗圃区划。苗圃区划应充分考虑以下这些因素，即按照机械化作业的特点和要求安排生产区，如果现在还不具备机械化作业的条件，也应为今后的发展留下余地；排灌系统与道路系统协调并合理地配置于整个生产区。区划时，既要考虑目前的生产经营条件，也要为今后的发展留下余地。

4.1 生产用地的区划

4.1.1 作业区的规格 作业区是苗圃育苗生产的基本单位，通常划分为若干个小区，小区面积和形状应根据各自的生产特点和苗圃地形来决定，一般呈长方形或正方形。小区长度视使用机械的种类确定，中小型机具200m，大型机具500m。以手工和小型机具为主的作业区长度 50～100m 为宜。小区的宽度依土壤质地、是否有利排水而定，排水良好可适当宽些，一般以 40～100m 为宜。小区的方向应根据地形、地势、主风方向、圃地形状确定。坡度较大时，小区长边与等高线平行，一般情况下，小区长边最好采用南北向以利于苗木生长。

4.1.2　作业区的设置

（1）播种区　培育播种苗的地区，因幼苗对不良环境的抵抗力弱，本区管理精细，所以应选择全圃自然条件和经营条件最有利的地段作为播种区。一般要求其地势较高而平坦，坡度小于 2°；接近水源，灌溉方便；土质优良，深厚肥沃；背风向阳，便于防霜冻；且靠近管理区。如是坡地，则应选择最好的坡向。

（2）营养繁殖区　培育无性繁殖苗木即扦插苗、压条苗、分株苗和嫁接苗的地区。应设在土层深厚和地下水位较高，灌溉方便的地方。嫁接苗区主要为砧木苗的播种区，宜土质良好，便于播种后覆土，地下害虫要少，以免嫁接失败；扦插苗区则应着重考虑灌溉和遮阴条件；压条、分株育苗法采用较少，育苗量较小，可利用零星地块育苗。

苗圃经营时也可根据苗木的生态习性及其他因素安排具体苗木的营养繁殖区，如珍贵树种的繁殖可靠近管理区，要求条件不高的植物可选择条件一般的零星地块。

（3）移植区　也称为小苗区，是培育各种移植苗的作业区。由播种区、营养繁殖区中繁殖出来的苗木需要进一步培养成规格较大的苗木时，则应移入移植区中进行培育。依规格要求和生长速度的不同，往往每隔 2～3 年还要再次移植，逐渐扩大株行距，增加营养面积，所以移植区占地面积较大，一般占生产用地的 10%～15%。一般可设在土壤条件中等、地块大而整齐的地方。

在生产经营时也可依苗木的不同习性进行合理安排。喜土壤湿润的如杨、柳可设在低湿的地区，不耐水湿的如松柏类设在较干燥而土壤深厚的地方，裸根移植的苗木选择土壤疏松的地段，带土球移植的设在土壤干燥深厚的地段，以利带土球出圃，需培育时间较长的可设在土壤相对较差的苗圃外围。

（4）大苗区　培育体型较好、苗龄较大、可直接用于绿化的各类大苗的作业区。在本育苗区培育的苗木通常是在移植区内进行过一次或多次的移植，培育的年限较长，苗木大、规格高、根系发达、株行距大、对土壤要求不高，一般选用土层较厚，地下水位较低，地块整齐的地段。为了出圃时运输方便，最好能设在靠近苗圃的主要干道或苗圃的外围运输方便处。大苗区面积大，一般占生产用地的 75%。

（5）母树区　为了获得优良的种子、插条、接穗等繁殖材料而设立采种、采条的母树区。本区占地面积小，一般占 2%，可利用零散地块，但要土壤深厚肥沃及地下水位较低的地段。对一些乡土树种可结合防护林带和沟边、渠旁、路边进行栽植。

（6）引种驯化区　用于引入新的树种和品种进行驯化而设立的实验区或引种区，一般占 2%～3%，应设置在环境条件最好的地区，最好靠近管理区，便于观察记录。

（7）温室区　利用温室、大棚等保护地设施培育从热带、亚热带引种的花木或进行保护地生产的作业区。一般设在背风向阳、光照好、土壤干燥、接近管理区的地段。

一般来说，各类作业区应集中连片，但在生产经营中可以根据苗木的生态习性有部分作业小区分散设置。

4.2　非生产用地的区划　苗圃的非生产用地包括：道路系统，排灌水系统，防护林带，各种建筑用房如办公用房、生产用房和生活用房，各种场地如蓄水池、积肥场、晒种场、露天贮种坑等。辅助用地的设计与布局既要方便生产、少占土地，又要整齐、美观、协调、大方。一般占总用地的20%～25%。

4.2.1 道路系统 苗圃道路分主干道、次干道、支道，大型苗圃还设有圃周环行道。苗圃道路要遍及各个生产区、管理区和生活区。各级道路宽度不同，以能满足车辆、机具及设备的正常通行即可。整体上整个道路系统要作成环状。

（1）主干道 也称为一级道路，一般设置于苗圃的中轴线上，应连接管理区和苗圃的出入口，是苗圃对外联系的主要道路，通常设置一条或相互垂直的两条。一般宽6～8m，满足汽车对开，标高高于作业区20cm。一般要求铺设水泥或沥青路面。

（2）次干道 也称为二级道路，是主干道通向各生产小区的分支道路，常和主干道垂直，宽度根据苗圃运输车辆的种类来确定，一般4～6m，标高高于作业区10cm，一般路面应硬化。

（3）支道 也称为三级道路，与次干道相垂直，连接各作业小区，宽2～4m，根据苗圃运输车辆的种类来确定。支道不要求路面硬化，但在不设次干道时应硬化。中小型苗圃可不设支道。

（4）环行道 环行道可设在苗圃周围的防护林带内侧，主要供生产机械、车辆回转通行之用。一般为4～6m，也可以不设。

一般苗圃设置两级道路系统即可满足交通要求，面积特别大的苗圃则要设置三级道路网。在保证运输和管理的条件下应尽量节省土地，一般苗圃中道路占地面积不应超过苗圃总面积10%。

4.2.2 灌溉系统 苗圃必须有完善的灌溉系统以保证水分对苗木的充足供应。灌溉系统包括水源、提水设备和引水设施三部分。

（1）水源 主要有地面水和地下水两类。地面水指河流、湖泊、池塘、水库等。以无污染又能自流灌溉的最为理想，一般地面水温度较高与作业区土温相近，若水质较好且含有一定养分，则有利苗木生长，若水质受到严重污染则会危害苗木生长，所以使用地表水时要注意监测水质，以水质达到《GB 5084—2005 农田灌溉水质标准》为好。取水点选在比苗圃地势高的地方则能自流给水。

地下水是指泉水、井水，其水质较好，一般无污染，但水温较低，通常为7～16℃或稍高，宜设蓄水池以提高水温。水井应设在地势高的地方，以便自流灌溉；可设置多个水井均匀分布在苗圃各区，以便缩短引水和送水的距离。

（2）提水设备 现在多使用抽水机（水泵）。可依苗圃灌溉面积、用水量及灌溉设备选用不同规格的抽水机。

（3）引水设施 有渠道引水和管道引水两种。

1）渠道引水。渠道多为土筑明渠。其特点是流速较慢，蒸发量、渗透量较大，占地多，需注意经常维修；但修筑简便，投资少、建造容易。为了提高流速，减少渗漏，现在多为砖石或混凝土明渠，有的使用瓦管、竹管、木槽、水泥管等。

引水渠道一般分为三级：主渠、支渠、毛渠。主渠（一级渠道），由水源直接把水引出，一般顶宽1.5～2.5m。支渠（二级渠道）把水由主渠引向各作业区，一般顶宽1～1.5m。毛渠（三级渠道）一般宽度为1m左右。主渠和支渠是永久性的大渠道，水槽底应高出地面，渠底坡降1‰～4‰，土质黏重的可大些，但不超过7‰。水渠边坡一般采用1∶1（45°）为宜，较重的土壤可增大坡度至2∶1。在地形变化较大、落差过大的地方应设跌水构筑物，通过排水沟或道路时可设渡槽或虹吸管。毛渠是临时性的小水渠，直接向圃地灌溉，其水槽底应平于地面或略低于地面，以免把泥沙冲入畦中，埋没幼苗。各级渠道常与各级道路相并行，渠道的方向与作业区方向一致，各级渠道常成垂直相交，同时毛渠还应与苗木的种植行垂直，以便灌溉。引水渠道面积一般占苗圃总面积的1%～5%。

2）管道引水。即将水源通过埋地管道引入苗圃作业区进行灌溉。主管和支管均埋入地下，其深度以不影响机械化耕作为度，开关设在地端方便使用。管道引水可使用喷灌、滴灌、渗灌等节水灌溉技术，其中喷灌是苗圃中常用的一种灌溉方法，常使用移动式喷灌机。管道引水不占用土地又节约用水，在水资源缺乏地区尤宜采用这些节水灌溉技术。

4.2.3 排水系统 排水系统对地势低、地下水位高及降雨量多而集中地区的苗圃尤为重要。排水系统由不同等级的排水沟渠组成，目前排水沟渠一般为土质明沟。排水系统应以能快速排除雨后积水又少占土地为原则。排水沟渠的断面尺寸（宽度、深度）依据排水量而定，一般一级（主）排水沟宽1m以上，深0.5～1m；二级（次）或三级（支）排水沟宽0.3～1m，深0.3～0.6m，沟底坡降应大一些，一般为3‰～6‰。一级（主）排水沟的出水口应连接自然水体或城市排雨水系统。各级排水沟通常依路而设，在地形、坡向一致时，排水沟和灌溉渠往往各居道路一侧，形成沟、路、渠并列，既利于排灌，又区划整齐。排水沟与路相交处应设涵洞或桥梁。若苗圃地势较周围低时，可在苗圃的四周设置较深而宽的截水沟，以防外水内侵，也可将主排水沟与截水沟相连，排除苗圃内雨水和防止小动物及害虫侵入。排水系统面积一般占苗圃总面积的1%～5%。

4.2.4 防护林带 为了避免苗木遭受风沙危害应设置防护林带，防护林带还能减少地面蒸发及苗木蒸腾，创造适宜的小气候条件。防护林带的设置规格依苗圃的大小和风害程度而异。一般小型苗圃与主风方向垂直设一条林带；中型苗圃在四周设置林带；大型苗圃除周围的林带外，应在圃内结合道路设置与主风方向垂直的辅助林带。如有偏角，不应超过30° 。一般防护林防护范围是树高的15～17倍。

林带的结构以乔木、灌木混交半透风式为宜，既能减低风速又不因过分紧密而形成回流。林带宽度和密度依苗圃面积、气候条件而定，一般主林带宽8～10m，株距1.0～1.5m，行距1.5～2.0m，辅助林带多为2～4行乔木即可。防护林带一般占苗圃总面积的5%～10%。

近年来，在国外有用塑料制成的防风网防风。其优点是占地少、耐用，但投资多，在我国少有采用。

4.2.5 管理与辅助生产区 该区包括房屋建筑和圃内场院等部分。前者主要指办公室、宿舍、食堂、仓库、种子贮藏室、工具房、畜舍车棚等；后者包括劳动力集散地、晒场、堆肥场等。本区应设在交通方便、地势高燥、接近水源和电源或不适宜育苗的地方。管理建筑一般设在苗圃的出入口附近，大型苗圃的生产辅助建筑最好设在苗圃中央，以便于苗圃经营管理，畜舍、猪圈、积肥场等场院应放在较隐蔽和便于运输的地方。管理与辅助生产区的面积一般为苗圃总面积的1%～2%。

任务4 园林苗圃的施工

【任务介绍】 园林苗圃规划设计完成之后，就该依图施工，苗圃的施工主要指兴建园林苗圃的一些基本建设工作。主要项目有各类房屋、温室、大棚的建造，道路、排水沟、灌水渠等苗圃基础设施的修建，水、电的引入，土地平整和防护林带及防护设施的修建。其中房屋建设和水电、通讯的引入工作量大、独立性强，要在其他项目施工前修建完成。

【任务要求】 通过本任务的学习使学生达到如下要求：①了解苗圃施工的内容；②了解苗圃施工的过程。

【教学设计】 可采用举例法授课，教学时可模拟投资者将建苗圃在规划设计完成之后对苗圃各项内容的施工来进行，这样就能更接近于实际。最好让学生先调查某苗圃，向苗圃里的相关人员咨询各施工项目的施工过程，获得感性认识，便于学习本任务。

【任务过程】

1 建筑工程及水、电、通讯等基础设施的施工

水、电、通讯是苗圃建设的先行条件，建立苗圃时应将这些设施最先引入，然后进行房屋的建设，其中也包括温室等生产用地建筑。为了节约土地，办公用房、仓库、车库、机械库、种子库等最好集中兴建，尽量建成楼房式，这样可以少占平地。

2 苗圃道路的施工

先定出主干道的位置，用仪器放出道路的中心线，然后以其为基线，确定道路的边线，接着开挖路槽，碾实，铺筑垫层和面层。当苗圃的道路为土路时，由路两侧取土填于路中，形成中间高两侧低的抛物线形路面，路面用机械压实，两侧取土处应修成整齐的排水沟。其他种类的路也应修成中间高的抛物线形路面。

3 灌水系统修筑

圃内灌渠系统修建时，先打机井安装水泵，或用水泵引河水。

首先放出渠道中心线，然后按设计要求的高度、顶宽、底宽和边坡进行填土、分层、踏实，筑成土堤，砌筑面层，当达到设计高度时，再在坝顶开渠，夯实即成，修筑时注意用水准仪精确测量控制渠底坡降，使渠道落差均匀。

若铺设地下管道灌水或喷灌，先开挖1m以下深沟，再铺设管道，分段加压试水看其是否漏水，验证不漏水后再回填土。移动喷灌只要考虑能控制全区的几个出水口即成。

4 排水沟的挖掘

一般先挖向外排水的主排水沟，次排水沟与道路两侧的边沟相结合，修路时同时挖掘而成，作业区内的支排水沟可结合整地进行挖掘，还可利用略低于地面的步道来代替。

先放线，再按设计图纸要求的断面尺寸和底坡挖沟。为了防止边坡坍塌，可在排水沟的边坡和坡顶种植一些簸箕柳、紫穗槐、柽柳等护坡树种，也可砖石铺砌。

5 防护林带的营建

根据设计的株行距定点放线，乔木的种植应成“品”字形，然后挖坑栽树。一般应使用大苗，栽后要注意及时灌水，并注意经常养护，以保证成活。一般在房屋、道路、渠、排水沟竣工后，立即营建防护林，以保证开圃后尽早起到防护作用。

6 土地平整

坡度不大者可结合翻耕进行平整工作，或待开圃后结合耕作播种和苗木出圃等时节逐年进行平整，这样可节省开圃时的施工投资，并且不使原有表土层被破坏，有利苗木生长；坡度较大的山地苗圃需先修梯田，根据坡度大小合理确定每一级梯田的大小，整修梯田是山地苗圃建立时的主要工作项目，工作量大，应提早进行施工。总坡度不太大且局部水平者，宜挖高填低，深坑填平后，应灌水使土壤落实后再进行平整。

7 土壤改良

圃地中如有盐碱土、砂土、重黏土或城市建筑垃圾等不适合苗木生长的土壤时，应在建圃时改良土壤。对盐碱地可采用开沟排水、引淡水冲碱或刮碱、扫碱等措施加以改良；轻度盐碱土可采用深翻晒土、多施有机肥料、灌冻水和雨后（灌水后）及时中耕除草等农业技术措施逐年改良；对砂土可掺入黏土、多施有机肥料来改良，并适当增设防护林带等措施；对重黏土则应用掺入沙子或砂土、深耕、多施有机肥料、种植绿肥和开沟排水等措施进行改良。对城市建筑垃圾或城市撂荒地改良，应除去建筑垃圾，换入客土，并平整、翻耕、施肥，之后可进行育苗。

【相关实训】

（1）实地考察某一苗圃并画出总平面图　调查内容包括苗圃概况、苗木种类，分析其经营条件和苗圃地自然条件的优劣，考察苗圃分区及各项设施建设状况，画出苗圃总平面图。

（2）独立策划苗圃建设项目建议书　某一投资商欲在学校所在城市附近建一苗圃，试写出项目建议书，内容包括苗圃概况、苗木种类、分析经营条件和苗圃地自然条件的优劣，进行苗圃的规划设计并画出苗圃总平面图。

项目2　园林植物种实生产

园林植物的种实是指用于繁殖园林植物苗木的种子或果实，它是园林苗圃经营中最基本的生产资料。种实的质量与产量决定园林苗木生产的质量和效益。优良的种实是培育优质苗木的前提，数量充足的种实是保证完成苗木生产任务的条件。本项目通过对园林植物种实采集、园林植物种实调制、种子贮藏与运输、园林植物种子品质检验等任务的学习，使学生掌握种实生产的过程、种子品质检验的方法。

本项目重点包括园林植物种实采集、调制、贮藏的方法及原理等内容。由于园林植物种类繁多，不同园林植物的种实特征也各异，种实生产过程存在较大的差异，因此在本项目教学过程中，需将园林植物种实进行分类，让学生了解不同类型种实的生产过程的特点。在此基础上，结合实习实训，运用案例教学法让学生掌握各类型种实中具代表性的常见种实的生产过程。

任务1　园林植物种实采集

【任务介绍】 园林植物种实采集是指从采种母树上获取园林苗木生产所需要的种实，包括采种母树的选择、采种时期的确定、采种方法的确定等内容，它是种实生产的重要过程。种实采集的对象正确与否、采种时期是否合适、采种方法是否恰当对种实生产的数量与质量有很大的影响。

【任务要求】 通过本任务的学习及相应实习，使学生达到以下要求：①认识园林植物结实的规律，了解影响结实的因素；②认识种实成熟的过程；③掌握如何根据育苗要求及树种特性，正确选择采种母树、确定合适的采种时期和采种方法；④掌握合理组织种实生产的能力。

【教学设计】 要完成种实采集任务首先要选择好采种母树，然后根据母树种实的成熟时间和脱落特性确定采种的时间，最后根据种实的特点确定合适的采种方法进行采种，获取所需要的种实。由于园林植物种类繁多，不同树种选择采种母树的原则不同、采种时期和采种方法也不尽相同，因此，重点应让学生理解影响采种母树的选择、采种时期的确定和采种方法确定的因素，从而掌握根据育苗要求和树种特性进行合理采种的技能。

教学过程以完成种实采集任务的过程为目标，同时应该让学生学习种实采集过程中的相关理论知识。可以采用讲授法，在讲授过程中注意对不同树木进行分类并比较。建议采用多媒体进行教学。还可结合种实采集实习，让学生学习并实际进行常见园林植物种实的采集。

【理论知识】

1　园林植物的结实规律

园林树木作为多年生植物，在整个生命周期中会多次开花结实，其结实早晚、结果能力的大小因树种而异，但按结实特性可以分为以下几个阶段，即幼年时期、青年时期、壮年时期和衰老时期。

1.1　幼年时期　从种子萌发至第一次开花结实为止称为幼年时期。在这个时期树木迅速生根、展叶、抽枝，进行营养生长，属于积累营养物质的时期。随着年龄增长，当营养物质积累到一定程度，树木开始花芽分化，进而首次开花结实，这一阶段的长短因树种不同而异，如胡枝子、紫穗槐等灌木树种 2 年就能开花结实。喜光的乔木树种，结实也比较早，如桃 3 年、杏 4 年、梨 5 年就可以开花结果。而慢生耐阴树种幼年期则较长，如银杏需要 20 年左右，云杉、冷杉则需 40 年以上，红松甚至要 80 年以上才能开花结实。但是通过改善环境条件也可以大大缩短幼年阶段，使之提早开花结实。如红松在人工林条件下，由于光照条件得到改善，在 20 年生左右就能正常结实。有时，由于土壤瘠薄干旱或罹受病虫火灾，树种为了延续后代也会采取提早开花结实的生态对策，但所结种子瘦小，发育不良，不宜采集。

1.2　青年时期　从第一次开花结实到结实 3～5 次为止为青年时期。这一时期树木已形成树冠，侧枝和根系迅速扩张，树木仍以营养生长为主，此时虽已开花结实，但成花少，产量低，种粒大，空粒多，还不是采种的最佳时机，但种子可塑性大，对外界环境适应性强，是引种的好材料。

1.3　壮年时期　从大量结实起到结实量开始下降为止为壮年期。这个时期树木结实量最高，种子质量最好，遗传特性比较稳定，是采种的最佳期，针叶树和硬阔叶树可以维持几十年，甚至几百年（如板栗属、圆柏属、侧柏属和雪松属）。由于大量开花结实，消耗营养较多，对以专门生产良种的种子园和母树林来说，这一时期注意施肥灌水和调整密度，以保证充足的水分和营养，维持较长时间的结实盛期。

1.4　衰老时期　从结实能力明显下降起到植株死亡为止为衰老时期。苗木到了这一时期，生理活性变弱，生长缓慢，新梢短小甚至不发新枝，树冠扁平，梢头干枯，树干常附生较多的地衣和苔藓，结实量大幅度下降，而且种粒瘦小，直至完全丧失结实能力，故不宜在衰老树上采种。

以上 4 个时期是从树木结实规律的变化来划分的，其间的变化是渐进的、连续的、没有明显界限，具体到某一树种的发育阶段要视情况而定。掌握树木发育时期的阶段性，对于良种选育，引种、杂交和采种时期都有很大的实践意义，主要园林树种开始结实年龄、种实成熟采集、调制与贮藏方法见附表 3-1 和附表 4-1。

2　影响树木结实的因素

影响树木结实的因素很多，其中最主要的是母树条件、气候条件、土壤条件和生物条件等，这些因素共同作用，决定着结实数量和质量。

2.1　母树条件　母树条件指的是母树生长发育状况及在林分中所占据的地位。优良的母树，生长迅速，树体高大，树冠丰满，占据林冠上层，光照充足，结实层厚，种子产量高。王行轩等（2001）对辽宁本溪、桓仁、凤城等地 11 块不同年龄的人工红松林进行调查后发现，红松顶端分杈后，由于增大了树冠体积和针叶总面积，从而增加了光合产物，既促进了树体生长，也促进了顶端结实。所调查的 11 个林分分杈树的平均结实量为林分平均结实量的 281.77%；分杈树最多的林分（人工林 35 年生），分杈树平均结实量是林分平均结实量的7.7倍多。按照这一规律，他们对红松人工林进行了截头试验，结果表明在平均直径16cm、林分密度为每公顷1100～1400株的条件下，从梢端向下第三轮枝下截头，增加了结实量68.3%～186.8%。

此外，树种的开花习性也影响到结实量。雌雄同花、自花授粉的豆科树，如刺槐、皂荚等因授粉受精有保证，几乎年年结实；而雌雄异株，或虽为雌雄同株，但雌雄异花或异熟的树种会影响到授粉受精的有效性，甚至造成花期不遇，严重影响结实量。例如，雪松的雄花比雌花早开一个月，雄蕊散粉时，雌花还没有开放，花期不遇，产量很低，对这些树种最好配置授粉树，并实行人工授粉以保证其开花结实。

2.2 气候条件 在气候条件中对结实起重要作用的是光照、温度、降雨量和风。

2.2.1 光照 光照是树木不可缺少的生活因子，是树木同化二氧化碳、制造有机营养的能量来源，而充足的有机营养积累又是开花结实的物质基础。林缘木、孤立木、疏林和占据林冠上层的优势木及阳坡的林木，因光照充足，结实早，结实量大；而在密林，尤其是复层林的下层木，很少结实而且种子质量很差。即使在同一株树上因受光量不同，结实量也有很大差异，在树冠的阳面结实量占到2/3，其余部分仅占1/3。藏润国（1995）对长白山红松阔叶林隙的研究表明，林隙由于改善了光照条件，在林隙下更新普遍好于非林隙的林下更新，沙松、紫椴、花楷槭等树种在面积为20～60m^{2}的林隙下更新最好。其余树种以20～40m^{2}最好。

2.2.2 温度 每个树种都有适合自己生长的温度范围。在温度及其他环境条件都适宜的条件下，树木生长期长，生长发育条件好，树木结实量大，种子品质好。当移至分布边缘地带，因温度不适应树木生长会影响开花结实，尤其是在花期容易遭遇低温危害，造成大量落花；在果实发育初期遭遇低温也会使幼果发育缓慢，种粒不饱满，从而造成减产。

2.2.3 降雨量 正常而适宜的降雨量，使树木生长健壮，发育良好，结实正常。花期连续降雨导致降温，会影响花药开裂散粉；雨水也会冲走花粉并使昆虫活动受影响，从而影响虫媒花的传粉受精。在果实发育期，甚至到成熟期，如空气湿度过大或温度过低，或干旱少雨，都会造成大量落果，从而造成减产。据范安国等（2001）对山茱萸落花落果的原因分析发现，3～4月份的花期遭遇阴雨天，4～5月份果实生长期干旱或低温，7～8月份果实形成期遭遇伏旱是山茱萸大量落果的主要原因。

2.2.4 风 微风有利于授粉，大风会吹掉花朵和幼果，花期遇到扬沙天气会使柱头沾满尘土，影响花粉与柱头接触从而影响授粉受精，进而影响树木结实。据报道，在1998年4月16～17日，山东泰安正值大多数银杏进入开雄花、吐“性水”的高峰期，出现了罕见的扬沙浮尘天气，持续20多小时，大量尘土黏附在柱头上阻塞了胚珠孔口，影响了授粉和受精，造成了当年银杏大幅度减产。

2.3 土壤条件 土壤条件的好坏，直接影响林木种子的产量和质量。母树的营养生长、花芽分化、开花和结实都需要有足够的土壤养分和水分。在山区，生长在沟谷坡麓，以及山腹和凹形坡的林木往往因土层深厚、肥沃、湿润，林木生长高大、健壮、结实量大、品质优；在干旱瘠薄的阳坡，虽然由于光照充分，结实数量多，但种子瘦小，质量较差。例如，在林龄、郁闭度和坡向均相同的杉木林，长在厚层腐殖质土壤上的林分，每亩[①]结

---

① 1亩≈666.67m^2。

实量为285kg；而长在中等厚度腐殖质土壤上的林分，每亩结实仅为225kg。可见加强土壤改良，适时扩穴、施肥、灌水可以有效提高种子产量和质量。

2.4 生物条件 病菌、昆虫、鸟类和鼠类的危害都会使种实减少，品质降低，甚至收不到果实。但鸟类在吃掉果肉后，常常将完好的种子反刍或经肠道排泄出来，随机撒在所飞过的路线上，种子经过消化道胃酸与多种酶类处理，还会提高发芽率。据李新华等（2001）在1999年10月至2000年1月在南京中山植物园内随机收集到的160份鸟粪，分离出872粒结构完好的种子和果核，在已鉴定出的842粒种子中，分属于16科26属，经初步发芽试验表明，鸟粪中的爬山虎、盐肤木、樟树、楝等种子均可发芽。由于鸟类的这种传播，使该园的樟树、冬青、海桐和红豆杉等栽培树种成功侵入到位于该园北缘的黑松枫香群落，扩大了树种扩散范围，促进了天然更新。鼠类和其他动物则有埋藏种子以供越冬的习惯，未经取食或遗忘的种子常常会长出幼苗，但绝大部分种子都被吃掉。

3 园林植物种实的成熟

3.1 种子成熟的过程 种子的成熟是受精的卵细胞发育成胚根、胚芽、胚轴和子叶的过程。当种子的各个器官已发育完毕，种胚已具有发芽能力，即达到生理成熟，此时的种子含水量高，营养物质含量少且呈现易溶状态，种皮不够致密，保护组织不健全，容易发霉腐烂，不耐贮藏。当种子胚发育完全后，种子的外部形态也发生了变化，呈现出该树种种子特有的成熟特征时，称为形态成熟。此时，种子含水量降低，内部营养物质转化成难溶状态的脂肪、蛋白质和淀粉，呼吸活动微弱，种皮致密、坚实、抗病力强，耐贮藏。

大部分树种生理成熟在前，隔一段时间才能达到形态成熟；也有一些树种，其生理成熟和形态成熟时间几乎一致，如旱柳、白榆、泡桐等。种子达到生理成熟即自行脱落，故要及时采收。还有少数树种是先形态成熟而后生理成熟，如刺楸种子形态成熟后，种胚尚未分化或分化不完全，仅有一少部分胚分化出子叶，大部分是由尚未分化的细胞组成的原胚，直到在15℃条件下沙藏60d后，种胚长度长到种子长的2/3时才分化出子叶、胚轴和胚根，但此时胚的萌发力仍然很弱，必须再经2个月的低温（0～5℃）处理，胚长度约为种子长度的4/5时，才具有正常的萌发能力，才算彻底完成了胚的生理成熟。而银杏种子形态成熟后便脱落坠地，但此时胚还不及正常胚的1/3，同样不具备发芽能力。

3.2 种子形态成熟的判定方法 可以根据种子或果实的颜色、气味、解剖结构的观察或通过压磨、火烧等办法来鉴定。

3.2.1 从果实（种子）颜色和气味来判断 球果类成熟时果色由绿转为黄褐色（油松、侧柏等）或黄色（杉木），逐渐干燥，果鳞开裂。荚果、翅果、蒴果类果皮变褐、干燥、硬化、皱缩，如皂荚的荚果为紫黑色，刺槐的荚果为褐色，五角枫和榆树的翅果变为白色。而肉质果类（包含仁果、浆果和核果等）果实从绿变为黄色（杏、银杏）、红色（金银木、毛樱桃）、紫黑色（桑葚、爬山虎）、橙色（花楸），并散发出特有的香气或甜味，多能自行脱落。

3.2.2 用解剖法判断 通过解剖种子，观察种仁饱满度、硬度、胚发育程度，以及从测定含水率或针叶树中脂肪的含量等来判断种子是否成熟。

此外还可以用一些简单的物理方法去检验，如对小粒种子进行压磨或火烧法，若经压磨后无浆，出现白粉，或火烧后有爆炸声，针叶种子炒时冒黑烟，即证明种子成熟，白粉多、爆炸声大说明种子纯度高、成熟好。

3.3　影响种子成熟的因素

3.3.1　内因　影响种子成熟期的内因是树种的遗传性。不同树种有着不同的成熟期，在北京地区杨、柳、桑、榆、太平花属于春末夏初成熟种子，5～6月成熟；桃、杏、毛樱桃、黄栌、小叶黄杨、文冠果等属夏熟性树种，其种子在6～7月成熟；皂荚、紫藤、七叶树、银杏等在9～10月成熟，属秋熟性种子；而红松、樟子松、油松、栓皮栎等开花后要经一年以上的时间，到翌年秋天才能成熟。

3.3.2　外因　树木所处环境条件不同，成熟期也不同。同一树种生长在温度较高、阳光充足的地方比生长在温度低、光照不充分的地方成熟早，如生于砂土地上的比黏土地上成熟早，阳坡的比阴坡早，林缘的比林内的早，上层木比下层木早，高温干旱年比多雨年早，生于南方的比北方的早。

4　种实的脱落

大多数树种的种子或果实在形态成熟后就逐渐脱落或飞散；有些种实在短时间内集中脱落，如银杏、杨、柳、榆、桦、杏、山桃等；有些则要间隔一段时间才能脱落，如松柏、槭、椴、卫矛、杜仲及刺槐等；有些树木种实成熟后宿存树上，要经过一个冬季甚至更长时间才能脱落，如刺槐、臭椿、楝、悬铃木、火炬树等。

种子脱落的早晚和质量有密切关系，大部分树种都是早期和中期脱落的种子质量好，而后期往往粒小质量差，如油松、落叶松等；而栎类、核桃等阔叶树早期脱落的往往是受病虫害危害和发育不良的，中期脱落的质量最好。

【任务过程】

5　种实的采集

5.1　采种母树的选择　选择采种母树时需考虑如下因素。

5.1.1　母树的性状　园林上对苗木的需求不同于果树或林业上对苗木的需求，在果树育苗中主要看重结实能力的大小及结实品质的好坏；林业上通常看重主干是否通直、木材性质是否优良。而园林植物以满足人们观赏为主要目的，因此，需要选择具有特殊观赏价值的母树来采集种子。凡树姿优美、奇特、观赏价值高的母树不必考虑是否速生丰产，皆可采种。

5.1.2　母树的种源　尽量选用与苗圃地和绿化地地理位置相近，气候条件或土壤条件等生态条件相似地区的母树进行采种。这样采集的种实，能够适应苗圃地的生态条件，所育苗木在绿化地也能生长良好，并表现出特有的优良性状。若种源地与苗圃地和绿化地条件相差过大，会影响苗木生产及绿化效果，甚至造成失败。

5.1.3　母树的年龄　根据园林植物的结实规律，通常选择壮年期的母树进行种实采集。

5.2　采种时期的确定　采种时期的确定需考虑如下因素。

5.2.1　种实的成熟度　一般要采集成熟度高的种实，通常要判定种实完全形态成熟后再采种。但对于有些由于种皮过于致密或深休眠的种子如山楂、小叶椴等，为了缩短休眠期保证翌春发芽，可以在种子生理成熟后即采种。

5.2.2　种实的脱落特性　确定采种期时，除考虑成熟外，还必须考虑种子的脱落期的长短和脱落方式，采种时要掌握以下原则：①成熟后立即脱落或随风飞散不易收集的小粒种子，要在成熟后脱落前立即采种；②成熟后，果实虽不马上脱落，但种粒较小，一旦脱落便不易收集的，也应在脱落前尽早采集；③形态成熟后长时间在树上悬挂，采种期可适当延长，但也要尽快采种，以免遭受虫、鸟危害，造成种子质量下降。

5.3　采种方法　采种要依据种子成熟后散落方式、种实大小、树体高低及使用采种工具采取相应的方法。通常有以下几种采种方法。

5.3.1　地面收集　大粒种子可从地面上捡拾，如山桃、山杏、核桃、板栗、栎类。也可以在地面铺帆布、塑料布，棍棒敲打、用机械或人工振动树木，促使种实脱落。用此法采集种子，要每隔几天即捡一次，防止被鼠类搬运或被虫蛀。

5.3.2　树上采摘　比较低矮的树木，可以手工采集；比较高大的树木，可以用高枝剪、采种镰、采种梳等工具采集，如在地势平坦的地方可以乘车载自动升降梯，攀上树冠进行人工采摘（图 2-1）。

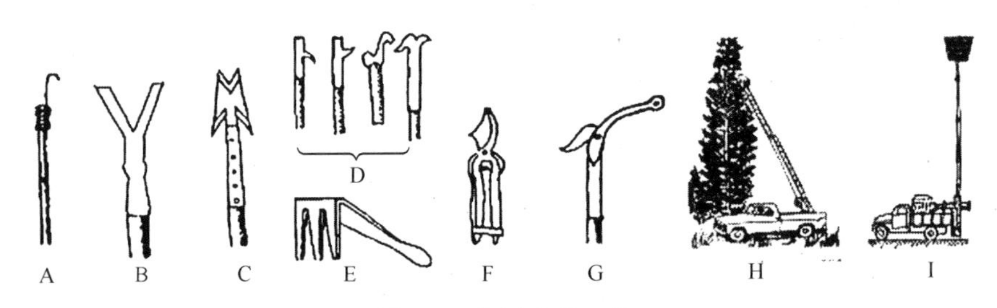

图 2-1　常用采种工具

A. 采种钩；B. 采种叉；C. 采种刀；D. 采种钩镰；E. 采种耙；F. 剪枝剪；G. 高枝剪；H. 升降梯；I. 升降采种篮

5.3.3　伐倒木采集　如果在种子成熟脱落期间进行伐木作业，可以结合伐木，从伐倒木上采集。

【相关阅读】

种子采收新方法

激素采收法为近年来应用于植物种子采收的新方法。在采前喷洒乙烯利、891 植物促长素、脱落酸等外源植物激素，以催熟达到形态成熟的种子。银杏被喷洒激素 5～12d 后，轻摇树体，种子即从树上掉落，不仅采收期提前，还可节省大量采收劳动力。

任务 2　园林植物种实调制

【任务介绍】种实采集后，要尽快进行种实的调制工作。种实的调制，是指对采集到的果实和种子进行脱粒、净种、干燥和分级的加工工作，只有通过调制才能获得适合播种、便于贮藏的纯净种子。种实的调制是种实生产的重要工作，通过种实的调制工作，提高种实的净度，让种实含水量适宜，以免发热、发霉而降低种子品质。由于不同类型种实性质构造不同，种实调制的过程和方法均各异。本任务重点描述干果类、肉质果类、球果类等不同类型种实的调制过程与方法的差异。

【任务要求】通过本任务的学习及相应实习，使学生达到以下要求：①认识园林植物种实含水量的含义及其对种实品质的影响；②认识树木种实净度的概念及其对种实品质的影响；③掌握园林植物种实干燥和净种的方法；④掌握园林植物种实的调制过程和方法。

【教学设计】 种实的调制主要是种实的干燥和净种两项工作，目的是要获得适合播种、便于贮藏的纯净种子。要完成种实调制任务应该根据园林植物种实的特点，选择合适的种实干燥和净种方法进行调制。因此，重点应让学生理解园林植物种实含水量和净度对种实贮藏和播种品质的影响，从而掌握根据所需调制的种实特点选择合理种实干燥和净种方法进行种实调制的技能。

教学过程以通过种实调制过程，获得适合播种、便于贮藏的纯净种子为目标，同时应该让学生学习种实调制过程的相关理论知识。可以采用讲授法，在讲授过程中注意对不同类型种实进行分类并比较。建议采用多媒体进行教学。还可结合种实调制实习，让学生学习并实际进行各种类型园林植物种实的调制。

【理论知识】

1　种子净度及其对种子品质的影响

种子净度是纯净种子重量占测定样品各成分（如纯净种子、废种子和夹杂物）的总重量的百分率。净度是种子质量的重要指标，是种子分级的主要指标之一，也是计算播种量不可缺少的因子。

净度的高低既影响种子质量，又影响种子寿命。因为成熟度低的种子和夹杂物都有很强的吸湿性，这种物质如果多了，就会使种子含水量提高，常给病菌活动创造条件。像这样净度低的种子在贮藏期间容易缩短寿命。因此，种实调制后要认真做好净种工作，以提高种子净度。

2　种子干燥的意义及方法

2.1　种子干燥的意义　种子经过净种后，还要进行适当干燥，才能安全贮藏和调运。含水量高的种子，呼吸作用旺盛，不仅消耗体内大量的贮藏物质，同时放出大量的热能，从而降低种子品质，甚至引起腐烂，造成很大损失。种子通过干燥，达到标准含水量，可避免因发热而遭受损失。

2.2　种子的含水量标准　种子干燥的程度，一般以种子能维持其生命活动所必需的水分为标准，这时的含水量称为种子的标准含水量（安全含水量）。高于标准含水量的种子，呼吸作用较旺盛，不利于长期保存种子生命力；低于标准含水量的种子，则会引起种子死亡。种子贮藏或运输前，应干燥到标准含水量。如果采种后立即播种，则不必干燥。主要园林树木种子的标准含水量见表 2-1。

表 2-1　主要园林树木种子的标准含水量

树种	安全含水量 /%	树种	安全含水量 /%	树种	安全含水量 /%
侧柏	8～11	桦	6～8	皂荚	5～6
水曲柳	<11	椴	10～12	刺槐	7～8

续表

树种	安全含水量 /%	树种	安全含水量 /%	树种	安全含水量 /%
油松	7～8	白蜡	9～13	桑	3～5
黑松	5～7	元宝枫	9～11	榆树	7～8
云杉	6～8	复叶槭	10	樟树	<10
杨	5～6	栎类	40～50	华北落叶松	11

2.3 种子干燥的方法

2.3.1 晒干（阳干） 利用日光暴晒使种子干燥的方法。凡是标准含水量较低，种皮坚硬，在日光下暴晒不会降低发芽力的种子，都可用此法。如大部分针叶树种（桧柏除外）、豆科树种、翅果类及含水量低的蒴果类等。

2.3.2 阴干 即在通风良好的室内或棚内进行种子自然干燥。属于下列情况的种子都应进行阴干。

1）凡标准含水量高于气干含水量的种子，如栎类、板栗等。

2）种粒小、种皮薄、成熟后代谢作用旺盛的种子，如杨、榆、桑、桦、杜仲等。

3）含挥发性油脂的种子，如花椒等。

4）经水选或从肉质果取出的种子，都应进行阴干，切忌日晒。

【任务过程】

3 种实调制

3.1 脱粒

3.1.1 闭果类 指果实成熟后不开裂，不用从果实中脱皮取种，即可直接播种的果实。例如，翅果中的榆树、白蜡、臭椿、元宝枫及坚果类的栎类等。对闭果类一般应摊放在清洁干燥的通风处晾干。白蜡、水曲柳、臭椿、元宝枫等安全含水量低的种实可以用阳干法干燥，即在阳光下暴晒至安全含水量后贮藏，不必去翅。而对安全含水量高的栎类和果皮膜质的榆树的种实，若在阳光下暴晒，会因急剧干燥失水而丧失生命力，只能采取阴干法干燥，即在通风干燥处逐渐阴干。栎类种子内常被象鼻虫寄生，且容易发热、发霉或发芽，因此采种后要立即水选或手选，除去虫蛀粒，在阴凉通风处摊铺成厚度 15～20cm 的种子堆，经常翻动晾至安全含水量后即可贮藏。

3.1.2 裂果类 凡种子成熟后果实开裂，种子脱出的果实为裂果。包括荚果类（如皂荚、刺槐、合欢等）、蒴果类（如杨树、柳树、梓树、栾树等）和球果类（如油松、侧柏、云杉、冷杉等）。脱粒时根据果实开裂所需要温度的高低又分为自然干燥脱粒和人工干燥脱粒。

（1）自然干燥脱粒 对于油松、侧柏、落叶松、云杉等球果及各类荚果、蒴果类（杨树、柳树除外）可以采用阳干法脱粒，将种子摊放在帆布、塑料布或干净的地面上晒干（图 2-2），促使球果类的种鳞开裂，荚果、蒴果的果皮皱缩开裂，种子脱出。杨树、柳树的种子粒小皮薄，在阳光下暴晒会很快丧失发芽能力，应该放在避风干燥的空屋子内，风干 3～5d，当多数蒴果开裂后，用枝条抽打（图 2-3），使种粒脱去后收集。

图 2-2　在晒架上干燥（种实）材料　　图 2-3　用细长杆抽打果实

（2）人工干燥脱粒　　樟子松、马尾松等球果内会有较多的松脂，普通的阳干法不能使果鳞开裂，要在干燥室内进行干燥脱粒，生产上常用的是在火炕、火墙、火炉、暖气或有电力加热设备的干燥室内将球果放置在多层木架的铁丝网上或滚筒上，并经常翻动，使之受热均匀，使种粒脱出。在干燥时要遵循逐渐升温、循序渐进的原则，先从20～25℃开始，进行较长时间的预热后逐渐升温，最高温度一般不宜超过50℃，以防止温度过高伤害种子，降低发芽力。与此同时，空气湿度也应有一定的限制，在高温高湿的条件下，种子处于蒸煮状态会迅速丧失生活力，因此干燥室要经常通风，将多余的水蒸气及时排出，初始湿度可以保持在50%左右，到干燥后期，湿度要控制在10%以下，当球果干燥后，要立即取出敲击踩压，脱粒净种。由于手工脱粒非常耗时耗力，因此有些植物种实可以用机械脱粒机来脱粒（图 2-4）。

图 2-4　手动弹性锥形脱粒机和连枷式加料斗脱粒机

3.1.3　肉质果　　肉质果类包括浆果、核果、聚花果、仁果及银杏、核桃等包有假种皮的果实，其果肉多汁，富含果胶和糖类，容易发霉腐烂，采集后要及时调制。对于果肉较软或呈浆果状的软种皮果实，如爬山虎、金银木、花楸、猕猴桃等可以浸水揉搓或放在铁丝筛子上揉搓，然后加水清洗，漂去果肉得到纯种；对于核桃、山桃、山杏等果皮较硬的果实，可以先堆沤（种堆上淋水并覆盖）7～8d 后，促使果肉腐烂脱落，然后再放进水池里，搅拌、漂出果肉，沉底者即为核果，取出晾干即可；对于果肉可食的如梨、海棠等可结合果肉加工，取出种子。注意切不可使种子处于45℃以上的温度，以防丧失生命力。

3.2　净种　　净种是去掉混杂在种子中的空粒、其他植物种子及各类夹杂物，以获得纯净的种子的工作。净种工作越细致，种子的纯度越高，越有利于贮藏和播种。净种的方法有风选、筛选、水选和粒选。根据种子的夹杂物的密度及大小不同，可采用相应的方法。

3.2.1 风选 由于饱满种子与夹杂物密度不同，可利用风力吹掉比种子轻的夹杂物、空粒和秕粒。风选的工具可用风车、吹风机或簸箕等（图 2-5），也可以在刮风天，在水泥场地扬种去杂。此法适合于中小粒种子净种。

3.2.2 筛选 利用种子和夹杂物直径不同，选用不同孔径的筛子清除杂物，漏掉的及随筛子旋转聚集在筛子中央的往往是夹杂物（图 2-6）。

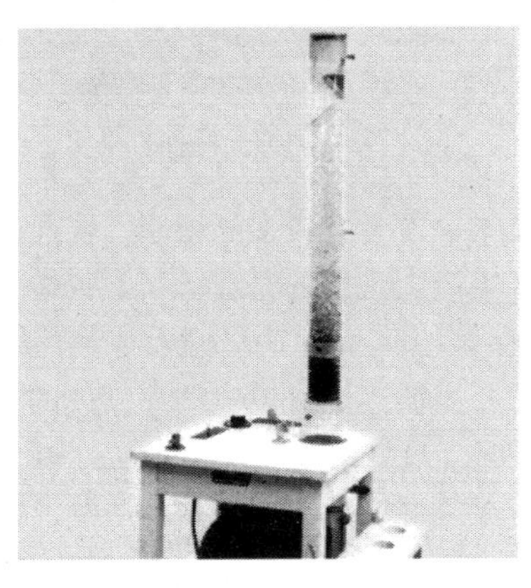

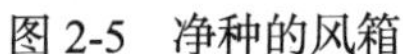

图 2-5 净种的风箱

图 2-6 重力筛选机

3.2.3 水选 利用种子和杂质的密度不同，将种子倒入水中后，可稍加搅拌，下沉的为饱满的种子，杂粒、秕粒及蛀粒上浮，很易分离。水选时间不宜过长，以免漂浮的杂物吸水后沉淀。水选后的种子不宜暴晒，而应阴干后贮藏。

3.2.4 粒选 板栗、核桃、栎类、山桃、山杏、榛子等大粒种子，容易辨认种子质量，可逐粒挑选。

3.3 干燥 经过净种去杂后的纯净种子，必须要经过干燥才能贮藏，干燥的程度以达到种子安全含水量为宜，即达到维持其生命的最低含水量。此时，种子呼吸微弱，消耗体内的营养最少，可以延长贮藏寿命。

3.4 种粒分级 种粒分级是将同批种子按种粒大小进行分类。种子越饱满，其出苗越整齐，苗木质量越高，因此种子分级可以减少出苗后苗木参差不齐的分化现象，便于抚育管理。

种粒分级的方法，大粒种子如核桃、板栗和栎类可以用手选分级，中小粒种子可用不同孔径的筛子进行分级。

3.5 种子登记 为了科学地使用种子，应将处理后的种子，分批进行登记，作为种子贮藏、运输、交换时的依据。种子登记应成为制度。

任务 3 园林植物种子贮藏与运输

【任务介绍】 园林植物种实经过调制后，夏熟树种如杨、柳、榆、桑等可以随采随播，一些休眠期较长的秋熟树种也可以采后秋播，但大多数树种都要贮藏到来年春天才能进行播种。此外，树木结实有周期性，不是每年都能大量结实，这就需要采取适宜的贮藏措施，尽量延长种子的寿命，把当年采集的部分种子贮藏至次年播种，因此种子贮藏是育苗造林工作的一个重要环节。

【任务要求】 通过本任务的学习及相应实习，使学生达到以下要求：①认识并理解影响园林植物种子生活力的内在因素和外在因素；②掌握园林植物种子贮藏的方法；③掌握园林植物种子运输的方法。

【教学设计】 园林植物种子贮藏与运输是种子采集后，在播种前通常要经历的一个过程。在种子贮藏与运输过程中重要的是如何保证种子的生活力，使种子在播种时具有良好的品质。因此，重点应让学生理解园林植物种子生活力受哪些内外因素的影响及这些因素的影响机制，从而掌握在种子贮藏与运输过程中如何通过控制种子内在因素及外界环境条件保证种子生活力的方法。

教学过程以使学生掌握各种种子贮藏方法为目标，同时应该让学生学习相关的理论知识。可以采用讲授法，在讲授过程中注意对不同种子贮藏方法的原理进行分析，增强学生的理解。建议采用多媒体进行教学。还可结合种子贮藏的实习，让学生学习并实际练习园林植物的各种种子贮藏方法。

【理论知识】

1　贮藏期种子的生理活动

种子成熟后即转入休眠状态，此时生命活动并未停止，还进行着微弱的呼吸活动，消耗着体内贮藏的营养物质，随着贮藏时间的延长，种子重量不断减轻，发芽率也逐渐下降，直至完全丧失生活力，这是一个相对较长的渐变过程。在生产实践中，种子生活力的丧失往往不是这种渐变引起的，而是由于贮藏条件不良造成种子的非正常呼吸所致。由于呼吸作用所产生的水和热不能及时排除，郁积在种子周围，使种子发生“自潮”、“自热”现象，反过来又进一步促进了呼吸作用。当种子周围二氧化碳浓度过高时，使正常的有氧呼吸转变为缺氧呼吸，释放出乙醇，种子就会因窒息中毒而迅速丧失生活力。因此，在贮藏期间保持种子生活力的关键是控制种子的呼吸作用和性质，种子贮藏的任务就在于创造适宜的环境条件，使种子呼吸处于最微弱的程度，并消除导致种子变质的一切可能因素。

种实在自然条件下，能保持生活力的时间称为种子寿命。在正常的贮藏条件下，可根据种子寿命的长短划分为短寿种子、中寿种子和长寿种子。种子发芽年限在 3 年以内称为短寿种子，如广玉兰、紫玉兰、香椿、杨、柳、榆等。杨、柳等夏熟种子在室温下放置 2～3 周生活力急剧下降，往往 1 个月后就完全丧失发芽力。中寿种子是指发芽年限在 3～15 年的种子，如油松、落叶松、红松、冷杉、槭、椴、水曲柳等。发芽年限在 15 年以上的称为长寿种子，这类种子以豆科植物居多，如皂荚、刺槐、国槐等。

种子寿命之所以有这样大的差异，是内外原因综合作用的结果。内因包括种子的种皮构造、种子内含物、种子含水量、种子的成熟度等。外因就是它们存在的环境条件，包括环境温度、相对湿度、通气条件和生物因子。

2　影响种子生活力的内在因素

2.1　种皮构造　凡种皮坚硬、致密、具蜡质、通透性差的种子寿命长。因为通透性不好，氧气和水不能进入种子，种子便不能进行旺盛的呼吸。呼吸强度弱，消耗养分少，寿命就长。在辽宁省普兰店泡子村河谷出土的古莲子，因为种子坚硬致密，寿命已达1024年，仍能萌芽开花。而种子粒小、皮薄、不致密的，如杨、柳、榆等只能维持几十天到几个月，若种皮受到机械损伤，水分、空气和微生物能自由进入种子，使呼吸作用加强，则寿命会更短。

2.2　种子内含物　不同树种的种子，内含物的化学成分不同，寿命长短也不同。一般认为，以脂肪和蛋白质为主要内含物的种子，如松科、豆科等种子寿命较长，而含淀粉多的种子，如壳斗科种子寿命较短。因为脂肪、蛋白质在呼吸过程中，转变成可利用状态所需的时间比淀粉长，消耗单位质量所放出的热量也比淀粉多（氧化1mol脂肪可放出9.3～9.6kcal①热量，而氧化1mol淀粉时仅放出3.6～4.1kcal热量），因此贮藏时分解少量蛋白质、脂肪所放出的热量就能满足种子呼吸的需要，所以维持生命活动的时间就远比以淀粉为主的种子的时间长。

2.3　种子含水量　种子含水量是影响种子生命力的重要因素。水分对种子的呼吸作用影响最大，种子内水分多时，它的呼吸强度大，生理生化作用旺盛，结果消耗一定数量的养分。消耗的养分多，就不利于贮藏。水分多，还有利于种子表面微生物的活动。种子含水量为18%～20%，最适合微生物的活动，使种子腐烂。

但是也不能认为含水量越低越好，贮藏种子必须保持适宜的含水量，应使种子达到标准含水量，含水量高时，要进行晾晒。据研究，油松种子安全含水量为7%～9%，当其含水量由8%增加到13.8%时，其呼吸强度增加9倍，显然会大大缩短贮藏寿命。而低于安全含水量时，则由于生命活动无法维持也会引起死亡，如麻栎种子含水量低于30%，子叶就发黑，变硬；豆科种子含水量过低，也容易形成硬粒，给浸种造成困难。

2.4　种子成熟度　未完全成熟的种子，种皮薄，保护性差，种子含水量高，内部贮存物质少且常呈易溶状态，呼吸作用强，容易被微生物感染而发霉腐烂，因此不耐贮藏，所以采种时最忌掠青，一定要采收成熟种子。

2.5　净度　净度低的种子，夹杂物多，不易贮藏。因为有的夹杂物吸湿性强，易受潮，使种子产生“自潮”、“自热”现象，种子容易腐烂。相反，净度高的种子，容易贮藏。所以，入库前要进行净种，提高净度。

3　影响种子生活力的外在因素

3.1　环境温度　温度与种子的生命活动有密切的关系，在一定温度范围内（0～50℃），种子呼吸强度随温度的升高而增加，加速了贮藏物质的消耗，从而缩短了种子的寿命。当温度升高到50～55℃时，即超过了酶类活动的最适温度，种子呼吸强度虽然有所下降，但种子生命力也在急剧降低；当温度达到60℃时，种子因蛋白质凝固变性而死亡。但若温度过低，尤其是安全含水量高的种子如栎类，在0℃以下时会使种子内结冰，造成生理机能破坏。一般贮藏种子的最适温度是0～5℃，种子的呼吸活动很微弱，又不会发生冻害。

但种子对高温和低温的抵抗能力不是固定的，因种子含水量不同而不同。含水量低

① 1cal=4.186 8J。

的种子，细胞液浓度高，抵抗严寒和酷暑的能力强，在各种温度下，干燥种子的呼吸强度变化不明显，因此对安全含水量低的种子，将种子干燥到安全含水量的范围，其贮藏温度可以降到0℃以下，从而使呼吸活动十分微弱，消耗内存物质很少。如杨树的种子，在含水量6.1%时，在－5℃以下的低温环境下贮藏，一年内发芽率没有变化。国外在对品种资源保存的实践中，把种子含水量控制在7%～10%，封入铝盒或塑料盒内，直接浸于液态氮（－196℃）中贮存种子，大大延长了其贮藏时间；但对于栎类等安全含水量高的种子，既不耐干燥，又不耐低温，必须在0～5℃且湿润通气的环境下才能较长时间地维持生命活动。

3.2　空气相对湿度　种子是一种多孔毛细管胶质体，具有很强的吸温性能，空气相对湿度的高低，能直接改变种子的含水量。在相对湿度较高的环境下能吸收大量水分而提高种子的含水量；而当空气湿度较低时，种子会向环境排出水分，因此种子含水量总会和空气湿度保持平衡。当种子从空气中吸收的水汽量和排出的水汽量相等时，称此时的含水量为平衡含水量。当平衡含水量超过安全含水量时，种子的呼吸作用加强，呼出水汽，放出的热增多，消耗内含养分速度加快，不利于种子贮藏，因此即使经过干燥处理，入库状态良好的种子也必须贮存在比较低温干燥的环境里（如充分干燥的密封瓶、罐或干燥凉爽的库房里）。一般贮藏室的空气相对湿度要保持在25%～65%。贮藏时间越长，环境越要干燥。种子吸湿性能的大小，因树种而异，种皮薄而不致密的种子，最容易吸湿变质，如杨、柳、榆等；种皮透性小而且内含脂肪多的种子吸湿性小，淀粉和蛋白质含量高的种子吸湿性强，因此对粒小皮薄和内含淀粉、蛋白质为主的种子贮藏时，尤其要控制环境湿度。

3.3　通气条件　通气条件对种子寿命的影响程度与种子本身的含水量和湿度有关。含水量很低的种子呼吸作用很弱，需氧量很少，在密封不通气的条件下也能长久地保持生命力。而含水量高的种子，种子的呼吸作用旺盛，如果通风不良，呼出的二氧化碳、水和散发的热量会在种子堆中积聚不散，使种子与氧气隔绝，造成缺氧呼吸，产生酒精等有害物质而加速种子死亡。因此，对安全含水量低的种子，可以充分干燥至安全含水量范围内，再进行密封低温贮藏；而对安全含水量高的种子，要贮藏在相对湿度较高、适度低温和通气良好的环境。1988年的《GB 10016—1988　林木种子贮藏》规定“干藏种子的库房，要保持干燥，高温高湿季节，要降温除湿”；“种子垛应垫高，离地面15cm，垛与墙壁之间的通道不小于60cm，垛高不超过8袋，宽不超过2袋，以利于通风和人身安全”；“湿藏种子可以混沙、苔藓或锯末等保湿材料，用筐篓等通气性能好的容器盛装，以保持湿润、通气和适度低温”。

3.4　生物因子　生物因子主要是昆虫、鼠类和微生物。昆虫和鼠类蛀食及微生物的繁殖，会使种子霉烂变质。控制的途径：一是要提高种子的纯净度，尽量保持种子的完整无损；二是要降低贮藏环境的温度和湿度，特别是降低种子本身的含水量，据试验，当种子含水量超过18%时，几小时内微生物就会繁殖起来并使种堆发热，而当含水量低于12%时，微生物很少活动，含水量低于9%时，能抑制昆虫生长和发育；三是种子贮藏前的消毒杀虫，如采取药剂熏蒸、温水浸泡等方法，可杀死附着在种子表面和蛀蚀种子内部的昆虫、病菌，还可用40℃左右的温度烘干种子，杀死寄生在种子中的昆虫。

综上所述，影响种子寿命的因素是多方面的，因子间相互影响，相互制约，综合作用。首先应提高种子的净度和将种子干燥至安全含水量的范围；其次应根据种子安全含水量的高低，确定适宜的贮藏条件，对安全含水量高的种子，给予适度低温、湿润和通气条件的环境。

【任务过程】

4 种子贮藏与运输

种子贮藏方法可分为干藏和湿藏两类方法。

4.1 种子干藏 将气干的种子，置于一定的低温和干燥的条件下贮藏称为干藏。干藏适合于安全含水量较低的种子。依据贮藏时间的长短和采用的具体措施不同，又可分为普通干藏、低温干藏和密封干藏。

4.1.1 普通干藏 先把种子进行干燥，达到气干状态，而后放在麻袋、布袋、木桶等容器中，把容器放入通风、干燥、凉爽的种子库中（图 2-7）。这种方法贮藏，种子含水量易受环境湿度的影响，所以影响种子的寿命，保持种子生命力的年限不长。适用于含水率低的、保持发芽能力较长的种子，如大部分针叶树及许多阔叶树（侧柏、油松、云杉、雪松、白皮松、黑松、刺槐、腊梅、臭椿、白蜡等）。

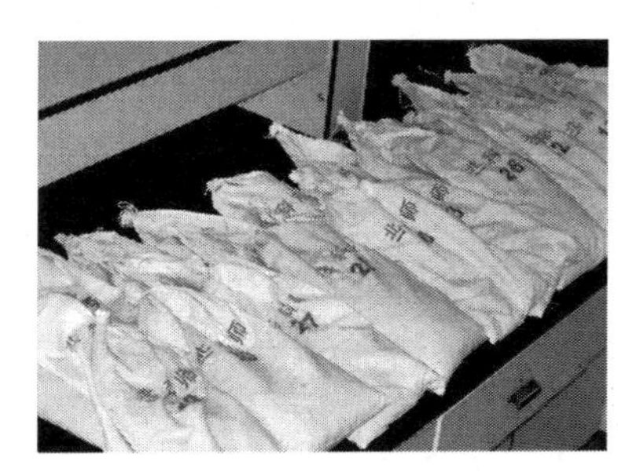

图 2-7 种子布袋干藏

易遭虫蛀的刺槐、皂荚等可以拌生石灰粉、炭屑以防生虫。也可以在仓库进行药物熏蒸，对豆象类害虫可以用磷化铝、溴甲烷、氯化苦等药物来杀灭，用磷化铝，可按 9g/m^3 的用量，或每吨种子用磷化铝 5～8 片，散放到种袋的空隙间，用 4d 的时间可以杀灭害虫；要杀灭寄生蜂类（如落叶松种子小蜂，刺槐种子小蜂），可用硫酰氟，按 25～35g/m^3 的用量熏蒸 3d，用溴甲烷按 30～35g/m^3 的用量在室温 5℃以上熏蒸 1～2d 即可。

4.1.2 低温干藏 低温干藏是将贮藏的温度降至 0～5℃，相对湿度维持在 25%～50%，经充分干燥的种子寿命可以保持 1 年以上（如紫荆、白蜡、松、柏、云杉、冷杉类种子）（图 2-8）。红松种子用麻袋低温干藏在地下库内，贮至第 5 年生活力仍达 89% 以上；而在普通干藏条件下贮至第 2 年生活力即降至 40.3%，到第 3 年生活力逐降至 5.3%，仅有极少量的种子可以发芽。

4.1.3 密封干藏 密封干藏是使种子在贮藏期间与外界空气隔绝，不受外界空气湿度变化的影响，种子长期保持干燥状态，使其新陈代谢作用微弱，所以保持种子生命力的时间长。是长期贮藏种子效果最好的方法。杨、柳、榆、桑等皮薄粒小的种子及需要长期贮存的其他种子适用于密封干藏法。凡安全含水量低的（低于气干状态）种子，用此法贮藏效果都很好。但高含水率种子，如栎类、板栗等不适于用此法。

具体方法是将种子进行干燥，达到安全含水量后，装入不通气的容器中，然后加盖并用石蜡、火漆或透明胶密封容器口，将容器放入温度较低的环境中（图 2-9）。装种子的容器有金属的，如镀锌铁桶的效果很好。此外，还有铝箱、玻璃容器、聚乙烯容器等。容器在使用前，要进行消毒。

密封贮藏种子的容器内，为了防止种子含水量上升，要在密封容器内放入干燥剂。

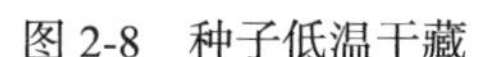

图 2-8　种子低温干藏　　　　图 2-9　种子容器密封干藏

常用的干燥剂有变色硅胶、氯化钙、木炭等。变色硅胶应用较多，它的优点是能吸收种子的水分，而不发生药害。如果变色硅胶由蓝色变成桃红色时，即要更换。换下来的变色硅胶可用烘箱重新活化再用。干燥剂的数量，因干燥剂的种类和不同种子含水量而异，如氯化钙的用量约为种子重量的1%～5%，变色硅胶的用量为种子重量的10%。

长期贮藏一般将容器置于0～5℃的种子库中，称低温密封干藏法。若温度在－20℃～－5℃，称超低温密封干藏法。如没有低温库，将容器放在常温下，此时称为常温密封干藏，贮藏效果较低温环境差，但较普通干藏好。

4.2　种子湿藏　湿藏是将种子置于湿润、适度低温（0～5℃）和通气的环境中贮藏。湿藏适用于安全含水量高的种子，如栎类、银杏、板栗等种子。湿藏不仅可以保持种子生命力，而且在湿藏的过程中还可以逐步转化抑制发芽的物质，解除种子休眠，所以又是一种催芽措施。对一些深休眠的种子，如红松、桧柏、圆柏、椴树、山楂、复叶槭等多采用湿藏处理，翌春种子萌动后即可播种。湿藏的方法主要有室外坑藏、室内堆藏和流水贮藏。

4.2.1　室外坑藏　贮藏开始的时间，除深休眠如红松、桧柏等可结合催芽在夏天（黑龙江）或初秋（吉林、辽宁）入坑，一般应在土壤开始结冻时贮藏。

在室外选择地势高燥、排水良好且背风的地方挖贮藏坑。坑的深度，要满足贮藏期间对温度的要求（0～3℃），一般应在冻层以下，地下水位以上。坑的宽度、长度视种子多少而定，坑宽一般不超过1m。坑挖好后，先在坑底铺5～10cm的湿沙，沙子的湿度以手握成团但又不滴水为宜（含水量为其饱和含水量的60%），在贮藏坑内要每隔1m左右从坑底树立通气用的秫秸把或木制通气孔。然后放种子与湿沙混合物（混合比1∶3），或一层种子，一层沙子，厚度5cm，堆到距地面20cm时为止，其上覆土，堆成屋脊形，坑周围挖沟，以利排水（图2-10）。

若种子量少类多也可将每样种子拌沙后装入洇湿的花盆内放入坑内，堆至距坑口20cm处其上覆以湿沙与坑口平，再覆土使之略高于地面。贮藏期间要经常检查种子的温湿度情况。为了将堆内温度控制在0～5℃，要随着天气变冷而培厚土堆，翌春天气回暖时，要经常检查坑内种子情况，通过减覆土来调节温度防止种子霉烂。

4.2.2　室内堆藏　选用阴凉、干燥、通气的房屋、地下室、地窖、山洞等。先在地上洒水，再铺一层厚为10cm的湿沙。然后按种子、湿沙1∶3的比例混合堆放或分层堆放，如贮藏大粒种子，可以一层种子，一层湿沙交替放置；中小粒种子将种沙混合物堆放。堆高不超过1m，长度视室内大小而定，上面盖湿沙或草帘，若种堆过大，则堆内也要竖草把、枝条把以通气。

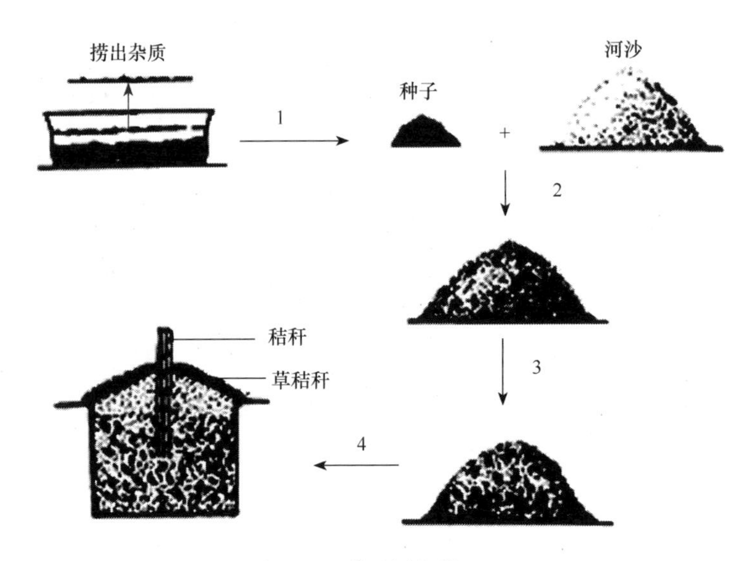

图 2-10　种子层积处理

1. 浸种；2. 混合；3. 拌匀；4. 入坑

贮藏期间要经常洒水以保持堆内湿度，室内堆藏比室外坑藏更容易控制温度和湿度，便于及时掌握种子状态，因此可以较多采用。

4.2.3　流水贮藏　大粒种子如栎类，秋播易遭鼠害，沙藏时往往发芽过早，还不能露地播种。可以选择水面较宽、水流较缓、深度适宜没有严重污染、水底淤泥和腐草较少的溪流或清洁的大口井内，将种子装入箩筐或麻袋内沉水贮藏，效果很好（核桃也适用于此法贮藏）。若水井不结冰也可以吊在水井水面以上，既保持通气又能保持适度低温。

4.3　种子包装和运输　由于种质资源分布不均，而且园林绿化要求树种多种多样，故常需要从外地调运种子，种子的运输过程也是一种短期贮藏的过程，必须做好包装工作，以防种子风吹日晒、雨淋高温和结冻等，致使种子质量下降。

一般适宜于普通干藏的种子可直接装入麻袋、布袋内（但不宜装得太满）直接运输；对含水量高的大粒种子可以装在筐篓或木箱内运输，种子在容器中应分层放置，每层厚度不超过 10cm，层间用秫秸隔开，避免发热发霉；杨、柳、桑等皮薄粒小的种子应使含水量降至 6%～8%，用密封容器运输；珍贵树种的种子可用小布袋或厚纸袋包装，每袋不超过 5kg，并将其装入木箱中运输。在包装容器上应附有种子登记卡以防混杂。运输途中，要有专人管护，途中经常检查，途中停车时，要停放在阴凉通风处，运输时间要尽量缩短，运到目的地后，要立即卸车检查并入库。

【相关阅读】

种子超低温贮藏

种子超低温贮藏是指利用液态氮（－196℃）为冷源，将种子置于－196℃的超低温下，使其新陈代谢活动处于基本停止状态，而达到长期保持种子寿命的贮藏方法。该方法设备简单，保存费用低。另外，液氮保存的种子不需要特别干燥，能省去种子的活力监测和繁殖更新，是一种省事、省工、省费用的种子低温保存技术。

任务4　园林植物种子品质检验

【任务介绍】 园林植物种子品质检验是一项重要工作，通过种子品质检验，可以评定种子等级，预测种子发芽率，确定播种量，避免用劣种育苗，为种子的贮藏、催芽提供科学依据。种子品质检验所测定的品质指播种品质，其内容包括种子的净度、千粒重、发芽率、发芽势、生活力、含水量及优良度等。

【任务要求】 通过本任务的学习及相应实习，使学生达到以下要求：①认识并理解园林植物种子各项品质的概念、内容；②认识并理解种子品质检验的方法和工作程序；③掌握园林植物种子各项品质的测定方法。

【教学设计】 园林植物种子品质检验是园林植物种实生产的一项重要内容，是评价一批种子品质的方法。本任务的重点是让学生掌握园林植物各项品质测定的过程与方法，同时也应理解园林植物种子品质检验的目的和检验样品的抽样原理及过程，使种子品质检验结果能代表该批种子的品质。

因此，教学过程以让学生掌握种子各项品质检验的过程与方法为目标，同时应该让学生学习相关的理论知识，理解种子检验过程的原理与意义。教学可采用讲授法，在讲授过程中注意对不同种子品质检验方法的原理进行分析，增强学生的理解；同时，还要采用实践教学法，让学生实际进行种子各项品质检验练习。讲授时建议采用多媒体进行教学，实践环节采用示例教学法。

【理论知识】

1　抽样

种子品质检验时，不可能把全部种子都进行检验，而只能从中抽取一小部分种子作为样品，对样品进行检验，用对样品的检验结果代表整批种子的质量。这个抽取样品的过程称为抽样（或取样）。

抽样是种子品质检验的一个重要过程。如果样品没有充分的代表性，不论检验工作做得如何细致准确，其结果也不能说明整批种子的品质。这就要求掌握正确的抽样技术，认真地按照规定的方法进行抽样，使抽取的样品具有充分的代表性，这是种子品质检验获得正确结果的首要条件。

1.1　抽样的几个概念

1.1.1　种子批（种批）　是指同一树种或品种，其产地的立地条件、母树年龄、采种时间和方法大致相同；种实的调制和贮藏方法相同；重量不超过一定限额的种子，称为一个种子批，或称为一批种子。

为了使每一批种子提取的送检样品能有最大的代表性，国家规定，每一批种子的重量不超过下列限额：①特大粒种子（千粒重在2000kg以上），如核桃、板栗、油桐等，为10 000kg；②大粒种子（千粒重在600～1999kg），如麻栎、山杏、油茶等，为5000kg；③中粒种子（千粒重在60～599kg），如红松、华山松、樟、沙枣等，为3500kg；④小粒种子（千粒重在1.5～59.9kg），如油松、落叶松、杉木、刺槐等，为

1000kg；⑤特小粒种子（千粒重在1.5kg以下），如桉、桑、泡桐等，为250kg。如果超过限额应另划种子批。

1.1.2 初样品 是初次样品的简称。从一批种子的不同容器或不同部位分别抽样时，每次抽取的种子，成为一个初样品。

1.1.3 混合样品 从一个种子批中取出的全部初样品，均匀地混合在一起，称为混合样品。混合样品的数量，一般不少于送检样品的10倍。

1.1.4 送检样品 是送往种子检验单位，供检验种子质量各项指标用的种子样品。它是从混合样品中分取一部分，供检验用的种子。各树种的送检样品量参见表2-2。

表2-2 部分园林树种送检样品的最低量

树种	送检样品量/g	树种	送检样品量/g	树种	送检样品量/g
红松	1200	白蜡	200	核桃	6000
华山松	1000	杜仲	400	银杏	4000
油松	250	臭椿	200	沙枣	800
白皮松	850	刺槐	200	水曲柳	400
樟子松	60	紫穗槐	85	板栗	5000
华北落叶松	60	香椿	85	黄连木	350
侧柏	200	白榆	60	锦鸡儿	200
栎属	5000	皂荚	1200	国槐	600
元宝枫	850	桑	15	山杏	3500
椴树	850	泡桐	6	黄菠萝	150
杨属	6	山桃	3500	桦	50

1.1.5 测定样品 从送检样品中分取的一部分样品，供测定种子质量某一项指标用的种子，如净度、千粒重等。

1.2 抽样方法 用容器装的种子，要在每一个容器的上、中、下不同部位抽取样品，每次抽取的种子，称为一个初次样品。5个容器以下，每个容器都要抽取，而且初次样品不得少于5个；6～30个容器，每3个容器要抽取一个，且总数不少于5个；31个容器以上至少5个容器抽取一个，总数不得少于10个。同一批种子的全部初次样品均匀混合到一起称为混合样品。混合样品的质量或粒数至少相当于送检样品数的10倍（送检样品数量见表2-2）。

散装堆放的种子可在堆顶和四角设5个样点，每个样点按上、中、下三层抽样。

1.3 送检样品的分取 从混合样品中抽取供检验机构检验的种子称送检样品。一个种子批要抽送两份送检样品，一个送检，一个自留备检。供含水量测定的样品，从混合样品中单独抽取，以防失水影响检验结果。

1.3.1 四分法 把混合样品倒在平滑的桌面或玻璃板上，铺成正方形的种子堆。堆的厚度，一般小粒种子1～3cm，中粒种子3～5cm，大粒种子5～10cm，然后用直尺沿对角线将其分成4份，去掉任一对顶的两个三角形，剩余的两个三角形再均匀混合，按此法继续分取，直到接近送检样品的质量时为止（图2-11）。

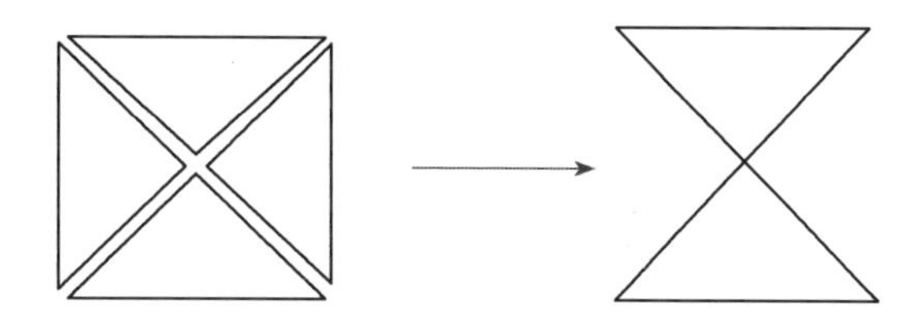

图2-11 四分法取样示意图

1.3.2 分样器法 目前常用的是钟鼎式分样器（图2-12）。开始将种子通过分样器3次，使种子混合均匀，然后正式分取，每分取一次，舍取各半，直到剩下的种子相当于送检的种子质量为止。

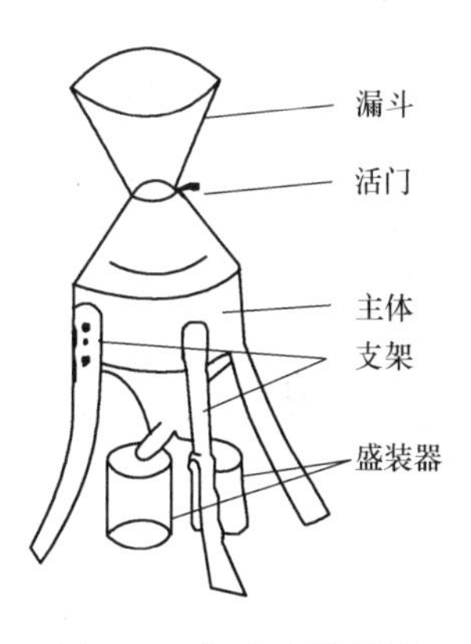

图2-12 钟鼎式分样器

2 种子的物理性状

2.1 种子净度 净度是被测定样品中纯净种子质量占测定样品各成分质量总和的百分比。它是种子播种品质的重要指标之一，净度越高，所含夹杂物越少，贮藏中不易发生霉烂，播种时用种量越少。因而在种子调制中，要做好净种工作。

2.2 种子重量 通常用千粒重来表示。千粒重是指1000粒纯净种子在气干状态的重量，以克（g）为单位。同一树种的种子千粒重越大，种子质量越好，它是计算播种量不可缺少的因子。

2.3 种子含水量 种子含水量是指种子体内水分的重量占种子总重量的百分率。种子含水量的多少，是影响种子寿命的重要条件，含水量高的种子寿命缩短；含水量低的种子能延长寿命，耐贮藏。所以调制后的种子必须进行干燥，并测定其含水量，当含水量达到安全含水量时，才能进行贮藏或调出使用。

3 种子的发芽能力

种子的发芽能力是播种品质的重要指标，是品质检验的重要项目。

3.1 发芽对环境条件的要求

3.1.1 温度 种子在最适宜温度的环境中发芽率最高，温度过高过低发芽率都较低，如超过一定限度就不发芽。不同树种的发芽最适温度不同（表2-3），大体上变动为20～30℃。变温能促进种子发芽，如松属、云杉属、白蜡属等许多树种都有相同规律。例如，油松、樟子松、华山松和白皮松等树种种子的发芽实验，要求20℃ /16h，25℃ /8h。国际种子检验协会规定的190多个种属的发芽温度，约有60%的种属要求给以20～30℃的变温。

表 2-3 部分树种发芽温度和终止天数

树种	温度 /℃	发芽势终止天数 /d	发芽率终止天数 /d	备注
银杏	20/30	7	21	层积催芽 60d
柏木	25	24	35	
侧柏	25	9	20	
油松	20/25	8	16	每天光照 8h
华山松	20/25	15	40	
白皮松	20/25	14	35	
樟子松	20/25	5	8	每天光照 8h
华北落叶松	20/25	6	11	
栎属	25	7	28	取胚方
板栗	25	3	5	取胚方
核桃	25/30	3	6	取胚方
沙枣	30	14	30	层积 60d
黄连木	25	5	15	层积 15d
锦鸡儿	25	7	14	始温 70℃，水浸种 24h
国槐	25	7	29	始温 80℃，水浸种 24h
元宝枫	25	15	35	层积 20d
白蜡	25	5	15	始温 45℃，水浸 24h
杜仲	25	7	12	在胚根一段轻划一刀，水浸种 24h
臭椿	30	7	21	
刺槐	20/30	5	10	80℃水浸种自然冷却 24h
紫穗槐	25	7	15	80℃水浸种自然冷却 24h
香椿	25	8	12	
白榆	20	7	7	
皂荚	20	4	21	始温 90℃，水浸种 24h
杨属	20/30	3	6	重量发芽法
桑	30	8	15	重量发芽法
泡桐	20/30	9	14	重量发芽法

3.1.2 湿度 种子发芽盘要保持湿润，但水分过多又会阻碍氧气进入种子，抑制种子呼吸。一般在发芽实验中，纸垫的水分以不使种粒周围形成水膜为宜。

3.1.3 通气 种子发芽时呼吸强度大，要放出二氧化碳，如果通气不良，发芽盘的二氧化碳积累量达到 17% 时会抑制种子发芽，二氧化碳积累到 35% 时，种子就会窒息死亡。因此，发芽盘必须通气良好。

3.1.4 光 种子发芽时有的需要光，有的不需要光。需要光的称为好光性种子，不需要光的称为嫌光性种子。如松属、冷杉属、云杉属、桦木属、赤杨属、白蜡和青桐属等种子，在阳光下都有促进种子发芽的效果。对这种类型的种子发芽时，应给以光照条件。

3.2 发芽能力的指标

3.2.1 发芽率 是正常发芽的种子总数与供检种子总数的百分比。它是种子播种品质的一个主要指标。

3.2.2 发芽势 发芽势是发芽种子数达到高峰时，正常发芽种子的总数与供检种子总数的百分比，是发芽整齐程度的指标。一般以发芽实验规定总时间的前1/3时计数。如3月2日—20日的发芽实验结果：3月5日发芽3粒，3月6日发芽5粒，3月7日发芽6粒，3月8日发芽15粒，3月9日发芽6粒，3月10日发芽6粒，则发芽种子数的高峰期是3月8日，发芽势是3月2日—8日正常发芽种子的总数与供检种子总数的百分比。

发芽势也是种子播种品质的一个主要指标。发芽率相同的两批种子，发芽势高的种子品质好。播种后发芽比较迅速而整齐，场圃发芽率也高。

4 种子生活力

在实际工作中，有时由于条件所限，不能进行发芽实验，或因种子深休眠，而又需要在短时间内测定其潜在的发芽能力，这时可以用测定种子生活力的方法来估测其未来的发芽能力。

所谓种子生活力，是指有生命力的种子数占供检种子数的百分比。种子生活力值一般略高于实验室发芽率，是种子品质的一个重要指标，它表明种子潜在的发芽能力。种子生活力可以用化学试剂染色法来测定，即用某种化学药剂浸泡种子，观察胚和胚乳、子叶是否染色及染色的部位与大小来测定种子有无生命力。常用方法有四唑染色法和靛蓝染色法等。

4.1 四唑染色法 四唑是氯化（或溴化）三苯基四氮唑的简称，为白色粉末，溶于中性水后为无色透明溶液，将种胚浸入四唑溶液中，由于有生命力种子的胚细胞有脱氢酶存在，会催化呼吸基质放出氢，把浸入种胚内的无色四唑还原成红色稳定不扩散的物质，而死细胞没有这种反应，染不上红色，由此可判定种子上染色的有生命部分和未染色的死亡部分，并根据染色的部位和比例判断种子是否有生命力。

4.2 靛蓝染色法 靛蓝是一种苯胺染料，为蓝色粉末，它能透过死细胞使其染上颜色，因此染上蓝色的是无生命力的死细胞，根据胚染色部位和比例大小可以判断种子有无生命力。

【任务过程】

5 种子品质检验

5.1 抽取样品

1）根据种子贮藏的情况，对照有关的技术规则，决定初次样品应抽取的个数。

2）根据对混合样品的数量规定和初次样品所抽取的个数，确定每个初次样品应取的最低量。

3）根据种子和设备情况，采用扦样器或徒手抽取各个初样。

4）如初样无显著差别，将初样均匀混合组成混合样品。

5）用四分法或分样器法分取送检样品。

5.2 净度测定

5.2.1 净度测定样品的抽取 从送检样品中用四分法取规定数量的种子，然后用天平

准确称重记为 m_0。

5.2.2 测定样品的分析 将称好的样品按标准挑选分成三种成分：纯净种子、废种子和夹杂物。其中纯净种子除包括完整的、未受伤害的、发育正常的种子之外，还包括发育不完全的种子和不能识别的空粒及虽有破口但仍具发芽能力的种子。废种子是指能明显识别的空粒，腐烂的、已发芽的显然丧失发芽能力的种子，严重损伤的种子和无种皮的裸粒种子。夹杂物的成分包括不属于被检验的树种的种子，枝、叶、鳞片、苞片、果皮、种子碎片、石粒、土块等杂质，昆虫的成虫、幼虫和蛹。

5.2.3 结果计算

1）将测定样品分三类挑拣完后，将三种成分分别称重：纯净种子记为 m_1，废种子记为 m_2，夹杂物记为 m_3。样品质量 m_0 与三种成分质量和（$m_1+m_2+m_3$）差值不得大于原质量的 5%，否则应重做。

2）净度计算

$$\text{净度（\%）}=\frac{m_1}{m_1+m_2+m_3}\times 100\% \tag{2-1}$$

5.3 种子千粒重测定

1）从净度测定所得到的纯净种子中，随机取 100 粒为一重复，共取 8 个重复，分别称重，得到各个重复的重量 x_i。

2）求 8 次重复的平均重量，然后计算标准差 s 及变异系数 c。

$$s=\sqrt{\frac{\sum_{i=1}^{n}(x_i-\bar{x})}{n-1}} \tag{2-2}$$

$$c=\frac{s}{\bar{x}} \tag{2-3}$$

3）种粒大小悬殊的种子，变异系数不超过 6.0%，一般种子的变异系数不超过 4.0%，即为合格，用 8 个重复的平均重量乘以 10 作为最后测定的种子千粒重。如变异系数超过所规定限度，应再取 8 个重复，称重，并计算 16 个重复的标准差，凡与平均数之差超过 2 倍标准差的各重复，均略去不计。

5.4 种子含水量测定

5.4.1 取样 测定样品充分混合后，取 2 份独立分取的重复样品。根据所用样品盒直径的大小，每份样品的质量：若直径小于 8cm，取 4～5g；若直径大于 8cm，取 10g。以克（g）为单位，保留 3 位小数。

5.4.2 切片 大粒种子（每千克少于 5000 粒）及种皮特别坚硬的种子每粒种子应切成小片，粒径大于或等于 15mm 的种子至少要切成 4～5 片，切片时动作要迅速，从中随机抽取大致相当于 5 粒完整种子质量的测定样品。整个操作过程暴露在空气中的时间不得超过 60min。

5.4.3 烘干

（1）低恒温烘干法 将 2 份待测样品分别均匀地铺在预先烘干称重的样品盒内，精确称取样品盒连同盒盖的质量，然后放入已升温至（103±2）℃的烘箱内，打开盖子，烘干（17±1）h，达到规定时间后，迅速打开烘箱，盖好盒盖，并放入有干燥剂的干燥器中冷却 30～45min，然后称取样品毛重（包括盒重），即为干燥后的质量。两次质量之差即为种子失去的水分重。

（2）高恒温烘干法　步骤与低恒温烘干法相同，只是烘箱的温度必须保持在 130～133℃，样品烘干时间为 1～4h。

（3）预先烘干法　对含水量高于 17% 的种子应实行预先烘干法，即首先进行预先烘干，称取 2 个预备样品，每个样品至少称取（25±0.2）g，放入已称过质量的样品盒内，在 70℃的烘箱内预烘 2～5h，使水分降至 17% 以下，取出后置于干燥器内冷却，称重，切片，称取测定样品，再用低恒温或高恒温烘干法烘干，测定含水量。

5.4.4　计算含水量　对恒温烘干的种子，其含水量用以下公式计算：

$$含水量=\frac{M_2-M_3}{M_2-M_1}\times 100\% \tag{2-4}$$

式中：M_1 为样品盒和盖的质量（g）；M_2 为样品盒和盖及样品的烘前质量（g）；M_3 为样品盒和盖及样品的烘后质量（g）。

对预先烘干的种子，可按两次烘干失去的水分计算含水量：

$$含水量（\%）=S_1+S_2-\frac{S_1\times S_2}{100} \tag{2-5}$$

式中：S_1 为第 1 次失去的水分质量（g）；S_2 为第 2 次失去的水分质量（g）。

两次重复的容许差距范围为 0.3%～2.5%。

5.5　种子发芽测定

5.5.1　抽取检验样品　从测定净度时选出的纯净种子中，用四分法，分别在四个三角形中随机取 25 粒种子组成 100 粒，为一重复，共取 4 个重复。

5.5.2　消毒灭菌　检验所使用的种子和各种物件一般都要消毒灭菌处理。检验用具可先洗净，再用沸水煮沸 5～10min；发芽箱喷洒福尔马林后密封 2～3d 然后使用；种子消毒灭菌药剂常用有福尔马林、高锰酸钾等。将纱布袋连同其中的种子检验样品放入小烧杯中，注入 0.15% 的福尔马林溶液，以浸没种子为度，随后盖好烧杯。20min 后取出绞干，置于有盖的玻皿中闷 30min，取出后连同纱布用清水冲洗数次。

5.5.3　浸种　根据所检验样品需要的浸种条件和时间进行浸种。

5.5.4　置床　将经过消毒灭菌、浸种处理后的种子安放到发芽床上。常用的发芽床有纱布、滤纸或细沙。一般中粒、小粒种子可在发芽皿或培养皿中放上纱布或滤纸作床。

每个发芽床上整齐地放 100 粒种子（图 2-13），如种粒过大可为 50 粒乃至 25 粒。种粒之间保持相当于种粒大小 1～4 倍的距离，减少霉菌蔓延感染，避免发芽的幼根相互接触纠缠。在发芽皿上做好标记，放入发芽箱，发芽箱设置种子发芽所需的适宜条件。

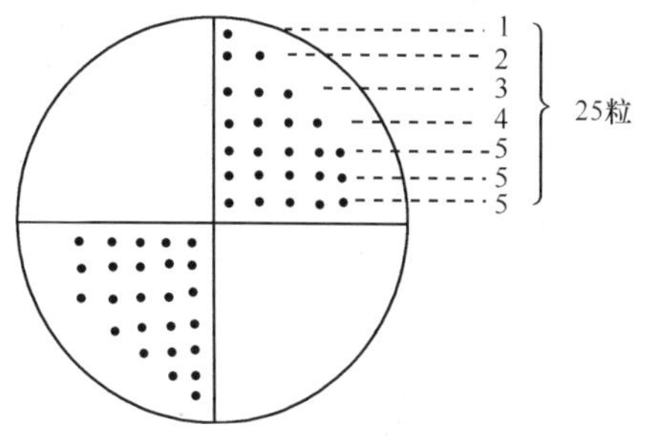

图 2-13　种子在发芽床上的排列示意图

5.5.5　观察记录　根据种子发芽所需的时间确定发芽实验持续时间（表 2-3），在实验时间里每天观察记录 1 次，按发芽皿的编号依次记载发芽粒数，发芽标准如下。

正常发芽粒——长出正常胚根，特大粒、大粒、中粒种子的胚根长度大于该种粒一半；小粒、极小粒种子如杨、柳、桑、桉等，胚根长度应不小于该种粒的长度。楝、柚木等复粒种子，其中只要有一粒种子正常发芽即可作为正常发芽粒。

异状发芽粒——胚根短而生长迟滞、胚根呈负向地性；胚根异常纤弱；胚根腐坏；胚根出自珠孔以外的部位；胚根卷曲；子叶先出；双胚联结等。有时需将一时难于判断的发芽粒特别提出另行培养，以便确定是否为正常发芽。凡符合正常发芽粒的种子用小镊子取出并记数。

腐烂粒——内含物腐败呈胶状的无生命种子称腐烂粒。应及时捡出并在表格中记载，但不能把感染霉菌的种子混同为腐烂粒。

未发芽粒——每次剔除发芽粒、异状发芽和腐烂粒之后将余下的未发芽粒重新排放整齐，并点数，以便及时检查，避免差错。到发芽终止日期后，分组用切开法对尚未发芽的种粒进行补充鉴定，分别归成新鲜健全粒、腐烂粒、空粒、涩粒等几类并分别记录。

5.5.6　计算发芽结果　发芽测定结束，进行发芽率和发芽势的计算。

5.6　种子生活力测定

5.6.1　抽取样品　从净度测定后的纯净种子（或单用发芽测定结束的未萌发粒）中随机取 100 粒种子为 1 个重复，共取 4 个重复。

5.6.2　种子预处理　对容易剥掉种皮的种子用始温为 30～45℃的温水浸种 24～48h，每日换水 1 次。硬粒种子可用 80～85℃热水浸种，搅拌至自然冷却，每日换水 1 次。种皮坚硬致密的种子可用 98% 的浓硫酸浸种 20～180min，充分冲洗，再用水浸种 24～48h，每日换水 1 次，种皮软化后去除种皮，剥取种仁。对于不易剥离种皮的种子，可以采取刺伤或削去部分种皮（如刺槐）横切、纵切（如白蜡）或切取胚方（银杏等大粒种子），以利于药液浸透种子。

5.6.3　药液浸种　将剥出的种仁或切取的种子、胚先放入盛有清水垫有湿滤纸、纱布的器皿内，待全部剥（切）完后一起浸入药液中，使溶液浸没种仁，上浮者要压沉。其中四唑溶液浓度为 0.5%～1%，靛蓝溶液浓度为 0.1%～0.2%，置于黑暗处，保持 30～35℃的环境温度。染色时间因树种和条件而异，染色结束后沥去药液，用清水冲洗，将种仁摆放在铺有滤纸的器皿中，保持湿润，以备鉴定。

5.6.4　种子鉴定　根据染色的部位、染色面积的大小和染色的程度，逐粒判断种子的生活力。分别计算各重复的有生活力的百分数，计算 4 个重复的平均百分数作为该批种子的生活力值。

【相关标准】

中华人民共和国国家标准：林木种子检验规程（GB 2772—1999）。

中华人民共和国国家标准：林业种子贮藏（GB 10016—1988）。

项目3 苗木的播种繁殖技术

通过种子繁衍后代的方法，称为有性繁殖，也称为播种繁殖。由种子萌发长成的苗木称为播种苗或实生苗。播种育苗是园林苗木繁殖的主要方式之一。播种育苗操作相对简单，技术成熟，可在短期内培育大量苗木或用于嫁接的砧木苗。播种苗的优点是根系发达、适应性和抗性强、寿命长。缺点是苗木变异性大，易失去母本的优良特性，开花结实晚。

本项目通过学习园林植物播种前消毒和催芽、播种期和播种量确定、播种后的管理等内容，使学生掌握播种育苗的主要理论知识和操作技术方法，熟悉播种育苗的基本环节、常用设施、材料和工具，具备基本的组织苗木生产的能力。

本项目重点包括园林植物种实播种前的处理、播种期和播种量计算、播种方法和播种苗管理的方法等内容。由于园林植物种类繁多，全国各地、土壤气候差异很大，不同园林植物的种实生长习性不同，播种期和播种技术在实际生产中存在较大的差异，因此在教学过程中，需结合学生的生源和当地的气候等环境条件，利用当地常见园林树种为案例进行讲解。在此基础上结合实习实训，运用任务驱动教学法让学生掌握各类型种实中具代表性的常见种实的播种育苗技术。

任务1 播种前的种子处理

【任务介绍】播种前对种子的处理包括精选种子、消毒、催芽等工作，目的是确保播种用的是高质量的种子，杀灭种子携带的病原菌，打破种子的休眠，促使种子发芽整齐一致，减少苗期病害。

【任务要求】通过该任务的学习及相应实习，使学生达到以下要求：①认识播种前种子处理的作用和主要内容，了解其在园林苗木生产中的实际应用；②熟悉播种前种实处理的基本环节、常用设施、材料和工具；③掌握播种前种子精选、消毒、催芽的常用方法和技术，能根据不同树种种子的特性和当地的气候条件，确定合理的方法并进行操作；④具备基本的生产组织能力。

【教学设计】要完成该任务，首先要根据育苗树种特性开展种子精选、消毒等工作，然后根据种实的特点、当地的气候、可用的材料和设施条件，确定合理催芽方法，催芽过程中要严格认真管理。由于园林植物种类繁多，不同植物种实特性不同，精选、催芽方法和要求不同，因此，教学中重点应让学生掌握影响种子发芽和苗木质量的内因和外因，以及当地生产上常用的催芽方法，从而能结合生产实际和树种特性，灵活应用。

教学过程以完成当地某2～3种不同类型的园林植物种子的催芽过程为目标，在让学生学习种子播种前处理的相关理论知识和方法的基础上，开展实训。建议采用理实一体化教学，即让学生边学边做，以小组为单位开展实践操作。

【理论知识】

用作播种的种子，必须是检验合格的种子。为了保证种子具有良好的播种品质，达到出苗快、齐、匀、全、壮的目的，缩短育苗年限，提高苗木产量和质量，播种前必须进行种子处理，措施主要包括精选、消毒、催芽。

1 精选种子

种子经过贮藏，可能发生虫蛀、霉烂等现象。为了获得净度高、品质好的种子，并确定合理的播种量，播种前还需要进行精选。精选的方法与种实处理时的净种相同，即采用筛选、水选、手选的方法净种、选种，将变质、虫蛀的种子清除，选出饱满的种子。湿沙层积催芽的要筛去沙子，未经分级的种子，还需按种粒大小进行分级。以便分别播种，以使种子发芽整齐，苗木生长一致，便于管理。

2 种子消毒

在催芽和播种前要对种子进行消毒，一方面消除种子本身携带的病菌；另一方面防止土壤中病虫危害，以减少苗期病虫害的发生。常用的种子消毒的方法有紫外光消毒、药剂浸种、药剂拌种等。

2.1 紫外光消毒 将种子放在紫外光下照射，能杀死一部分病毒。由于光线只能照射到表层种子，所以种子要摊开，不能太厚。消毒过程中要翻搅，0.5h 翻搅一次，一般消毒 1h 即可。翻搅时人们要避开，避免紫外光伤害。

2.2 硫酸铜溶液浸种 播种前，用 0.3%～1% 的硫酸铜溶液浸种 4～6h，取出阴干即可播种。硫酸铜溶液不仅可以消毒，对部分树种（如落叶松）还有催芽的作用，可提高种子的发芽率。

2.3 高锰酸钾溶液浸种 适用于尚未萌发的种子。播种前，用 0.5% 的钾溶液浸种 2h，或用 3% 的高锰酸钾溶液浸种 30min，取出后密闭 30min，然后用清水冲洗。但对胚根已突破种皮的种子，不宜采用本方法。

2.4 甲醛溶液浸种 播种前，用 0.15% 的甲醛溶液浸种 15～30min，然后闷 2h，用清水冲洗后，将种子摊开晾干即可播种。

2.5 石灰水浸种 用 1%～2% 的石灰水浸种 24h 左右，对落叶松有较好的灭菌作用。种子要浸没 10～15cm 深，倒入时充分搅拌，然后静置，使石灰水表面形成并保持一层碳酸钙膜，隔绝空气，达到杀菌目的。

2.6 药剂拌种 药剂有防治病菌的、防治虫害的、综合防治的，要根据不同需要选择使用。如用敌克松药剂混合 10 倍左右的细土，配成药土后进行拌种，对预防立枯病有很好的效果。松柏类种子每千克用氯化乙基汞（也称西力生）1～2g 拌种，密封贮存 20d 后播种，具有消毒、防护和刺激种子萌发的作用。此外，药剂拌种也可结合杀菌剂和种肥，制作种衣，可以保护种子，提高种子抗性和发芽率，防止病虫害发生。

3 种子催芽

催芽是用人工的方法打破种子休眠，促进种子萌芽（长出胚根）的过程。有些硬粒种子，按常规播种发芽期较长，短则数月，长则 1 年，如孔雀椰子需 52～108d 发芽，古巴银桐需 37d，芳香银桐需 45～237d，油椰子需 64～147d 才能发芽，因此，播种前需要进行催芽处理。

催芽通过人为地调节和控制种子发芽所必需的外界环境条件，以满足种子内部所进行的一系列生理生化过程，增加呼吸强度，促进酶的活动，转化营养物质，以刺激种胚的萌发生长。催芽可提高场圃发芽率，使种子发芽迅速而整齐，节约种子，方便管理，增强幼苗的抗性，提高幼苗的产量及质量。

3.1 园林树木种子休眠的原因及类型 种子休眠是植物为了种的传播、繁衍，在长期的进化发育过程中形成的种子自我保护机制，以此来适应不利的外部环境。很多种子形态成熟后，进入休眠状态。根据种子的休眠程度，可以将种子分为被迫休眠和生理休眠两种。

3.1.1 被迫休眠 种子得不到发芽所需的各种环境条件，如适宜的温度、湿度、氧气、光照等而不萌发的现象。

3.1.2 生理休眠 也称长期休眠、自然休眠、深休眠。生理休眠的种子成熟后，即使在适宜种子发芽的条件下也不能发芽。必须经过一段休眠时间或采取人工打破休眠后才能萌发。具有生理休眠的园林树种很多，如白皮松、银杏、樟树、凤凰木、七叶树、女贞、刺槐、相思树、合欢、火炬树、黄栌等。引起生理休眠的因素主要如下。

（1）种皮机械阻碍 有些种子的种皮或果皮坚硬致密、透气性差，如刺槐、皂荚种子，即使在湿润状态下也很难吸水膨胀、迅速发芽；一些种子种皮有油质或蜡质，如花椒种皮含有蜡质，透水透气困难。这类种子，可用物理或化学的方法增加种皮通透性，种子就能发芽。用低温层积催芽也能软化种皮，增加透性，打破休眠。

（2）种子含有抑制萌发的抑制物质 很多研究表明，许多植物种子的种皮、果皮或种子内部含有种类繁多的抑制种子萌发的物质，包括有机酸、植物碱、挥发油、乙烯、酚、醛等，会抑制种子种胚的代谢作用，使种胚处于休眠状态。如金合欢、花椒等，这类种子，可通过低温层积、植物生长调节剂如赤霉素处理等方法，打破休眠，促进种子萌发。

（3）生理后熟引起的休眠 有些种子形态上虽已成熟，但种胚发育不完全，需要经过一段时间的后熟，种胚发育健全，才能发芽，如银杏、七叶树、山楂等。这类种子，可用贮藏和低温层积处理进行催芽。

3.2 种子催芽的方法 种子催芽的方法很多，要根据植物特性、休眠深度、催芽时间长短等来选择。生产上常用的有以下几种。

3.2.1 层积催芽 层积催芽又分为高温层积催芽、低温层积催芽、变温层积催芽等。将种子与湿润物质（沙子、泥炭、蛭石等）混合放置，在 0～10℃的低温下，解除种子休眠，促进种子萌发，这种方法称为低温层积催芽（图 3-1）。园林树木中常用的是低温层积催芽，适用很多有深休眠的树种种子，如银杏、香樟、山桃、火炬树、七叶树、假连翘、丁香、山楂等（表 3-1）。

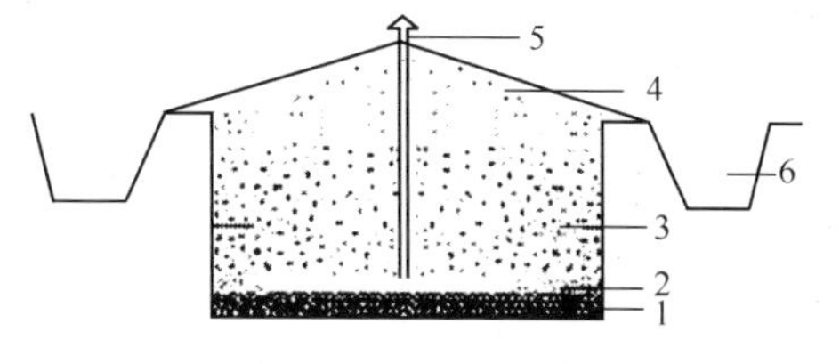

图 3-1 种子室外层积催芽法

1. 卵石；2. 沙子；3. 种沙混合物；4. 覆土；5. 通气竹管；6. 排水沟

低温层积催芽的主要原理是种子在低温（0～10℃）环境条件下，种子内部的脱落酸等抑制萌发的物质显著减少，而促进种子萌发和苗木生长的激素赤霉素增加，从而打破了休眠。加之湿润透气的环境使种子有了适宜的水分和充足的氧气，增加了细胞原生质

表 3-1 部分园林树种种子低温层积催芽天数

树种	催芽天数 /d	树种	催芽天数 /d
银杏、栾树、毛白杨	100～120	山楂、山樱桃	200～240
白蜡、复叶槭、君迁子	20～90	桧柏	180～200
杜梨、女贞、榉树	50～60	椴树、水曲柳、红松	150～180
杜仲、元宝枫	40	山荆子、海棠、花椒	60～90
黑松、落叶松	30～40	山桃、山杏	80

的膨胀性和渗透性，提高了水解酶的活性，将复杂的化合物转化为简单的可溶性化合物，促进了新陈代谢，使种皮软化，吸水膨胀而发芽。另外，一些后熟的种子如银杏、山楂，在层积的过程中种胚明显长大，完成后熟过程，种子即可萌发。操作方法如下。

（1）*种子预处理* 干燥的种子需要浸种，一般浸种 24h，种皮厚的种子浸种时间可适当长一些。浸种后要对种子进行消毒处理，消毒后需用清水冲洗。

（2）*催芽坑准备* 选择地势高、地下水位低、向阳的地方挖催芽坑。催芽坑的构筑方法与种子湿藏的方法相同。

（3）*种子层积* 种子与干净湿润的沙子（或泥炭、木屑）混合，种子与沙子的比例为 1∶3，沙子含水量为 60% 左右。按种子湿藏的方法，将种子入坑，保持低温、湿润、通气状态。

也可采用室内自然温度堆积催芽法。其方法是将种子按上述方法预处理后混 2～3 倍湿沙，置室内地面上堆积，高度不超过 60cm，利用自然气温变化促进种子发芽。种沙混合物要始终保持 60% 左右的湿度。如果气温较高每周要翻动 2～3 次。

低温层积催芽适用于休眠期长、含有抑制物质、种胚未发育完全的种子，如银杏、白蜡、山楂等。经过低温层积催芽，可使幼苗出土早，出土整齐，苗木生长健壮，抗逆性强。这是生产上常用的方法。生产上少量的种子、珍贵种子也可以放在 3～5℃的冰箱中冷藏，科学研究用种子可在人工气候箱中催芽，人工气候箱可人为控制温度、湿度和通气条件。

3.2.2 水浸催芽 将种子放在水中浸泡，使种子吸水膨胀，软化种皮，解除休眠，促进种子萌发的方法，称为水浸催芽，有冷水、温水和热水浸种法。浸种前种子要进行消毒。

（1）*冷水浸种* 将种子放入冷水（25～30℃）中浸泡 1～3d，即可捞起，作进一步催芽。

（2）*温水浸种* 一般用初始温度 40～55℃的温水催芽。将种子倒入温水中，不停地搅动，使种子受热均匀，并使其冷却至自然温度。催芽后即可播种。如仙客来、秋海棠等种子在 45℃温水中浸泡 10h 后，滤干催芽，可顺利发芽。

（3）*热水浸种* 适用于种皮坚硬，含有硬粒的种子，如刺槐、皂荚、合欢等，可用初始温度 70～90℃的热水浸种。浸种时将种子倒入盛热水的容器中，不停地搅动使水和种子在容器中旋转，使种子受热均匀，直到热水冷却，然后捞出装入蒲包中催芽，如火炬松、椰子类的植物种子用开水烫种处理后，可顺利发芽。

浸种超过 12h 的，要进行换水，保证水中有足够的氧气，有利种子萌发。对泡桐等杂质多易发黏的小粒种子，浸种过程要注意淘洗干净。浸种的水温和时间，根据种粒大小、种皮厚薄和化学成分的不同而不同（表 3-2）。

表 3-2　常见植物浸种水（始）温度及时间表

植物	水温 /℃	浸种时间 / d
杨、柳、榆	冷水	0.5
悬铃木、桑、臭椿	30（左右）	1
樟、楠、油松、落叶松	35	1
紫荆、珍珠梅、旱金莲	40～50	0.5～2
槐树、苦楝、君迁子	60～70	1～3
核桃、刺槐、合欢、紫穗槐	80～90	1～3

浸种后进行种子催芽，常用的方法有两种：一是将湿润种子放入容器中，上用湿布或苔藓覆盖，放温暖处催芽（图 3-2）；另一种是将经水浸捞出的种子，混以 3 倍湿沙放温暖处层积催芽。以上两法应注意温度、湿度及通气状况的调节。发芽快的植物经 2～3d，发芽慢的（如苦楝等）7～10d，当种子“咧嘴露白者”占 30% 即可播种。

图 3-2　种子光照培养箱催芽

3.2.3　药剂催芽

（1）化学药剂催芽　对种皮具有蜡质、油脂的种子，如乌桕、黄连木等种子，用 1% 的碱水或 1% 的苏打水溶液浸种后脱蜡去脂。对种皮特别坚硬的种子，如油棕、凤凰木、皂荚、合欢、相思树、胡枝子等，可用 60% 以上的浓硫酸浸种 0.5h，然后用清水冲洗。漆树可用 95% 的浓硫酸浸种 1h，再用冷水浸泡 2d，第三天露出胚芽即可播种。此外，用柠檬酸、碳酸氢钠、硫酸钠、溴化钾等分别处理池杉、铅笔柏、杉木、桉树等种子，可以加快发芽速度，提高发芽率。

（2）植物生长激素浸种催芽　用赤霉素、吲哚乙酸、吲哚丁酸、萘乙酸、氯苯酚代乙酸（2, 4-D）等处理种子。例如，用赤霉素溶液（稀释 5 倍）处理，浸种 24h，对臭椿、白蜡、刺槐、乌桕、大叶桉等种子，有较显著的催芽效果，不仅提高了出苗率，而且显著提高了幼苗长势。

（3）微量元素浸种催芽　用钙、镁、硫、铁、锌、铜、锰、钼等微量元素浸种，可促进种子提早发芽，提高种子发芽率和发芽势。如用 0.01% 的锌、铜或 0.1% 的高锰酸钾溶液浸泡刺槐种子一昼夜，出苗后一年生幼苗保存率比对照提高 21.5%～50.0%。

3.2.4　混雪催芽　混雪催芽其实也是低温层积催芽，只不过与种子混合的湿润物质是雪，在冬季积雪时间长的地区可以采用。

操作方法是在土地冻结之前，选择排水良好、背阴的地方挖坑，深度一般在 100cm 左右，宽 1m，长按种子数量而定。先在坑底铺上蒲席或塑料薄膜，再铺上 10cm 厚的雪，然后将种子与雪按 1∶3 的比例混合均匀，放入坑内，上边再盖 20cm 并使顶部形成屋脊状。来年春季播种前将种子取出，让雪自然融化，并在雪水中浸泡 1～2h，然后高温催芽，当胚根露出或种子裂口达到 30% 左右时，即可播种。

3.2.5　机械损伤催芽　对于种皮厚而坚硬的种子，可利用机械的方法擦伤种皮，改变其透水、透气性，从而促进种子萌发。小粒种子混沙摩擦，大粒种子混碎石摩擦（可用搅拌机进行），或用锤砸破种皮，或用剪刀剪开种皮，如油橄榄和芒果种子顶端剪去后再播种，能显著提高发芽率。香豌豆在播种前用65℃的温水浸种，大约有30%的种子不吸胀、不发芽，解决的方法是用快刀逐粒划伤种皮（千粒重80g），操作时不要伤到种脐，刻伤后再浸入温水中1～2h即可。

3.2.6　催芽新技术　近年来，种子催芽技术又有新的进展，主要进展：①汽水浸种，将种子泡在不断充气的4～5℃水中，并保持水中氧气的含量接近饱和，能加速种子发芽；②播种芽苗，或称液体播种，即在经汽水浸种时，水温保持在适宜的发芽温度，直到胚根开始出现，这时种子悬浮在水中，将其喷洒在床面上，据研究，此方法能使层积催芽60d后的火炬松种子在4～5d内发芽长出胚根，而且发芽整齐；③渗透调节法，用聚乙二醇（PEG）等渗透液处理种子，使其处于最适宜的温度，但又能控制不让其发芽，等到播种后发芽更整齐而迅速；④稀土处理，如用稀土处理的油松种子，发芽率、发芽势明显提高。

4　接种

有些树种，播种前需要进行接种。

4.1　根瘤菌剂接种　根瘤菌能固定大气中游离的氮供给苗木生长发育。对有根瘤菌的豆科树种或赤杨类树种，如果在无根瘤菌的土壤中育苗时，需要接种根瘤菌剂。方法：将根瘤菌剂与种子混合搅拌后，随即播种。

4.2　菌根菌剂接种　很多树种如松属、壳斗科、杨梅等，都有共生的菌根，菌根能代替根毛吸收水分和养分，促进苗木生长发育，尤其是在苗木幼龄期。这些树种如果在无菌根菌苗圃地育苗时，人工接种菌根菌，能提高苗木的质量。方法：将菌根菌加水拌成糊状，拌种后立即播种。

4.3　磷化菌剂接种　磷在土壤中容易被固定，而磷化菌可以分解土壤中的磷，转化为可以被植物吸收利用的磷化物，供苗木吸收利用。方法：用磷化菌拌种后播种。

5　种子大粒化处理

5.1　种子大粒化的概念　种子大粒化即种子丸粒化。种子丸粒化处理属于种子包衣技术。包衣种子是指通过处理将非种子材料包裹在种子表面，形成形状类似于原来的种子单位。非种子材料主要指杀虫剂、杀菌剂、微肥、染料和其他添加物质。种子经过包衣后，使小粒种子大粒化、不规则种子成形化，促进种子标准化、机械化的发展和推进种子产业化的进程。既能防虫防病、省工省药又增产增收，是继种子包膜技术之后的又一项种子处理新技术。

5.2　种子大粒化处理的特点　通过种子丸粒化包衣使种子大粒化，不仅能够增加种子的粒度和重量，有利于机械播种和精量播种，而且能够提供较为充分的药、肥及其他功能物质，如日本住友公司生产的蔬菜丸粒化种子，使不规则的小粒、重量极轻的蔬菜种子丸粒化后实现了良种化。既能减少用种量，又能起到防病治虫、保护环境等效果。国内近年开展了大量的种子丸粒化包衣剂及包衣技术的研究，并应用于生产（图3-3）。据报道，利用包衣种子可以综合防治苗期病虫害，促进作物苗期生长，增产8%～10%，苗期可省3～5个工时，同时可减少用药2～3次，有利于环境保护。据测试，包衣对环境污染的程度只相当于根施农药的1/3、喷施农药的1/100。我国玉米、小麦、大豆种子包衣处理后，大面积连片应用效果显著，尤其在玉米丝黑穗病、小麦纹枯病、大豆重迎茬问题严重的地区。我国多年研究的烟草种子丸粒化包衣剂已广泛用于烟草种子包衣，江苏里下河农科所研制开发的"旱育保姆"已用于水稻种子丸化等。对小而轻又不规则的蔬菜、花卉及牧草等运用种子丸粒化包衣技术成为近年研究的热点，一些成果已申请了专利。

随着种子包衣研究的进一步深入，种子包衣配方也将更趋于精细及专一。如生长调节物质、释氧物质、除草剂的应用及通过亲水及憎水物质的应用来调节种子的吸水及萌发过程。将来的种子包衣将会根据种子及土壤的需要而更趋专一，从而提高包衣种子的品质，为种苗的优化提供更有利的环境。

5.3　种子丸粒化包衣技术　种子丸粒化包衣技术的制种过程是将具有不同活性组分的杀菌剂、杀虫剂或其他营养成分的种衣剂黏结液在喷雾状态下喷洒到种子表面上，紧接着再喷洒一层粉末状的填充料，干燥后再喷洒种衣剂黏结液和填充料，反复交替进行多次，直到丸化后的种子粒径达到要求的标准。种子丸粒化包衣一般要用专门的包衣丸粒化机械来完成（图3-4）。种子丸粒化包衣质量的好坏与使用的黏结剂有很大关系。这种黏结剂必须是水溶性的，这样才能保证种子播到土壤中遇到水能破裂，使种子能发芽，同时要求包裹层黏结牢度适宜。黏结牢度太高，在运输和播种时会因种子相互摩擦碰撞造成包裹层脱落。

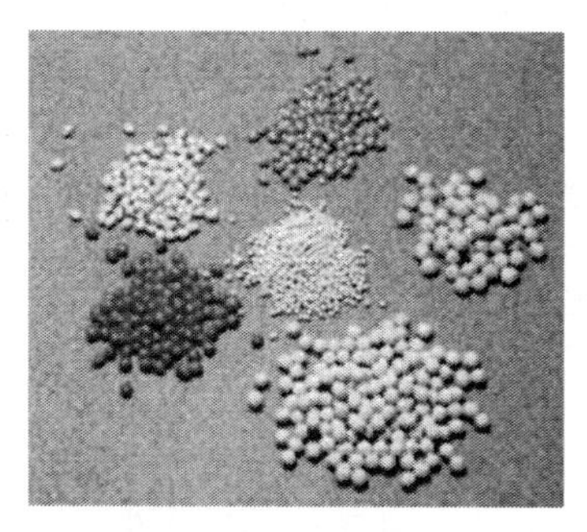

图3-3　包衣种子

图3-4　种子包衣机

目前生产上有专业的种衣剂，它用于花卉种子包衣时，能快速固化成膜状种衣，种衣在土壤中吸水膨胀而几乎不会被溶解，也不易脱落，可保证种子正常发芽、生长和缓慢释放药肥。植物种子包衣处理要抓好两个方面：一是选择种衣剂，根据不同地区和不同作物种类的生态特点、土壤营养和病虫种类等综合因素，并经过区域试验示范优化选择种衣剂；二是把好花卉种子质量关。

供包衣的种子应具备：种子的纯度、成熟度、发芽率、破损率、含水量等指标必须达到良种标准；品种必须是经过精选的优良品种或杂交种的花卉种子；掌握药种比例标准。无论手工包衣还是机械包衣，都需要严格按科学的药种比例标准操作，切勿使种子包衣不全或过厚，同时要确保计量观察装置的可靠性。

山西省农业种子总站于1998年立项，对种子丸粒化包衣技术进行了开发，于1999

年完成项目开发并经原省科委验收。项目成果主要包括丸粒化工艺研究、种子丸粒剂研究、种子制丸设备。

主要技术指标：①丸粒近圆形、大小适中、表面光滑、色泽鲜亮；②单粒抗压力≥15N；③单粒率≥95%；④有籽率≥98%；⑤整齐度≥98%；⑥裂解度适时裂解；⑦不抑制或很少抑制原来种子的优良农艺性状；⑧具备丸化目标性状。

我国生产的种衣剂多为复合型的。在种衣剂中同时加入杀虫剂、杀菌剂、激素和某些微量元素，不同型号只是使用的药剂等的种类和数量上有所差别。

【任务过程】

6 播前种子处理

6.1 种子精选

（1）清楚种子的来源和相关品质指标　用于播种的种子必须是经过检验合格的种子，来源清楚，具有净度、千粒重、发芽率或生活率、优良度等品质指标数据，据此计算播种量和播种密度。

（2）明确精选的对象和目的　精选主要是除去虫蛀、腐烂、发霉的种子及达不到净度要求的夹杂物。具体要根据种子的实际情况确定。

（3）根据种子的特征确定精选的方法　生产上一般可用水选、风选、筛选、粒选等方法进行精选，如喜树、元宝枫等可用筛选或风选，樟树、樱花树、梅花树、玉兰、南天竹等可用水选，而壳斗科的大粒种子可以粒选。

6.2 种子消毒　消毒是在精选后、催芽前进行的，已经进入发芽状态的种子不能消毒，以免影响发芽和幼苗生长。根据种子特点、以往易感染病虫害的情况，选择消毒药剂和方法。易感染猝倒病的树种，如松柏类，可用敌克松拌种；种子小或种皮薄的种子，不能用温度较高的水来杀菌消毒；使用药剂消毒时，严格控制浓度和时间，以免发生药害。

要安全使用农药。配制药液时要戴手套和口罩，用剩的药液要按规定处理，不能随意倾倒，以免污染水源和土壤。用具要清洗干净。

6.3 种子催芽　经过精选和消毒的种子，即可进行催芽。

查阅相关资料，了解待播种树种种子休眠的原因及生产上常用的催芽方法，分析比较不同催芽方法的优缺点，确定催芽方法。一般小粒种子可用温水催芽，而有蜡质的种子如合欢可用硫酸等化学药剂催芽，安全含水量高的种子如木兰科的玉兰、含笑，及山茶科的山茶等，可用湿沙层积催芽。

根据播种日期和催芽所需时间（天数），确定开始催芽的日期。准备催芽所需要的各种用具、材料等，严格按所需条件、材料比例、药剂浓度等实施催芽。催芽过程中，要定期观察，调节催芽的温度、湿度、通气等环境条件，并做好记录。

【相关阅读】

人 工 种 子

（1）人工种子的概念　人工种子是相对于天然种子而言的。植物人工种子的制作，是在组织培养基础上发展起来的一项生物技术。所谓人工种子，就是将组织培养产生的体细胞胚或不定芽包裹在能提供养分的胶囊里，再在胶囊外包上一层具有保护功能和防止机械损伤的外膜，造成一种类似于种子的结构，并具有与天然种子相同机能的一类种子。自从 1978 年 Murashige 提出人工种子的设想与 Redenbaugh 制造第一批人工种子以来，已有许多国家的植物基因公司和大学实验室从事这方面研究。欧洲共同体将人工种子的研制列入“尤里卡”计划，我国也于 1987 年将其列入国家高新技术研究与发展计划（“863 计划”）。经过近 30 年的努力，人工种子研究已取得了很大进展。

植物人工种子的制作首先应该具备一个发育良好的体细胞胚，即具有能够发育成完整植株能力的胚；为了使胚能够存在并发芽，需要有人工胚乳，内含胚状体健康发芽时所需的营养成分、防病虫物质、植物激素；还需要能起保护作用以保护水分不致丧失和防止外部物理冲击的人工种皮。通过人工的方法把以上 3 个部分组装起来，便创造出一种与天然种子相类似的结构——人工种子（图 3-5）。在人们喜爱的蔬菜、名贵花卉，以及人工造林中，人工种子具有广阔的应用前景。

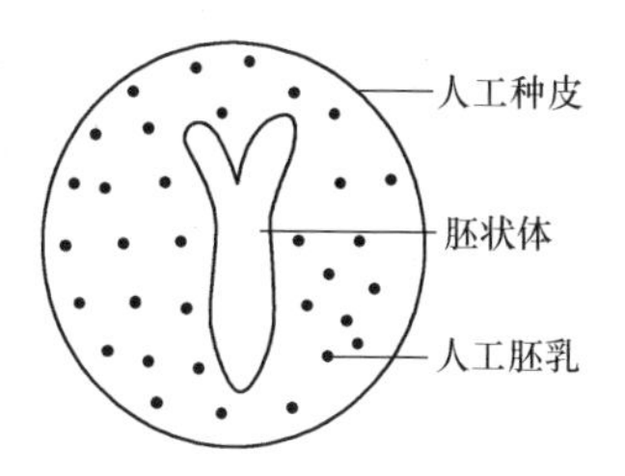

图 3-5 人工种子结构示意图

（2） 人工种子的特点 人工种子本质上属于无性繁殖，与天然种子相比，具有以下优点。

1）通过植物组织培养产生的胚状体具有数量多、繁殖速度快、结构完整等特点，对那些名、特、优植物有可能建立一套高效快速的繁殖方法。

2）体细胞胚是由无性繁殖系产生的，一旦获得优良基因型，可以保持杂种优势，对优异的杂种种子可以不需要代代制种，可大量地繁殖并长期加以利用。

3）对不能通过正常有性繁殖途径加以推广利用的具有优良性状的植物材料，如一些三倍体植株、多倍体植株、非整倍体植株等，有可能通过人工种子技术在较短的时间内加以大量繁殖、推广，同时又能保持它们的种性。

4）在人工种子的包裹材料里加入各种生长调节物质、菌肥、农药等，可人为地影响控制植物的生长发育和抗性。

5）可以保存及快速繁殖脱病毒苗，克服某些植物由于长期营养繁殖所积累的病毒病等。

6）通过基因工程可能获得的含有特种宝贵基因的工程植物的少量植株，通过细胞融合获得体细胞杂种和细胞质杂种，通过人工种子可以在短时间内快速繁殖。

7）与试管苗相比成本低，运输方便（体积小），可直接播种和机械化操作。

（3） 人工种子的主要制种技术和研制热点

1）人工种子制种技术。该技术包括胚状体诱导与形成、人工种皮的制作与装配两个主要步骤。人工种子对胚状体的要求是：形态应和天然胚相似，其发育需达子叶形成时期，萌发后能生长成具有完整茎、叶的正常幼苗；其基因型应等同于亲本；耐干燥且能长期保存。要求人工胚乳内应富含营养物质、激素、维生素、菌肥及化学药剂等，供胚状体萌发生长等需要。还要求有一定的硬度。

2）人工种子研制热点。人工种子研制内容主要包括：外植体的选择和消毒；愈伤组织的诱导；体细胞胚的诱导；体细胞胚的同步化；体细胞胚的分选；体细胞胚的包裹

（人工胚乳）；包裹外膜；发芽成苗试验；体细胞胚变异程度与园艺研究。研究热点主要集中于以下方面。

a. 高质量体胚的诱导。目前，利用胚状体为包埋材料制作人工种子的比例大大下降，而用芽、愈伤组织、花粉胚等胚类似物为制种材料的比例呈上升趋势。研究范围也从过去的模式植物转向具有较高经济价值的粮食作物、观赏植物、药用植物等。

b. 体胚的包埋方法。主要有液胶包埋法、干燥包埋法和水凝胶法等。液胶包埋法是将胚状体或小植株悬浮在一种黏滞流体胶中直接播入土壤的方法。干燥包埋法是将体细胞胚经干燥后再用聚氧乙烯等聚合物进行包埋的方法。水凝胶法是指用通过离子交换或温度突变形成的凝胶包裹材料进行包埋的方法。

c. 人工种皮。研究表明，海藻酸钠价值低廉且对胚体基本无毒害，可作为内种皮。但它固化成球的胶体对水有很好的通透性，使种皮中的水溶性物质及助剂易随水流失，且胶球易粘连和失水干缩。有人认为，对包埋基质的研究应集中在改善其透气性来提高胚的转化率上。为解决单一内种皮存在的问题，人们又着手外种皮的研究。

d. 贮藏。因农业生产的季节性所限，需要人工种子能贮藏一定时间。但人工种子含水量大，常温下易萌发，易失水干缩，贮藏难度较大。目前报道的方法有低温法、干燥法、抑制法、液体石蜡法等，其中干燥法和低温法相结合是目前报道最多的方法，也是目前人工种子贮藏研究主要热点之一。

e. 工艺流程。人工种子制作流程见图 3-6。人工种子的机械化、工厂化生产是从实验到推广的关键环节。目前报道的有人工种子制种机、人工种子滴制仪等。

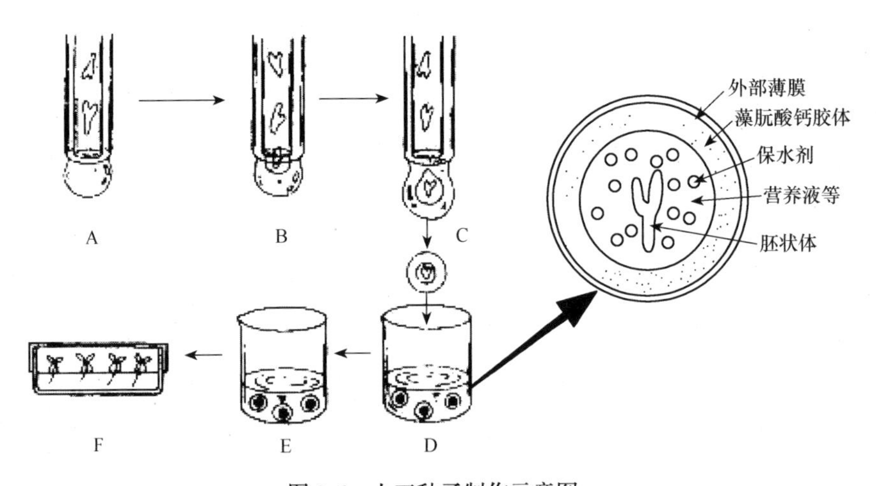

图 3-6 人工种子制作示意图

A. 双重管的外管内含有海藻酸钠，内管中放入胚状体和培养液，先从外管放出少量海藻酸钠，使双重管的下端形成半球；B. 从内管中放入含有不定胚的培养液（含保水剂）；C. 再从外管放出一点海藻酸钠，形成球状液滴；D. 将液滴滴入 50mmol/L $CaCl_2$ 水溶液（含杀菌剂）；E. 放置一定时间，使海藻酸钠外层形成不溶于水的海藻酸钙膜；F. 播种后人工种子的发芽；G. 为 E 中制作完成的人工种子的放大示意图

（4）人工种子存在的问题　尽管目前人工种子技术的实验室研究工作已取得较大进展，但从总体来看，目前的人工种子还远不能像天然种子那样方便、实用和稳定。主要原因如下。

1）许多重要的植物目前还不能靠组织培养快速产生大量的、出苗整齐一致的、高质量的体细胞胚或不定芽。

2）包埋剂的选择及制作工艺方面尚需改进，以提高体胚到正常植株的转化率，并达到加工运输方便、防干防腐耐贮藏的目的。

3）如何进行大量制种和田间播种，实现机械化操作等方面配套技术尚需进一步研究。由于人工种子是由组织培养产生的，需要一定时间才能很好地适应外界环境，因此人工种子在播种到长成自养植株之前的管理也非常重要，在推广之前必须经过农业试验，并对栽培技术及农艺性状进行研究。

任务2 播种技术

【任务介绍】 种子经过精选、消毒和催芽后，就可用于播种，以培育园林上需要的实生苗木，或用于嫁接的砧木。播种前要根据树种种子成熟期、当地气候、种子品质指标等确定合理的播种期、播种量和播种方法，遵循自然规律，培育优质壮苗。

【任务要求】 通过该任务的学习及相应实习，使学生达到以下要求：①进一步理解影响种子发芽和育苗生长的环境因子，能根据不同树种种子的特性和当地的气候环境条件，确定相应的播种密度、播种时间及播种方法；②掌握确定合理播种密度及播种量计算的方法；③掌握不同播种方法的操作技术要点；④熟悉播种育苗的基本环节、常用设施、材料和工具；⑤具备基本的生产组织能力。

【教学设计】 要完成该任务，首先要在前面学习的种子精选、消毒、催芽内容的基础上，根据种实的特点、当地的气候、设施条件，确定合理的播种期；然后根据生产任务和种子的发芽率、千粒重等指标计算播种量，最后选择适宜的播种方法进行播种。播种要严格按照要求操作。由于园林树木种类繁多，各地气候差异很大，教学中要结合当地实际，重点引导学生掌握影响种子发芽和播种苗生长的环境因子，从而能理论联系实际，灵活应用。

教学过程建议与播种前种子处理结合起来，以完成当地某2～3种不同类型的园林树木种子的播种育苗过程为目标，在让学生学习种子播种期和播种量计算的相关理论知识和方法的基础上，以小组为单位开展播种操作实训。

【理论知识】

1 播种期

播种期的确定是育苗工作的主要环节，它直接影响到苗木的生长期、出圃年限、幼苗的适应能力、土地使用率和养护管理措施等。适宜的播种期可使种子适时发芽，提高发芽率，出苗整齐，苗木生长健壮，抗旱抗寒抗病能力强，节省土地和人力。我国幅员辽阔，植物种类繁多，播种期要根据植物的生物学特性和当地的气候条件来确定。确定播种期要掌握适地、适时、适树原则。“适地”即根据土壤的性质，砂土播期可以早些，黏土播期可以晚些；“适时”就是根据当地的气候条件确定适宜的播种期；“适树”就是根据植物的生物学特性选择适宜的播种期。

1.1 春播 春播是种苗生产应用最广泛的季节，我国的大多数树木都适合春播。其优点：①从播种到出苗的时间短，可以减少圃地的管理次数；②春季土壤湿润、不板结，气温适宜种子萌发，出苗整齐，春季播种的苗木，生长期较长；③幼苗出土后温度逐渐增高，可以避免低温和霜冻的危害；④较少受到鸟、兽、病、虫为害。一年生秋季草本花卉、沙藏的木本花卉均可在春季播种。

春播宜早，在土壤解冻后应开始整地、播种，在生长季短的地区更应早播。早播苗木出土早，在炎热夏季来临之前，苗木已木质化，可提高苗木抗日灼伤的能力，有利于培养健壮、抗性强的苗木。

1.2 夏播 一些夏季成熟不耐贮藏的种子，可在夏季随采随播，如云南冬樱花、腊梅、柳、桑、桦、榆等。但夏季天气炎热、太阳辐射强，土壤易板结，对幼苗生长不利。最好在雨后播种或播前浇透水，利于发芽，播后要保持土壤湿润，降低地表温度。夏播尽量提早，以使苗木在入冬前充分木质化，以利安全越冬。

1.3 秋播 秋播是仅次于春播的主要季节。尤其是一些休眠期长的树种如红松、水曲柳、白蜡、椴树等，以及种皮坚硬或大粒种子如栎类、核桃楸、板栗、文冠果、山桃、山杏、榆叶梅等，秋季播种有以下优点：①可使种子在苗圃地中经秋季的高温和冬季的低温过程，完成播前的催芽阶段；②幼苗出土早而整齐，幼苗健壮，成苗率高，增强苗木的抗寒能力；③减免了种子贮藏和催芽处理，并可缓解春季作业繁忙和劳动力紧张的矛盾。秋季播种不宜太早，有些树种的种子没有休眠期，播种后发芽的幼苗越冬困难。秋播时间一般可掌握在9～10月。

1.4 冬播 冬播实际上是春播的提早及秋播的延续。我国北方一般不在冬季播种，南方的冬季温暖地区可以冬播。杉木、马尾松等初冬种子成熟后随采随播，可早发芽、扎根深，能提高苗木的生长量和成活率，抗旱、抗寒、抗病能力均较强。

我国北方地区以早春（3～4月）播种为主。南方地区一年四季都有播种。长江中下游的大部分地区以春播（4～5月）、秋播（9～10月）为主。随着苗木生产的发展，越来越多地采用保护地生产，更多地考虑开花期，播种时间的限制越来越少。

2 苗木密度及播种量的计算

2.1 苗木密度 苗木密度是单位面积（或单位长度）上苗木的数量。是苗木群体中个体空间、营养关系的体现。适宜的苗木密度才能保证在每株苗木健康发育的基础上，获得最大限度的单位面积产苗量，协调苗木产量与质量的矛盾。密度过大，单株苗木的营养面积小，通风不良，光照不足，苗木细弱，根系不发达，顶芽不饱满，易感染病虫害，移栽成活率不高；苗木过稀，单位面积产量低，杂草丛生，土地利用率低，管理费工。播种密度的确定，要综合考虑以下因素。

1）树种的生物学特性。苗期生长快、冠幅大的树种密度宜小，如山桃、泡桐、枫杨等。反之宜大。

2）苗龄及苗木种类。对于播种后翌年要移植的树种可以密些；木本花卉的培育年限长，密度要小；直接用于嫁接作砧木的树种可以稀一些，便于操作。

3）苗圃地的环境条件。育苗地土壤肥力条件好、气候好，密度要小，反之宜大。

4）育苗方式及耕作机具。苗床育苗一般比大田垄作的密度要大，另外，还要考虑苗木管理中所使用的机器、机具的要求。

5）育苗技术水平。集约化程度高时，密度可减少，反之宜大。

苗木密度的大小也取决于株行距的大小，播种苗床的一般行距为 8～25cm，垄作育苗一般行距为 50～80cm，行距过小不利于通风透光和日常管理。一般一年生播种苗密度为 150～300 株 /m²，速生针叶树可达 600 株 /m²，一年生阔叶树播种苗、大粒种子或速生树为 25～120 株 /m²，生长速度中等的树种为 60～160 株 /m²。

2.2　播种量计算　播种量是单位面积或单位长度播种沟上播种种子的数量。大粒种子可用粒数来表示，如核桃、山桃、山杏、七叶树、板栗等。播种量确定的原则是用最少的种子，达到最大的产苗量。

播种苗的稠密可用间苗办法来调控，但造成种子浪费，费时、费工。种子短缺或珍贵种子不宜采用间苗方式，因此播种前要科学计算播种量，不要盲目播种，造成浪费。计算播种量的依据是单位面积或单位长度的产苗量、种子品质指标如种子净度、千粒重、发芽率等，种苗的损耗系数。计算公式如下：

$$X = \frac{A \times W}{P \times G \times 1000^2} \times C \tag{3-1}$$

式中，X 为单位面积（或单位长度）实际所需的播种量（kg）；A 为单位面积（或单位长度）的产苗数；W 为种子千粒重（g）；P 为种子净度（小数）；G 为种子发芽势（小数）；C 为损耗系数；1000^2 为常数。

C 值因植物种类、圃地条件、育苗技术水平而异，同一树种在不同苗圃条件下数值会不同。一般变化范围如下：① $C \geqslant 1$，千粒重在 700g 以上的大粒种子；② $1 < C \leqslant 5$，千粒重在 3～700g 的中、小粒种子；③ $C = 10～20$，千粒重在 3g 以下的极小粒种子。

2.3　单位面积播种行总长度的计算　单位面积播种行（育苗行）总长度，是计算播种量和产苗量所需要的，其计算方法如下所示。

1）苗床育苗：

$$X = \frac{S \times K}{(K \times B)(C + B) \times G} \times C \tag{3-2}$$

式中，X 为单位面积播种行总长度（m）；S 为面积（m²）；K 为苗床宽度（m）；B 为步道宽度（m）；C 为苗床长度（m）；G 为行距（m）。

2）垄作育苗：

$$X = \frac{S}{B} \times N \tag{3-3}$$

式中，X 为单位面积播种行总长度（m）；S 为面积（m²）；B 为垄宽（m）；N 为每垄的行数。

3　播种方法及其技术要点

3.1　播种方法　常用的播种方法有条播、撒播和点播。应根据树种特性、种子情况、育苗技术及自然条件等因素选用不同的播种方法。

3.1.1　条播　条播是按一定的行距，将种子均匀地撒在播种沟中或采用播种机直接播种，是应用最广的播种方法。利于通风透光；便于机械作业，省工省力，生产效率高。但单位面积产量较低，因此常采用宽幅条播，即在比较宽的播种沟中播种，这样既提高产量，也方便管理。大多数树种适合条播，条播适用于小粒和中粒种子，如杉木、湿地松、樟等。

条播的播幅（播种沟宽度）一般为2～5cm，行距10～25cm；宽幅条播播幅为10～15cm。机械化作业可把若干个播种行（2～5行）组成一个带，行距为10～20cm，带距为30～50cm，具体因机械而定。

3.1.2　撒播　撒播就是将种子均匀地撒在苗床上，适用于细小粒种子和小粒种子。如桉树、杉木、木荷、枫香等树种。特点是产苗量高，播种方式简便；但由于密度大，光照、通风不好，苗木生长细弱，抗性差；株行距不规则，不便于锄草等管理。且撒播用种量较大，一般是条播的2倍。

3.1.3　点播　按一定的株行距开穴播种，或按行距划线开播种沟，再将种子均匀点播于沟内的播种方法。点播适用于大粒种子，如银杏、山桃、山杏、核桃、板栗、七叶树等，也适用于珍贵树种播种。株距、行距按不同树种和培养目的确定。点播要注意种子的发芽部位，正确放置种子，大粒种子一般横放（图3-7）。如播种核桃时，要求把种子缝合线构成的面与地面垂直。点播节省种子，通风透光好，利于苗木生长，但单位面积产量低，播种时费工。

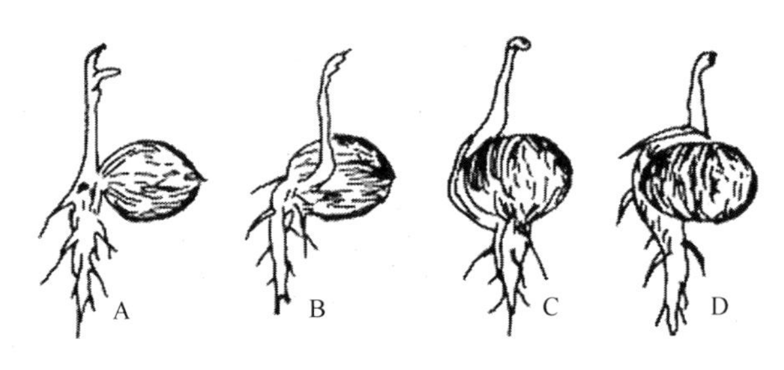

图3-7　大粒种子放置与发芽情况比较

A. 缝线垂直；B. 缝线水平；C. 种尖向上；D. 种尖向下

3.2　播种技术要点　无论用哪种播种方法，一般都包括播种、覆土、镇压和覆盖、浇水等环节，有的还要施种肥。这些工作的质量好坏，配合是否紧密，直接影响种子的发芽率和苗木的生长，必须予以高度重视。

3.2.1　播种　首先注意土壤水分是否适宜，如果过干，则应在播前灌溉，保证底墒充足。此外，为了做到计划用种，稀密均匀，播前应将种子按每床或每行用种量等量分开，便于控制。条播或点播时，除机械播种用机械控制播向、行距、深度，并使开沟、播种、覆土、镇压结合进行外，人工播种则需经过人工划线后再行开沟，以保证播行通直，行距均匀，有利于日后管理。开沟后，沟底要进行镇压，达到平坦落实，有利于毛细管水的上升，为种子发芽创造条件，这对小粒种子尤为重要。如用压沟板开沟，不必再镇压。沟的深度根据土壤性质和种子大小而定。

撒播时为了撒得均匀，应按苗床面积分配种子数量，将一个苗床的种子量分成3份，分3次撒入苗床。细小粒种子还需要加黄心土或沙等基质，随种子一同撒到苗床上。

3.2.2　施种肥　种肥是在播种或幼苗栽植时施用的肥料。种肥不仅给幼苗提供养分，又能提高种子的场圃发芽率，因而能提高苗木的产量和质量。泥土肥、草木灰、腐熟的有机肥等多施在播种沟、穴内，而微量元素肥料、菌根菌剂、根瘤菌剂多用于浸种或拌种，种肥的浓度不宜太高。

3.2.3　覆土　播种后要立即覆土，以免土壤和种子干燥，影响发芽。一般覆土采用疏松的苗床土即可。如苗床土壤黏重，可采用细沙或腐殖土、锯屑等。为了减少病害和杂草，也可采用黄心土、火烧土等。覆土厚度对种子发芽和幼苗出土关系极为密切（图 3-8）。过厚，缺乏氧气、土壤温度低，不仅不利于种子萌芽，而且幼苗出土困难；过薄，种子容易暴露，不仅得不到水分，而且易受鸟兽虫害，甚至使育苗遭到失败。一般覆土厚度以种子直径的 2～3 倍为宜。但仍需根据种子发芽特性、圃地的气候、土壤条件，播种期和管理技术而定。不同大小种子覆土厚度见表 3-3。

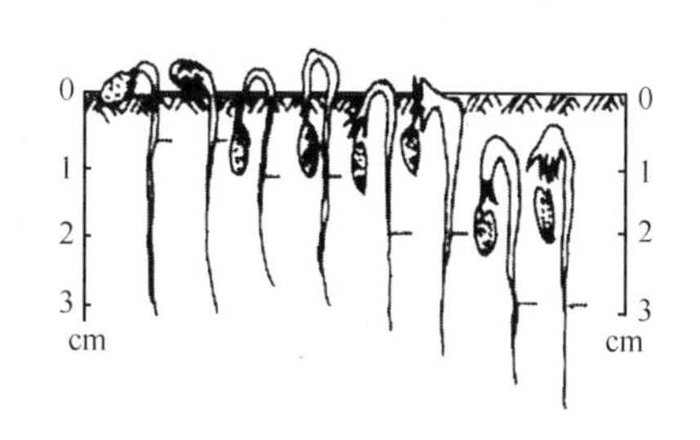

图 3-8　不同覆土厚土对苗木出土的影响

表 3-3　不同大小种子覆土厚度参照表

种子大小	覆土厚度 /cm	树种举例
微粒种子	0.1～0.5	杨、柳、桤木、泡桐、西南桦、海棠
小粒种子	0.5～1.0	石楠、含笑、杉木、矮牵牛、五彩椒、雪松
中粒种子	1～3	冬樱花、滇润楠、香樟、青桐、桂花
大粒种子	3～5	油桐、麻栎、核桃

3.2.4　镇压　为使种子和土壤紧密结合，促进种子发芽整齐，播种细小粒种子或在土松、干旱、水分不足的条件下，播种前或覆土后要进行播种地的镇压。

3.2.5　覆盖　盖土后一般需要用草帘、秸秆、树枝、塑料薄膜等覆盖。覆盖有助于早春提高地温，保持床面湿润，调节地温，可使幼苗提早出土，防止杂草滋生。覆盖材料不要带有杂草种子和病原菌，覆盖厚度以不见地面为度。也可用地膜覆盖或施土面增温剂。覆盖材料要固定在苗床上，防止被风吹走、吹散。

3.2.6　浇水　播种后或者覆盖后，再用细雾喷头喷一次水，浇透，让种子与基质和覆盖材料充分接触。

【任务过程】

4　播种操作过程

4.1　确定播种期　根据当地气候条件确定。园林苗木培育生产中，我国大部分地区、大部分树种，以春季播种为主。但具体时间要根据当地的气候条件确定，一般在气温开始回升后进行。如云南昆明及周边地区，多在 2 月中下旬到 3 月上旬，而冀东地区多在 3 月下旬以后。

根据树种成熟时间和树种种实寿命确定。如夏季成熟的杨树、柳树、腊梅等，因为种子寿命短，一般成熟后即可播种。而多数秋季成熟的柏树、玉兰、含笑、木莲、三角枫等树种，考虑到冬季低温对幼苗的冻害，一般贮藏至翌年春季播种，但在冬季温暖或有温室大棚设施的条件下，也可秋季播种。

为避免低温危害，一般春季播种不宜太早，以免倒春寒危害；秋季宜早，以促使幼苗生长强壮，增强对冬季低温的抵抗力。

4.2 确定播种密度，计算播种量 根据不同树种的苗木特性，如生长快慢、冠幅大小、喜光性、培育规格等确定播种密度。通常可查阅相关资料，参考生产上常用的播种密度来确定。

播种量的计算，需要获取该树种的千粒重、发芽率、损耗系数等指标。损耗系数可根据当地生产经验估计，或查阅相关资料。计算时，要注意不同指标的单位。

4.3 确定播种方法并进行播种 根据树种种粒的大小，确定播种方法。应用传统的苗床播种时，一般大粒种子如银杏、桃、山茶等要点播，中粒种子如玉兰、木莲等可条播，小粒种子如千头柏、海桐、女贞等可撒播。而用容器或穴盘育苗中，则大粒种子 1 粒 / 穴，中粒种子 2～3 粒 / 穴，小粒种子 2～4 粒 / 穴，具体根据种子的发芽率确定。

播种用的土壤要疏松、细碎，播种的深度一般为种子直径的 2～3 倍。

播种后根据管理条件，要进行覆盖，并浇足水分。

【相关阅读】

馨香木兰播种育苗技术

馨香木兰（*Magnolia odoratissima*）别名馨香玉兰（中国木兰），为木兰科常绿乔木，高可达 5～10m，国家Ⅱ级重点保护植物。分布范围仅见于云南省文山州西畴县新马街乡、马关县三车乡、麻栗坡县大坪镇等岩溶地区裸露石灰岩山地，海拔 1300～1700m 的南亚热带常绿阔叶林中。在自然条件下，馨香木兰 5～7 年可开花结实，但结实少，种子又易被鸟、鼠取食，出种率仅为 15%～18%，且种子难发芽，导致其天然更新困难。加之长期以来，由于其花具异香，群众喜采摘，使其种群数量日益减少。据中国科学院华南植物园的有关调查，馨香木兰现仅存 200 余株。根据世界自然保护联盟（IUCN）地方濒危等级标准评价，该树种已属于极危种（CR）。

馨香木兰树形优美，花白色，香味浓，花期长（2～11 月），耐寒、耐旱能力强，是当地传统的名贵园林绿化树种，主要用于行道树和庭荫树，也是很好的观花和芳香树种，可盆栽，在文山、西畴、昆明等地有零星栽培。早年少量引种到云南省林业科学院树木园、昙花寺公园、金牛小区及澄江等地的植株，不仅能正常开花结实，且在 2009 年以来的持续干旱及 2013 年冬季的低温中未受危害。广东湛江等地已引种栽培，目前三年生苗市场价格达 120～150 元 / 株。馨香木兰开花量大且香味浓郁，可提取精油；因其耐干旱瘠薄，也是当地石漠化生态恢复的优良树种。

（1） 种实生产 每年 9～10 月蓇葖果变黄红色时采收，晾干开裂后脱粒，浸泡洗去红色的假种皮，湿沙贮藏。据试验，馨香木兰出种率为 15%～18%，千粒重 240g，发芽率 85%。

（2） 催芽及穴盘播种 翌年 2 月取出，筛干净倒入清水中漂洗，捞出后再倒入 25% 的多菌灵 800 倍液中浸泡 5min，然后捞出与 2 倍湿沙混合放置于容器中，置于 20～25℃环境下催芽，20d 后，当“咧嘴露白”的种子数达 30% 以上时，即可穴盘播种，每穴 1 粒种子，播种后覆盖松针和地膜。播种基质由草炭土（40%）、圃地土壤（50%）、珍珠岩（10%）、钙镁磷肥（2%）混合而成。

（3） 播种后管理 播种后做好水分、杂草、光照、温度管理。馨香木兰苗期易感染根腐病和猝倒病，要做到“以防为主，防治结合”，用0.5%硫酸亚铁溶液，50%多菌灵可湿性粉剂300倍液和80%敌敌畏乳油1500倍液混合喷雾，防治病虫害。

（4）移植　播种后20～30d开始出土，40d左右开始长出真叶，两个月后苗高5～10cm，移入15cm×17cm的容器中培养。移栽时间以阴天或晴天早晚为宜，浇透定根水。

任务3　播种苗的抚育管理

【任务介绍】 播种苗的抚育管理，是在分析播种苗生长发育规律的基础上，结合培育目标和生长环境条件，开展松土除草、灌溉、间苗补苗、施肥、遮阴、防寒越冬等管理工作，是播种后必须持续的日常作业。抚育管理工作的精细与否，直接影响到出苗率、苗木数量和质量及苗木培育周期。

【任务要求】 通过本任务的学习及相应实习，使学生达到以下要求：①认识园林植物播种苗的生长发育规律，理解不同发育阶段的生长发育特点和对环境条件的要求，并采取相应的管理措施和方法；②掌握播种后苗木管理的一般方法和技术，并能根据育苗要求及树种特性，灵活应用；③初步具备合理组织苗木生产的能力。

【教学设计】 要完成苗木抚育管理任务，首先要学习播种苗的生长发育规律，分析播种苗木不同发育阶段对环境条件的要求，确定管理的主要措施和技术要点。然后注意观察苗木的生长发育状况和气候条件，采取正确的管理方法，认真管理。由于园林植物种类繁多，不同树种出苗所需时间、幼苗对环境条件的要求不同。教学过程中重点要让学生理解影响幼苗生长发育的环境因子，掌握根据苗木生长发育时期和树种特性进行合理管理的技能。

教学过程以完成播种苗抚育管理任务的过程为目标，同时应该让学生学习播种苗生长发育规律的相关理论知识，建议采用多媒体进行教学并开展实训。还可结合教学实习，让学生参观苗木生产基地并实践播种苗的抚育管理操作。

【理论知识】

1　一年生播种苗的年生长发育特点及管理

苗木的管理必须根据其生长发育规律进行才能收到好的效果。播种苗在1年当中，从播种开始到秋季苗木生长结束，不同时期苗木对环境条件的要求不同。一年生播种苗的年生长周期可分为出苗期、幼苗期、速生期和苗木硬化期。各时期的特点及主要育苗技术见表3-4。

表3-4　一年生播种苗各时期生长特点及管理技术要点

时期	时间范围	生长特点	管理技术要点	持续期
出苗期	出苗期是指从播种到幼苗出土，地上长出真叶（针叶树种脱掉种皮），地下长出侧根时为止	子叶出土尚未出现真叶（子叶留土树种，真叶未展开），针叶树种壳未脱落；地下只有主根而无侧根；地下根系生长较快，地上部分生长较慢；营养物质主要来源于种子自身所贮藏	为幼苗出土创造适宜的温度、湿度、通气条件，使幼苗出土早而多；种子催芽、适时早播、覆盖、灌溉	一般1～5周

续表

时期	时间范围	生长特点	管理技术要点	持续期
幼苗期	自幼苗地上生出真叶，地下开始长侧根开始，到幼苗的高生长量大幅度上升时为止	幼苗期是苗木幼嫩时期。地上部分出现真叶，地下部分出现侧根；光合作用制造营养物质；叶量不断增加，叶面积逐渐扩大；前期高生长缓慢，根系生长较快，吸收根分布可达 10cm 以上，到后期，高生长逐渐转快	保证苗木的存活率，防治病虫害；促进根系生长，为速生期打好基础；及时中耕除草，施肥，灌溉；适当进行间苗	多数为 3～8 周
速生期	从苗木高生长量大幅度上升时开始，到高生长量大幅度下降时为止	地上、地下部分生长量大；已形成了发达的营养器官，能吸收与制造大量营养物质；叶子数量，叶面积迅速增加；气温高、湿度大，有利于木生长；在速生期中，一般出现 1 ～ 2 个高生长暂缓期，形成 2 ～ 3 个生长高峰。高生长量约占全年生长量的 60%～80%	加强抚育管理，病虫防治；追肥 2 ～ 3 次；适时适量灌溉；及时间苗和定苗	一般为 3～4 个月
苗木硬化期	苗木硬化期是从苗木高生长量大幅度下降时开始，到苗木进入休眠时为止	高生长急剧下降直至停止，径生长逐步停止，最后根系生长停止；出现冬芽，体内含水量降低，干物质增加；地上地下都逐渐达到木质化；对高温、低温抗性增强	停止一切促进苗木生长的措施，促进苗木木质化，防止徒长，提高苗木对低温和干旱的抗性	6～9 周

2 留床苗的年生长发育特点

留床苗是指在上年育苗地继续培育的苗木，又称为留圃苗。二年生和二年生以上的播种苗的年生长特点与一年生播种苗的生长特点是不同的。它们表现出春季生长型和全期生长型两种生长类型。这两种类型苗木的高生长期相差悬殊。留床苗全年生长过程可分为生长初期、速生期和苗木硬化期 3 个时期。

2.1 生长初期 从冬芽膨大时开始，到高生长量大幅度上升时为止。生长初期，苗木高生长较缓慢，根系生长较快。春季生长型苗木生长初期的持续期很短，2～3 周即转入速生期；全期生长型苗木的生长初期历时 1～2 个月。因生长初期对肥、水比较敏感，北方早春土壤中的氨态氮常感不足，故应早追氮肥。磷肥要一次追够。对春季生长型苗木更应早追氮肥、磷肥，并及时进行灌溉和中耕除草，注意防治病虫害，光照要适宜。

2.2 速生期 全期生长型苗木的速生期是从苗木生长量大幅度上升时开始，到高生长量大幅度下降时为止。春季生长型苗木到苗木直径生长速生高峰过后为止。

留床苗速生期是一年中生长量最大的时期，但两种生长型苗木的高生长期相差悬殊。春季生长型苗木高生长速生期的结束期在 5～6 月，其持续期北方树种一般为 3～6 周，南方树种为 1～2 个月；高生长量占全年的 90% 以上。高生长速度大幅度下降以后不久，高生长即停止，以后主要是叶子的生长，如面积的扩大，叶子数量的增加，新生的幼嫩枝条逐渐硬化，苗木在夏季出现冬芽。直径和根系的生长旺盛期（高峰），约在高生长停止后 1～2 个月。

全期生长型苗木速生期，北方持续到8月至9月初，持续1.5～2.5个月；南方到9月乃至10月才结束，持续3～4个月。一般有2个高生长高峰，少数树种会出现3个生长高峰。

速生期苗木对环境条件的要求与一年生苗相同，所以育苗技术要点可参考一年生苗。对于春季生长型苗木，因高生长的速生期短，在肥、水管理方面应有所不同。在高生长速生期施氮肥1～2次。高生长结束后，为了促进苗木直径和根系生长，可在直径、根系生长高峰期之前追氮肥，但追施量不宜太多，以防秋季二次生长影响苗木木质化。春季生长型苗木的高生长速生期在华北和西北地区正值春旱，必须及时进行灌溉。两种生长类型的苗木在速生后期都要及时停止灌溉和施氮肥。

2.3 苗木硬化期 留床苗苗木硬化期是从苗木高生长量大幅度下降时开始（春季生长型苗木从直径速生高峰过后开始），到苗木直径和根系生长都结束时为止。

两种生长型的留床苗到硬化期的生长特点也有不同。春季生长型苗木的高生长在速生期的前期已结束，形成顶芽，到硬化期只是直径和根系的生长，且生长量较大。而全期生长型苗木，在硬化期还有较短的高生长期，而后才出现顶芽。直径和根系在硬化期各有一个小的生长高峰，但生长量不大。硬化期的生理代谢过程与一年生播种苗的硬化期相同。此期间凡能促进生长，不利于木质化的措施一律停止，以利于越冬防寒。

3 播种苗管理技术

苗木播种后出苗前，重点要抓好温度、水分、光照、杂草的管理，以促使早出苗，出苗整齐。出苗后的管理措施主要如下。

3.1 水分管理 水分管理包括灌溉和排水两方面。我国大部分地区冬春干旱，需要人工灌水，而夏季多雨要排水。

3.1.1 灌溉 土壤水分在种子萌发和苗木生长发育全过程中都起着重要的作用，种子首先要吸收膨胀后才能进入发芽状态，植物的蒸腾作用、光合作用、土壤有机质的分解都离不开水分，矿物质要先溶于水才能被根系吸收利用。

（1）合理灌溉 一般在播种前灌足底水，将圃地浇透，使种子能够吸收足够的水分，促进发芽。播种后灌溉易引起土壤板结，使地温降低，影响种子发芽。在土壤墒情满足种子发芽时，播后出苗前可不进行灌溉。

苗期灌溉的目的是促进苗木的生长。应把握5个时机：一是苗木播种前灌水，此时灌水应观察土壤是否湿润，视墒情灌水，首次水一定要灌足；二是苗木出齐后灌水，此时灌水不宜过大，以保持圃地湿润、提高地温为原则；三是苗木追肥后灌水，此时灌透水，不仅能防止苗木产生肥害，而且能使肥料尽快被苗木吸收；四是苗木封头后灌水，此时灌水有利于提高苗木地径，延长落叶时间；五是苗木冬眠后灌水，此时灌水既能保护苗木根系，使之继续吸收营养，又能渗透于土壤中，使苗木不被冻伤。

灌溉要适时、适量，要考虑不同树种苗期的生物学特性。有些树种种子细小、播种浅、幼苗细嫩、根系发育较慢，要求土壤湿润，出苗期灌溉次数要多些，如杨、柳、泡桐等。幼苗较强壮、根系发育快的树种，灌溉次数可少一些，如油茶、刺槐、元宝枫等。

苗期不同发育阶段，树苗的需水量和抗旱能力有所不同，灌溉次数和灌溉量应有所不同，出苗期及幼苗期，苗弱、根系浅，对干旱敏感，灌溉次数要多，灌溉量要小；速生期苗木生长快，根系较深，需水量大，灌溉次数可减少，灌溉量要大，灌足、灌透；进入苗木硬化期，为加快苗木木质化，防止徒长，应减少或停止灌溉。北方越冬苗要灌防冻水，则属防寒的范畴。

需要注意的是，要关注当地的气象预报，尽量避免灌溉与降雨重合。灌溉时间一般以早晨和傍晚为宜，此时水温与地温较接近，有利于苗木生长。

（2）*灌溉方法*　侧方灌溉：适用于高床和高垄作业，水从侧面渗入床、垄中。侧方灌溉优点是土壤表面不易板结，灌溉后保持土壤的通气性；缺点是用水量大，床面宽时灌溉效率较低。

畦灌：一般用作低床和大田平作，在地面平坦处进行，省工、省力，比侧方灌溉省水。缺点是易破坏土壤结构，造成土壤板结，地面不平时造成灌溉不均匀，影响苗木正常生长。

喷灌：与降雨相似，有固定式和移动式两种。喷灌省水、便于控制水量，灌溉效率较高；减少渠道占地面积，对地面、床面平展要求不严，土壤不易板结。缺点是灌溉受风力影响较大，风大时灌溉不均；容易造成苗木“穿泥裤”现象，影响苗木生长，设备成本高。

滴灌：是通过管道的滴头把水滴到苗床上。滴灌让水一滴一滴地浸润苗木根系周围的土壤，使之经常处于最佳含水状态，非常省水。缺点是管线需要量大，投资更高。

3.1.2　排水　排水主要是排除因大雨或暴雨造成的苗圃区积水。在地下水位较高、盐碱严重的地区，排水还可以降低地下水位，减轻土壤盐碱含量，抑制盐碱上升。

苗圃地一般都要根据地形设置完善的排水系统，在每个作业区、每个地块都要有排水沟，并沟沟相连，直通排水总沟。在雨季到来前要及时整修、清理，使水流通畅；雨季要安排专人负责，及时将积水排走。对容易积水、地下水位浅的苗圃，或不耐水湿的树种，应采用高床或高垄育苗。

3.2　撤除覆盖物　种子发芽后，要及时揭去覆盖物。有60%～70%的种子子叶展开后应将膜揭去，同时仍然要保持基质的湿度，从而使未发芽的部分种子的子叶从种壳中成功伸出。撤覆盖物最好在多云、阴天或傍晚进行，可分几次逐步撤除。覆盖物撤除太晚，会影响苗木受光，使幼苗徒长、长势减弱。注意撤除覆盖物时不要损伤幼苗。在条播地上可先将覆盖物移至行间，直到幼苗生长健壮后，再全部撤除。但对细碎覆盖物，则无需撤除。

3.3　遮阴　有些树种幼苗时组织幼嫩，对地表高温和阳光直射抵抗能力很弱，容易造成日灼而受害，如棕榈、华山松等，因此需要采取遮阴降温措施。遮阴同时可以减轻土壤水分蒸发，保持土壤湿度。遮阴主要是苗床上方搭遮阴棚，也可用插枝的方法遮阴。

遮阴在覆盖物撤除后进行。采用苇帘、竹帘或遮阴网，设活动遮阴棚，其透光度以50%～80%为宜。遮阴棚高40～50cm，每天上午9:00到下午5:00时用遮阴网遮阴，其他时间或阴天可把帘子卷起。也可在苗床四周插树枝遮阴或进行间作。如采用行间覆草或喷灌降温，则可不遮阴。对于耐阴树种和花卉及播种期过迟的苗木，在生长初期要采用降温措施，减轻高温热害的不利影响，如搭遮阴棚、采用遮阴网等。

3.4　松土除草　幼苗出齐后即可进行松土除草，一般松土与除草结合进行。松土宜浅，保持表土疏松，要逐次加深，注意不伤苗、不压苗。松土常在灌溉或雨后1～2d进行。但当土壤板结，天气干旱，或是水源不足时，即使不除草也要松土。一般苗木生长前半期每10～15d进行一次，深度2～4cm；后半期每15～30d一次，深度8～10cm。除草要做到除早、除小、除了。除草采用人工除草、机械除草和化学除草。人工除草应尽量将草根挖出，以达到根治效果。撒播苗不便除草和松土，可将苗间杂草拔掉，再在苗床上撒盖一层细土，防止露根透风。

3.5　化学除草剂使用技术　化学除草是利用化学除草剂对杂草的抑制作用杀死杂草。若使用得当，效率高，成本低，减轻人工劳动强度。但其缺点不能忽视：一是如五氯酚钠、百草枯等毒性很大，对人畜危害严重；二是对栽培植物的安全性，如果选用药剂不当、施用方法不当，会对苗木产生危害；三是化学药剂对土壤、环境和水体产生污染。苗圃在使用除草剂时首先应认真进行小面积的试验，选择安全、高效的药剂和采用恰当的剂量及使用方法（表3-5）。

表3-5　苗圃常用化学除草剂及使用方法（孙时轩，2001）

药名及用量（有效量）/（kg /hm^2）	主要功能	适用树种	使用时间及方法	注意事项
果尔 2.2～2.5	选择性、触杀性、移动性小，药效期3～6个月	针叶树类、杨柳科插条苗、白蜡属、桉树等播种苗	播后出苗前或苗期，喷雾法，茎叶、土壤处理	针叶树用高剂量；杨、柳插条出土后要用毒土法
灭草灵 3～6	选择性、内吸性，药效期20～60d	针叶树类，插条苗、播种苗	播后出苗前或苗期，喷雾法，茎叶、土壤处理	施药后保持土壤湿润；用药时气温不低于20° C
西玛津、扑草净、阿特拉津、去草净 1.88～3.75	选择性、内吸性，溶解度低，药效期长	针叶树类、棕榈、凤凰木、女贞播种苗、悬铃木、杨树插条苗	播后出苗前或苗期，喷雾法、茎叶、土壤处理	注意后茬苗木的安排。针叶树用高剂量，阔叶树用低剂量
草甘膦 1.5～3	灭生性、内吸型，药效期长	道路、休闲地针叶树、阔叶树	杂草萌发时茎叶处理	果树及经济树种苗木，喷雾器施药

3.5.1　施药时期　春季第一次施药，一般在杂草种子刚萌发、出芽时，除草效果好。播种苗床可在播后苗前施药，移植苗床可在缓苗后施药，留床苗可在杂草发芽时施药。如需灌溉，要在灌溉后施药。其他时间使用除草剂，可根据苗木、杂草的种类及生长情况，选择最佳的施药时间。

3.5.2　用药量　用药量是指单位面积的药量。根据苗木种类、除草剂的种类、杂草种类及环境状况，参考小面积试验取得的数据和他人使用经验，严格掌握用药量。可根据除草剂的剂型、使用器械确定适量的载体。茎叶处理一般使用水溶液喷雾，喷雾时溶液要均匀，防止药物沉淀；土壤处理可使用水溶液喷雾或用砂土作毒土，将除草剂与砂土混合后闷一段时间，效果更好。背负式喷雾器一般每公顷用水450L，毒土每公顷450kg。

3.5.3 使用方法 浇洒法适用于水剂、乳剂、可湿性粉剂。先称出一定数量的药剂，加少量水使之溶解、乳化或调成糊状，然后加足所需水量，用喷壶或洒水车喷洒。

喷雾法适用剂型和配制方法同浇洒法，不同点是用喷雾器喷药，每亩用水量比浇洒法少。

喷粉法适用于粉剂或可湿性粉剂，施用时应加入重量轻、粉末细的惰性填充物，再用喷粉器喷施。多用于幼林、防火线和果园，也可用于苗圃地。

毒土法适用于粉剂、乳剂、可湿性粉剂。粉剂可直接拌土；乳剂可先加少量水稀释，用喷雾器喷在细土上拌匀撒施，但应随配随用，不宜存放。

涂抹法适用于水剂、乳剂、可湿性粉剂。将药配成一定浓度的药液，用刷子直接涂抹欲毒杀的植物。一般用来灭杀苗圃大草、灌木和伐根的萌芽。

3.5.4 除草剂的混用 有些除草剂之间，除草剂与农药、肥料可以混用，混用可以减少劳动工作量，发挥除草剂的效力。但混用要谨慎，特别是与农药和肥料混用更应慎重。首先要考虑药剂能否混合，有没有反应，混合后药物是否有效、有害。其次是考虑除草剂的选择性，如果混合后既能杀死单子叶杂草，又能消灭阔叶杂草，还能保证苗木不受危害，这种混合是成功的，否则是失败的。应根据除草剂的化学结构、物理性质、使用剂量、剂型及选择性进行试验，选出适合某种或某类苗木的除草剂及混合比例。

3.6 间苗和补苗 间苗即将过密的苗木拔除。苗木过密通风透光不良，苗木生长细弱，质量差。间苗宜早不宜迟，具体时间要根据树种的生物学特性、幼苗密度和苗木的生长情况确定。间苗的原则是“适时间苗，留优去劣，分布均匀，合理定苗”。

间苗一般分两次进行。阔叶树第一次间苗一般在幼苗长出3～4片真叶、相互遮阴时开始，第一次间苗后，比计划产苗量多留20%～30%。第二次间苗一般在第一次间苗后的10～20d。间苗时用手或移植铲将过密苗、病弱苗及生长不良和不正常的幼苗间除，“霸王苗”也要及时间除。第二次间苗可与定苗结合进行，定苗时的留苗量可比计划产苗量高6%～8%。

间苗前提前浇水，可使土壤松软，提高效率；间苗后也应及时灌溉，防止因间苗松动暴露、损伤留床苗根系。

补苗是填补缺苗或断垄苗木。当种子发芽出土不齐、遭遇自然灾害等导致苗木稀疏、缺苗断垄，影响苗木产量时，可用补苗来补救。间苗与补苗应结合进行。最好在早晚、阴天，选生长健壮、根系完好的幼苗，用小棒锥孔，补于稀疏缺苗之处，然后浇水，并遮阴2～3d，提高苗木成活率。

3.7 追肥 追肥是在苗木生长期间施用的肥料。一般情况下，苗期追肥的施用量应占40%，苗期追肥应本着“根找肥，肥不见根”的原则施用。施用追肥的方法有土壤追肥和根外追肥两种。

3.7.1 土壤追肥 一般采用速效肥或腐熟的人粪尿。苗圃中常见的速效肥有草木灰、硫酸铵、尿素、过磷酸钙等。一般苗木生长期可追肥2～6次。第一次宜在幼苗出土后1个月左右，以后每隔10d左右追肥1次，最后一次追肥时间要在苗木停止生长前1个月进行。对于针叶树种，在苗木封顶前30d左右，应停止追施氮肥。追肥要按照“由稀到浓、少量多次、适时适量、分期巧施”的原则进行。

3.7.2 根外追肥 将液肥喷雾在植物枝叶上的方法。对需要量不大的微量元素和部分速效化肥作根外追肥效果好，既可减少肥料流失又可收效迅速。在进行根外追肥时应注意选择适当的浓度（表3-6）。

表3-6 常用肥料根外追肥参考浓度

肥料种类	参考浓度/%	肥料种类	参考浓度/%
尿素	0.3～0.5	硫酸铵	0.5～1.0
硫酸钾	0.5～1.0	过磷酸钙	1～2
硫酸锰	0.1～0.5	磷酸氢钾	0.3～0.7
硼酸	0.01～0.5	硫酸铜	0.05～0.1
硫酸锌	0.1～0.5	钼酸钠	0.05～0.1

3.8 苗木防寒越冬 苗木组织幼嫩，尤其是秋梢部分，入冬时如不能完全木质化，在冬季寒冷，春季风大干旱，气候变化剧烈的地区，极易受冻害。

幼苗受冻害的主要原因：一是低温，使苗木组织结冰，细胞原生质脱水，植物体的生理机能被损坏而死亡或受伤；二是生理干旱，由于冬季土壤结冻，根系吸水少，冬春季干旱，幼苗蒸腾量增加，苗木体内失水而干梢或枯死；三是机械损伤，北方、高海拔地区，冬季土壤结冻，将苗木拔起或土壤形成裂缝而将苗根拉断，再经风吹日晒而使苗木枯死，尤其是在低洼或黏重土壤中。

苗木的防寒措施主要有两方面。

3.8.1 提高苗木的抗寒能力 选育抗寒品种，正确掌握播种期，入秋后及早停止灌水和追施氮肥，加施磷肥、钾肥，加强松土、除草、通风透光等管理，使幼苗在入冬前能充分木质化，增强抗寒能力。阔叶树苗休眠较晚的，可用剪梢的方法，控制生长并促进木质化。

3.8.2 预防苗木免受霜冻和寒风危害 可采用土壤结冻前覆盖，设防风障，设暖棚，熏烟防霜，灌水防寒，假植防寒等。

（1）*覆盖* 在土壤结冻前，对幼苗用稻草、麦秸等覆盖防寒。对少数不耐寒的珍贵树种苗木可用覆土防寒，厚度均以不露苗梢为度。翌年春土壤解冻后除去覆盖物。

（2）*设防风障* 土壤结冻前，在苗床的迎风面用秫秸等设风障防寒（图3-9）。一般风障高2m，间距为风障高的2～10倍。翌年春晚霜终止后拆除。设风障不仅能阻挡寒风，降低风速，使苗木减轻寒害，而且能增加积雪，利于土壤保墒，预防春旱。

（3）*设暖棚* 暖棚应比苗木稍高，南低北高，北面要紧接地面不透风，用草帘夜覆昼除，如遇寒流可整天遮盖。暖棚能减弱地表和苗木夜间的辐射散热，缓和日出时的急剧增温，阻挡寒风侵袭。

（4）*熏烟防霜* 有霜冻的夜间，在苗床的上风向，设置若干个发烟堆，当温度下降有霜时即可点火熏烟。尽量使火小烟大，保持较浓的烟雾，持续1h以上，日出后若保持烟幕1～2h，效果更佳。熏烟可提高地表温度，有效地防霜冻。

图3-9 防寒风障

（5）*灌水防寒* 土壤结冻前灌足冻水可防止抽条，减轻冻害。早春在晚上灌水，能提高地表温度，防止晚霜的危害。

（6）假植防寒 把在翌年春需要移植的不抗寒小苗在入冬前挖起，分级后假植在沟中防寒。严寒地区也可将苗木全部埋入土中，防止抽条失水。

3.9 防治病虫害 很多苗木易发生立枯病、根腐病等病害，可喷洒敌克松、波尔多液、多菌灵、甲基托布津等药物防治。防治食叶、食芽害虫可喷洒敌敌畏、敌百虫等药剂。地下害虫金龟子、蝼蛄、蟋蟀等可用敌百虫、乐果喷洒，也可用辛硫磷稀释后灌根防治或进行人工捕捉。

【任务过程】

4 播种苗抚育管理

4.1 分析苗木生长发育面临的主要问题，确定管理措施和方法 播种幼苗在不同的生长阶段，对光、热、水、肥、空间等要求不同，面临的气温、水分、土壤、肥料、杂草等环境条件等也不同，因此需要在实地调查的基础上，综合分析生长中面临的主要问题，因地、因时、因苗明确相应的除草、间苗、遮阴、灌水、施肥、防寒、病虫害防治等管理措施，确定将要开展抚育管理的播种苗木的面积、具体的操作方法和技术要求。

4.2 准备抚育管理所需工具、材料及人员安排 根据将要开展抚育管理的播种苗木的面积、具体的操作方法和技术要求，准备相应的工具（如移植铲、喷雾器等）和材料（如肥料、农药等），并合理组织安排人员。

4.3 实施抚育管理并检查指导 根据操作项目、方法和技术要求，实施抚育管理。实施过程中，要加强指导、检查、反馈，严格按操作规范要求进行，保证质量，逐渐提高效率，并重视劳动安全。农药、肥料的施用，严格控制使用量、使用方法、使用时间；遮阴要注意遮阴材料的选用和透光率。

4.4 生长监测 苗木的抚育管理是一项长期的工作，从播种后到苗木出圃前都要进行。因此，在整个生长过程中要有专人负责，时时监测，及时发现幼苗生长中遇到的问题，采取相应的抚育管理措施，才能保证苗木的健康成长，培育出园林上需要的优质壮苗，并缩短培育周期，降低培育成本。

【相关阅读】

苗木风障防寒

在冬季园林苗木风障防寒防冻措施中，草帘的作用是防风防冻；水的作用一方面是防寒，另一方面是促进早春返青。冬季土壤结冻前，较高大的园林苗木一般采用风障防寒。

一般风障采用的材料有草帘、无纺布、彩条布、塑料布及阳光板等。这些材料中，以草帘的透水透气性最好，耐风力最强，承重力最大。对于无特殊要求的园林苗木，一般建议用草帘搭建风障。但是草帘重力大，而且相对易于吸收水分。大雪过后，风障的重量大大增加，对风障支架的牢固性要求相对较高。对于低于 2m 的植株，一般风障以高出植株顶端 10～15cm 为宜，风障可包裹住植株全部地上部分，搭建的支架以竹架为主，木架为辅，用细铁丝绑缚即可。对于高于 2m 的植株，一般风障以高出植株顶端 30～50cm 为宜。风障一般要求围绕植株 3 面搭建，对于耐寒性非常差的植株也可酌情 4

面搭建，3 面高 1 面稍低，低的一面较高面低于 50～60cm 为宜，便于植株吸收光线。搭建的支架以木架为主，竹架为辅，用 14 号以上粗铁丝绑缚牢固。支架搭建好后，将草帘用铁丝固定其上，然后向搭建好的风障浇水，利于保持植株生长小环境的温度和湿度。另外，潮湿的风障还可以有效防止火灾的发生。

风障入冬上冻前搭建，翌年春晚霜终止后拆除。风障建成后，一定要立即给植物灌足水。一方面，防止冬季植物缺水后发生冻害；另一方面，水的比热高，充足的水分有利于土壤保温。风障拆除后，立即给植株灌足返青水，以利于植株迅速生根发芽，恢复生长。

项目4 苗木的营养繁殖技术

营养繁殖，又称无性繁殖，是利用植株的营养器官，如根、茎、叶、芽等的一部分繁殖苗木的方法。根据营养繁殖采用的繁殖器官及技术工艺，可分为压条、埋条、扦插、嫁接、分株、分球、组织培养等几种方法。采用不同繁殖方法培育出来的苗木分别称为压条苗、埋条苗、扦插苗、嫁接苗、分株苗、分球苗、组织培养苗（组培苗）等，可统称为营养繁殖苗或无性繁殖苗，以区别于用种子繁殖的实生苗。

营养繁殖是利用植物细胞的全能性和再生、分生能力，以及与另一植物通过嫁接合为一体的亲和力来进行繁殖的。营养繁殖已经成为目前生产上培育园林植物苗木的主要方法，其中扦插、嫁接、分株和压条较为常用。

用不同的营养器官繁殖培育成新的苗木，由于在具体繁殖过程中没有发生减数分裂和性细胞的结合，染色体也未进行重新组合，所以新形成的个体的特性与其来源的植物的特性完全一样，也就是说营养繁殖苗仍然保留着母体的遗传特性。另外，这个新个体的发育阶段性不是重新开始，而是沿着该繁殖材料在母株上已经通过的发育阶段向前延续。因此，可以看出，营养繁殖苗其遗传性比较巩固和保守。因此，与有性繁殖相比，营养繁殖的主要特点：营养苗保持了母本的优良遗传特性，生长整齐一致，很少变异；营养苗的个体发育阶段是在母体的基础上的继续发展，不像有性繁殖的实生苗，其个体发育是从幼年期开始，因此初期生长快，营养充足，可以加速生长，跨越生理（发育）阶段，提早开花、结果。某些园林植物因种子败育或花器官退化引起不结实、不能产生种子，应采用此法育苗。对于一些不易结实或种子很少的园林植物也必须采用营养繁殖法，才能获得苗木，增加苗木数量，如重瓣桃花、重瓣牡丹、无花果、无核葡萄等。此外，有些园林植物的栽培品种，虽然能够结实，但播种后所获得的播种苗不能或不完全能够保持原有栽培品种的优良性状，这些品种则必须采用营养繁殖法繁育苗木。一些特殊造型的园林植物，如龙爪槐、垂枝榆、垂枝海棠、垂枝梅、垂枝樱花等，只有通过营养繁殖的方法才能培育制作而成；营养繁殖速度快，方便、简单、经济；营养繁殖方法较多，可以迅速扩大苗木数量。

但是，营养繁殖法也有很多不足之处，如营养苗的根系没有明显的主根，不如实生苗的根系发达（嫁接苗除外），根系较浅，寿命较短，抵抗不良环境的能力较差。一些植株，经过长期的营养繁殖，生长势会逐渐减弱或发生退化，致使苗木生长衰弱。

任务1 扦插育苗

【任务介绍】扦插育苗是指从采种母树上剪取苗木生产所需要的繁殖材料，在扦插床上繁殖苗木的过程。扦插也称为插枝、插条、插木，是人们把切离母体的一段营养体（如枝段，有时是一段根、芽或其他营养器官）的基部插入土、沙或其他基质铺成的扦插床（插壤）中，促使基部产生不定根，上部发出不定芽，从而形成一个独立生长的新植株个体。扦插用的这段营养体叫做插条（穗），扦插成活的新植株称为扦插苗。根据所用的材料扦插分为枝（茎）插、根插、叶插等。生产上以枝插应用最多，根插次之，叶片扦插应用较少，多用于花卉的繁殖育苗中。扦插育苗简便易行，成苗迅速，又能保证母本的优良性状，所以扦插育苗，早已成为园林植物主要繁殖手段之一。具体扦插育苗时，何时扦插、如何选择和采集及处理插条、怎样促进插条快速生根、扦插后需要如何管理等，都与扦插育苗的成功与否有密切关系。

【任务要求】通过本任务的学习及相应实习，使学生达到以下要求：①明确扦插繁殖的理论，了解影响扦插成活的因素；②掌握扦插育苗的技术，如正确选择采取插条的母株、确定合适的扦插时期、恰当方法等；③熟悉促进插条生根的方法，掌握组织扦插育苗生产的能力。

【教学设计】要完成扦插育苗任务，首先要选择好采条母株，然后根据扦插育苗的要求在不同时期、采取不同部位的扦插材料，通过对插条进行促根处理，然后将其扦插于消毒的基质里，给予一定的温度、湿度和光照条件及营养，促进插条生根成活。重点应让学生理解采条母株的选择、采条时期的确定和采条方法，从而掌握根据育苗要求和植物种类特性进行合理采条、扦插育苗的技能。

教学过程以完成扦插任务的过程为目标，同时应该让学生学习插条采集、促根处理、基质消毒、扦插生根条件控制等过程中的相关理论知识。采用讲授法、实验实习法相结合，并辅以多媒体进行教学，让学生切实学习并掌握扦插育苗的方法和技术。

【理论知识】

1 扦插繁殖简史

扦插是一项传统的植物无性繁殖技术，我们的祖先3000多年前就探索出了扦插技术。如在公元前6世纪的《诗经·齐风》中即有“折柳樊圃”之句，北魏贾思勰的《齐民要求》中也有“枳棘之篱，折柳樊圃，斯其义也”的论述。《战国策》中也有“横之即生，侧之即生，折而树之又生”的记载。在《齐民要术》中对扦插的好处和扦插方法也记载得非常具体，称果树扦插繁殖“胜种核”，“核三四年乃如此大耳”，也就是说，扦插苗生长比实生苗快3～4倍。宋代吴子良诗：“清看三丈树，原是手中杖。”证明了扦插的实用，意思是说，有些三丈高的参天大树，原来就是手中拿着的手杖长的枝条长成的。如何才能使手中的小枝变成参天大树，在当时只能运用扦插的方法繁殖而成。从以上可以看出，我国古代劳动人民在生产实践中，对扦插的理解已十分深刻，对扦插的应用也很普遍。

由于扦插可以经济地利用繁殖材料，且繁殖材料来源比较充足，因此可以进行大量育苗和多季育苗，既经济又简单。但是，由于扦插繁殖所用的插条脱离了母体，在管理上要求比较精细，要求外界环境条件必须达到适当的温度、湿度等因素，对一些要求较高的树种，还要采用遮阴、喷雾、覆盖塑料薄膜等措施，才能保证扦插成活。随着科技的进步，近几年发展起来的全光照间歇式迷雾扦插技术，为扦插成活提供了优越条件，解决了许多难生根或较难生根植物的育苗问题，对加速园林植物的育苗工作起了很大的作用。

2 扦插生根的机制

2.1 扦插生根原理 植株上每一个细胞，其遗传物质随有丝分裂过程同步复制。所以每个细胞内都具有相同的遗传物质，它们在适当的环境条件下具有潜在的形成相同植株的能力，这种能力也称为植物细胞的全能性。随着植株生长发育，大部分细胞已不再具有分生能力，只有少数保存在茎或根生长点和形成层的细胞，作为分生组织而保留下来。当植物体的某一部分受伤或切除时，植株能表现出弥补损伤和恢复协调的机能，这也称之为再生作用。在切口等部位，受体内愈伤激素的作用，能产生恢复伤口的组织，并能产生不定根和不定芽。扦插育苗就是利用这种特性进行的。

2.2 扦插生根类型 插条之所以能生根，是由于插条体内的形成层和维管束组织细胞恢复了分裂（再生）能力，形成根原始体，而后发育长出不定根并形成根系。根插则是在根的皮层薄壁细胞组织中生成不定芽，而后发育成茎叶。根据不定根发生的部位，扦插生根类型可分为潜伏不定根原基生根型、皮部生根型、侧芽（潜伏芽）基部分生组织生根型和愈伤组织生根型 4 种。硬枝插条与嫩枝插条组织结构不同，前者可能 4 种生根类型都有或具其中之一、二，而后者则只有愈伤组织生根类型。

2.2.1 潜伏不定根原基生根型 这是一种最易生根的类型，也可以说是枝条再生能力最强的一种类型。插条在脱离母体之前，形成层区域的细胞即分化出了排列对称、向外伸展的分生组织（又称群集细胞团），其先端接近表皮处停止生长、进行休眠，这种分生组织就是潜伏不定根原基（根原始体）。只要给予适宜生根的条件，它就可萌发生成不定根。凡具有潜伏不定根原基的园林植物，扦插繁殖时，可以充分利用这一特点促使其潜伏不定根原基萌发，缩短生根时间，减少插条自养阶段中地上部分代谢失调，从而提高插条的成活率。具有潜伏不定根原基的三至四年生老枝，也可扦插，在短时间内（1 个月左右）可以育成相当于二至三年生的实生苗大小的扦插苗，可大大缩短育苗周期，如榕树、柏类圆柏属和刺柏属、柳属、杨属、火棘属、石榴属等，都有潜伏不定根原基，都属于这种生根类型。

草本植物扦插时，不定根发生部位有的位于维管束外和维管束之间，小的细胞群是根原始细胞群，可继续分裂发育成根原基，如香石竹、菊花；有的位于纤维鞘内侧的薄壁细胞层，如番茄和西葫芦等。

2.2.2 皮部生根型 这是一种易生根的类型。在枝条的形成层和最宽髓射线结合点周围能够形成许多特殊的薄壁细胞群，随着枝条的生长形成层细胞进行分裂，与细胞分裂相连的髓射线逐渐增粗，向内穿过木质部通向髓部，从髓细胞中取得养分，向外分化逐渐形成钝圆锥形的薄壁细胞群，即根的原始体（根原基），其外端通向皮孔。根原基的形成时间一般为 7 月中旬至 9 月下旬。落叶后剪取插条时，根原始体已经形成，扦插后在适宜的温度、湿度和通气环境条件下，经过很短的时间，就能从皮孔中萌发长出不定根。因此，皮部生根迅速，扦插成活容易，如月季、玫瑰等，就是这种生根类型。

2.2.3 侧芽（潜伏芽）基部分生组织生根型 这种生根型普遍存在于各类园林植物中，不过有的非常明显，如葡萄；有的则相对差一些。但是，插条侧芽或节上潜伏芽基部的分生组织在一定的条件下比较活跃，都能产生不定根。因此，如果在剪取插条时，让下剪口通过侧芽（或潜伏芽）的基部（称为“破节”），使侧芽分生组织都集中在这个切面上，则可与愈伤组织生根同时进行，更有利于形成不定根。

2.2.4 愈伤组织生根型 这是扦插最不易生根的类型。一般那些扦插成活较难，生根较慢的树种，其扦插生根类型大多是愈伤组织生根。任何植物在局部受伤时，受伤部位都有产生保护伤口免受外界不良环境影响，吸收水分和养分，继续分生形成愈伤组织的能力。与伤口直接接触的那些活的薄壁细胞在适宜的条件下迅速分裂，产生半透明的不规则的瘤状突起物，这就是初生愈伤组织。愈伤组织及其附近的活细胞（以形成层、韧皮部、髓射线、髓部及邻近的活细胞为主）在生根过程中，由于激素的刺激非常活跃，从生长点或形成层中分化产生出大量的根原始体，最终形成不定根。这种由愈伤组织中产生不定根的生根类型称为愈伤组织生根型。剪取这些具有愈伤组织生根型的枝条扦插，置于适宜的温度、湿度等条件下，在下切口处首先形成初生愈伤组织，一方面保护插条的切口免受不良的影响；另一方面继续分化，逐渐形成与插条相应组织发生联系的木质部、形成层、韧皮部等组织，充分愈合，并逐渐形成根原始体，进而萌发形成不定根。但是，愈伤组织形成后能否进行根原始体的分化，形成不定根，还要看其外界环境因素和激素水平。如锦带花、海仙花、榆叶梅、白鹃梅等，虽然愈伤很快形成，但不再分化，不能生根，或需要很长时间才能生根。这主要是由于内源激素水平低所致，可通过增加外源激素的水平来解决。

需要说明的是，一种植物的生根类型并不只限于一种，有的可能有两种或两种以上，也可能几种生根类型并存。例如，黑杨、柳等树种，4种生根类型全都具有，这样就非常容易生根。相反，如果某种植物只具一种生根类型，尤其如愈伤组织生根型，生根就相对困难。

此外，进行根插育苗时，只有根段的极性上端产生了不定芽才有可能成为新植株。年幼的根段不定芽是在靠近维管形成层的中柱鞘内发生的，而在老龄根上，不定芽是从木栓形成层或射线增生的类似愈伤组织里发生的。芽原基还可能从根段的伤口处愈伤组织中产生。根插时常常见到先从根段上端产生不定芽，然后在新生不定枝的基部再产生根，而不是在原根段上产生新根，悬铃木、雪松、酸橙等植物的扦插繁殖的生根属于这种生根类型。如果根插后只发根而不产生不定芽，或只发生不定芽而不发根，最终根段都会死亡。

2.3 扦插生根的生理基础

2.3.1 生长素的作用 插条生根、愈合组织的形成都是受生长素控制和调节的，与细胞分裂素和脱落酸也有一定的关系。扦插后，插条萌发的幼嫩芽和叶片合成的生长素向基部运输，促进根系的形成。园林育苗的生产实践也证明，人们利用嫩枝进行扦插繁殖，其内源生长素含量高，细胞分生能力强，扦插容易生根成活。例如，葡萄插条本身不存在潜伏根原基，如果事先把芽和叶摘除掉，生根能力就会受到显著的影响，或者根本不生根。但当插条带叶扦插后，其根系非常发达。这充分说明影响插条生根有重要的物质，这就是植物的叶和芽能合成的天然生长素和其他生根的有效物质，并经过韧皮部向下运输至插条基部。目前，在生产上使用一定浓度的吲哚丁酸（IBA）、吲哚乙酸（IAA）、萘乙酸（NAA）、萘乙酰胺（NAD）及ABT、HL-43、TL、GL等生根剂处理插条的基部，都可提高生根率，并且也可缩短生根时间，有利扦插成功。

但是，许多试验和生产实践也证实，生长素不是唯一能够促进插条生根的物质，还必须有另一种由芽和叶内产生的一类特殊物质辅助，才能导致不定根的发生，这种物质即为生根“辅助因子”。近年来，很多专家研究“辅助因子”，发现它在易生根树种中很多。这种物质本身并非生长物质，单独使用没有效果，而一旦与生长素相结合，就成为导致插条生根的“生根物质”。

2.3.2 生长抑制剂的作用 很多研究已经证实，植物生命周期中老龄植株体内的抑制物质含量高，在年生长周期中休眠期含量最高，故硬枝扦插采用的靠近梢部的插条又比基部的插条抑制物含量高。因此，生产实际中，可采取相应的措施，如流水洗脱、低温处理、黑暗处理等，消除或减少插条内的抑制物质，以利于生根。

2.3.3 营养物质的作用 一般来说，植物体内碳水化合物含量高，相对的氮化合物含量则低，对插条不定根的诱导比较有利，但是缺氮也会抑制生根。实践证明，插条营养充分，不仅可以促进根原基的形成，而且对地上部分增长也有促进作用。如用糖液浸泡插条可明显增加不定根的数量，插条上喷洒氮素如尿素，也能提高生根率，尤其是母株年龄大的，喷洒后生根效果比较明显。但是，通过外源给插条补充碳水化合物，易引起切口腐烂，应注意控制。

2.3.4 生根素的作用 科学家认为植物体内存在与生长素控制生长一样的专门控制生根的物质——生根素，能够促进根原始体的发生。枝条内生根素含量的多少，决定了插条生根的难易程度。

2.3.5 茎的解剖构造限制 科学家认为插条生根的难易与茎的解剖构造有着密切的关系。如果插条皮层中有一层、二层或多层的纤维细胞构成的一圈环状厚壁组织时，生根就会困难。如果插条皮层中没有或虽有但不连续的厚壁组织时，生根就比较容易。因此，扦插育苗时可采取割破皮层的方法，破坏其环状厚壁组织，从而促进生根，如将油橄榄插条纵向划破，可提高扦插成活率。

3 影响扦插成活的内外因素

3.1 影响扦插成活的内在因素

3.1.1 植物的遗传性 园林植物插条的生根能力因种类、品种的遗传特性而异。如火棘枝条扦插容易生根，而苹果枝条扦插就很难生根。根据生根难易程度，可将园林植物分为以下几类。

极易生根类：垂柳、金丝柳、珊瑚树、扶芳藤、金银花、卫矛、红叶小檗、葡萄、石榴、无花果、连翘、迎春花、月季、木槿、爬山虎等，插条不需处理，扦插后就极易生根成活。

较易生根类：白蜡、刺柏、罗汉松、珍珠梅、刺楸、悬铃木、接骨木、蔷薇、石楠、夹竹桃、棣棠、小叶女贞等，插条基本上也不需要处理，插后就会生根。

较难生根类：如梧桐、榉树、树莓、枣树、云杉、槭树、紫荆、南天竹、米兰、紫叶李、紫叶矮樱等，需要一定的技术处理插条才能生根。

极难生根类：如板栗、核桃、柿树、鹅掌楸、苹果、海棠、桃、桦树、榆树、木兰、广玉兰、杨梅、棕榈、松类等，即使插条经过特殊处理，生根率仍然极低。

3.1.2　母株的来源和年龄　同等条件下同一园林植物，实生苗的插条比营养苗的插条再生能力强，扦插容易生根成活。随着母树的年龄增大，插条的生根能力会逐渐降低。这主要是由于树龄较大的母树，其阶段发育衰老、细胞分生能力降低、体内激素水平下降、抑制物质不断增加所致。如水杉的扦插试验中，在不同年龄的母树上采取一年生枝条，在相同环境中进行扦插，一至二年生母树的一年生枝条扦插成活率达 90% 以上，三至四年生母树的扦插成活率为 60%～70%，七至九年生母树的扦插成活率仅 30% 左右。所以，生产上可以对母株平茬，保留基部隐芽，促使萌发蘖条用作插条，或对母株进行绿篱状修剪，迫使插条达到幼龄化，从而达到提高扦插成活率的目的。

3.1.3　枝条的年龄　枝条的年龄影响插条的再生能力。一般当年生枝的再生能力最强，枝条年龄愈大，再生能力愈弱。这是因为嫩枝插条内源生长素含量高，细胞分生能力旺盛，有利于促进不定根的形成。母树根颈部萌生的一年生根蘖条，其发育阶段最年幼，具有和实生苗相同的特点，可塑性较高，再生能力也很强，扦插容易成功。

3.1.4　枝条的发育状况及部位　插条生根和萌芽都需要消耗很多营养物质，在生根前主要依靠体内的贮藏营养维持生命。因此，凡是粗壮、充实、营养物质丰富的枝条，扦插成活容易，生长较好。否则，成活不易，即使成活，生长也较差。所以，在选取插条时应从生长健壮、无病虫害的母树上采集发育充实的一至二年生枝条作为插条。同一株母树，根颈处萌发的枝条再生能力最强，其次是着生在主干上的枝条，再次是树冠部和多次分枝的侧生枝。

同一枝条的不同部位，由于其在不同的时间生长状况不同，扦插后其生根类型、成活率大小因植物种类而异。落叶树种，中下部枝条发育充实，贮藏的养分较多，为根原基的形成和生长提供了有利因素。所以，用休眠枝扦插，以中下部枝条为好。若用嫩枝扦插，中上部内源生长素含量高，且细胞分生能力旺盛，为生根提供了有利因素，故以中上部枝条扦插为好。而常绿树种四季均可采条进行扦插繁殖，但也应选择生长健壮、代谢旺盛、芽眼饱满的中上部枝条作插条为好。常绿针叶树主干上的枝条生根力强，侧生枝（尤其是多次分枝的侧生枝）生根力弱。若从树冠上采取插条，则比从树冠下部光照较弱的部位剪取较好。在生产实践中，有些一年生比较细弱、体内营养物质含量较少的树种扦插育苗时，为了保证营养物质的充足，插条可以带一部分二年生枝，即采用“踵状扦插法”或“带马蹄扦插法”常可提高成活率。如水杉和柳杉一年生的枝条虽然较好，但基部也可稍带一段二年生枝段；罗汉柏、圆柏、龙柏和铺地柏等，可以带二至三年生的枝段，生根率较高。

3.1.5　插条的粗细与长短　插条的粗细与长短对于成活率、苗木生长有一定的影响。对于绝大多数树种来讲，长插条的根原基数量多，贮藏的营养物质多，有利于插条生根。但是，插条过长，不仅操作困难，而且插入土壤过深，生根处的通气性较差，温度也相对较低，反而不利于生根。所以，插条长短的确定要以树种生根快慢和土壤水分条件为依据。一般落叶树种，硬枝插条长 10～25cm，常绿树种，插条长 10～35cm。随着扦插技术的提高，扦插已逐渐向短插条方向发展，有的甚至用一芽一叶扦插，如茶树、葡萄、北海道黄杨，采用 3～5cm 的短枝条扦插，效果也很好。对不同粗细的插条而言，粗插条所含的营养物质多，对生根有利。插条的适宜粗细因树种而异，多数针叶树种直径为 0.3～1cm；阔叶树种直径为 0.5～2cm。生产实践中，应根据需要和可能，掌握“粗枝短截，细枝长留”的原则。

3.1.6 插条上保留叶与芽的作用 对于嫩枝扦插及针叶树种、常绿树种的扦插，插条上的芽和叶能够供给生根所必需的营养物质和生长激素、维生素等。嫩枝插条一般保留2～4片叶，在有喷雾装置定时保湿时，则可保留较多的叶片和芽，以便加速生根。但是，叶片若过多，蒸腾量则过大，抵抗干燥的能力显著减弱，对生根反而不利。

3.2 影响扦插成活的外在因素

3.2.1 温度 温度与插条的生根成活及生根速度有极大的关系，是扦插育苗中的一个主要的限制因素。温度的变化影响到插条生根的难易和成活率的高低。最适宜插条的生根温度因树种、扦插时间不同而有所差异。一般愈伤组织在8～10℃时才开始生根，10～15℃时愈伤组织形成较快，15～25℃生根最适宜，30℃以上生根率下降，36℃以上则难以成活。

大多数树种休眠枝插条的生根适宜温度为15～25℃，20℃为最适温度，但不同树种扦插所需要的最适温度也不同。美国的H. Malisch认为，温带树种要求20℃左右，热带树种要求23℃左右。

不同树种插条生根时对插床的温度要求也不相同。一般土温高于气温3℃时，对生根极为有利，这样有利于不定根的形成而不适于芽的萌动，养分集中于不定根的形成，然后再促使插条上的芽萌发生长。生产上，可用马粪或电热线等作酿热材料，以增加地温，还可利用太阳光的热能进行倒插催根，提高扦插成活率。

不同的扦插材料，对温度的要求也不同。休眠枝对温度的要求较低，过高的温度会加速插条体内的营养物质消耗，导致扦插失败。嫩枝扦插时对温度的要求较高，有利于光合作用合成生根所需的营养物质。但是，由于嫩枝扦插多在夏季进行，若温度过高，超过30℃时，则会抑制生根，导致扦插失败。生产上多采用遮阴、喷雾等措施，起到降温的作用。随着扦插技术的进步，为了提高扦插效率，现生产上多采用一些育苗设施控制温度变化，如塑料大棚、温室、地热线及全光照间歇式弥雾扦插设备等。

3.2.2 湿度 在插条不定根的形成过程中，空气的湿度、基质的湿度及插条自身的含水量是扦插成败的重要因素。休眠枝扦插湿度可稍低些，但嫩枝扦插因叶片蒸腾量大，则要保持在90%以上，以防止插条失水。尤其是一些难生根或生根需要很长时间的树种，保持较高的空气湿度是扦插生根的条件之一。

基质湿度也是影响插条成活的一个重要因素，一般应保持干重量的20%～25%为宜。插条通过伤口、皮孔从基质中获取一些水分，可通过保持基质湿度保护插条在基质中的部分避免失水，并应采用喷水、间隔喷雾、覆盖塑料薄膜等方法提高空气相对湿度，以确使插条保持新鲜状态。

插条自身含水量直接影响到扦插的成活。插条体内水分充足时，不定根形成快。插条体内水分不足时，影响不定根的形成。扦插前要把插条进行浸泡补水，插后适时浇水、喷雾，覆盖薄膜密封等，防止插条失水。

3.2.3 空气 实践证明，插条生根率与基质中的含氧量成正比。因此，在进行扦插繁殖时，一定要选择通透性良好的基质，以保证扦插成活。基质中水分不宜过高，否则不但会降低插壤温度，还会造成通气条件变差，使插条因缺氧而难生根成活。为解决基质中的水分和氧气相互矛盾的问题，要求基质结构疏松、通气性好。所以常用既能保持稳定的温度而又不积水的砂质壤土或珍珠岩、蛭石等作基质。

3.2.4　光照　对于绿枝扦插及常绿树种的扦插，光照可使叶片制造营养物质，且在光合作用过程中产生的生长刺激素，均有利于生根。特别是在扦插后期，插条生根后，更需要一定的光照条件。但是，又要避免直射强光，以免插条水分过度蒸发或插条受灼伤，使叶片萎蔫或灼伤。此时，可采用喷水降温或适当遮阴等措施来维持插条水分代谢平衡。

3.2.5　基质　硬枝扦插，最好用砂质壤土或壤土，因其土质疏松，通气性好，土温较高，并有一定的保水能力，插条容易生根成活。绿枝扦插时，一般常用几种基质进行混合，如砂土、蛭石、珍珠岩、泥炭土等按一定比例混合。几种基质的特性如下。

砂土：一般用河沙，材料易得，通气性能好，排水能力强，但其持水力太弱，常与壤土混合使用效果较好。常用作夏季的绿枝扦插基质。

蛭石：黄褐色，呈片状，具韧性，吸水能力强，通气良好，保温能力较高，是一种比较好的基质，但不足之处是不含营养。

珍珠岩：化学性能稳定，不会对植物产生伤害，pH 中性，吸水量可达自身重量的 2～3 倍，透水性和透气性能很好，所以它是园林栽培中改良土壤的重要物质，应用越来越广泛。在黏土中加入同等份的珍珠岩，可使土壤的通气性增加数倍，使根系能够接触到足够的氧气，供其呼吸。常用于栽培、扦插或与其他基质如营养土、泥土、草炭、蛭石等配制成混合基质使用。

泥炭土：含有大量的腐殖质，呈酸性，团粒结构好，保水力强，但易造成通气性差，其可与砂土、珍珠岩和泥炭、蛭石按一定比例混合，是最理想的播种、扦插、栽培的介质。

除此之外，还可利用液态水或营养液作基质，也可以在密闭的空间里用雾状气体作基质，把插条吊于迷雾中，使其生根成活。生产上应注意的是，若长期育苗时，要定期更换新基质，用过的基质不宜重复使用。因为使用过的基质，或多或少地混有病原菌。如果非要使用，必须消毒。一般用 0.5% 的福尔马林或 0.5% 的高锰酸钾喷雾或浇灌插床，进行消毒。

3.2.6　扦插设施　由于露地扦插时，不容易调控各种因子，所以极易生根的柳、杨、圆柏、葡萄、石榴、金银花、连翘等树种，扦插常在露地进行，不使用设施，以节约生产成本。对于不易生根的树种，如红叶李、红叶石楠、金叶女贞、金森女贞、火棘等，需要在地膜覆盖、阳畦、小拱棚、地热温床、弥雾苗床、塑料大棚、日光温室等设施内进行，因为在设施内容易调控各种因子，满足插条生根所需要的条件，有利插条生根成活。

一般大型苗圃大量扦插育苗时主要采用露地扦插，应选土层深厚、疏松肥沃、排水良好、中性或微酸性的砂质壤土为宜，土地翻耕后（图 4-1）扦插，如土壤不适宜就必须改良土壤。春季露地扦插时可以使用地膜覆盖，然后打孔扦插（图 4-2），这样地温上升快，有利生根。育苗量较小时也可在地上用砖砌成宽 90～120cm、高 35～40cm 的扦插床，在床底先铺上 5cm 厚的小石砾后再填入客土，以利排水通气。也可以采用小拱棚覆盖（图 4-3），把整个床畦覆盖起来，这样不仅地温上升快，而且床面湿润，空气湿度也大，可提高成活率。塑料大棚、日光温室等设施，能够保持较高的空气湿度，保温效果较好，能够满足插条生根所需要的条件。但要注意防止光照过强和温度过高。设施内不仅适于硬枝扦插，更适合嫩枝扦插。弥雾扦插床特别适合夏季嫩枝扦插，采用电子自动控温喷雾系统新技术，可创造一个近饱和的空气湿度条件，在插条叶面上维持一层薄的水膜，促进叶片的生理活动，能显著提高嫩枝扦插成活率（图 4-4）。

图 4-1　整地

图 4-2　露地覆膜扦插

图 4-3　小拱棚覆盖

图 4-4　自制弥雾扦插床

4　促进插条生根的方法

4.1　植物生长调节剂处理　植物生长调节剂中对扦插生根有促进作用的主要是生长素类和部分细胞分裂素，效果较好的有吲哚丁酸（IBA）、吲哚乙酸（IAA）、萘乙酸（NAA）和氯苯酚代乙酸（2, 4-D）、6- 苄基氨基嘌呤（6-BA）等。这些植物生长调节剂促进生根（图 4-5）的原理如下。

1）促进了细胞恢复分裂能力。经生长调节剂处理后，插条皮层软化，皮层薄壁细胞贮藏的淀粉粒降解为水溶性糖，提高了细胞渗透压和吸水力；细胞内酶活性加强，呼吸代谢旺盛，于是已分化的成熟细胞重新恢复分裂能力，产生大量愈伤组织，从而促进插条生根。

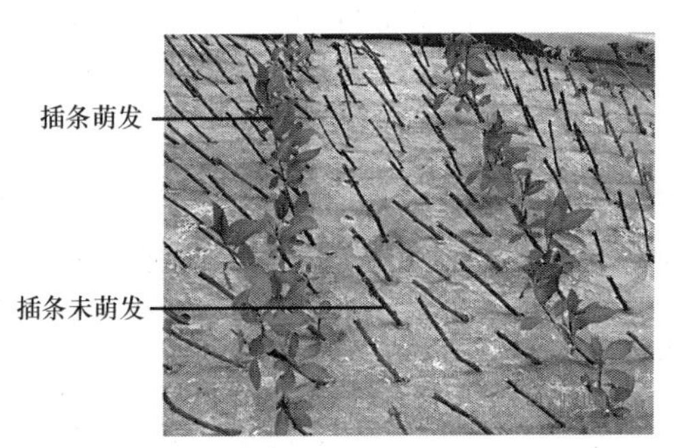

图 4-5　插条萌发（生长调节剂处理）与未萌发（未处理）

2）改变了营养流向。插条经处理后，处理部位变成了吸收营养的中心，临近部分的营养逐渐向处理部位移动，使这部分组织内养分含量急剧增加，有利于器官的分化和根的形成。

3）有利于营养积累。嫩枝经生长素处理后，光合作用显著增强，光合时间延长，光合产物增加，尤其是糖分含量提高，有益于根的生成。

4）调节了内源激素平衡。外源生长调节剂可改变插条内的激素平衡，并使之增加，从而促进了根的形成。

使用生长调节剂，可以采用溶液浸泡，也可速蘸或使用粉剂。生长调节剂一般都不溶于水，使用溶液前，需要先用少量的乙醇或70℃热水溶解，然后兑水形成处理溶液，再将配好的药液装在干净的容器内，将成捆的插条的下切口浸泡在溶液中至规定的时间，浸泡深度为2cm左右。溶液浸泡可用低浓度（20～200mg/L）、长时间（6～24h）浸泡，这适用于生根比较容易的树种和木质化程度低的树种；也可用高浓度（500～10 000mg/L）、短时间（2～10s）速蘸，适用于生根比较困难的树种和木质化程度高的插条。使用过的药液，可以连续再使用一次，但因药效降低，可以适当延长浸泡时间。

粉剂处理插条，操作比较简便，可以代替溶液处理。将1g生长调节剂与1000g滑石粉混合均匀后调成粉剂，将插条下切口浸湿2cm，在粉剂中蘸一下后即可扦插。一般1g ABT生根粉能处理插条4000～6000根。注意，扦插时要先打孔，以免直接扦插时将粉剂磨掉。注意，生长调节剂使用时，其处理方法、浓度、时间，要因树种和插条的木质化程度不同而异。如果使用不当，可能会起到相反的作用。

4.2　化学药剂处理　使用少量的化学药剂处理插条，能增强其新陈代谢，促进生根。常用的化学药剂有高锰酸钾、二氧化锰、硼酸、磷酸、醋酸、硫酸镁、蔗糖、葡萄糖、腐殖酸、腐殖酸钠或维生素类、杀菌剂等。高锰酸钾处理硬枝插条，使用浓度为0.03%～0.1%，12h左右；处理嫩枝插条，使用浓度为0.06%，处理6～8h，可以促进氧化，增强插条的呼吸作用，使插条内部物质转化为可供状态，加速根原始体的形成。此外，高锰酸钾是强氧化剂，还可以抑制细菌的滋生，起到消毒杀菌的作用。

硼酸使用浓度为0.1%～0.5%，浸泡插条下端24h，再贮藏45d，然后扦插，可提高生根率。

蔗糖使用浓度为1%～10%，浸泡插条下端12～18h，可直接补充营养，提高扦插成活率。

腐殖酸钠对插条的生长发育有刺激作用，可增强插条呼吸，促进多种矿质元素的吸收和运输，改善营养状况，增加叶片的叶绿素含量，提高植物的抗性等。

维生素一般不单独使用，先用生长素处理，然后再用维生素，促进生根的效果才较好。

杀菌剂的使用，可以杀死立枯病的病原菌如腐霉菌、疫霉菌、丝核菌、葡萄孢菌等，有利于扦插苗生长。所以，生产上一些育苗专家已经或正在研究与杀菌剂复配的生根剂，如TL、GL等生根剂。此外，其他可用的药剂还有硫酸锰、硝酸银、硫酸镁等。

4.3　物理方法

4.3.1　浸泡插条　将插条浸入清水中2～3d，每天早晚各换水一次，直到插条皮层产生突起，再行扦插。这种方法，不仅可以提高插条的抗旱能力，而且可以溶解插条中的生根抑制物质，对生根有利。一些树脂丰富的针叶树种，将水温提高到35～40℃，浸泡2～3h，可部分地清除树脂，以利于生根。

4.3.2　刻伤插条　对于愈伤组织生根的树种，人为地刻伤插条，扩大伤口面积，可以增加愈伤组织和插条生根的范围，以利扦插成活。也可在生长期对将来要剪取作插条的枝条或植株茎的基部施行环割处理，促使其光合产物积累于伤口之上，可使种条充实，贮藏物质增加，等休眠期再剪取这些枝条作插条，有利于插条生根。

4.3.3 黄化插条 对将要作插条的枝条培土或包扎黑色不透明的材料，使其完全避光即为黄化处理。这可以抑制枝条中生根阻碍物质的生成，增强生长激素等生根促进物质的活性，延缓木质化进程，保持组织的幼嫩性，有利于插条生根。

4.3.4 保湿插条 一是可通过喷雾，使插条处于弥雾的环境之中，表面覆盖一层水膜，大大减少插条蒸腾耗水，能有效地维持插条的水分平衡，保持其吸胀状态。同时，喷雾还有利于降低气温，提高插床温度，有利于伤口愈合，促进插条生根。二是可用塑料地膜覆盖，提高插床温度，增加插床湿度，改善插床基质的物理特性，形成有利于插条生根的水、热、氧、气条件，有利于提高扦插成活率。

4.3.5 插条催根 可用塑料薄膜覆盖温床、阳畦，或用火炕加温，以促进插条生根。也可进行倒插催根，即在向阳、排水良好的地方或塑料大棚内建立插床，底部铺5cm厚的洁净河沙，将用生长素等处理过的插条基部向上倒插于床中，上面再覆一层净沙，适量喷水后用塑料薄膜搭成小拱棚，使之增温，维持棚内温度为10～25℃，经一定时间后，插条即可形成愈伤组织，并有根原始体出现，再取出进行扦插，就比较容易生根成活了。

【任务过程】

5 扦插育苗技术

5.1 确定适宜的扦插时期 落叶树扦插育苗，多以休眠枝扦插为主，春、秋两季均可进行，但以春插为多，并在萌芽前及早进行。我国北方地区，秋冬季节寒冷多风，秋插时插条易失水或遭冻害，最好秋季采取枝条进行贮藏，待春季土壤解冻后进行春插。由于春季地温刚刚回升，土壤温度较低，达不到生根条件，故应把提高地温作为技术关键。我国南方地区多采用秋插，宜在土壤结冻前进行，随采插条随即扦插即可。当然，落叶树也可在生长期扦插，多在夏季第一期生长结束后的稳定期即新梢枝条生长充实后采条进行扦插。许多地区，蔷薇、石榴、栀子、金丝桃及松柏类等一年四季均能扦插成活。

常绿树种扦插育苗，在南方多于梅雨季节进行扦插。此期约在5～7月，此时树体第一期生长已经结束，第二期生长还未开始。此期扦插，由于插条生根需要较高的温度和湿度，扦插后要注意遮阴和保湿，才能有利于生根成活。

5.2 科学选择优质的插条

5.2.1 硬枝插条的选择 根据扦插生根成活的原理，硬枝插条应选用幼年树上的一至二年生枝条或萌生的根蘖条，要求为健壮、无病虫害且营养物质丰富的粗壮枝条。剪取时间应在枝条贮藏养分最多的时期进行，这个时期树液流动缓慢，生长几近停止，即落叶或开始落叶时最好。由于落叶后即将进入严冬，所以要将采下的枝条贮藏起来，以供翌年春季扦插。

5.2.2 嫩枝插条的选择 嫩枝插条最好是随剪随插。选择生长健壮的幼年母树上开始木质化的嫩梢，其枝梢内含有充分的营养物质，生命活动旺盛，细胞分裂能力强，容易愈合生根。

总之，选择插条要遵照：年幼母树比年长母树好，一年生枝条比多年生枝条好，基部萌蘖枝条比上部树冠枝条好，树冠阳面枝条比阴面枝条好等。

5.3　采用正确的扦插方法

5.3.1　硬枝扦插　又称休眠枝扦插，即选用充分成熟的一至二年生枝条进行扦插。此种方法简便，成本较低，采集插条时间多在秋末树木停止生长后至第二年萌芽以前进行。可秋季扦插，在土壤封冻以前完成，应稍深，以插条的2/3入土为宜，以防插条被风吹干枝芽。插后在其上可覆沙或土，翌年开春后或萌芽前除去。但是，北方多在春季土壤解冻后进行，所以枝条剪取后要进行贮藏。方法是选择地势较高、排水良好、背风向阳的地方挖沟，沟深60～100cm、宽80～100cm，沟长视插条多少而定。将插条捆扎成束，埋于沟内，中间立一草把以利通气，然后盖上湿沙和泥土即可。扦插前挖出插条，剪成长10～15cm、带2～3个芽的枝段作插条（图4-6），上芽要离剪口0.5～1cm，并将上剪口剪成微斜面，斜面方向是朝着生芽的一方高，背芽的一方低，以免扦插后切面积水。下剪口有平切、斜切、双面切等不同切法。扦插前可采用促进插条生根的各种催根方法处理插条。

图4-6　插条

根据插条的形状与长短不同，可分为如下几种扦插法：①直接插，在土壤疏松、插条已催根处理的情况下，可以直接将插条插入苗床；②打孔插，在土壤黏重或插条已经产生愈伤组织，或已经长出不定根时，要先用钢锨开缝或用木棒开孔，然后插入插条；③浅沟封垄插，适用于较细或已生根的插条。先在苗床上按行距开沟，沟深10cm、宽15cm，然后在沟内浅插，再填平踏实，最后封土成垄。

对于扦插不易生根的树种，可采取一些特殊措施，提高生根成活率，方法如下。

（1）带踵插　插条基部带有一部分二年生枝条，因形如踵足而得名。插条下部养分集中，容易生根。但每个枝条只能剪取一个插条，故不能大量采用。此法适合于松、柏、桂花、木瓜等一年生枝扦插难易成活树种。

（2）槌形插　插条基部所带二年生老枝呈槌形，长度一般为2～4cm，两端斜削。此法采集插条有限，不能大量应用。

（3）割插　插条下端自中间劈开，夹以石子，通过人为增加创伤刺激愈合组织的产生，从而促进生根。此法适于桂花、山茶、梅花等生根困难的树种。

（4）土球插　将插穗基部包裹在土球中，连同泥球一起插入土壤中。此法适合常绿树种和针叶树种的扦插，如雪松、竹柏等。

（5）长竿插　插条长50cm，有的也可达到1～2m。适合易生根的树种类型，可快速获得大苗，如石榴、葡萄、木槿、圆柏等。

（6）埋条插　用于一般扦插不易生根的树种，如毛白杨、玫瑰、楸树等树种。枝条于秋季落叶后剪取，沙藏过冬，于次年早春平埋于苗床中，深约5cm，然后灌水保持湿度。当萌芽抽枝出土约15cm时，按一定距离进行稀疏，当年秋季则可切断地下老枝，分割成为独立的新苗。此法有出苗不整齐的缺点。

总之，不管用哪种方法进行扦插育苗，最重要的是要保证插穗与基质能够紧密的结合。插后应及时压实，灌水，保持苗床的湿润。扦插后可覆盖黑色塑料薄膜，以提高地温、保水并控制杂草生长。

5.3.2 嫩枝扦插 又称软枝扦插、绿枝扦插，是于生长期用半木质化的带叶新梢进行扦插。其技术关键是如何采取措施控制插条叶片的蒸腾强度，维持水分代谢平衡，从而保护插条生根存活。嫩枝扦插多用于硬枝扦插不易生根成活的树种，且插条也需尽量从发育阶段年轻的母树上剪取，选择健壮、无病虫害、半木质化的当年生健壮新梢，不宜过嫩，否则插后容易失水萎蔫；也不能过老，否则生长缓慢。插条长度为10～15cm，保留2～4个芽。剪去插条下部叶，上部保留1～2片叶，可用生根剂速蘸法处理插条促进生根，然后插入基质，不宜过深，以插条1/3入土为宜。插后注意遮阴，并用喷雾或勤喷水的方法保持湿度，一般每天喷水3～4次，待生根后逐渐撤除遮阴物。

对于名贵园林植物品种，为节约枝条，剪取插条时可仅带一芽一叶。插入插床后，仅露芽尖和一片叶。这时，由于插条太小，为防止干燥失水，要注意充分保湿，才能生根成活。如橡皮树、山茶、桂花、八仙花、天竺葵等，可用此法。

5.3.3 根插 剪取树木的根段作插条进行的扦插称为根插，根插在苗圃中也常应用。注意，采用根插必须是根上能够形成不定芽的树种，如毛白杨、泡桐、香椿、牡丹、山楂、香花槐等。

根插常在休眠期进行，从母株周围刨取种根，也可利用苗木出圃时残留在圃地内的根系。选取粗度在0.8cm以上的根条，剪成10～15cm的小段，并按粗细分级埋藏于假植沟内，至翌年春季扦插。在扦插床面上开深5～6cm的沟，将根段按一定距离斜插或全埋于沟内，覆土2～3cm，平整床面，立即浇水，保持土壤适当湿度，约15～20d后可发芽。

5.3.4 叶插 叶插一般可分全叶插、叶柄插和叶块插。全叶插是将叶片直立浅插于基质，或将叶片平放于扦插基质之上。叶柄插则是把叶柄2/3插入基质。叶块插是将叶片切成一定大小的叶块，然后平放于扦插基质之上。对于全叶插和叶块插，要使叶片与基质密接，并在叶脉处切断。由于叶插一般都在夏季，叶片蒸腾量大，所以应注意扦插期间的保湿和遮阴。百合、景天等园林植物可以从叶片基部或叶柄成熟细胞所发生的次生分生组织发育出新植株。

5.4 做好扦插后的管理 一年生扦插苗从扦插到秋季苗木停止生长，要经历成活期、幼苗期、速生期和苗木硬化期4个时期。这4个时期，要分别根据其发育规律，加强培育管理。

5.4.1 成活期 从扦插开始，到插条地下部生根，地上部的芽萌发后展叶，直至幼苗能够独立制造营养为止。这一时期，插条不能独立制造营养，全靠插条本身所贮藏的营养来维持，水分则主要由插条下切口从土壤中吸收。在适宜的环境条件下，插条皮部的根原始体开始发生不定根，或由切口愈伤组织分化形成不定根；同时，地上部的芽萌发，展叶抽枝。插条的成活主要取决于能否生根及生根的快慢。此期影响插条生根的主要因素是土壤的水分、温度与空气。若此时土壤过分干燥，插条失水严重就不能生根；温度过低，插条生根缓慢。所以，石榴、葡萄、木槿等，可在3月下旬至4月上旬地温升高后再扦插。通常在扦插后立即灌足第一次水，以便插条与插壤紧密接触。以后根据墒情，再酌情浇水，并做好保墒与松土除草工作。

春季扦插作业可在大田露地扦插，用于扦插容易生根的树种。土地翻耕后打成高垄，盖上地膜，升温后再扦插。生长较快的乔木，株距30～40cm，每亩扦插2500～3000株。插后灌水，但不要漫过垄背。能进地后，可中耕松土，增温保墒。也可在小拱棚、大棚、温室内进行的扦插，至插条生根展叶后方可逐渐开窗放风通气，降低空气湿度。适宜扦插时间可提前到3月上旬。一般一次灌足底水，插后尽可能不灌水，防止土壤湿度过大，加速插条腐烂。扦插密度一般视植物种类而定。

5.4.2　幼苗期　从插条生出新根，地上展开叶片能够独立进行营养，到幼苗高生长大幅度上升时止。这一时期，地上部分开始缓慢生长，叶片数量增加。地下部根系生长较快，长度增加，根系数量增多，愈伤组织也近包围下切口，愈伤组织及其附近生根逐渐增多。之后，苗木逐渐加速生长。此期，幼苗组织还比较幼嫩，不耐高温或低温，怕干旱和强烈日晒。所以，当插条上的芽萌发长到15～30cm时，抚育管理要适时，注意适量灌溉，追肥不宜过多，并及时松土除草，使土壤通气透水性能增加。还要及时抹芽，清除插条萌发的丛生幼梢，选留健壮的作为主干培养成苗。在大棚、温室内进行的扦插，此期棚内温度容易过高，可通过遮阳网降低光照强度，减少热量吸收，并开窗放风、逐渐降温，增加通气量，保持温室、大棚内适宜的环境，维持插条生根需要的条件。

5.4.3　速生期　从插条苗高生长大幅度上升到生长大幅度下降为止。此期，扦插苗需要大量营养，所以应加强肥水管理，供应充足的营养与水分。对侧枝萌发力强的树种，在速生期的前期要及时抹芽和除蘖，并做好病虫害防治工作。

5.4.4　苗木硬化期　从插条苗高生长大幅度下降到苗木粗度不再增加和根系停止生长为止。进入硬化期以后，苗木叶片大量增加，新生部分逐渐木质化，顶部出现冬芽；同时，苗茎和根系继续生长，不断充实冬芽和积累营养，至后期体内水分含量降低，干物质增加，苗茎完全木质化，然后进入休眠期。

【相关阅读】

全光照自动间歇弥雾扦插新技术

全光照自动间歇弥雾装置非常适于落叶树和常绿树在夏季进行嫩枝扦插育苗，这在国外近代发展很快，已经成为应用最为广泛的育苗新技术。由于全光照自动间歇弥雾扦插育苗是在控制喷雾的条件下，充分利用叶片的光合作用，与常规育苗相比，它具有简单易行、适应性强、生根期短、成活率高、出苗快和省时省力等优点，我国现已开始在生产上推广使用。

插床建立：用砖在地上砌一个适宜面积大小的扦插床，铺上厚约30cm的砻糠灰、蛭石、珍珠岩或黄沙等单一或混合基质，床底交错平铺两层砖以利排水。在苗床上空约1m高处，安装好与苗床平行的若干纵横自来水管。水管上再安装农用喷雾器的喷头。根据喷头射程的远近，决定喷头的间距和安装数目。每只喷头喷雾面积约为2.5m^{2}或更大。喷出的雾滴越细越好。在扦插前2～3d打开喷头喷雾，让基质充分淋洗，以降低砻糠灰、珍珠岩等的碱性，同时使其下沉紧实，然后按常规扦插要求进行扦插。

扦插时机：最适宜的时期是5月下旬至7月中旬。过早插条组织较嫩，易失水干枯；过晚则因温度降低而使生根困难，即使生根，很快进入休眠，苗小质差。

扦插密度：以插条冠径不互相遮掩为准。

扦插深度：以插条基部入土 1/3 为度，3～5cm。

插后喷雾管理：晴天要不间断地喷雾，阴天时喷时停，雨天和晚上可完全停喷。

桂花在全光照喷雾育苗的条件下，插条伤口愈合需要 30～40d，长出根系约需 60d。当插条上部的叶芽萌动时表明其下部已开始生根。待插条地上部长出 1～2 片叶，以手轻提插条感觉有力时，表示根系生长已经比较完整，可以移苗上盆，或移进大田内继续培育。移苗前 1 星期，要求停止喷雾，并要适当遮阴。但是，本法的投资较大，适宜经济效益较高的地区和单位采用。

【相关标准】

四川省地方标准：日香桂扦插苗培育技术规程和质量分级标准（DB51/T 1181—2011）。

任务 2　分株繁殖

【任务介绍】 分株繁殖是利用园林植物营养体的再生能力，把根（茎）蘖或丛生枝从母株上分割下来，另行栽植培育，使之形成新植株的一种繁殖方法。该育苗方法具有简单易行、成活率高、成苗快、繁殖简便等优点，但繁殖系数低，所得苗木规格不整齐。所以，在生产中主要用于丛生性强、萌蘖性强的园林花木。分株繁殖成功的关键首先是要有产生根系的根蘖或茎蘖，其次是在适宜的时期将母体与新株分开，另行栽植。

【任务要求】 通过本任务的学习及相应实习，使学生达到以下要求：①熟悉分株繁殖的理论；②分析影响分株成活的因素；③掌握分株繁殖的技术。

【教学设计】 要完成分株繁殖任务，首先要选择好母株，然后根据分株繁殖的要求在不同时期，采取相应的处理措施，促进所分个体生根成活。重点是让学生分析影响分株成活的因素，掌握分株繁殖的时期和分株方法，从而掌握根据园林植物种类及特性进行分株繁殖育苗的技能。

教学过程以完成分株任务的过程为目标，同时应该让学生学习分株繁殖的时期、促根处理、管理措施等相关理论知识。采用讲授法、实验实习法相结合，并辅以多媒体进行教学，让学生切实学习并掌握分株繁殖的方法和技术。

【理论知识】

分株繁殖是将母株产生的新植物营养体与母株分离另行栽植，从而借以繁殖植株的一种繁殖方法。这些新营养体从母体上切割下来，栽植成活率高，并可在较短的时间内得到大苗。但是，此法繁殖系数小，不便于大面积生产，因此，多用于少量苗木的繁殖或名贵园林植物的繁殖。

分株繁殖利用的是植物本身具有的分生能力，即有些园林植物的根或茎上能够形成不定芽或不定根从而产生根出条、萌蘖条和茎蘖苗，如牡丹、刺槐、臭椿、枣、银杏、毛白杨、泡桐、文冠果、玫瑰、八仙花、贴梗海棠、棣棠、郁李、绣线菊、紫荆等。将它们与母体分离后，就形成了新的个体。

【任务过程】

分株繁殖一般在春、秋两季，春天在发芽前进行，秋天在落叶后进行，具体时间应依各地的气候条件而定，大多数园林树种宜在春季进行。由于分株繁殖多用于花木类，因此要考虑分株对开花的影响。一般夏秋开花的在早春萌芽前进行，春天开花的在秋季落叶后进行，这样在分株后给予一定的时间使根系愈合长出新根，有利于生长，且不影响开花。

对于乔木类，为了刺激产生根蘖，早春可在树冠外围挖环形或条状的、深和宽各为30cm左右的沟，切断部分1～2cm粗的水平根，施入腐熟的基肥后覆土填平、踏实，使根蘖苗旺盛生长发根，培养到秋季或到第二年春，挖出分离栽植。分离栽植时可将母株一侧或两侧土挖开，露出根系，将带有一定茎干（一般1～3个）和根系的萌株带根挖出，另行栽植，此为侧分法（图4-7）；也可将母株全部带根挖起，用利斧或利刀将植株根部分成有较好根系的几份，每份地上部分均应有1～3个茎干，分株后适当修剪后进行栽培，此为掘分法（图4-8）。

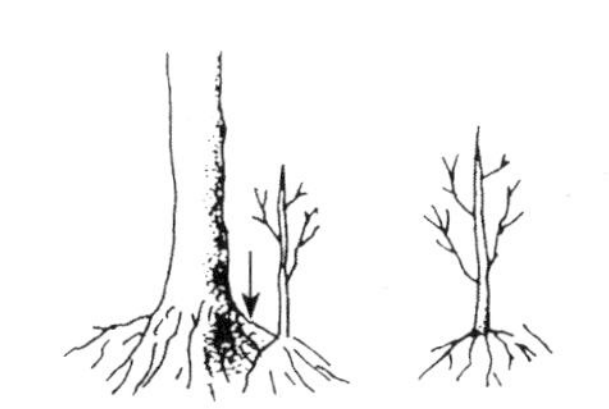

图4-7　分株繁殖——侧分法

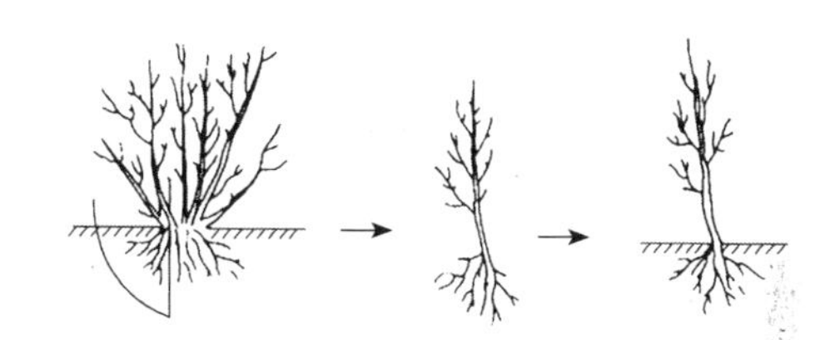

图4-8　分株繁殖——掘分法

对于牡丹、珍珠梅，黄刺玫，绣线菊，迎春等灌木树种，多能在茎的基部长出许多茎芽，可形成许多不脱离母体的小植株。这类花木都可以形成大的灌木丛，把这些大灌木丛用刀或斧子分别切成若干个小植丛，进行栽植即可。自然生长的野生牡丹具有根出条现象，即根上产生根蘖，分离根蘖是既可保护野生牡丹资源，又可获得进行牡丹资源研究的试验材料的主要方法。

根蘖苗有时呈丛生状，出苗后可间除部分过密的幼苗，以保证留下的苗木能健壮、整齐地生长。根蘖具有幼龄植株的生理特性，易产生根蘖的树种，根插也容易成活。

分株繁殖一般结合移栽时进行，栽后管理同一二年生露地园林植物的栽后管理。在分株过程中要注意，根蘖苗一定要带有比较完好的根系，茎蘖苗除要有较好的根系外，地上部分还应有1～3个基干，这样有利于分株幼苗的生长。

【相关阅读】

留根育苗技术

对于一些根系萌蘖能力极强的园林植物，生产上还使用留根繁殖育苗方式。如枣树、山楂、李子、树莓、樱桃、杜梨、海棠、山定子、石榴、榛子、香椿、刺槐、火炬树等，根系自然或受伤后可蔓延到地表生成根蘖苗。生产上常结合苗木移植、苗木出圃进行。方法是对移植或出圃苗掘出后，保留地面原状，暂时不浇水。待所留的残根上长出的根蘖苗陆续出土后，在5月中旬前后，进行施肥、平整地面，然后灌足水进行养护。由于出苗不整齐，长势不一致，分布不均，可以进行抽密补稀；也可以任其生长，第二年春季再分级掘苗定植。有时为了获得大量根蘖苗，可以在当年雨季提前对母株进行断根处理，以诱发大量根蘖苗。

【相关实训】

园林植物分生育苗实训

（1）目的要求　掌握园林植物的分生繁殖方法，熟练操作技能。

（2）材料与方法

材料：石榴、玫瑰、牡丹、紫荆等。

工具：修枝剪、手锯、铁锹、肥沃园土、塑料薄膜等。

时间：春季或秋季。

方法：依据繁殖材料的不同，全教学过程中应分2～4次实训，每次2～4学时。将学生分成3～4人为一组，教师进行分别示范、答疑，最后进行总结。

（3）秋季分生繁殖操作过程（以牡丹为例）

1）分株的时间。秋季9月下旬至10月中旬为宜，这一时期内分栽的牡丹，根部伤口容易愈合，并能很快长出一部分新根。如果分株太晚，则根部伤口难以愈合，当年未能萌发新根，第二年早春发芽后生长、开花时需要大量水分和养分，但这时根部尚未生根或很少生根，就会导致水肥供应不足，使植株萎蔫死亡。分株也不能过早，因为分株时间过早，此时气温尚高，容易引起顶芽萌发（俗称“秋发”），消耗了养分，也会影响翌年生长和开花。若在春季分株，天气渐暖，牡丹迅速生根和萌芽，二者均需要消耗大量水分和养分，然而这时根系尚未愈合，也会造成营养失调，不仅当年不能开花，而且生长衰弱，又会影响来年开花，故一般多不采用。

2）分株的方法。分株时选生长健壮的四至五年生植株，将整个株丛从土中挖出，注意保护枝干以防折断，然后轻轻抖去根上附土，置阴凉处晾晒2～3d，待肉质根稍稍变软后视其相互连接的情况，用手掰开或用利刀劈开成几个株丛，每个株丛带3～4个枝条和2～3条根系，伤口处涂以木炭粉防腐，然后进行栽植。栽植地在栽前要灌水，保证土壤湿润。栽植深度与苗木原来栽的深度相同，不宜过深或过浅。过深植株生长不良，叶片发黄，根系易腐烂；过浅则根颈外露，影响发根和萌芽，也不耐干旱和严寒。

3）分株后养护。栽植后注意遮阴，不是特别干旱就不需要浇水，以防烂根。北方冬季寒冷地区，露地分栽后的牡丹应采取一些防寒措施，如根颈处埋土或包草把等。

任务3　压条繁殖

【任务介绍】压条繁殖是将母株的部分枝条或茎蔓压埋在土中或其他湿润的基质中，促使被埋部分生根，然后从母株分离形成独立植株的繁殖方法。由于压条生根的过程中枝条不切离母体，仍由母体正常供应水分和营养，所以成活率很高。但压条繁殖受母体限制，操作费工、繁殖系数低，且生根时间较长，不能大规模应用。压条繁殖多用于扦插繁殖不易生根成活的木本植物，如龙眼、荔枝、榛子、芒果、番石榴、玉兰、桂花等树种。一些藤本类植物可以在自然条件下自行用这种方式繁殖。要获得压条繁殖的成功，首先是要确定适宜的压条时间，其次是要对压条采取促根措施，最后是要做好压条后的管理工作。

【任务要求】通过本任务的学习及相应实习，使学生达到以下要求：①明确压条繁殖的理论；②分析影响压条成活的因素；③掌握压条繁殖的技术。

【教学设计】要完成压条繁殖的育苗任务，首先要选择好母株，然后根据育苗的要求在不同时期，采取相应的处理措施，促进压条生根成活。重点是让学生分析影响压条成活的因素，掌握压条繁殖时期的确定方法和压条方法，从而掌握根据园林植物种类及特性进行压条繁殖育苗的技能。

教学过程以完成压条繁殖任务的过程为目标，同时应该让学生学习确定繁殖的时期、促根处理方法、压后管理措施等相关理论知识。采用讲授法、实验实习法相结合，并辅以多媒体进行教学，让学生切实学习并掌握压条繁殖的方法和技术。

【理论知识】

压条繁殖是基于某些树种可以从茎部即从活跃组织中诱发出根系成苗。不定根的产生原理、部位、难易等均与扦插相同，和园林植物种类有密切关系。

【任务过程】

1 压条繁殖时期的确定

压条的时期多在春季萌芽期前后进行，此期枝条发育成熟而未发芽，积存养分多，压条容易生根；压条时间不宜太迟，因施行刻伤、环割等措施，在树液流动旺盛期进行，将会影响伤口愈合，不利生根。如松柏类植物不宜于早春或晚秋进行压条，因割伤皮层会有大量树脂流出，影响伤口愈合，妨碍生根。一般选择成熟而健壮的一至二年生枝条。

2 压条繁殖的方法

2.1 低压法 低压法是利用母体上处于下位、接近于地表的枝条，用土或腐殖土将枝条压埋，促其生根形成新植株。根据压条的状态不同又可分为普通压条、波状压条、水平压条及堆土压条等方法。

（1）普通压条法 这是最常用的方法，适用于枝条离地面较近而又易于弯曲的树种，如迎春、石榴等。具体方法为在秋季落叶后或早春发芽前，利用一至二年生的成熟枝条进行压条，雨季一般用当年生的枝条进行压条；常绿树种以生长期压条为好。将母株上近地面的一至二年生的枝条弯到地面，在接触地面处，挖一条深10～15cm、宽10cm左右的沟，靠母树一侧的沟挖成斜坡状，相对壁面挖垂直。将枝条顺沟放置，枝梢露出地面，并在枝条向上弯曲处插一木钩固定。待枝条生根成活后，从母株上分离即可。一根枝条只能压一株苗（图4-9A）。对于移植难成活或珍贵的树种，可将枝条压入盆中或筐中，待其生根后再切离母株。

（2）波状压条法 此法适用于枝条长而柔软或为蔓性的树种，如紫藤、荔枝、葡萄、地锦、常春藤等。将整个枝条波浪状压入沟中，枝条弯曲的波谷压入土中，波峰露出地面。使压入地下部分产生不定根，而露出地面的芽抽生新技，待成活后分别与母株切离，形成各自独立的新植株（图4-9B）。

（3）水平压条法 此法适用于枝长且易生根的树种，如连翘、紫藤、葡萄、地锦等，通常仅在早春进行。在春季萌芽前，顺枝条的着生方向，按枝条长度开水平沟，沟深 2～5cm，将枝条水平压入沟中，用木钩分段插住固定，上覆薄层土壤压住枝条，待萌芽生长后再覆薄土，以促进每个芽节处下方产生不定根系，上部萌芽发新枝。新枝长 10cm 以上时进行多次培土促进生根。秋季落叶后，将其基部生根的小苗自水平枝上剪下形成新的植株。用此法埋压一根枝条可得到多个新植株（图 4-9C）。

（4）堆土压条法　又称直立压条法。于早春萌芽前，对母株进行平茬截干，灌木可从地际处抹头，乔木可于树干基部刻伤，促其萌发出多根新枝。待新枝长到 30～40cm 高时即可进行堆土压埋。一般经雨季后就能生根成活，第二年春季将每个枝条从基部剪断，切离母体进行栽植。适用于丛生性和根蘖性强的树种，如杜鹃、木兰、贴梗海棠、八仙花、牡丹、锦带花、侧柏、黄刺玫等（图 4-9D）。

2.2 高压法　又称空中压条法、中国压条法。凡是枝条坚硬不易弯曲或树冠太高枝条不能弯到地面的树种，可采用高压法繁殖。高压法一般在生长期进行。压条时先进行环状剥皮或刻伤等处理，然后用疏松、肥沃土壤或苔藓、蛭石等湿润物敷于枝条上，外面再用塑料袋或对开的竹筒等包扎好。以后注意保持袋内土壤的湿度，适时浇水，待生根成活后即可剪下定植。适用于杜鹃、月季、栀子、佛手、桂花、广玉兰、印度橡皮树、金橘等（图 4-9E）。

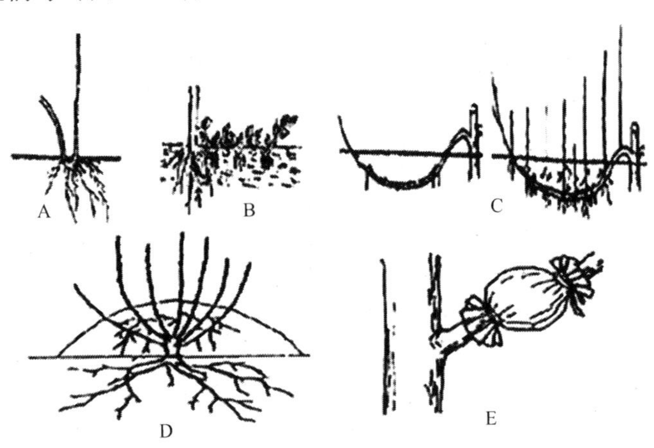

图 4-9　压条繁殖法

A. 普通压条法；B. 波状压条法；C. 水平压条法；D. 堆土压条法；E. 高空压条法

不论是采用低压法还是高压法，对于不易生根或生根时间较长的树种，为了促进压条快速生根，均可采用刻伤法、生长刺激法、扭枝法、缢缚法、劈开法等阻滞有机营养向下运输而不影矿物质的向上运输，使养分集中于处理部位，刺激压条不定根的形成。

3 压条后的管理

压条之后应保持土壤湿润，适时洒水，调节土壤通气和适宜的温度，随时检查埋入土中的枝条是否露出地面，若露出则需重压，留在地上的枝条如果太长，可适当剪去部分顶梢。分离压条时间以根的生长情况为准，必须有良好的根群才可分割，一般春季压条需经 3～4 个月的生根时间，待秋凉后切割。初分离的新植株应特别注意养护，结合整形适量剪除部分枝叶，及时栽植或上盆。栽后注意及时浇水、遮阴等工作，冬季寒冷地区采取防寒措施，有利压条苗越冬。

【相关阅读】

埋条繁殖法

这种繁殖法采用的繁殖材料是切离母体的一年生健壮发育枝或徒长枝，将其整个枝条平埋于土中，促进生根、发芽，长成多株小苗，其实质上也是压条繁殖。埋条繁殖在我国有悠久的历史，对于一些用其他营养繁殖方法较困难或需要较复杂的技术才能繁殖成功的树种，可用埋条繁殖法。但主要缺点是苗木生长不整齐。

埋条繁殖用茎（枝条）或茎的一部分，有地上茎（枝条）和地下茎（如竹鞭）之分。这两种茎都可用埋条的方法繁殖新个体，但其成活原理有所不同。

一个枝条、一年生苗干或它们的一部分，水平埋入土中，最后培养成一个或几个独立的个体，其成活原理与插条繁殖基本相同。皮部生出的根原基和愈伤部位的诱导生根原基，可以发育成根，茎上的芽出土成苗。此法的特点在于枝条较长，贮藏的营养物质和水分较多，可以较长时间维持枝条的养分和水分平衡，等待生根发芽，而且一处生根，全条成活，从某种意义上讲，可以保证有较高的成活率。有些树种采用带根埋条，则成活更有保证。

埋条繁殖时，要选择生长健壮，充分木质化，无病虫害的一年生苗干，或树体基部萌发的一年生枝条。枝条粗度因树种不同，毛白杨枝条基部粗度应在1.5cm以上，泡桐为2.5cm以上。枝条太细．成活率低，苗木生长弱。春季采条，可随采随埋。秋季采条，可选择地势高燥、排水良好的地方挖坑贮藏，方法基本同插穗的贮藏。毛白杨秋采条，应在枝条上的叶大部分落完，而梢部尚保留少量叶片时采集，此时生根容易，成活率高。毛白杨等树种，在山东等地，一般埋长条，不进行截制，其梢部质量差，一般很难生根发芽，可将梢端50cm剪去不用。泡桐等树种，皮部难生根，应按一定长度截制种条，剪口要平滑，以利愈伤生根。一般将中下部枝条，截制成40～60cm的条段，剪口距芽2～3cm。

埋条方法一般采用平埋法。在做好的苗床上，按一定距离开沟，沟宽10cm，沟深比种条粗度深2～3cm。把种条水平放入沟中。基部紧密相接，或重叠一段，而整株枝条，基部与梢端最少重叠30～50cm。然后覆土，踏实，立即灌水，然后覆盖。也可做成稍宽的垅，在垅的两侧，开沟埋条。

也可采用点埋法。按照行距在苗床上划线，开浅沟把枝条水平放入，种条之间要有重叠。然后覆土，平沟。每隔30cm堆一土堆，立即灌水。土堆处水分条件好可以生根，土堆之间，种条上的芽萌发成苗。点埋法对平埋法来讲是一种改进。它解决了平埋法中，由于埋得过浅，土壤干燥，影响生根；埋得过深，则影响发芽的缺点。

对于枝条容易弯的树种，可采用弓形埋条法。用小铲在土壤表面开缝，将截制好的40～60cm的种条两端呈弓形插入土壤深处，种条中部伏卧于地面，前后两条重叠1/2，并适当错开。这样插入土壤的两端愈伤生根，弓背发芽成苗。弓形埋条，同样具有点埋法的优点，而且可使用较细的种条。一般在干旱、较疏松的土壤条件下应用。

埋条后的抚育管理。在种条生根发芽期，需经常保持土壤湿润，适时浇水。当幼苗高达10cm左右时，在基部进行培土，以促进新茎生根，这样每一株苗就会有自生根。培土工作要进行2～3次。当幼苗达20cm时，即可断条定苗。其他抚育管理措施同一般育苗法。

对于竹类，如散生竹的地下茎（竹鞭），竹节处有芽，并长有根。芽可继续抽生地下茎，也可发笋长竹。这样即可利用一段地下茎，水平埋入土中，其节间处的芽长出地面成竹，鞭根再长出新根，即可繁殖出新个体。凡竹杆（地上茎）有隐芽的竹种如青皮竹、粉单竹、麻竹等，其隐芽可生根发芽，形成独立个体。因此，可利用一段竹杆，埋入土中，繁殖苗木，此方法称为埋节繁殖。

【相关实训】

木本园林植物压条繁殖

（1）目的要求　掌握园林植物的压条繁殖的方法，熟练操作技能。

（2）材料　石榴、玫瑰、牡丹、迎春、迎夏、葡萄、地锦、扶桑、山茶花等。

（3）木本树种的压条繁殖（以扶桑压条为例）　从扶桑优良品种的母树上选择健壮枝条进行环状剥皮，用培养土包裹伤口，让其长出不定根后获得营养自根苗。优点是成苗快、结果早，而且能保持母树的优良特性。在春夏之间的晴天，选择二至三年生手指粗的徒长枝、密生枝作为压条枝，在离分枝10～12cm处用利刀环状剥皮（宽3cm），现出木质部。晾晒1d后再包扎。包扎前先配制培养土，以砂土或肥沃菜园土、锯木屑、青苔按1∶0.5∶0.5比例混合，不要拌入化肥或未腐熟的有机肥，湿度以手捏成团、略显湿印为宜。同时准备一个长40～50cm、宽33～40cm的塑料薄膜及塑料带。也可使用50%的萘乙酸2000倍液拌和黄土成糊状涂于环状剥皮伤口，诱发不定根。包扎时先将薄膜围绕环状剥皮处下方4cm处，用塑料带将薄膜下端捆定在树枝上，然后将培养土捏成1kg重的土团，包于整个切口（上至上环割线3cm），再用薄膜盖住土团，用手把薄膜与土团捏挤，包成长10cm的橄榄形的土球，然后紧靠土球上端扎紧薄膜，薄膜接头必须重叠，防止土团水分蒸发。

压条后15～20d进行检查，如发现伤口霉烂，应及时改压。8月上旬至9月上旬，从薄膜外部能看到多条黄色不定根时，即可将压条苗割离母树假植。将压条苗割离母树时，应轻剪（锯）、轻放、轻搬，不可用刀砍。搬运时防止土球碰脱，以免震断不定根。假植或栽植时先开深25～30cm、宽20～25cm的沟，沟内施腐熟堆肥或沼渣，与土拌匀，然后去掉土球外的薄膜及塑料带，按40～50cm的株距将带有土球的苗子排入沟内，盖土掩没土球，灌足水，最后盖土，大苗打好支撑柱防止风摇。干旱时注意浇水保持假植沟湿润。一般于冬前即可长出大量根系，开春即可起苗定植。

任务4　嫁接育苗

【任务介绍】嫁接，是指将一株植物的枝或芽移接到另一植株的枝干或根上，使之愈合生长在一起，形成一个新的植株的过程。用作嫁接的枝或芽称为接穗，承受接穗的部分称砧木。以枝条作为接穗的称“枝接”，以芽为接穗的称“芽接”。

通过嫁接培育出的苗木称嫁接苗，和其他营养繁殖苗所不同的是，它借助了另一种植物的根，因此嫁接苗又称为“它根苗”，具有适应性强、遗传性稳定、开花结果早、能保持母本的优良性状等特点。嫁接苗的砧穗组合常以“接穗 / 砧木”表示，如‘红富士’苹果 / 八棱海棠等。

嫁接育苗需要先培养砧木，然后才能择期采用相应的嫁接方法进行嫁接，技术复杂，涉及砧木选择、砧木培育、接穗选择、嫁接时期确定、嫁接方法选择及嫁接后培育管理等。

【任务要求】 通过本任务的学习及相应实习，使学生达到以下要求：①掌握嫁接育苗的理论；②分析影响嫁接成活的因素；③掌握嫁接育苗的方法和技术步骤；④掌握嫁接苗的管理技术。

【教学设计】 要完成嫁接育苗任务，首先要选择好砧木和适宜的接穗材料，然后根据嫁接育苗的要求在不同时期采用相应的嫁接方法进行嫁接，并加强嫁接后管理，促进嫁接苗快速成苗。教学重点是让学生理解影响嫁接成活的内因和外因，掌握砧木选择和培育的方法和技术，掌握接穗采集与贮藏技术，掌握不同时期嫁接的方法与技术，最终掌握根据园林植物种类和特性进行合理嫁接育苗的技能。

教学过程以完成嫁接任务为目标，同时让学生学习嫁接的相关理论知识。采用讲授法、实验实习法相结合，并辅以多媒体进行教学，让学生切实学习并掌握嫁接育苗的方法和技术。

【理论知识】

1　嫁接成活的生理基础

嫁接成活主要取决于砧木和接穗能否互相密接产生愈伤组织，并进一步分化产生新的输导组织而相互连接。

嫁接时，砧木和接穗削面的表面由死细胞的残留物形成一层褐色的隔膜（隔离层）。形成层是介于木质部和韧皮部之间的薄壁细胞，有着强大的生命力，是再生能力最强、生理活性最旺盛的部分。由于嫁接使砧木、接穗受到刺激，促进接口处形成层细胞的分裂，冲破隔膜，产生愈合组织，愈合组织具有很强的生活力，在有亲和力的情况下，砧木、接穗双方长出的愈合组织互相连接在一起。愈合组织连接的快慢与隔膜的厚薄及砧穗愈合组织产生速度的一致性有关。削面越平滑，隔膜越薄，两者又同时很快产生愈合组织，则两者愈合组织就会很快连接起来。由于愈合组织进一步分化，将砧穗的形成层连接起来，形成层进一步分化，向内形成新的木质部，向外形成新的韧皮部，将两者木质部的导管与韧皮部的筛管沟通起来，输导组织才真正联通，恢复了嫁接时暂时被破坏的水分、养分平衡，开始发芽生长。愈合组织外部的细胞分化成新的栓皮细胞，两者栓皮细胞相连，这时两者才真正愈合成一新植株。

2　影响嫁接成活的因素

嫁接能否成活受多种因素和环境条件的影响，主要可分为内因和外因两大类。

2.1　影响嫁接成活的内因

2.1.1　砧木和接穗的亲和力　亲和力是指砧木和接穗嫁接后在内部组织结构、生理和遗传特性方面差异程度的大小。差异越大，亲和力越弱，嫁接成活的可能性越小。这些差异是植物在发育过程中形成的。嫁接亲和力的强弱与砧木和接穗的亲缘关系远近有关，一般亲缘关系越近，亲和力越强。同品种或同种间的亲和力最强，如核桃上接核桃、月季上接月季、油松上接油松、板栗上接板栗、山桃上接碧桃等最易成活。同属异种间的嫁接，一般也较亲和，如苹果接在山定子、海棠果等砧木上，梨接在杜梨上，葡萄接在山葡萄上，桃接在毛桃上，酸橙上接甜橙，山桃、山杏上接梅花，紫玉兰上接白玉兰等，其嫁接亲和力都很强。同科异属间嫁接，亲和力一般比较小，但也有可以嫁接成活的组合，如枫杨上接核桃，女贞上接桂花等，也常应用于生产。不同科的树种间亲和力更弱，嫁接很难获得成功，在生产上不能应用。

亲缘关系的远近与亲和力的强弱之间的关系也不是绝对的，影响亲和力的还有其他因素，特别是砧穗两者在代谢过程中的代谢产物和某些生理机能的协调程度都对亲和力有重要的影响，因此，在生产上也存在特殊情况，一些园林植物虽亲缘关系较近却表现出嫁接亲和力较差，如中国板栗接在日本板栗上、中国梨接在西洋梨上表现出不亲和现象。另有一些园林植物虽亲缘关系较远却表现出较强的嫁接亲和力。

嫁接育苗中，草本花卉嫁接相对较少，常见的是菊花类 / 蒿类；观赏蔬菜类的嫁接主要是茄果类蔬菜，如南瓜类 / 黑籽南瓜，黄瓜 / 黑籽南瓜、瓠子，西瓜 / 野生西瓜、葫芦、瓠子、南瓜、冬瓜等，茄子 / 托鲁巴姆、托托斯加等，番茄 / 野生番茄等；而果树和木本花卉嫁接较常用，现将部分接穗与砧木组合，见表 4-1，以供参考。

表 4-1 园林育苗中嫁接常用接穗与砧木组合

接穗	砧木	接穗	砧木	接穗	砧木
苹果	八棱海棠等	柑橘	枳	白丁香	大叶女贞
梨	杜梨、棠梨	板栗	麻栎、茅栗	月季	月季、野蔷薇
樱桃	野樱桃	果桑、龙桑	桑	牡丹	实生苗、芍药
桃	毛桃、山桃	柿树	君迁子	龙爪榆、金叶榆	榆树
山楂	野山楂、野木瓜	枇杷	实生苗、石楠	龙爪槐	国槐
李子	山杏、山桃	桂花	小叶女贞	金枝、金叶槐	国槐
杏梅	山桃、山杏	白玉兰	木兰	蝴蝶槐	国槐
杏	山杏	梅花、美人梅	梅、山桃、山杏	无刺槐、毛刺槐	刺槐
大枣	酸枣	垂枝梅	梅、山桃、山杏	麦李、郁李	山桃
葡萄	山葡萄	丁香类	紫丁香、北京丁香	红叶稠李	稠李
猕猴桃	野生猕猴桃	四季丁香	暴马丁香	大叶黄杨	丝棉木
香花槐	刺槐	彩叶槭类	五角枫、元宝枫	腊梅	狗牙梅
海棠类	海棠、山荆子	（红）樱花	野樱桃、山樱花	龙柏	侧柏、桧柏
广玉兰	木兰	榆叶梅	山桃、山杏	洒金柏	桧柏、侧柏
紫叶李	山桃	山茶	茶	偃柏	桧柏、侧柏
紫叶矮樱	山杏、山桃	杜鹃	毛杜鹃	日本五针松	黑松

生产上嫁接亲和力低可能有以下几种表现：嫁接不成活；嫁接成活率低；嫁接虽能成活，但有种种不良表现，如接后树体衰弱、结合部位上下粗细不均，即所谓“大脚”或“小脚”现象。

2.1.2 形成层的作用和愈合组织的生长 嫁接使砧木、接穗都受到了刺激，接口处形成层细胞的分裂能力得以恢复，形成愈合组织，在有亲和力的情况下，砧木、接穗双方长出的愈合组织互相连接在一起。砧木和接穗的愈合，一方面双方愈合组织细胞的胞间连丝，把彼此的原生质互相沟通起来；另一方面是形成层细胞不断分裂，形成新的木质部和韧皮部，把砧木和接穗的导管、筛管等输导组织连接起来。因此，嫁接中应创造一切条件以利于形成层细胞的活动和愈合组织的形成。

2.2 影响嫁接成活的外部因素

2.2.1 湿度 湿度对愈合组织生长的影响有两方面：一是愈合组织生长本身需要一定的湿度环境；二是接穗需要在一定的湿度条件下才能保持生活力。因砧木自身有根系，能够吸收水分，所以通常都能形成愈合组织；而接穗是离体的，湿度过低会干死，湿度过大又会造成空气不足窒息而死。一般枝接后需一定的时间（15～20d），砧木、接穗才能愈合，在这段时间内，保持接穗及接口处的湿度是嫁接成活的重要环节。因此，生产上嫁接后多采用培土、涂接蜡或用塑料薄膜保持接穗的水分，有利于组织愈合。

土壤含水量的多少直接影响到砧木的活动。土壤含水量适宜时，砧木形成层分生细胞活跃，愈合组织愈合快，砧穗输导组织易连通；土壤干旱缺水时，砧木形成层活动滞缓，不利愈合组织形成；土壤水分过多，则会引起根系缺氧而降低分生组织的愈合能力。不同树种其愈合组织的生长所需要的土壤含水量的范围大致相同，为8%～25%，过高或过低都不适合愈合组织的生长。

2.2.2 温度 在适宜的温度条件下，愈合组织形成快且易成活。不同植物的愈合组织对温度的要求不同，大多数树种形成层活动最适温度为20～28℃，温度过高或过低都会影响形成层的活动，不利于愈合组织的形成。但不同物候期的植物对温度的要求也不一样，物候期早的比物候期迟的适温要低，如桃、杏在20～25℃最适宜，葡萄在24～27℃最适宜，核桃在26～29℃最适宜，而山茶则在26～30℃最适宜。春季进行枝接时嫁接先后次序的安排，主要依物候期的早晚来确定。不同树种品种最适嫁接时期各有差异，在生产实践中应灵活掌握运用。夏、秋芽接时，温度基本都能满足愈合组织的生长，先后次序不严格，主要是依停止生长时间的早晚或是依产生抑制物（单宁、树胶等）的多少来确定芽接的早晚。

一般在一定的温度范围内（4～30℃），温度高比温度低愈合快，如北京地区枝接，在3月中旬嫁接，30d才能愈合，而在4月上旬嫁接，24d就能愈合。春季气温较低，如嫁接过早，愈合组织增生慢，嫁接不易愈合。

2.2.3 光线 光线对愈合组织的生长有较明显的抑制作用。在黑暗条件下，接穗上长出的愈合组织多，呈乳白色，很嫩，砧木、接穗容易愈合；而在光照条件下，愈合组织少而硬，呈浅绿色或褐色，砧木、接穗不易愈合。因此，在生产实践中，嫁接后常人为创造黑暗条件，可采用培土或用不透光的材料包捆，以利于愈合组织的生长，促进成活。

2.2.4 空气 空气也是愈合组织生长的必要条件之一。砧木和接穗，尤其是砧木、接穗接口处的薄壁细胞都需要充足的氧气才能保持正常的生命活动，随切口处愈合组织的生长，代谢作用加强，呼吸作用也明显增大，如果空气供应不足，代谢作用受到抑制，愈合组织不能生长。

2.2.5 砧木和接穗的质量 愈合组织的形成需要一定的养分，接穗和砧木贮存养分多的，一般比较容易成活。在生长期间，砧木和接穗两者木质化程度越高，在一般温度、湿度条件下嫁接越易成活。因此，嫁接时宜选用生长充实的枝条作接穗，同一接穗上也宜选用充实部位的芽或枝段进行嫁接。

2.2.6 嫁接技术 嫁接技术的熟练程度直接影响接口切削的平滑程度与嫁接速度，嫁接速度快而熟练，可避免削面风干或氧化，则嫁接成活率高；如果削面不平，形成层没有对齐，则隔膜形成较厚，难以突破，影响愈合和成活。

2.2.7 伤流、树胶、单宁物质的影响 有些根压大的树种，如葡萄、核桃等，春季随土壤解冻，根系开始活动，地上部有伤口的地方就开始出现伤流，直到展叶后才停止。因此，春季在室外嫁接葡萄和核桃时，接口处有伤流，窒息切口处细胞的呼吸，影响愈合组织的形成，降低了成活率。故可采用夏季或秋季芽接或绿枝接，以避免伤流的产生。此外，桃、杏等树种嫁接时，接口流胶窒息切口细胞的呼吸，妨碍愈合组织产生；核桃、柿等树种切口细胞内的单宁物质氧化形成不溶水的单宁复合物，使细胞内蛋白质沉淀，增厚隔膜，严重影响愈合组织产生，从而降低嫁接成活率。

【任务过程】

3 嫁接育苗技术

3.1 砧木的选择与培育

3.1.1 砧木的选择

1）要选择与接穗具有较强亲和力的砧木，即要选择与接穗亲缘关系相近的类型作砧木。

2）要因地制宜，适地适树。不同类型的砧木对气候、土壤等条件的适应能力不同。只有适合当地条件的砧木，才能更好地满足栽培的要求。要选择对栽培地区的环境条件适应能力强的砧木，如具有强的抗寒、抗旱、抗盐碱、抗病虫害等能力的砧木。

3）砧木要对接穗的优良性状表现无不良影响，生长健壮，开花结果早、寿命长。

4）砧木的繁殖材料丰富，易于大量繁殖，最好选用一至二年生健壮的实生苗。

5）依据园林生产的需要选择砧木，如使用乔化砧和矮化砧可使植株达到乔化或矮化的效果；培育特殊树形的苗木，可选择特殊性状的砧木。

我国砧木资源丰富，种类繁多，依砧木的繁殖方式可分为实生砧木（播种繁殖的砧木）和无性系砧木（无性繁殖的砧木）；依砧木对树体生长的影响可分为乔化砧（其上接穗生长迅速可以长成乔木）和矮化砧（其上的接穗生长缓慢使得树体较矮）；依砧木的利用方式可分为共砧（接穗与砧木同种）、基砧（根生于土壤的砧木）和中间砧（在基砧与接穗之间长度为15～20cm的一段）。不同地区、不同树种应根据不同的栽培和园林要求，选择合适的砧木种类。

3.1.2 砧木的培育 砧木的培育以播种的实生苗为砧木最好，因为它具有根系深、抗性强、寿命长和易大量繁殖等优点。但是，对于种子来源少，或不易种子繁殖的树种，也可用扦插、分株、压条等营养繁殖苗作为砧木。

砧木的大小、粗细、年龄与嫁接成活和接后的生长有密切关系。一般地，蔬菜类砧木用播种苗，且苗龄要小。花木和果树类所用的砧木，粗度以1～3cm为宜，如生长快而枝条粗壮的核桃等砧木更宜粗些；小灌木及生长慢的山茶、桂花等，砧木可稍细。砧木的年龄以一至二年生者为最佳，生长慢的树种也可用三年生以上的苗木为砧木，甚至可用大树进行高接换头，但在嫁接方法和接后管理上应相应地调整和加强。为了提早进行嫁接，可通过摘心促进苗木的加粗生长，在进行芽接或插皮接时，为使砧木“离皮”可采用基部培土、加强施肥灌水等措施促进形成层的活动，有利于成活。

3.2　接穗的选择和贮藏　采穗母树必须是品质优良纯正、生长健壮、观赏价值或经济价值高，优良性状稳定的植株。在采集接穗枝条时，应选母树树冠外围，尤其是向阳面光照充足的生长旺盛、发育充实、节间短、芽体饱满、无病虫害、粗细均匀的一年生枝作为接穗，取枝条的中间部分。芽接采取当年生新梢作接穗。针叶常绿树接穗应带有一段二年生发育健壮的枝条，以提高嫁接成活率并促进生长。

接穗的采取时间依嫁接时期和方法不同而异。生长季芽接所用接穗，采自当年生的发育枝（生长枝），宜随采随接；如不具备条件，需从他处采取时，也不可一次采集过多。接穗采下后要立即剪去嫩梢，摘除叶片（保留叶柄），及时用湿布包裹，防止水分损失。取回的接穗可将枝条下部浸于水中，放在阴凉处，每天换水1～2次，可短期保存4～5d。如需要保存更长时间，则可将枝条包好放于冷窖或冰箱中保存。

枝接接穗的采取，当繁殖数量较少或距离嫁接时间及地点较近时，可以随采随接；如果嫁接数量大，需要的接穗数量多，也可在头年秋季或结合冬季修剪将接穗采回，整理打捆，标明树种，做好记录，沙藏于假植沟或窖内（图4-10）。在贮藏过程中要注意保持低温和适宜的湿度，以保持接穗新鲜，防止失水、发霉，特别要防止在早春气温上升时，接穗萌芽，发芽的接穗嫁接成活率极低。采用蜡封法贮藏接穗，效果甚好，即将秋季落叶后采回的接穗在85～90℃的熔解石蜡中速蘸，使接穗表面全部蒙上一层薄薄的蜡膜，中间无气泡，枝条全部蜡封后装于塑料袋中密封好，放在－5～0℃的低温条件下（冷藏箱中）贮藏备用。一般每万根的接穗耗蜡量为5kg左右。翌年随时都可取出嫁接，直到夏季取出已贮存半年以上的接穗嫁接，成活率仍然很高。这种方法不仅有利于接穗的贮存和运输，并且可有效地延长嫁接时间，在生产中可广泛使用。

3.3　嫁接时期确定　嫁接时期与嫁接树种的生物学特性、物候期和采用的嫁接方法有密切关系。因此，要根据不同树种特性采用适宜的嫁接方法，并选择在适宜的时期进行嫁接，这是保证嫁接成活的关键。

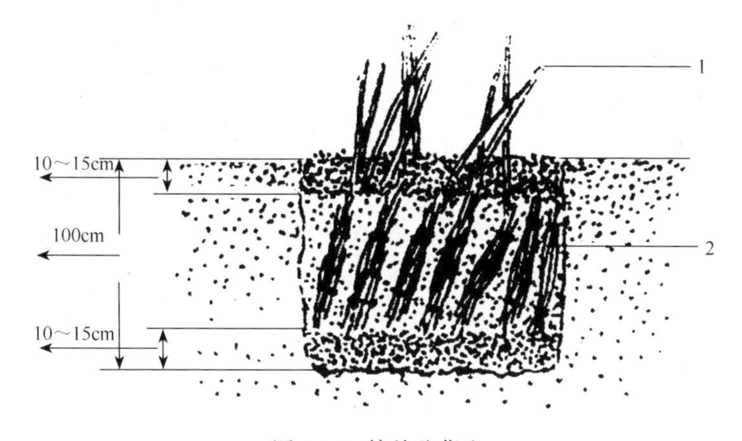

图4-10　接穗贮藏法

1. 通气草把；2. 接穗

枝接的时期，一般在早春砧木树液开始流动而接穗芽尚未萌动时为宜，但含单宁较多的核桃、板栗、柿树等，宜在砧木展叶后嫁接。目前，在苗木生产上，枝接一般在春季3～4月份进行。北方落叶树一般在3月下旬至5月上旬，如在北京地区，一般以3月20日至4月10日为宜，对含单宁较高的核桃、柿子等，嫁接时期则可推迟至4月20日左右进行。北方春季寒冷风大地区，如内蒙古，适当晚接有利于成活，多在砧木萌芽后进行。如采用低温贮藏，做好保湿（如用蜡封处理），枝接的接穗则可不受季节限制，一年四季都可进行。但一般枝接最适宜的嫁接时期是春季，由于春季温度逐渐升高，接后砧木与接穗愈合快，成活率高，而且管理方便。除用休眠枝外，还可利用当年长出的新梢进行绿枝接，绿枝接要在接穗已半木质化时进行，过早过晚都不易成活。

芽接的时期，在形成层细胞分裂最盛时，皮层容易剥离时进行，容易愈合。凡皮层容易剥离，砧木已达到嫁接要求的粗度，接芽也发育充实时，均可进行嫁接。因此，芽接可在春、夏、秋三季进行，但一般以夏、秋（6～9月份）为主。北方寒冷地区，芽接主要在7月初至9月初。过早芽接，接芽当年萌发，冬季易受冻害；芽接过晚，则皮层不易剥离，嫁接成活率低。此外，春季也可带木质部芽接，称为嵌芽接。

由于树种特性和各地气候条件的差异，不同地区其最适宜的嫁接时间也不同；即使是同一树种在不同的地区进行嫁接，其适宜时间也各异，均应选在形成愈合组织最有利的时期进行。最适宜的嫁接时期，要依树种的生物学特性和当地的环境因素确定，如北京地区，柿树嫁接时间以4月下旬至5月上旬为最适；龙柏、翠柏、偃柏、洒金柏等针叶常绿树的枝接时期以夏季较为适宜，北京地区以6月份嫁接成活率最高；除龙爪槐、江南槐等以6月上旬至7月上旬芽接成活率为最高外，大多数树种以秋季芽接为最适，即8月上旬至9月上旬进行嫁接，此时芽接，既有利于操作，又能很好愈合，且接芽当年不会萌发，有利于安全越冬。

3.4 嫁接操作技术

3.4.1 嫁接准备

（1）嫁接工具　根据嫁接方法确定所准备的工具。嫁接工具主要有嫁接刀、剪、凿、锯、手锤等。嫁接刀可分为芽接刀、切接刀、劈接刀、单面刀片、双面刀片等。为了提高工作效率，并使嫁接伤口平滑、接面密接，有利愈合和提高嫁接成活率，应正确使用工具，刀具要求锋利。

（2）涂抹和包扎材料　涂抹材料常为接蜡，用来涂抹接合处和刀口，以减少嫁接部分水分丧失，防止病菌侵入，促使愈合，提高嫁接成活率。接蜡可分为固体接蜡和液体接蜡。固体接蜡由松香、黄蜡、猪油（或植物油）按4∶2∶1比例配成，先将油加热至沸，再将其他两种物质倒入充分溶化，然后冷却凝固成块，用前加热熔化。液体接蜡由松香、猪油、酒精按16∶1∶18的比例配成。先将松香溶入酒精，随后加入猪油充分搅拌即成。液体接蜡使用方便，用毛笔蘸取涂于切口，酒精挥发后形成蜡膜。液体接蜡易挥发，需用容器封闭保存。

包扎材料以塑料薄膜应用最为广泛，其保温、保湿性好且松紧适度。包扎材料可将砧木与接穗密接，保持切口湿度，防止接口移动，湿度低时可套塑料袋起保湿作用。

3.4.2 嫁接方法与技术　嫁接方法多种多样，生产中最为常用的是芽接和枝接。

（1）芽接法　凡是用一个芽片作接穗的称芽接。芽接是应用最广泛的嫁接方法。其优点是利用接穗最经济；愈合容易，接合牢固，成活率高；且操作简便易于掌握，工作效率高；嫁接时期长，未接活的便于补接，可大量繁殖苗木。芽接最常用的是“T”形芽接，此外还有方块芽接和嵌芽接等。

1）“T”形芽接。选接穗上的饱满芽，剪去叶片，保留叶柄，按顺序自接穗上切取盾形芽片。先在芽上方 0.5cm 处横切一刀，横切口长 1cm 左右，再由芽下方 1cm 左右处向上斜削一刀，由浅入深，深达木质部，并与芽上的横切口相交，然后抠取盾形芽片，芽在芽片的正中略偏上。砧木的切法是自地面 5～10cm 处选光滑部位切一个“T”形切口，深度以切断皮层达木质部为宜。用芽接刀尖将砧木皮层挑开，把芽片插入“T”形切口内，使芽片上部与“T”形切口的横切口对齐嵌实，然后用塑料条将切口包严，露出芽及叶柄（图 4-11）。“T”形芽接是育苗中应用最广、操作简便而且成活率高的嫁接方法，其砧木一般选用一至二年生的小苗，砧木过大，不仅因皮层过厚不便于操作，且接后不易成活。

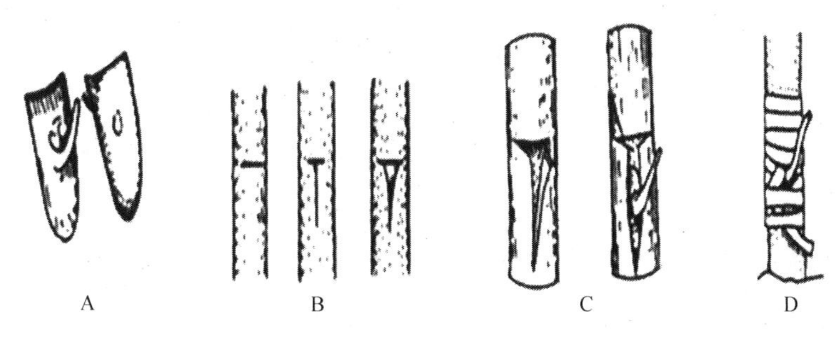

图 4-11　“T”形芽接

A. 削取芽片；B. 切砧木；C. 插入芽片；D. 绑缚

2）方块芽接。先于砧木上选一光滑部位切掉一块方树皮，接穗也取同样大小的芽片（略小于砧木切口），芽在芽片中央，然后将芽片贴入砧木切口中，用塑料条捆绑严紧即可。有时砧木切口处的树皮不完全取掉，而是削成“I”形切口，将砧木皮往两边撬开，所以又称“双开门”芽接，将芽片插入后，再将砧木皮包住芽片（图 4-12）。此法比“T”形芽接操作复杂，一般树种不用，但此种方法芽片与砧木形成层的接触面大，有利成活，因此适用于柿、核桃等较难成活的树种。

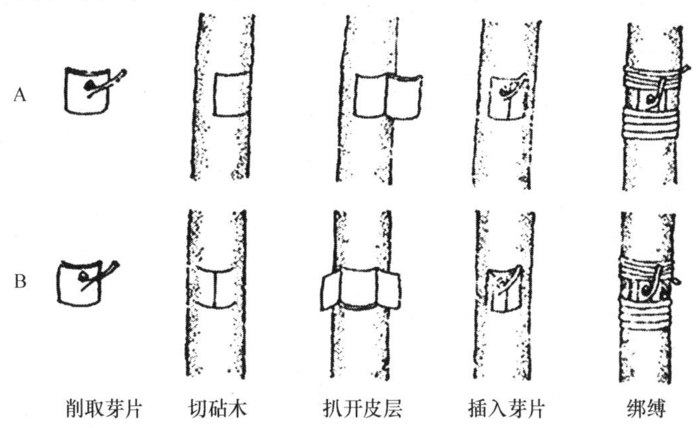

图 4-12　方块形芽接（魏岩，2003）

A. 单开门；B. 双开门

3）嵌芽接。在砧木和接穗均不离皮时，可用嵌芽接。用刀在接穗芽的上方 0.5～1cm 处向下斜切一刀，深入木质部，长约 1.5cm，然后在芽下方 1～1.5cm 处斜切一刀与第一刀的切口相接，取下芽片，一般芽片长 2～3cm，宽度不等，依接穗粗细而定。砧木的切削是在选好的部位由上面向下面平行切下，但不要全切掉，下部留有 0.5cm 左右，砧木的切口与芽片大小相近。然后将芽片插入切口，两侧形成层对齐，芽片上端略露一点砧木皮层，最后绑缚（图 4-13）。嵌芽接是带木质部芽接的一种方法，适合春季进行嫁接，可比枝接节省接穗，成活良好，适于大面积育苗。

4）环状芽接。又称套接，于春季树液流动后进行，用于皮部易于脱离的树种。砧木先剪去上部，在剪口下 3cm 左右处环切一刀，拧去此段树皮。在同样粗细的芽片上取下等长的管状芽片，套在砧木的去皮部分，勿使皮破裂。如砧木过粗或过细，可将芽套切开，裹在砧木上，然后绑缚（图 4-13）。此法由于砧穗接触面大，形成层易愈合，可用于嫁接较难成活的树种。

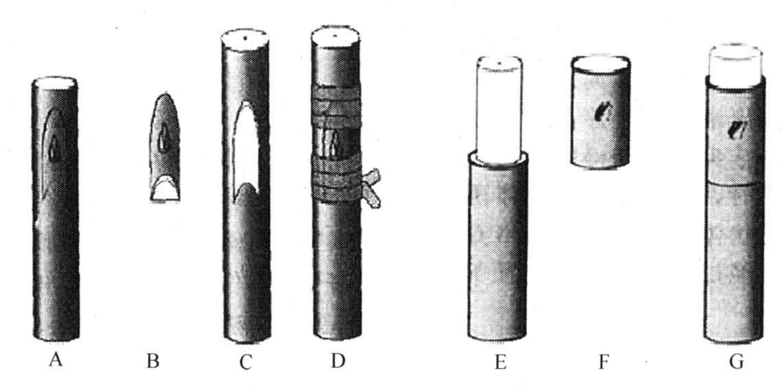

图 4-13 嵌芽接（A～D）和环状芽接（E～G）（郝建华和陈耀华，2003）

A. 削取芽片；B. 接芽；C. 切砧木；D. 插入芽片并绑缚；E. 去砧木套；F. 取芽套；G. 套芽

芽接成活的关键因素：选择离皮容易的时间进行；接穗要新鲜，枝芽充实饱满，嫁接技术要迅速准确，接后立即绑缚避免失水；为使砧木和接穗离皮，嫁接前 2～3d 最好充分灌水。

（2）枝接法　用一小段枝条作为接穗进行的嫁接称为枝接。枝接的优点是成活率高，可当年萌芽发出新枝，当年成熟，苗木生长快。与芽接相比，枝接操作技术较芽接复杂，消耗的接穗多，对砧木粗度有一定的要求，嫁接时间也受到一定限制。枝接的方法很多，有切接、劈接、插皮接、靠接，腹接、髓心形成层对接、舌接、根接、桥接等。

1）切接。砧木宜选用 1～2cm 粗的幼苗，在距地面 5～10cm 处截断，削平切面后，在砧木一侧垂直下刀（略带木质部，在横断面上约为直径的 1/5～1/4），深达 3～4cm。接穗则切削一面，呈 2～3cm 的平行切面，对侧基部削一 0.8～1cm 长的小斜面，接穗上要保持 2～3 个完整饱满的芽。将削好的接穗插入砧木切口中，接穗插入的深度以接穗削面上端露出 0.5cm 左右为宜，俗称“露白”，可使形成层对准，砧木、接穗的削面紧密结合，再用塑料条等捆好（图 4-14）。必要时可在接口处涂上接蜡或泥土，以减少水分蒸发。一般接后都采用埋土办法来保持湿度。切接是枝接中最常用的方法，适用于大部分园林植物。

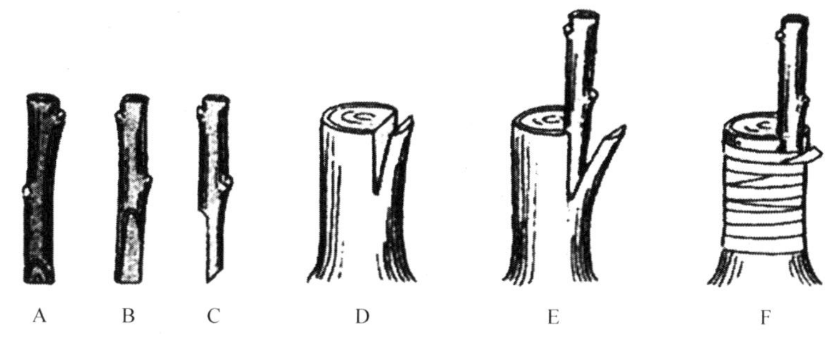

图 4-14　切接（王秀娟和张兴，2007）
A. 接穗；B. 接穗正面；C. 接穗侧面；D. 切砧木；E. 插接穗；F. 绑缚

2）劈接。又称割接法，接法类似于切接，常在砧木较粗、接穗较细时使用。将砧木自地面 5～10cm 处去顶，在横切面的中央垂直下切，劈开砧木。接穗下端两侧均切削成 2～3cm 长的楔形。接穗插入砧木时使一侧形成层对准，砧木粗时，可同时插入 2～4 个接穗，用缚扎物捆紧，由于切口较大，要注意埋土，防止水分蒸发影响成活（图 4-15）。劈接法适用于大部分落叶树种。

3）插皮接。要求在砧木较粗，且皮层易剥离的情况下采用。砧木在距地面 5～10cm 处截断，削平断面。接穗削成长达 3～5cm 的斜面，厚度为 0.2～0.5cm，背面削一小斜面。将大的斜面朝向木质部，使接穗背面对准砧木切口正中插入砧木的皮层中；若皮层过紧，可在接穗插入前先纵切一刀，将接穗插入中央，注意不能把接穗的切口全部插入，应留 0.5cm 的伤口露在外面，可使留白处的愈合组织和砧木横断面的愈合组织相接，不仅有利成活，且能避免切口处出现疙瘩而影响寿命，然后用塑料条绑缚（图 4-16）。如高接龙爪槐、龙爪榆等，可以同时接上 3～4 个接穗，均匀分布，成活后即可作为新植株的骨架。为提高成活率，接后可以在接穗上套袋保湿。插皮接是枝接中最易掌握、成活率高、应用较广泛的一种嫁接方法，在苗木生产上可用此法进行高接和低接。

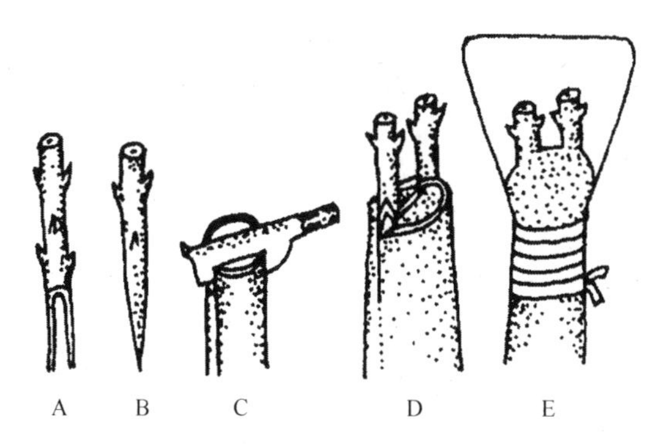

图 4-15　劈接（李保印，2004）
A. 接穗正面；B. 接穗侧面；
C. 切砧木；D. 插接穗；E. 绑缚

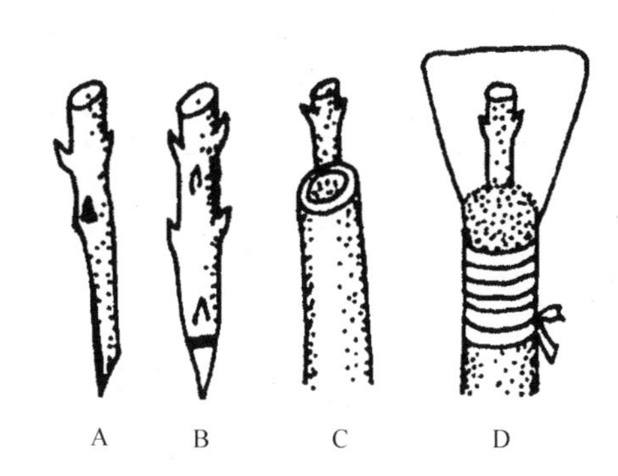

图 4-16　插皮接（李保印，2004）
A. 接穗侧面；B. 接穗背面；
C. 插接穗；D. 套袋与绑缚

4）靠接。通常选用砧木、接穗粗度相近，切削的接口长度、大小相同，削面长 3～6cm，深达木质部，露出形成层，并将砧木和接穗的切口调整到一个高度位置上，使砧木、接穗的形成层对准，使切口密合。如砧木、接穗粗细不一致时，使砧穗的切口宽度相同或使接穗形成层的一侧与砧木形成层的一侧对准，捆紧即可。嫁接成活后，将砧木从接口上方剪去，接穗从接口下方剪去，即成一株嫁接苗（图 4-17）。生产中为调整砧穗两植株的距离和高度，嫁接前大多将欲嫁接的植株两方或一方植入花盆中。此法嫁接的砧木与接穗均有根，不存在接穗离体失水问题，故易成活。主要用于亲和力较差，一般嫁接难以成活的树种，如山茶、桂花等。

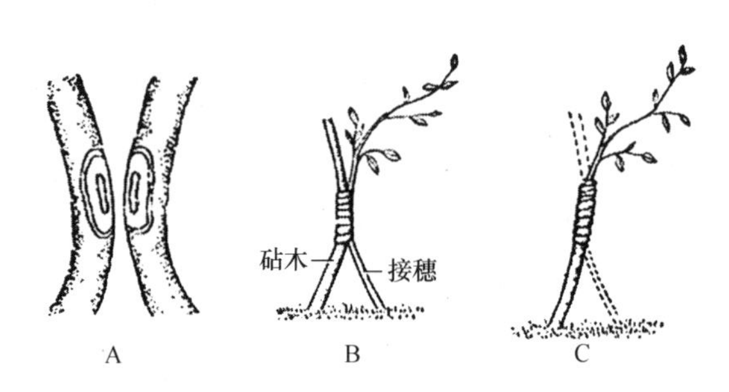

图 4-17　靠接（魏岩，2003）
A. 接穗、砧木削面；B. 接穗、砧木接合；C. 成活后剪除砧木上部接穗下部

5）腹接。又称腰接，在砧木腹部进行的枝接。多在生长季 4～9 月进行。砧木不去头或仅剪去顶梢，待成活后再剪除上部枝条。砧木的切削在适当的高度选择平滑面，自上而下深切一刀，切口深入木质部，达砧木直径的 1/3 左右，刀口与干的夹角约 30°，切口长 2～3cm，此种削法为普通腹接；也可将砧木横切一刀，竖切一刀，呈一“T”形切口，把接穗插入，绑捆即可，此法为皮下腹接（图 4-18）。腹接常用于龙柏、五针松等针叶树的繁殖。

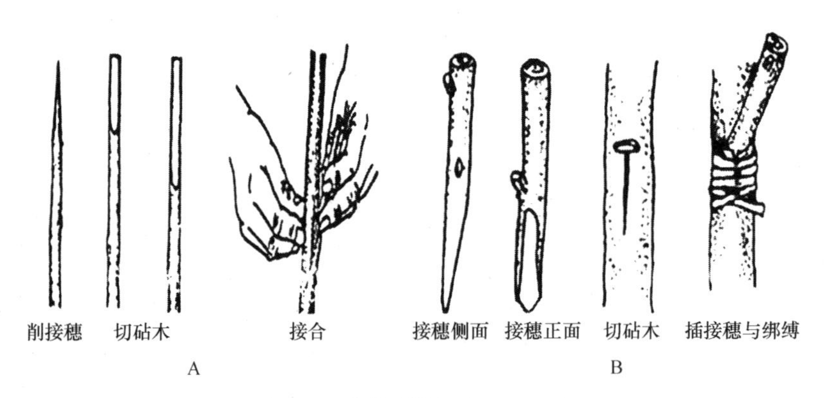

图 4-18　腹接（柳振亮，2005）
A. 普通腹接；B. 皮下腹接

6）髓心形成层对接。接穗和砧木以髓心愈合而成的嫁接方法，多用于针叶树种的嫁接，以砧木的芽开始膨胀时嫁接最好，也可在秋季新梢充分木质化时进行。剪取带顶芽长度为 8～10cm 的一年生枝作接穗，除保留顶芽以下十余束针叶和 2～3 个轮生芽外，其余针叶全部摘除，然后从保留的针叶 1cm 处以下开刀，逐渐向下通过髓心平直切削成一削面，削面长 6cm 左右，再将接穗背面斜削一小斜面。利用中干顶端一年生枝作砧木，

在略粗于接穗的部位摘掉针叶，摘去针叶部分长度略长于接穗削面，然后从上向下沿形成层或略带木质部切削，削面长、宽皆同接穗削面，下端斜切一刀，去掉切开的砧木皮层，斜切长度同接穗小斜面相当。将接穗长削面向里，使接穗与砧木的形成层对齐，小削面插入砧木切面的切口，最后用塑料薄膜条绑扎（图 4-19）。待接穗成活后，再剪去砧木枝头。也可在嫁接时剪去砧木枝头，称新对接法。为保持接穗发枝的生长优势，可用摘心法控制砧木各侧生枝的生长势。用此法进行地面嫁接或顶端嫁接，有利于克服嫁接苗偏冠现象。

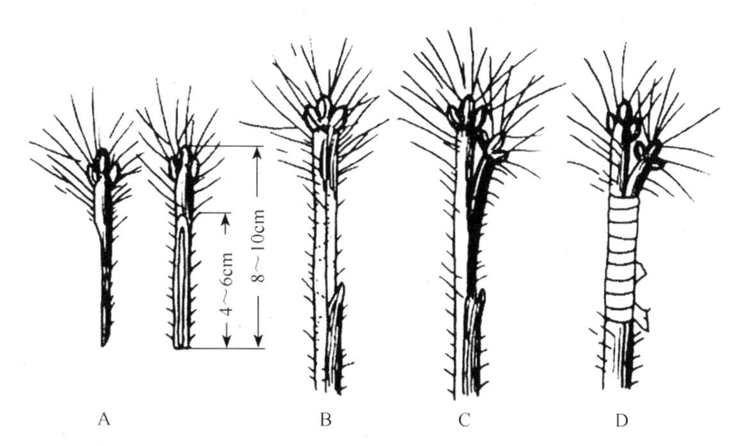

图 4-19　髓心形成层对接（苏金乐，2010）

A. 削接穗；B. 切砧木；C. 接合；D. 绑缚

7）舌接。多用于枝条较软而细的树种，砧木和接穗的粗度最好相近。舌接是将砧、穗各削成一长度为 3～5cm 的斜削面，再于削面距顶端 1/3 处竖直向下削一刀，深度为削面长度的 1/2 左右，呈舌状。将砧木、接穗各自的舌片插入对方的切口，使形成层对齐，用塑料薄膜条绑缚即可。如仅将砧木、接穗各削成一长度为 3～5cm 的斜削面，双方形成层对齐对搭起来，绑缚严紧是为合接（图 4-20），此法比较费工。

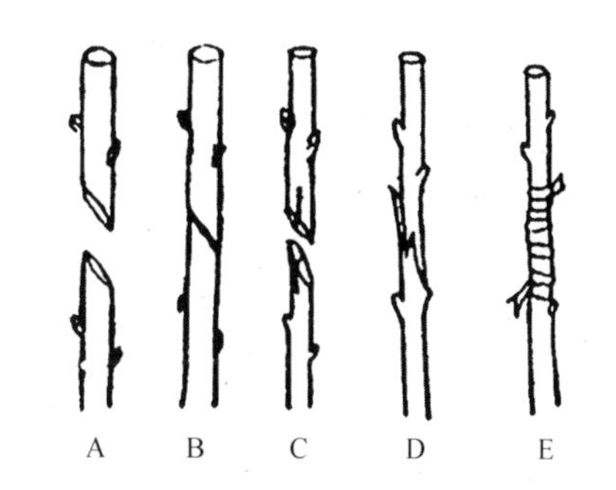

图 4-20　合接（A 与 B）与舌接（C 与 D）（柳振亮，2005）

A. 切接穗与砧木；B. 接合；C. 切接穗与切砧木；D. 接合；E. 绑缚

8）根接。以根为砧木的嫁接方法。将接穗直接接在根上，可采用各种枝接的方法，若砧根比接穗粗，可把接穗削好插入砧根内，进行绑缚，是为正接；若砧根比接穗细，在切削接穗时可采用削砧木的削法，而将细的根削成接穗状，把砧根插入接穗，是为倒接（图 4-21）。如牡丹根接在秋天温室内进行，以牡丹枝为接穗，芍药根为砧木，按劈接的方法将两者嫁接成一株，嫁接处扎紧放入湿沙堆埋住，露出接穗接受光照，保持空气湿度，30d 成活后即可移栽。

9）桥接。利用插皮接的方法，在早春树木刚开始进行生长活动、韧皮部易剥离时进行。用亲和力强的种类或同一树种作接穗，多用于挽救树势，育苗中很少使用。

枝接嫁接成活的技术关键包括砧木和接穗的形成层必须对齐，接穗与砧木的削面越

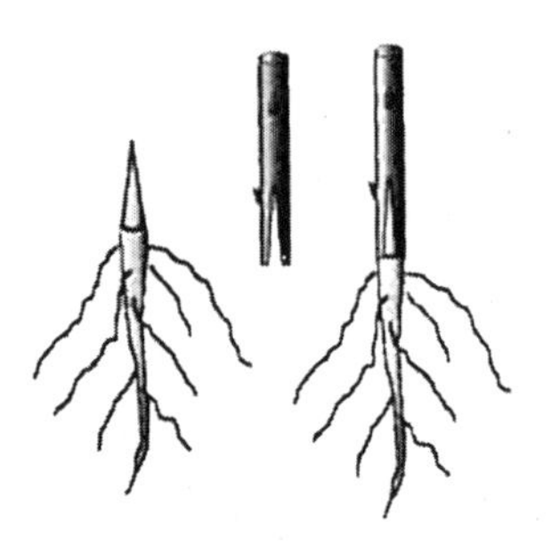

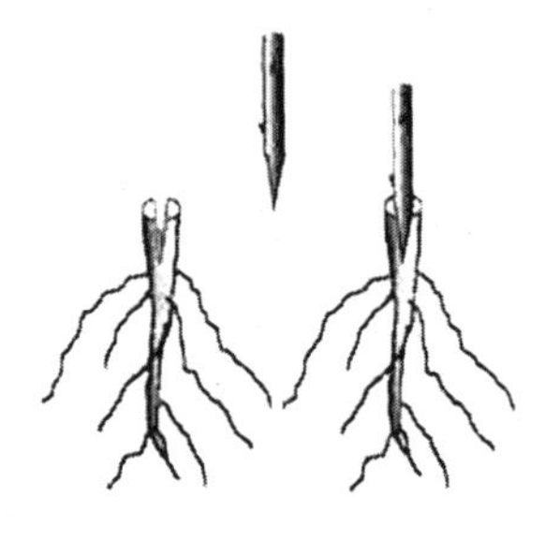

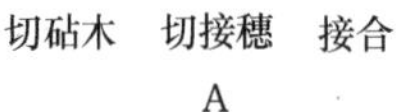

图 4-21　根接（郝建华和陈耀华，2003）

A. 倒接；B. 正接

大，则结合面越大，嫁接成活率越高；嫁接时操作要快，避免削面暴露在空气中时间过长而氧化，影响愈合组织的形成而降低嫁接成活率，特别是枝芽中含单宁等物质较多的树种；应对接口用塑料薄膜条绑缚，并绑紧绑严，使砧穗形成层密接，并可保湿且增加接合部位温度，利于愈合组织的形成而促进成活。

（3）其他　除以枝条和芽片为接穗进行枝接和芽接外，还可以茎尖和芽苗为接穗进行嫁接，是为茎尖嫁接和芽苗嫁接。茎尖嫁接指以幼小的茎尖生长点作为接穗的一种嫁接方法，要求设备条件较高，育苗成本大。茎尖嫁接目前主要用于脱毒苗木的繁育，或一些用其他方法嫁接难以成活的名贵花木的嫁接上，或在接穗稀少的情况下使用，尤其在克服一些毁灭性病害（如柑橘黄龙病等）方面具有无法替代的作用，且可以实行工厂化育苗。因此，茎尖嫁接是一种很有发展前途的嫁接方法。芽苗嫁接指用刚萌发的幼苗作为接穗或砧木进行嫁接繁殖，由于芽苗过于幼嫩，操作需非常细心，否则影响成活率。

此外，育苗中有时为达到某些特殊要求而采用双重嫁接、多头高接等。双重嫁接指在一般的实生砧木与栽培品种接穗之间，加接具有特殊性状的枝段（中间砧），以达到增强砧木与接穗之间的亲和力，或使树体矮化，提高栽培品种抗性等目的。需进行基砧与中间砧、中间砧与接穗两次嫁接，可采用连续芽接法、连续枝接法或芽接枝接结合法（图 4-22）。多头高接指采用枝接或芽接方法在树冠的各个枝干上进行嫁接，主要用于已成树型的树种改换品种；增加多类品种、提高观赏效果；或针对无更新能力的树种修复树冠（图 4-23）。

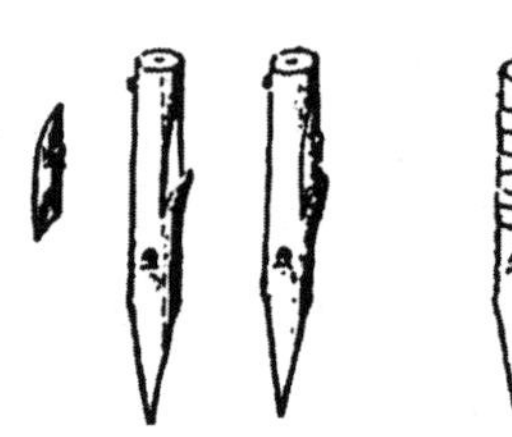

图 4-22　带中间砧的双重嫁接（柳振亮，2005）

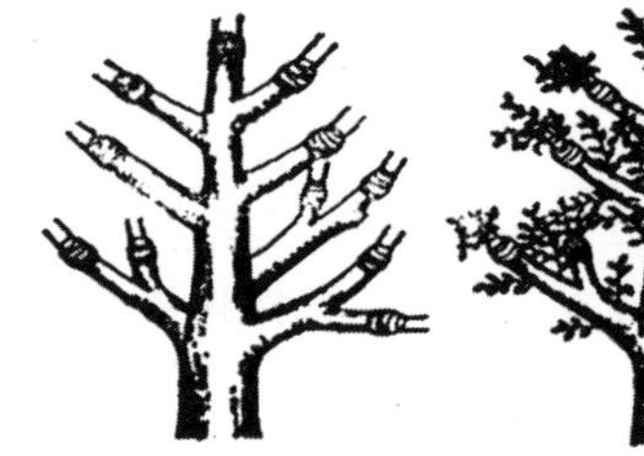

图 4-23　多头高接（柳振亮，2005）

3.4.3　嫁接后管理

（1）检查成活率及松除绑缚物　芽接一般于嫁接后7～15d可进行成活率的检查，凡是芽和芽片新鲜，不干缩，芽下的叶柄一触即掉，接芽萌动或抽梢者表示已经成活；若叶柄干枯不落或已发黑的，表示嫁接未成活。可在检查的同时除去绑扎物，可防止因加粗生长而勒进树皮，使芽片受损伤，影响生长。解除绑缚物时间以充分愈合后为宜，北方气候寒冷地区，如内蒙古，解绑时间可适当延迟，在接后1～2个月或次年春季萌动前解绑。对不成活的植株进行补接。

枝接一般在接后20～30d可进行成活率的检查，成活后接穗上芽新鲜、饱满，甚至已经萌动，即说明成活；未成活则接穗干枯或变黑腐烂。如枝接接穗多，成活后应选取方向好的，生长健壮的一枝保留，其余剪除，以节约营养供接穗生长。对未成活的可待砧木萌生新枝后，于夏秋采用芽接法进行补接。枝接由于接穗较大，愈合组织虽然已经形成，但砧木和接穗结合常常不牢固，因此解除绑扎物不可过早，以防因其愈合不牢而自行裂开死亡。一般在接芽开始生长时先松绑，待接穗萌芽生长半月之后再解绑。对接后进行埋土的，扒开检查后仍需以松土略加覆盖，防止因突然暴晒或吹干而死亡。待接穗萌发生长，自行长出土面时，结合中耕除草，平掉覆土。冬季严寒干旱地区，为防接芽受冻，在封冻前应培土防寒，春季解冻后及时扒开，以免影响接芽的萌发。

（2）剪砧和除萌　进行芽接的树种，芽多在当年萌发，芽接后已经成活的必须进行剪砧，以促进接穗的生长。北方寒冷地区进行秋季芽接的，当年不需芽萌发而在翌春才萌发，可在翌年春季萌动前剪砧。一般树种大多可采用一次剪砧，即在嫁接成活后，春天开始生长前，将砧木自接口上0.5～1cm处一次剪去，过高不利于接穗芽萌发，过低容易造成接穗芽的失水死亡，剪口要平，以利愈合。

对于嫁接成活困难的树种，如腹接的松柏类、靠接的山茶、桂花等，不要急于剪砧，可采用二次剪砧，即第一次剪砧时留一部分砧木枝条，以帮助吸收水分和养分供给接穗，这种状况甚至可保持1～2年。

剪砧后，由于砧木和接穗的差异，砧木上常萌发许多萌蘖，与接穗同时生长或者提前萌生，萌蘖会与接穗竞争并消耗大量的养分，不利于接穗的成活和生长。在生长期内，接活的植株应随时除掉砧木上发出的萌蘖，以免影响接穗生长，抹芽和除萌一般要反复进行多次。

（3）扶直　当嫁接苗长出新梢时应及时立支柱，防止幼苗弯曲或被风吹折，此项工作极为费工，在生产上通常采用其他措施克服这一弊病，如降低接口，在新梢基部培土，嫁接于砧木的主风方向可防止或减轻风折。

（4）补接　嫁接失败后，应抓紧时间进行补接。如芽接失败且已错过补接的最好时间，可以采用枝接补接；对枝接失败未成活的，可将砧木在接口稍下处剪去，在其萌条中选留一个生长健壮的进行培养，待到夏、秋季节，用芽接法或枝接法补接。

（5）田间管理　嫁接苗生长前期，应注意加强肥水管理，中耕除草，防治病虫害，秋季适当控制化肥和水，促进枝条成熟。

【相关阅读】

远缘嫁接及在园林上的应用

所谓远缘就是不同属科种之间的嫁接，这种嫁接技术与日常的同科同种或同属之间的嫁接相比，成功率较低，但随着科技发展及嫁接技术水平的提高，一些原本难以嫁接成功的品种，通过环境控制技术及生物调控技术，也能实现砧木与接穗的良好愈合。许多在理论上难以成功的品种也得以突破，如最近有报道的竹稻，就是竹与稻的远缘嫁接成功而达到"蒙导"效果所培育成的新品种，还有薯麦，就是番薯与小麦进行远缘嫁接育种所培育的抗逆新品种。远缘嫁接在育种上的运用源于20世纪的苏联科学家米丘林，在育种上称为"蒙导"，就是通过砧木性状的转移实现接穗品种的突变来培育植物新品种。

远缘嫁接在古代农书中皆有记载，有智慧的中国人在生产中常用嫁接技术来改良品种性状，以达到良好的农产品品质，如枣与葡萄嫁接，能让葡萄更甜质更佳，梨与枫树及桑树嫁接等，虽然这些方法未经实践论证是否可行，但说明远缘嫁接在古人中早有尝试，而且提出了许多方法。在现代园艺、园林学中，常常把这种完全不同科、属间的嫁接给予否定，这是一种习惯思维与理论的限制。生产上已经用事实打破了这种限制，一株树上可以结不同的果实，有不同颜色的，不同果型的，不同口味的，不同品种的，甚至一些相距较远的瓜果都可长于同一树上。如在番茄上嫁接茄子，辣椒上嫁接枸杞；苹果上嫁接梨；杨树上嫁接柳树，或反过来柳树嫁接杨树；亲缘较近些的植物嫁接就更易实现了，如一株桃树上，可嫁接李、杏、梅等。这些远缘组合嫁接所达到的观赏效果是非常好的，可以吸引市民和游客驻足观赏，了解更多的嫁接技术与植物知识。

远缘嫁接的理论和实践意义在于其在植物栽培生产上可以提高观赏价值、改进果实品质、提高产量、增强植物的抗逆性和适应性；在育种实践中可以克服远缘杂交不亲和性的障碍，培育出远缘嫁接杂种。远缘嫁接还可作为植物遗传学、植物生理学和植物病理学研究的重要手段。

【相关标准】

柑桔嫁接苗国家标准（GB/T 9659—2008）。

芒果嫁接苗标准（NY/T 590—2012）。

项目5 大苗培育技术

树木在园林中具有改善和保护环境、美化及生产等多方面的功能。为了能使树木更好地发挥功能，首先，用于绿化的苗木需要能够尽快适应栽培环境，生长健壮，能够抵抗包括土壤贫瘠、骤冷骤热、光照不足在内的各种不利环境条件的影响；其次，树木作为构成园林景观的重要因素，其自身的观赏价值直接影响着造景的效果，因此，在定植之初有必要对苗木的形体与体量作出选择。随着城市园林绿化的快速发展，对苗木的要求也在不断变化，原来的苗海战术，已经不能满足现代设计及施工的要求，在园林绿化过程中，各实施单位都倾向于采用大规格苗木进行栽植。大规格苗木已经具有了一定的体量，而且能表现出成年树固有的树形，因此在园林绿化中能够尽快成景，达到设计的绿树成荫、花枝交错的绿化效果，从而能尽快发挥树木对环境的美化、净化的作用。大规格苗木具有发达紧凑的根系、旺盛的生长势和较大的树体，能更好地适应园林树木栽植地如城市道路、工矿企业，甚至更恶劣的生长环境，栽植后能顺利地存活和生长。

园林树木的大苗培育是指将各种繁殖方法得到的树木小苗进一步培养，经移栽、整形修剪和多年培育，最终得到符合城市绿化要求的大规格苗木的生产过程。大苗一般情况下需要在苗圃中培育几年，甚至十几年，要经过多年多次的移植、整形修剪等栽培管理措施，才能培育出符合规格要求的各种大苗。

任务1 苗木移植

【任务介绍】将播种苗或营养繁殖苗从土中掘起，按照规定的株行距在预先设计准备好的苗圃地内栽种，对小苗继续培养的操作方法称为移植。移植是培育大苗的重要措施，生产上将经过移植后的幼苗叫做移植苗。苗木移植是园林苗圃大苗培育过程中重要的生产环节，对提供高质量的苗木起着重要的作用。

【任务要求】通过本任务的学习及相应实习，使学生达到以下要求：①掌握苗木移植的理论意义；②掌握苗木移植的技术。

【教学设计】要完成苗木移植任务，首先要明确苗木移植的意义，其次是确定好移植时期，再次是采用相应的措施进行移植，最后是加强移植后的管理，促进苗木快速生长。重点是应让学生理解影响苗木移植成活的因素，根据移植时期确定采用相应的技术措施，确保苗木移植成活，并快速生长。

教学过程以完成苗木移植任务的过程为目标，同时让学生学习确定移植时间，掌握移植技术，促进苗木快速生长。并辅以多媒体进行教学，让学生切实学习并掌握大苗培育的方法和技术。

【理论知识】

1 苗木移植成活的原理

苗木的地上部分由茎、枝、叶组成，承担着有机物的合成、输导和树体支撑的作用；地下部分由根系组成，主要担负着吸收水分及矿质营养和固定的作用。正常生长的苗木在发育过程中，地上部分和地下部分维持着生理代谢的动态平衡，地上部分所产生的碳水化合物等物质通过苗木的韧皮部输送到根部，而地下部分吸收的水分等营养物质，沿着树干木质部的导管运输到地上部分。苗木在移植后，根与原有土壤的密切关系被破坏，不能从土壤中吸收大量水分供应叶片蒸腾作用需要，因此苗木移植成活的原理就是创造条件，尽快使苗木恢复地上部分与地下部分物质供给的动态平衡。

苗木地上、地下部分物质供给的动态平衡主要表现在水分代谢的平衡，如果苗木移植后不能尽快恢复，很容易造成苗木失水死亡。因此，保证苗木移植成活的基本措施应注意起苗、分级、搬运、栽植、修剪、栽后管理等各个技术环节，而且要了解影响苗木生根和蒸腾的各种因素及采取的各种相应措施。

2 影响苗木移植成活的因素

2.1 内因 苗木根系的再生能力是影响苗木移植成活的重要内在因素。不同苗木种类甚至同一种类的不同品种，由于遗传性的差异，在生长发育过程中表现出苗木根系再生能力的差异，有的种类容易生根，如细叶榕、木棉、凤凰木、旱柳、新疆杨、泡桐等，移植后很容易成活；相反一些种类移植较难生根，如白兰花、桉树、樟树、油松、板栗等。另外，同一品种的不同营养状态和苗龄，根系再生能力的差异也很大。生长健壮的苗木含有丰富的碳水化合物等营养物质，这些营养物质在树木移植时能使树木较快恢复生根，促进生长。对于苗龄来说，随着苗龄的增长，移栽成活会越加困难。树木体内含有一定浓度的生长素和一些能刺激根生长的物质也与根系再生有关系，如吲哚乙酸（IAA）、萘乙酸（NAA）等能使树木移栽后快速萌发新根。

2.2 外因 苗木移栽成活是受到多种外部环境因素的共同影响，而各个因素对苗木成活的影响也有其特有的作用，其中水分在整个成活过程中处于主导地位。苗木在移栽后根被切断，不能从土壤吸收大量的水分来满足叶片蒸腾作用的需要，通过外部淋水和喷水可以用来维持水分的平衡，促进树木的成活。带叶移栽的苗木叶片要从空气中吸收二氧化碳进行光合作用，而其他细胞包括根细胞吸收氧气进行呼吸作用，维持苗的生理活动，因此通气有利于苗木的成活。但比较强的通风会增强苗木叶片及皮孔的水分蒸发，加速苗体的水分散失。苗木移植时，在满足苗木正常生长的光照条件下，光照使叶片及时制造碳水化合物，能快速促进苗木的生根，恢复正常的生长，但在移植过程中有时要给移植苗木适当遮阴以起到缓解蒸腾和降低苗体温度的目的。温度影响着苗木细胞分裂、光合、吸收、蒸腾和其他生理活动的强度及植株内部的物质转化与输导，从而影响苗木的再生和整个生长发育进程，因此苗木移植应该选择在合适的季节或者温度范围内进行。

3 苗木移植的作用

3.1 移植为苗木提供了合理的株行距 园林植物育苗时，为了提高成活率及提供相对整齐一致的幼苗，都采取相对集约化的管理方法，特别是对于种子繁殖的幼苗，由于所培育的种子细小，需要精细的管理，一般都采取苗床和垄作的方式。虽然苗床制作过程中采用精心配制的基质，但是随着小苗植株的不断增大，原本密集播种的株行距已经不能满足幼苗地上及地下部分的进一步生长，苗木之间互相影响，争夺水、肥、光照、空气等，严重制约了苗木的生长发育。如果再单纯使用间苗的方法，既浪费苗木，而且留下苗木的生长仍受限制。所以，采用苗木移植，可以扩大苗木的株行距，即扩大了生存空间，使叶面充分接受太阳光，增强苗木的光合作用、呼吸作用等生理活动，为苗木健壮生长提供良好的环境；同时也便于施肥、浇水、修剪、嫁接等日常管理工作。可以说，确定合理的株行距是苗木培养通直的主干、完整的树冠和发达的根系的有效措施，既可防止苗木徒长，也为树冠主侧枝的合理分布和正常的生长创造了条件。

3.2 移植是形成苗木健壮根系的保障 根系是苗木的重要器官，移植可以对根系起到疏根和短截等作用。苗木主根和部分侧根被切断，可促使新根发生部位集中，增加侧根、须根的数量，扩大了吸收面积，形成比较发达的根系，从而对地上部营养生长和冠径扩大起到促进作用。移植也可以起到一定的疏根作用，可使苗木新根分布均匀，形成比较完整的根系系统。移植还改变了苗木根系的垂直分布规律，由于切断了主根的向下伸长，新发生的根系主要分布于土壤浅层，为苗木的出圃提供了有利的条件，同时对将来栽植时的成活率和个体的健壮发育也起到了重要的保障作用。

3.3 移植是培育苗木优美树形的重要保障 在移植过程中可以对树冠进行必要的、合理的修剪，使树形更适合于生产需要。由于苗木的移植，使其有足够的株行距，可以使苗木的枝条有足够的空间充分发展，形成苗木树种的固有树形。另外，这种株行距和修剪等管理技术的综合应用，也可以使树形按照设计的要求发展，培育出特殊的树形。此外，通过移植时对苗木树冠的修剪可以人为地调节地上、地下的生长平衡，使培育的苗木水分与光能利用趋于合理，保持旺盛的生长状态。因此，移植是保障苗木枝叶繁茂，树姿优美的重要措施。

3.4 移植是苗木分级处理的过程 将高度大小较一致的一批苗木栽到同一块地中，有利于个体的生长、整齐、均衡，也有利于统一进行管理。统一的分级可以使待出圃苗木达到统一的标准，防止应用后的苗木分化现象出现，提高成活率和生产效果。对于分级后的不合格苗木，如果仅是形态指标不够标准的小苗，还可通过移植进一步培育，但是对于带有严重病虫害、根系过短或过少、损伤过重，以及生长发育不良的弱小苗木，必须淘汰舍弃。

3.5 移植也是提高苗圃土地利用效率的一种手段 苗木培育是占据土地面积比较大的一种生产方式。但是，苗木生长的不同时期，其植株的大小不同，对土地面积的需求也不同；另外，实际栽培过程中，不同时期苗体对土壤营养条件的需求也不尽相同。根据这些特点，为培养园林植物大苗，要在各个龄期，根据苗体大小，生长特点及群体特点，通过移植的方式合理安排密度，有针对性地选择土壤类型，这样才能最大限度地利用土地，节约成本，在有限的土地上尽可能多地培育出大规格优质苗木，使土地效益最大化。

【任务过程】

4 苗木移植

4.1 移植地的准备

4.1.1 补土还田 苗木起掘的过程中，特别是需要带土球起掘的树种，为了保障移植成活，或多或少会从圃地带走属于耕作层的土壤。这些土壤含有丰富的营养物质，具备优良的理化性质，所以苗木出圃后就会直接引起苗圃大苗区土壤的损失。为了不影响苗木的质量，苗木出圃后应该马上进行补土还田。补土要注意所选土壤的肥力和土壤理化特性，尽量选择有机质含量高的熟化土，而不是未经耕作的深层新土，或者新垦荒地的生土；所选土壤应该有比较优良的土壤质地，各种化学性质指标适合拟移植的苗木要求。补土的来源可以附近就地取材，也可以利用湖泥、塘泥等便利条件。

4.1.2 休闲轮作 大苗培育生产周期比较长，且苗木长时间立地生长，选择性地吸收消耗了土壤中的营养成分。如果苗圃地连续栽植同一种苗木，就会造成同一种养分的过度消耗，对后期苗木的培育影响很大，还会造成某些有害代谢物在土壤中的累积。另外，同一种苗木有时容易引起某些病虫害滋生蔓延，增加苗圃病虫害防治的难度和成本。因此，大苗出圃后，为了使地力得以恢复，不影响下一茬苗木的正常生长，一般采用有计划的休闲轮作方式进行，如常绿树与落叶树可以进行轮作，乔木与灌木可以进行轮作等。对于易染根癌肿病的桃树、海棠类和苹果树等，尤其要进行轮作。

4.1.3 整地施肥及作畦 苗圃地在苗木出圃后，由于带土球或者掘起过程的操作原因，常会造成地面坑洼不平。因此，在苗圃整地施肥之前，应先用粗整的方式翻地整平，填平坑穴。苗圃圃地进行整地翻耕时，其翻耕深度可根据翻耕时期和苗木大小而灵活掌握。一般秋耕或休闲地初耕可深些，春耕或二次翻耕可浅些；移植大苗可深耕，移植小苗可浅耕。秋耕较春耕好，耕后要及时耙压，做到地平土碎、肥土混匀。苗木生长量大，对营养需求多，若营养不足，长势则明显衰弱。若缺少某种元素，还可能表现出缺素症。因此，用于移植的圃地，必须施足基肥，才能保证苗木在整个生育过程中有充足的养分吸收，旺盛地生长。基肥应以迟效性肥料如厩肥、堆肥等有机肥为主，每亩施充分腐熟的厩肥或堆肥5000kg左右，并适量混入过磷酸钙、草木灰、尿素等无机肥。苗圃施基肥可与整地同时进行，全面撒施，然后深翻入土。

大苗培育可以采用畦栽的方式进行，作畦方式可以根据当地的降水条件选择高畦、平畦或者半高畦。高畦，宽2～2.5m，高15～20cm，先打边线，再修整四边，然后平整畦面，最后作畦壁。畦面要求土块细碎平坦，尤其是移植较小的苗木时更应平整。为了做好苗圃地的灌溉排水，在作畦的同时，应同时做好灌排系统及苗木管理必需的苗圃步道。

4.2 移植时间的确定 古人云："植树无期，勿使树知。"意思是移植后树木生长基本不受影响。所以，苗木移植只要保持苗木地上部分与地下部分物质供给的动态平衡，移植的时间就可以灵活处理，全年都可以进行。但是大苗培育的移植时间应根据树种和各地环境条件的差异确定，一般情况下，苗木移植最好在苗木的休眠期进行，如在北方为秋季到翌年的春季，而对于常绿树种也可在生长期移植。

4.2.1 春季移植 北方地区冬季寒冷干旱，所以选择早春解冻后立即进行移植最为适宜。此时苗木的休眠状态刚刚打破，树液开始流动，芽尚未萌发，树体内贮存养分还没有大量消耗，蒸腾作用也很弱，同时，根系可先期进行生长，为生长期吸收水分供应地上部分做好准备，移植后苗木成活率高。春季的具体移植时间可根据各树种发芽时间的早晚来安排，发芽早的早移植，发芽晚的晚移植。一般是落叶树种先移，常绿树种后移；大苗先移，小苗后移。北方有"冷松热柏"的说法，就是说油松苗要比侧柏早移植。有的地方春季干旱大风，如果不能保证移植后充分供水，应推迟移植时间或加强保水措施。

4.2.2 秋季移植 苗木地上部分停止生长后进行移植，落叶树开始落叶时始至落完叶止，常绿树生长的高峰过后。这时地温较高，根系还能进行一定时间的生长，移植后根系得以愈合并长出新根，为来年的生长做好准备，移植后成活率高。秋季移植一般在秋季温暖湿润、冬季气温较暖的地方进行，北方冬季寒冷，秋季移植应早。冬季严寒和冻拔严重的地区不能进行秋季移植。

4.2.3 夏季雨季移植 夏季雨水集中的时节，也是移植常绿树种的最适宜时期。这个季节雨水多、湿度大，苗木蒸腾量相对较小，根系生长较快，移植较易成活。一般常绿树种的苗木在雨季初就可以进行移植。移植时要带大土球以保护好根系，且移植后要经常喷水以保持树冠湿润。

4.3 移植的次数与密度 培育大苗所需要的移植次数要根据苗木生长状况和所需苗木的规格确定。一般阔叶树种，用一至二年生播种苗或营养繁殖苗进行移植培养，苗龄满后进行第一次移植，以后根据生长快慢和株行距大小，每隔2～3年移植一次。对于普通要求的行道树、庭荫树、花灌木用苗，一般苗龄3～4年即可出圃。对于一些绿化要求较高，需要迅速成景的规格要求，苗木常需留圃培育5～8年，移植两次以上才可出圃。对于针叶树种及一些生长缓慢、根系不发达而且移植后较难成活的树种，如银杏、白皮松、七叶树等，一般苗龄满2～3年开始移植，以后每隔3～5年移植一次，常需苗龄8～10年，甚至十几年才能养成出圃。但是，移植的次数也不能太多，频繁移植会对苗木生长发育产生阻滞作用，一般苗木移植2～3次为宜。

移植苗的栽植密度取决于苗木生长速度、苗冠和根系的发育特性、喜光程度、培育年限、培育目的、管理措施等。一般针叶树的株行距比阔叶树小；速生树种株行距大些，慢生树种应小些；苗冠开展，侧根须根发达，培育年限较长者，株行距应大些，反之应小些；以机械化进行苗期管理的株行距应大些，以人工进行苗期管理的株行距可小些。一般第一次移植落叶树行距50～100cm，株距40～50cm；针叶树行距30～50cm，株距5～30cm。第二次移植行距要大些。实际上，确定苗木移植的密度除考虑节约用地、节省用工、便于耕作外，还要看苗木的生长速度，也就是苗木树冠的生长速度，移植密度可根据苗木3～4年后树冠相接的生长量来确定。

培育大苗每次移植的密度与移植次数紧密相关。若苗木移植的密度大，相应移植的次数就多，相反移植得较稀，相对移植次数就少。一般情况下，在保证苗木有足够营养面积的前提下必须合理密植，以充分利用土地，提高单位面积的产苗量。

4.4 移植的方法与技术

4.4.1 起苗 裸根起苗，掘苗省工，操作简单，大部分落叶树种和常绿树小苗，都可裸根起苗。裸根起苗时，应根据苗木的大小，确定下锹的范围，一般二至三年生苗木保留苗基部周围直径30～40cm。起苗应在保留范围外围下锹，锹稍向内斜切根下，切断一圈多余根群，提取树干，起出苗木。起苗时一定要注意工具锋利，尽量使切口整齐平滑，不使主根劈裂和撕裂。苗木起出后，抖去根部宿土，尽量保留完整的须根（图5-1）。杨、柳、国槐、悬铃木等都可用此法起苗。如果苗木挖出后少抖掉些泥土，保留根部护心土及根毛集中区的土块，带部分宿土还可以提高一些不易移植种类苗木的成活率。裸根移植可用机械代替，利用机械起苗速度快、效率高，需要人工配合。

对于采用裸根起苗难以成活的树种，必须带土球起苗（图 5-2）。常绿树种如杨梅、枇杷、柑橘、杨桃、番石榴等，规格较大或移植不易成活的直根系树种如柿树、板栗、槲栎、核桃、七叶树等，以及名贵树种如广玉兰、山茶花、杜鹃等，宜用带土球起苗，以保证移植成活率。带土球起苗的方法是在苗木根际周围先铲除一部分表土至稍见部分须根为度，然后按一定的土球规格顺次挖掘，并稍向内斜切根下，待四周挖通后，对土球用草绳自根部开始向下通过土球底部绕扎 5～8 圈，或装入蒲包内，也可用塑料布临时包扎，最后再将苗木主根切断，将土球提出。土球规格，二至三年生苗木，直径为 30～35cm，厚度为 30cm。草绳在种植时可解除，也可不解，任其自然腐烂。

图 5-1 裸根起苗

图 5-2 带土球起苗

4.4.2 苗木修剪 起苗后为提高栽植成活率，要进行适当的植株修整。如果主根、侧根过长，应略加短剪，促使发生大量须根；对于已经造成劈裂，或者无皮的根也应剪除，以免栽植后烂根。裸根移植苗一般根系保留长度 20～25cm，超过部分应加以剪除。为了使伤口易于愈合，应尽量不伤根皮，并且使剪口光滑。修剪根系也不宜过短，否则会影响苗木成活和生长。移植苗木地上部分应剪去过密的枝条，对于常绿阔叶树应剪去下部枝条和部分叶片以减少蒸腾，促使成活。

4.4.3 栽植方法 起苗后，应首先根据苗木大小分级，再根据苗木等级分区栽植。

（1）穴植法 对于较大的苗木进行移植，一般采取人工挖穴栽植，该法成活率高，生长恢复较快，但工作效率低。移植时预先做好栽树标记，然后按树穴位置开穴栽植，植穴直径和深度应略大于苗木根系，边扶正苗木，边填土，并将填入的土踩实或用木棒夯实。露根苗木的根在树穴内要尽量舒展，带土球苗木在踩实时，不能将土球踩碎，应踩在土球与树穴空隙处。

（2）沟植法 移植较小的苗木时，为了提高工作效率可以采用此法。先按行距开沟，深度以苗木根系能充分舒展为宜。将苗木按一定的株距放入沟内，然后覆土，对于裸根移植，覆土过程中应稍将苗木向上提动一下，使根系舒展。

（3）孔植法　先按株行距划线布点，然后在点上用打孔器打孔，深度与原栽植深度相当或稍深一些，把苗放入孔中，覆土。该方法适合移栽小苗，用专用的打孔机可提高工作效率。

移植最好在阴天进行，在苗木移植过程中，要随时注意保持苗根湿润，防止失水干枯而影响移植苗木的成活率。无论穴植法还是沟植法，对于裸根苗都要使苗木根系舒展，不能有卷曲和窝根现象。栽植深度一般应比原来的定植深度略深，以免灌水后土壤下沉而露出根系。人工栽植覆土后要踩实，使根土密接，栽后及时灌透水，使土壤沉实以利成活。种植完毕后要检查是否合乎移植要求，苗木规格要整齐，种植位置要正确，横竖成行，发现有规格不对或偏离行列的，在灌水前要挖出重种。

4.5 移植苗的抚育管理

4.5.1 水分管理　苗木移植初期，应及时进行灌溉。第一次浇水必须浇透，使坑内或沟内水不再下渗为止。第一次浇水后，隔 2～3d 再浇一次水，连灌三遍水，以保证苗木成活。苗圃灌水方式有漫灌、浸灌、喷灌、滴灌等，其中漫灌是苗圃地经常采用的浇水方法，漫灌灌水量大，效果较好，用工节省，但灌后床面易板结，要及时中耕松土。漫灌时在树行间筑土坝，然后水从水渠或管道流出后顺行间流动进行浇灌。但是，漫灌水分利用率低，特别是对于干旱少雨的地区，宜采用滴灌等方式。

灌水应掌握“重点浇透、时干时湿”的原则，灌水也可结合施肥进行，以节约用水，或在施肥之后进行，以提高肥效。如地面灌水，应选择在早晨或傍晚，此时蒸发量小，水温与地温差异也较小，对苗木生长的影响最小；如果是用于降温的喷灌宜选在高温时进行。一个生长季即将结束时，苗木停止灌溉的时期过早不利于苗木生长，停灌过晚会降低苗木抗寒抗旱能力。适宜的停灌期，因地因树种而异，对多数苗木而言，大约在霜冻到来之前 6～8 周为宜。

但是，在雨季容易受到水涝危害的苗圃地，要注意排水，尤其是在南方降水量大的地方尤为重要，否则会造成苗圃毁灭。排水首先要做好排水设施，提前挖好排水沟以使过量的水能够及时排走。

移植时虽然已经尽可能多地保留了原有根系，但是要保持树冠对水分的需求，就必须要经常往树冠上喷水，这样维持一段时间后，地上与地下部才能逐渐平衡，使移植成功。对苗木遮阴能降低日光对育苗地的辐射强度，使移植苗木免遭日灼之害，减少土壤水分的蒸发，减少喷水次数。但是，遮阴过多会使光照不足，降低苗木的光合作用强度，使苗木组织松软、含水量提高，影响苗木质量；遮阴过度还会使苗木细弱，根系生长差，诱发病虫害。遮阴会增加苗圃的成本，因此只有在一些特殊情况下才会采用。如对常绿树种，在生长季移植后，为了防止强烈的日光直射，一般在南、西方向采用搭遮阳网的方法减少树冠水分蒸腾量，待恢复到正常生长，逐渐去掉遮阳网；中、小常绿苗成片移植也可全部搭上遮阳网，浇足水，过渡一段时间后再逐渐去掉，或在阳光强的中午盖上，早晚打开。

4.5.2 扶正与补植　移植苗第一次浇水或降雨后，容易倒伏露出根系。因此移植后要经常到田间观察，出现倒伏要及时扶正、培土踩实，不然会出现树冠长偏或死亡现象。扶苗时应视情况挖开土壤扶正，不能硬扶，以免损伤树体或根系。扶正后，整理好地面，培土踩实后立即浇水。对容易倒伏的苗木，在移植后应立支架，待苗木根系长好后，不易倒伏时再撤掉支架。

苗木移植后，会有少量的苗木因为不同的原因而不能成活，因此移植后一两个月要检查苗木成活状况，将不能成活的植株挖走，补植另外的苗木，以有效地利用土地。

4.5.3 土壤管理 苗圃土壤管理可以采用覆盖的方式，覆盖物主要有地膜、杂草、秸秆或割盖绿肥等。覆盖地膜既能保持土壤水分，减少浇水量，又能提高土壤温度，促进根系早期活动，起到保肥、除草作用，还可以提高光能利用率，促进树苗生长，提高成活率。覆盖塑料薄膜时，要将薄膜剪成方块，薄膜的中心穿过树干，用土将薄膜中心和四周压实，以防空气流通。覆膜保墒一般在春季土壤解冻追肥后及早进行。

覆草是用秸秆覆盖苗木生长的地面，厚度为 5～10cm。覆草可保持水分、减少水土流失，防止杂草生长，并且草类腐败后可以增加土壤有机质。夏季覆草可降低地温，冬季则可提高地温，促进苗木的生长。应该注意覆草同时也为病虫害的生存提供了适宜的环境，可能容易使病虫害滋生。圃地如果不进行覆盖，浇灌后待水渗入地表开裂时，应用干土堵住裂缝，防止水分进一步散失。

中耕是苗木生长期间对土壤进行的浅层耕作。每当灌溉或降雨后，当土壤表土稍干后就可以进行。中耕可以疏松表层土壤，减少土壤水分的蒸发并避免土壤发生板结和龟裂；中耕可促进土壤空气流通，有利于微生物的活动，提高土壤中有效养分的利用率，促进苗木生长。中耕的深度与次数应掌握灵活原则，在苗期中耕宜浅并要及时，当苗木逐渐长大后，要根据苗木根系生长情况来确定中耕深度。

杂草是苗木的劲敌，同时也是病虫害的根源，除草工作是在苗木抚育管理工作中耗费时间最长、使用人工最多的一项工作。在苗圃的生产中要重视除草工作，不能因为发生草荒而影响苗木的正常生产。除草不能选在阴雨天进行，一般在晴天太阳直晒时进行为好。除草要一次锄净、除根，不能只把地上部分除去。除草可以用人工除草、机械除草和化学除草的方法。中耕和除草往往是结合进行，这样可以取得双重的效果。

4.5.4 施肥 苗圃地施肥合适与否直接关系到苗木的生长质量。苗圃中常用的肥料大体可分为有机肥料、无机肥料和生物肥料。施肥能增加圃地各种营养元素，保持土地肥力，有机肥料还能增加土壤中的有机质，促进土壤形成团粒结构，改善土壤的通透性。

苗圃生产上应在施足底肥的基础上，根据苗木生长的状况、不同阶段及不同树种施用不同的肥料。苗木随着苗龄增加需肥量随之加大，一般来说，第二年的苗木需要的养分数量是第一年的 2～5 倍。阔叶树种容易发根，苗木在生长前期吸取的养分多一些，施肥应集中在前半段。针叶树与阔叶树相反，早施肥用途不大，施肥集中在生长后期，利用率会较高。

对于移植苗，追肥应该从成活期开始，使用氮肥的时候还应注意，氮肥的追肥停止期对移植苗木质化程度影响很大，为了提高苗木对低温和干旱的抗性，应当在霜冻来临之前 6～8 周结束。苗圃追肥常用方法分有沟施、撒施、浇灌三种，如果苗木急需补充磷钾或微量元素时还可用根外追肥的办法，根外追肥一般要连续喷 3～4 次，才能取得较好效果。

生物肥料对苗圃生产也有重要意义，许多针叶树种、壳斗科树种、桦木科树种和榆树等都有菌根菌寄生，育苗时土壤中有菌根菌，苗木才能生长良好。大多数树种获得菌根菌的方法是靠客土办法进行接种，从与所培育苗木相同树种的老苗圃内选择菌根菌发育良好的地方，挖取根层土壤，作接种材料，然后将挖取的土壤按正常施肥的比例施入苗地的幼苗根层中。

4.5.5 病虫害防治 大苗培育的过程中，病虫害防治也是一项非常重要的工作。随着苗木种和品种的增多及栽培体系的多样化，病虫害的发生也逐渐呈现复杂化，给病虫害的防治带来了一定的困难。为了使移植苗圃地病虫害得以及时控制、消灭，应该采取综合防治技术措施以提高防治效率。移植苗种植前应对土壤进行消毒，种植后要加强田间管理，改善田间通风透光条件，保证苗圃的环境卫生，消除杂草及杂物以减少病虫残留。苗木生长期应经常巡察田间苗木生长状况，一旦发生病虫害，要及时诊断，合理用药。

4.5.6 苗木越冬防寒 苗木移植后，在北方要做一些越冬防寒的工作，以防止冬季低温损伤苗木。严寒对苗木的危害有直接冻害，也有冻拔和冬春季旱害等间接危害。苗木越冬时受害或死亡，是由于各种外界条件综合影响的结果，而不是单纯低温的直接作用。苗木越冬防寒应该从提高苗木的抗寒能力和预防霜冻两方面着手。苗木入秋后应及早停止灌溉和追施氮肥，加施磷肥、钾肥，加强松土、除草、通风透光等培育管理，使幼苗在寒冷到来之前能充分木质化，增强抗寒能力。预防苗木受霜冻和寒风危害也可采取一些相应的栽培措施。浇冻水是苗木防寒常见的工作，在土壤冻结前浇一次越冬水，既能保持冬春土壤水分，又能防止地温下降太快。冬季风大的地方，可在苗床迎风面设立防风障，以阻挡冷气流侵袭，这也是行之有效的防寒措施。对一些较小的苗木可以用土或草帘、塑料小拱棚等覆盖；较大的易冻死的苗木，可缠草绳以防冻伤。对萌芽或成枝均较强的树种，可剪去地上部分，使来年长出更强壮的树干。

【相关阅读】

苗木移植机械

带土球起苗法是园林苗木移栽中成活率最高的方法，但是此法人力参与量多、劳动强度大、工作效率低、施工费用成本高，而且施工中很难锯断根系，容易造成苗木根系的意外损害。一款全新发明的便携式苗木断根机成功地解决了这些难题，使苗木移植变得轻而易举。

便携式苗木断根机是一种在园林苗木移植过程中带土球连根挖取苗木的工具，能极大提高人工挖苗的效率及苗木的成活率。它可轻松地切入泥土，锯断泥土中的树根及泥土中夹杂的石块，并可同时进行苗木整枝修剪。因此，此类机器主要用于苗木移栽过程中带土球的挖取、装桶或淘汰林木的采伐更新，具有独特的便利性和优越的功能。

有的断根机采用了单人便携式操作，重量轻，使用方便，“指哪切哪，指哪锯哪”，不受空间范围的限制，且苗盘定位准确，可最大程度保留苗木的根系及锅形土球，不伤根系，提高苗木成活率。其作业范围广，包括幼苗、树苗、成树，直径2～30cm的树木都可随意轻松断根取苗。如泥土球径100cm、苗木直径12cm，单人操作，用时不超过3min。

【相关标准】

园林树木移植工序及其规范

（1）施工前准备

1）城市绿化工程必须按照批准的绿化工程设计及有关文件施工。施工人员应掌握设计意图，进行工程准备。

2）施工前，设计单位应向施工单位进行设计交底，施工人员应按设计图进行现场核对。当有不符之处时，应提交设计单位作变更设计。

3）根据绿化设计要求，选定的种植材料应符合其产品标准的规定。

4）工程开工前应编制施工计划书：①施工程序和进度计划；②各工序的用工数量及总用工日；③工程所需材料进度表；④机械与运输车辆和工具的使用计划；⑤施工技术和安全措施；⑥施工预算；⑦大型及重点绿化工程应编制施工组织设计。

5）城市建设综合工程中的绿化种植。

（2）种植材料和播种材料

1）种植材料应根系发达，生长茁壮，无病虫害，规格及形态应符合设计要求。生长旺盛，姿态丰满，品种优良，苗源遵循取近原则。

2）苗木挖掘、包装应符合现行行业标准：一般土球大小为胸径的 8～10 倍，包装时用草绳将根部土球包扎好，使土球不松散。

（3）种植前土壤处理

1）种植或播种前应对该地区的土壤理化性质进行化验分析，采取相应的消毒、施肥和客土等措施。

2）园林植物生长所必需的最低种植土层厚度要求：小灌木 45cm，大灌木 60cm，浅根乔木 90cm，深根乔木 150cm。

3）种植地的土壤含有建筑废土及其他有害成分，以及强酸性土、强碱土、盐土、盐碱土、重黏土、砂土等均应根据设计规定，采用客土或采取改良土壤的技术措施。

4）绿地应按设计要求构筑地形。对草坪种植地、花卉种植地、播种地应施足基肥，翻耕 25～30cm，搂平耙细，去除杂物，平整度和坡度应符合设计要求。

（4）种植穴、槽的挖掘

1）种植穴、槽挖掘前，应向有关单位了解地下管线和隐蔽物埋设情况。

2）种植穴、槽的定点放线应符合下列规定：①种植穴、槽定点放线应符合设计图纸要求，位置必须准确，标记明显。在树穴挖前施行种植放样定位，骨架大规格乔灌木可用插杆法标志点，群植小灌木及地被可用白粉划线标志确定种植面及林缘线。②种植穴定点时应标明中心点位置。种植槽应标明边线，标线要直。③定点标志应标明树种名称（或代号）、规格。④行道树定点遇有障碍物影响株距时，应与设计单位取得联系，进行适当调整。

3）挖种植穴、槽的大小，应根据苗木根系、土球直径和土壤情况而定。穴、槽必须垂直下挖，上口下底相等。

【相关实训】

园林苗木移植

（1）实训目的　一般培育大规格园林绿化苗及一些珍稀树种，常用移植法育苗。其特点在于苗木健壮、根系发达，并可在苗圃内修剪造型，培育成具有较高观赏价值的苗木。

（2）实训要求　熟悉苗木移栽与定植的基本原理和作用，了解苗木移栽与定植的基本环节，掌握常用苗木移栽与定植的技术。

（3）实训内容

1）移植地准备。主要是整地、施肥、耙地、平整、作床等。要求整地要深、要细、基肥要施足、苗床要做好，并合理地配置好道路及排灌系统。

2）起苗与分级。移植育苗，先要将原育苗地的苗木起出，起苗时应注意保护苗根、苗干和枝芽，切勿使其受伤。如需带土球移植则应事先浇水，然后视土壤湿度适宜时掘苗，并将土球包好移植。起苗之后，要将苗木按粗细、高度进行分级，以便分别移植，使移植苗木整齐，生长均匀，减少分化。分级时，要将无顶芽的针叶树苗及受病虫危害的苗木剔除。

3）植株的修剪。栽植前应修剪过长和劈裂的根系，一般针叶树根长保留12～15cm，阔叶树保留15～25cm，切口要平滑，不劈不裂。为了减少蒸腾失水，提高成活率，一些常绿树的侧枝可适当短截。

4）移栽的方法。移栽时要求苗根舒展，深度适宜，不伤根、不损枝芽，覆土要踏实。同时还要求移植成活率高，苗木栽植整齐划一。移栽方法因苗木大小、数量、苗圃地情况不同分为孔植、沟植和穴植等。

孔（缝）植：用于小苗和主根细长而侧根不发达的树种。移植时用铲或移植锥按株行距插孔（缝），将苗木放入孔（缝）中，然后压实土壤。

沟植：适用于根系较发达苗木的移植。先按规定的行距开沟，深度大于苗根长度，再把苗木按要求的株距排于沟内，然后覆土踏实。

穴植：适用于大苗、带土移栽苗及成活困难的苗木移栽。按照计划密度，预先标出栽植点，然后挖穴栽植。

苗木移植机可使几个工序一次完成，大大提高工效，值得试验推广。

定植后的抚育管理，主要包括灌水、扶苗、平整苗床，抹芽和除萌等环节。

任务2 苗木整形修剪

【任务介绍】苗木培育不仅要注意加强移植、浇水、施肥、中耕除草、病虫害防治等方面的工作以增强苗木的生活力，而且必须针对苗木，在一定的应用目标指导下，合理地进行整形修剪，使其能在树姿、树形上表现出更高的观赏价值。如果忽略了对苗木的整形修剪，任其自然生长，常会使苗木难以保持良好的形态，达不到应用目标，导致最后苗圃得不到应有的经济效益。

苗木整形修剪就是以苗木枝、芽、叶以至茎干为对象，根据其生长特性，通过保留、疏剪和短截等各种技术手段，合理有效利用影响树体的生态因子，调节树体内部养分和水分的供需，使其生理生化活动能够建立新的平衡，并使树体外观向人们所要求的方向发展的一项综合措施。

整形是根据一定的应用目标，把苗木整修成一种较理想的树体结构。苗木的树体结构一方面要求符合不同树种的枝芽生长特性，能适应当地的自然环境条件，形成良好稳固的骨架，为形成所需树形打下良好基础；另一方面苗木整形的树体结构可以最大限度地利用阳光进行光合作用，可以争取苗木早日出圃，从而降低成本，获得更大利益。

修剪是人们为了达到整形目标而干预苗木生长的一种方法。修剪与整形有密切的关系，修剪是实现整形的一种手段，只有通过各种必要的修剪技术，才能逐步形成事先所设计的苗木形体结构，并且在整形的基础上，调节树体各部分营养物质的分配，维持既定树形。因此整形和修剪是相辅相成的，共同成为调节树冠各部位协调生长的一种栽培技术。另外，整形修剪必须建立在良好的土、肥、水等综合管理基础上，这样才能达到预期的目的。

【任务要求】通过本任务的学习及相应实习，使学生达到以下要求：①掌握苗木整形修剪的理论，了解整形修剪的作用；②掌握苗木整形修剪的方法与技术，能正确对苗木进行整形修剪。

【教学设计】要完成苗木整形修剪任务，首先要理解整形修剪的原理，明确整形修剪的作用；其次要掌握苗木不同生长时期及不同季节进行整形修剪的方法与技术。重点应让学生理解为什么要对苗木进行整形修剪，在整形修剪的适宜时期，采用合理的整形修剪方法和技术对苗木进行处理，从而掌握培育满足生产要求的苗木的技能。

教学过程以完成苗木的整形修剪任务的过程为目标，同时应该让学生学习苗木整形的原理和作用等相关理论知识，掌握苗木整形修剪的具体方法和技术。教学过程中，采用讲授法、实验实习法相结合，并辅以多媒体进行教学，让学生切实学习并掌握苗木整形修剪的方法和技术。

【理论知识】

1 整形修剪原理

苗圃对苗木进行整形修剪必须遵循一定的原理，首先要充分了解树体的基本结构，如树干、树冠的基本构成，了解树体上枝、芽的类型。其次，整形修剪前要掌握一定的修剪技术，了解树体对各种修剪技术的反应。再次，整形修剪时要了解树木的生长原理，同时注意到树种之间的差异，了解不同树木的枝芽生长特性。最后，要了解整形修剪与当地环境条件之间的关系，灵活地利用周围各种生态因子。

1.1 苗木整形修剪的生理学原理 一个直立生长的树枝上面发生的枝条有长有短，一般是越靠近顶端的芽长成的枝条越长，直立性越强，越往下部的芽长成的枝条越短，角度也越大，这种现象称为顶端优势。苗木生长遵循顶端优势的原则，树种不同，顶端优势的强弱不同，整形修剪时应根据顶端优势控制树形。针叶树顶端优势强，可对主枝附近的竞争枝进行短截，控制其生长，保证中心枝的顶端优势。阔叶树顶端优势弱，树冠圆球状，一般通过短截及回缩来调整主侧枝的关系，促进苗木生长，使整体树形良好。一般幼树的顶端优势强，所以幼树应轻剪，使之快速成形。

整形修剪必须遵循树木的营养分配与积累规律。通过整形修剪可以合理调节营养生长和生殖生长的关系、树冠与根系的协调关系、增高生长和增粗生长之间的关系，也就是说整形修剪可使养分供应或累积到所需的部位。如培养行道树类苗木，应以快生长，高树干，促进旺长为目的。灌木类苗木，幼树时应防早衰，重视夏季修剪，以轻剪为主；成形后扩大树冠的同时又要培育各级骨干枝，维持树体平衡；生长期应严格控制徒长枝、竞争枝和扰乱枝。对于特殊造型的苗木，为达到较高的观赏价值，修剪前期要以促进成形为主。

1.2　苗木整形修剪的植物学原理　不同树种有着不同的分枝规律，不同分枝规律决定了修剪后芽的萌发规律和未来树枝的延伸方向。对于主轴分枝的苗木应抑强扶弱，以形成高大通直的树冠。合轴分枝式的苗木，如樱花、紫薇等，应采用去除顶端优势的方法，把一年生顶枝短截，剪口下留壮芽，去掉3～4个侧芽，保证壮芽生长良好，这种修剪方法主要以扩大树冠为主；幼树期应以培养中心枝为主，合理选择和安排侧枝，使骨干枝明显。假二叉分枝式的苗木，顶端生长末期不能形成顶芽，侧芽对生，修剪时应除去一个，保留壮芽，以培养高的树干。

修剪后的反应是合理修剪的重要依据，也是鉴定修剪是否合理的重要标准之一。修剪后的反应一般可从两方面来看，一是看局部反应，二是看全树整体反应。对一个枝条短截或回缩以后，在剪口下看萌芽、抽枝的表现，为局部反应；而对全树总的生长量、抽生新梢枝的数量、充实程度、长度、枝条密度等表现，则为全树反应。

1.3　苗木整形修剪的生态学原理　苗木整形修剪既要考虑与生态环境条件相统一，也要考虑土肥条件和风光条件，苗木的个体和群体结构只有与生态条件相吻合，才能达到最好效果。整形修剪应考虑光能的利用，剪去枝条顶端，使侧芽萌发，多形成中枝、短枝，可增加叶面积，能提高光能利用率。不同的环境条件对苗木生长有很大影响，故应分别采取不同的修剪方法。例如，在土壤瘠薄的山地和丘陵地带，因土质差，苗木生长发育较弱，整形时应定干低些，修剪应偏重些，可多短截少疏枝。而在土壤肥沃、地势平坦、雨水适量的地段上，因条件较好，生长发育强旺，定干可高些，修剪量可偏轻些，可多疏枝，少短截。

1.4　苗木整形修剪的美学原理　不同的整形修剪措施，会给树体造成不同的观赏特征。例如，苗木的冠宽与树高的比例不同，产生的美观效果相差很大：当宽与高大致相等时，会给人们以端正的感觉；当冠高是宽的2倍时，会给人们以俊俏感。均衡与稳定也是美学原理中较为重要的原理，其中包括对称式均衡和非对称式均衡两种。苗木修剪时可以利用均衡与稳定原理来指导修剪苗木，如在体量上，如果上大下小，则有种不稳重的感觉；从质感上，上方细致，下方粗犷式的修剪，可给人们以稳定的感觉。

2　整形修剪的作用

2.1　整形修剪是获得苗木理想树形的必需手段　不同苗木的枝芽生长是由其自身的遗传习性所决定的。不进行整形的苗木，最终只能发展成其自然的树形结构。有的树木自然整枝良好，能表现出特有的观赏价值，但是，大部分苗木如果放任生长，由于竞争枝、徒长枝、重叠枝的出现，必然会扰乱树形，大大降低其观赏价值。另外，现代的园林绿地对苗木的要求比较高，放任生长的苗木很难达到设计的要求。对苗木进行整形修剪，可培养出理想的主干、丰满的侧枝，也可以使树冠圆满、匀称、紧凑、牢固，为培养优美的树形奠定基础。整形修剪可以使植株矮化，调节树势，创造具有特色的树冠结构，将苗木应用于桩景、盆景，增加了用植物造景的内涵。我国各地在长期的实践中积累了许多整形修剪方面的丰富经验，结合传统的技法和当地的特点，创造出许多雕琢式的树形，这些树形观赏价值较高，而且还具有艺术美效果，体现了植物材料特殊的应用方法。

2.2　整形修剪是调节苗木树体平衡的首要方法　苗木由于角度不合适或局部枝叶原因，会造成部分枝条长势旺，另一部分枝条枝生长衰弱的现象，通过整形修剪可逐年进行调整，采取抑强扶弱的措施，可使各部分枝条达到平衡生长。同样，通过对部分枝条的修剪，使苗木能够维持树冠上各级枝条之间的从属关系，达到主干比主枝粗壮，主枝大于侧枝，侧枝及头年枝大于当年枝。整形修剪通过对部分枝条及根系的去留，可以调节树体水分和养分的运输，实现抑制或促进地上地下部分的生长，从而实现二者间的平衡，为获得强大的苗木根系打下基础。合理的整形修剪可使幼树提早或推迟开花。对于花灌木来说，为了能准确控制出圃苗木的开花情况，可以通过修剪的方法调节生殖生长和营养生长的关系。例如，对生长旺盛、主枝强的品种，可以采取轻剪缓放，开张骨干枝角度等方法，使苗木提早进入成熟期。

2.3　整形修剪是苗木提早出圃，防灾减病的重要保障　自然生长的树冠郁闭、枝条交叉重叠、光照和通风不良，严重影响了树体的生长发育。经过整形的树，通风透光好，可以提高树体的光合作用效率，能更多地积累碳水化合物，使苗木生长速度快、结构合理、枝条充实、树势健壮，从而实现早出圃，提高苗圃土地的利用效率。苗木修剪可以去除带病虫的枝条或叶片，并将其集中销毁，能有效去除苗圃地的病虫害侵染源，为实现苗圃地病虫害的综合防治奠定基础。根据苗圃自然条件，采取相应的整形修剪措施，可增强苗木抗御自然灾害的能力。例如，寒冷地区采用匍匐形树形和多主枝小冠形；风大地区可采用低干矮冠树形和开心形，并用支立柱或棚架来增强对大风的抵御能力；光照强度大的地区，保留骨干枝上的背上枝可以减轻骨干枝上出现的日灼病等。

【任务过程】

3　整形修剪

3.1　整形修剪的时期　整形修剪是苗木在培育过程中需要经常反复进行的工作，应贯穿苗木培育的整个过程。根据整形修剪的目的和方法，可以将处于不同时期的整形修剪分为两种类型：一类是从落叶后到春季萌芽前进行的休眠期修剪，也可称为冬季修剪；另一类是在苗木营养生长期进行的生长期修剪，也称为夏季修剪。因为休眠期和生长期苗木生理活动特征不同，因此两个时期有着不同的修剪方法和强度。休眠期的苗木生理活动较弱、伤流小，修剪对苗木的伤害也较小，苗木容易恢复，因此这个时期修剪强度较大，通常以疏枝与短截为主。生长期的苗木生理活动较活跃，修剪对树体的养分消耗较大，伤口不易恢复。故这个时期修剪强度小，主要以抹芽、摘心、扭曲等为主。

苗木的休眠期因各地的气候差异而不同，一般是12月到次年3月，从树体上可以反映为树液停止流动的一段时间。由于树种耐寒性的差异较大，同为休眠期的修剪其在时间掌握上也不尽相同。一些伤流严重、抗寒力差的树种，休眠期修剪要在早春发芽前20d左右前进行，如复叶槭、乌桕、核桃、四照花、枫杨等。当培养苗龄比较大的时候，特别是一些早春开花的苗木，为防止损失花芽，休眠期修剪只限于一些必要的枝条整理。常绿树在休眠期也要避免进行重剪。

夏季修剪是在从萌芽后至新梢或副梢生长停止前进行的，一般在4～10月。由于苗木生长开花习性不同，生长期修剪更要注重树种之间的差异。春季是抽芽前的常绿阔叶树与常绿针叶树整形修剪的适宜时期。夏季是新梢旺盛生长时期，造型苗木要注意修剪新梢，整理株形，随时剪掉徒长枝。对于早春与初夏开花的苗木类型，如樱花、玉兰、丁香、黄蔷薇、迎春、榆叶梅等，如果这些苗木已经有花，可以在花后对花枝进行短截，以防徒长，这样能促进当年花芽的形成。夏季酷热的时候要避免对苗木重剪，但是夏末开花的木槿、珍珠梅、紫薇等应在花后立即修剪，否则新生侧枝在当年不能形成新的花芽。秋季休眠来临前，为给苗木在寒冷来临前有足够时间恢复伤口，所以一般要进行轻剪。

3.2 整形修剪的方法

3.2.1 短截 将一年生枝剪去一部分，还保留一部分芽的修剪称为短截。短截对枝条有刺激作用，它能刺激剪口下侧芽的萌发，促进分枝，增加生长量。短截能改变枝条的长度、着生方向和角度，调节每一级分枝之间的距离和组合。根据对枝条短截的程度，分为轻短截、中短截、重短截和极重短截4种（图5-3）。

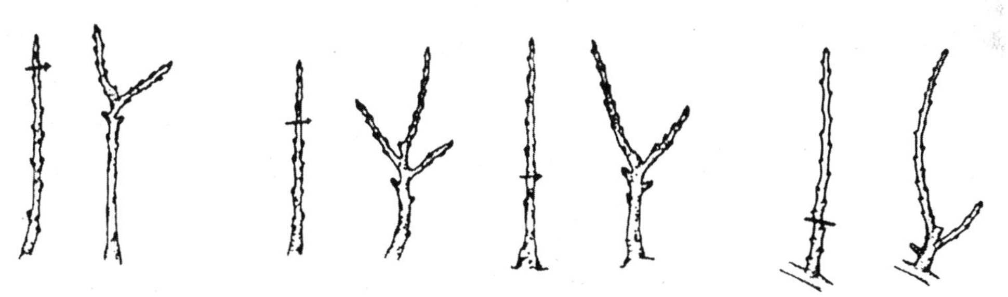

轻短截（左）及发枝状（右） 中短截（左）及发枝状（右） 重短截（左）及发枝状（右） 极重短截（左）及发枝状（右）

图5-3 短截程度与发枝状

（1）轻短截 剪去枝条全长的1/5～1/4为轻短截。轻短截可以刺激剪口下多数半饱满芽的萌发。这种剪法可防止顶芽单轴延伸，促使多数侧芽萌发较强的中短枝，可用于苗木强壮枝的修剪。

（2）中短截 剪去枝条全长的1/3～1/2为中短截。该方法一般把剪口芽留到饱满芽处，由于剪口芽饱满充实，养分充足，可刺激其多萌发强旺的营养枝。该方法用于弱枝复壮或延长枝的培养。

（3）重短截 剪去枝条全长的2/3～3/4为重短截。该方法刺激作用更强，用于刺激萌发强旺的营养枝，可用于弱苗的更新复壮。重短截在垂直类苗木中经常使用，该方法可促发向上向前生长的枝条萌发和生长，从而形成圆头形树冠。

（4）极重短截　剪去枝条的绝大部分，仅剩基部2～3个“瘪芽”的方法为极重短截。由于剪口芽在基部，质量较差，一般只萌发中短营养枝。

短截应注意留剪口芽的质量、位置等因素，以正确调整树势的平衡。短截对树体具双重作用，短截的刺激作用仅限于剪截点附近，但是对于整个树体而言，短截使枝条生长点的总量减少，叶面积相应减少，因此也减少了树体的总生长量。

在苗木培育上，对一些萌发力较强的落叶阔叶树种，可以采取截干的方法，截干属于特殊的短截方法，该方法也称为平茬。当一年生苗干细弱、弯曲或有其他情况不符合要求时，常在萌芽前将主干自茎部截去，使其重新萌发新枝，然后再选留一个直立而生长强壮的枝条培养为主干。

3.2.2　回缩　对多年生枝的短截称为回缩，也称缩剪，即将较弱的主枝或侧枝，缩剪到一定的位置上。当苗木的单轴枝组延伸过长、枝条过密、延长枝角度太低、大枝复壮等时都可用回缩的方法解决。回缩对全株有削弱作用，减少了树体的总生长量；但可以重新调整树势，使养分和水分集中供应剪截部位后部的枝条，刺激后部芽的萌发，有利于更新复壮，重新调整树势（图5-4）。

3.2.3　疏枝　将枝条从基部或从分枝点剪去的方法称为疏枝或疏剪（图5-5）。疏去的可能是一年生枝，也可能是多年生枝组。疏枝能使枝条密度减小，改善树冠通风透光条件，使留下来的枝条营养面积相对扩大，增加同化作用，有利于生长势的增强。另外，

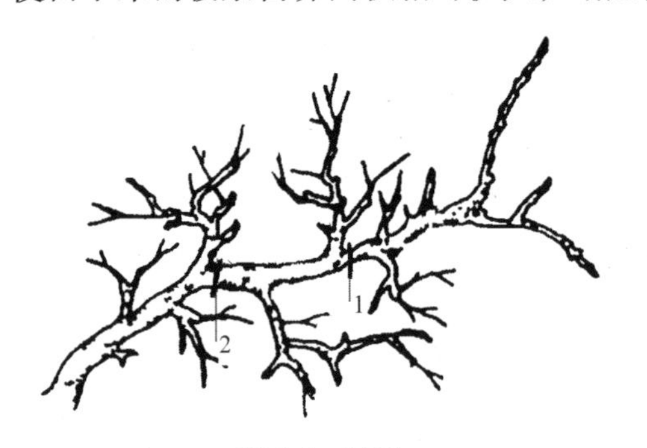

图5-4　回缩

1. 轻回缩；2. 重回缩

图5-5　疏枝

疏枝使整个树体枝条之间分布均匀，布局合理，增加了树体的观赏价值。当树冠内枝条密挤、重叠、交叉、并生等时，多采用疏枝的方法解决。对干枯枝、病虫枝、无用的徒长枝和竞争枝等也用疏枝方法疏除。

疏枝对附近枝条的刺激作用不如短截，疏枝不会造成大量分枝，对低于剪口的枝条有增强生长势的作用，而对高于剪口的枝条则有削弱生长势的作用。疏枝会使整个树体生长势减弱，生长量减小，故疏枝时要注意避免伤口过多。

3.2.4　变向　将枝条生长的方向和角度人为地改变称为变向（图5-6）。变向可以改变枝条生长的极性位置，对调节生长有明显的作用。变向的方法很多，如对幼树骨干枝可以采用拉枝、撑枝等方法；小枝可采用短截和回缩改变方向，其中背后枝换头是经常采用的开张角度方法；修剪时，对于一些背上直立枝也应该设法拉平以缓和生长势。

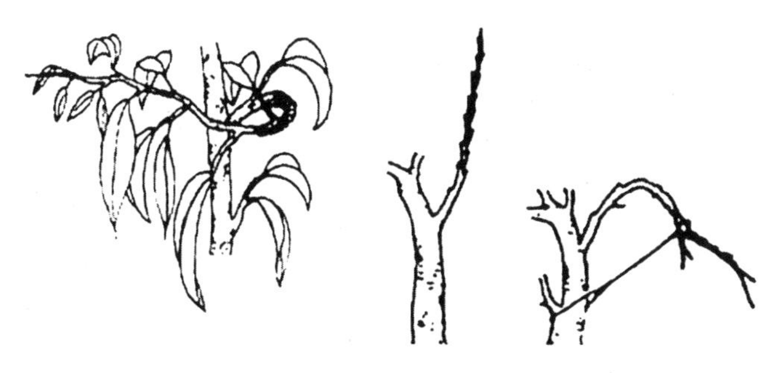

图 5-6 变向

拉枝一般在夏季枝条较软的时候，将绑上绳的木桩埋入地中，上端拴上木钩，挂在被拉骨干枝的适当位置，按树形要求将骨干枝拉开，待角度固定后，再解除绳索。拉枝要从基部拉开角度，不能基角不变，而只是在枝条腰部形成大弯弓形。拉枝时绑绳不能过紧，否者绳索会影响树枝的加粗生长。拉枝应在幼树时期及早进行，苗龄大时主干枝不容易拉开。改变枝条角度有时还可以采取泥坨坠枝、别枝的方法进行，还可以用冬季修剪下来的无用枝作支棍，将被撑的枝条撑开一定角度，当角度固定时，再除去支棍。

3.2.5 长放 对一年生枝不剪，任其自然延伸生长称为长放，亦称缓放。长放是一种缓势修剪的方法，有利于物质积累，缓和树势，对增加枝的生长点和全树的总生长量有好处。长放在苗圃幼龄苗上经常采用。苗木长放，并不是任其自由生长，长放的枝条是有选择的，不同的枝条有不同的做法。在有空间的情况下，对中等的斜生枝、水平枝、下垂枝长放，很容易形成短枝。长放可以加大骨干枝的角度，增加短枝比例，缓和生长势。长放时，对于直立的强旺枝、竞争枝必须弯倒、压平或配合扭枝、拿枝等夏剪技术，才能收到效果。长放和回缩是相辅构成的两种措施，长放主要是针对中庸平斜着生的枝条，但应根据树势综合考虑、适当长放，及时回缩。

3.2.6 环剥与环割 环剥就是在枝或干上某个部位，用刀割透树皮两圈深至木质部，两圈相距一般为枝干直径的1/10，剥去两刀之间的树皮，露出木质部（图5-7）。环剥以后韧皮部输导组织被切断，环剥处以上的新梢叶片制造的有机营养物质向下运输被切断，贮存于环剥处以上的枝条内。环剥能很快减缓植物枝条或整株植物的生长势。环剥应该在苗木生长最快时进行，在操作上一定要控制环剥的宽度，切不可过宽过窄。环剥对树种有一定的要求，有些流胶流脂愈合困难的苗木不能使用环剥，环剥后应注意防止环剥部位病菌感染。

环割与环剥类似，只是用刀割透树皮而不剥皮，这种办法效果虽不如环剥好，但比较保险，不易死树或死枝。环剥与环割只能用于生长过旺的树或枝，弱树弱枝不能使用。

3.2.7 摘心 在生长季节，将新梢最先端部的顶尖除去称为摘心（图5-8）。新梢如任其自然生长，则养分、水分多集中在顶端的生长点，下部的侧芽因此而发育不良。摘心能使新梢暂停生长，养分集中在已形成的新梢组织内，使枝梢发育充足，侧芽发育饱满充实，有时可促发二次梢，有利于扩大冠形，使其更加丰满。强壮的主枝到了一定长度摘心，能促进其他较弱的主枝生长得到均衡；对于细长的枝条，经摘心后，可使其充实饱满。针叶树种由于某种原因造成的双头、多头竞争，落叶树种枝条的夏

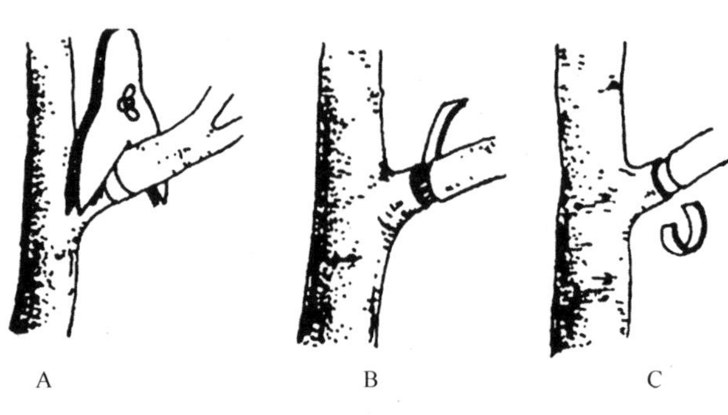

图 5-7 环割、环剥

A. 刀割环剥处（环割）；B. 剥皮；C. 环剥处

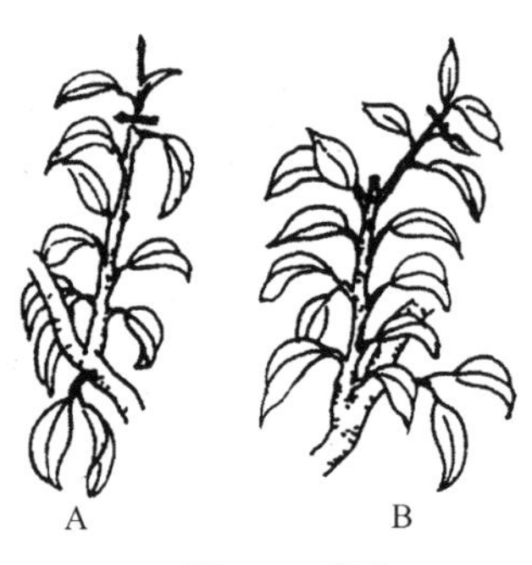

图 5-8 摘心

A. 摘心处；B. 摘心后副梢再摘心

剪促生分枝等，都可采用摘心的办法来抑制其生长，达到平衡枝势、控制枝条生长的目的。摘心一般在新梢长到 25～30cm 时进行，如有副梢，可在副梢长 10cm 左右时再次摘心。

3.2.8 抹芽 抹芽也称为剥芽，是将苗木上位置不当或多余的芽除去，有时候苗木基部的根蘖或嫁接苗砧木上生出的萌蘖也需要及时除去，这些都可以归入抹芽的范畴。抹芽可以改善保留芽的养分供应状况，增强其生长势。在苗木整形修剪时，苗木的枝条和芽的分布要根据树形的要求使其具有一定的空间位置，如果位置不合适，应将多余的芽抹除。抹芽在播种苗、扦插苗定干整形时经常采用。落叶灌木定干后，会长出很多萌芽，抹芽要注意根据相距角度和空间位置选留一定数量的主枝芽。生产上一般选留角度合适的 3～5 个芽，多余芽可以全部抹去，也可仅去掉生长点，多留叶片，使其有助于合成光合产物。抹芽经常应用于嫁接苗上，高接砧木上的萌芽应全都抹除，以防与接穗争夺养分、水分，从而影响接穗成活或生长，如碧桃、龙爪槐的嫁接砧木上的萌芽，及时除去可使养分集中供给苗木生长发育。

3.2.9 刻伤 在苗木枝条或枝干的某处用刀横切，深达木质部从而影响枝条和枝干生长势的方法称为刻伤（图 5-9）。若在芽上或芽下刻伤，则称为刻芽。在芽的上方进行刻伤，由根系贮存的养分向枝顶回流的时候，就会使位于伤口下方的芽获得较为充足的养分，从而有利于芽的萌发和抽生新枝。苗木刻芽可在早春进行，刻芽时要准确掌握刀口与被刻芽的距离与刻芽的深浅，这些都关系着刻芽的成败。苗木修剪时，利用刻芽能够定向定位枝条，形成良好的树形结构。苗木培育时，如果枝条上有缺枝部位，可在春季苗木发芽前，在芽的上方刻伤促发新枝生长，弥补了缺枝。刻芽还可用来抑制枝条或枝组的长势，使枝势变成中庸。苗木如果需要去掉强壮枝，为了防止一次性去掉枝条造成苗木生长势减弱，可以利用刻芽先降低强壮枝的生长势，待变弱后再将其全部剪掉。

3.2.10 拿枝 拿枝是控制一年生直立枝、竞争枝和其他生长旺盛营养枝的一种方法（图 5-10）。一般在苗木夏季枝条已木质化时，用手指从基部揉，向缺枝的一侧压倒枝条，插枝补空。揉枝时应尽量使枝条维管束断裂，从基部到枝顶应每隔 5cm 左右弯折一下。如果所选枝条过旺，可以连续进行拿枝，直到枝条弯成水平状或下垂状。苗木枝条背上或斜背上抽生的旺梢经过拿枝可以改变枝条姿势，从而削弱顶端优势，使生长势减弱。

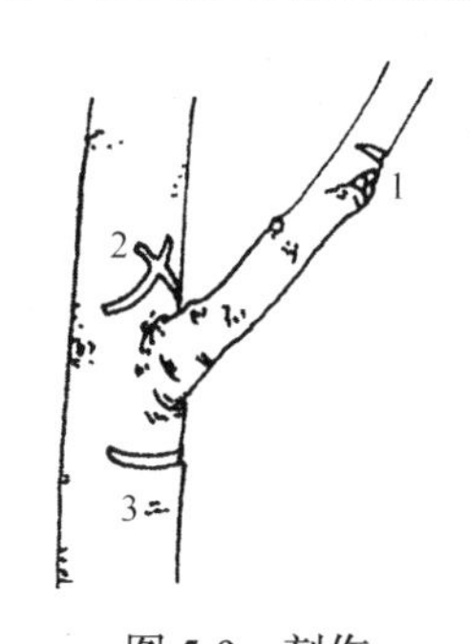

图 5-9　刻伤

1．芽上刻伤；2．枝上刻伤；3．枝下刻伤

图 5-10　拿枝

【相关标准】

石家庄市街道树木整形修剪技术规范，2008。

【相关实训】

苗木整形修剪

（1）实训目的　　整形修剪是庭园绿化抚育养护的重要措施之一，通过修剪可调节和均衡树势，使树木生长健壮，树形整齐、树姿美观、着花繁密。修剪还能提高新植树木的成活率，达到理想的树形、增加观赏美感。

（2）实训要求

1）熟悉整形修剪的基本原理；

2）叙述整形修剪的基本环节；

3）掌握常用树种、花灌木、绿篱的整形修剪技术；

4）注意特殊树种整形修剪应注意的事项。

（3）实训内容　　整形修剪，应适应树木的自然树形及其分枝习性，应根据树木不同的品种，不同的栽植用途和通过修剪所要达到的不同效果来采取不同的手法。如对圆柱形树冠（蜀桧）或圆锥形树冠（雪松）等中央领导干比较强的树种，要保护和突出其主尖，如主尖被损，应及时培养；对于蜀桧、龙柏、白皮松等出现的与主尖竞争的侧尖要及时回缩控制，以保持优良树形。

1）行道树的修剪。栽植落叶乔木胸径为 5～10cm 的，栽前应进行定干处理，干高可根据实际情况留高 3～3.5m，以上枝条全部剪去，这样既利于成活，又能形成整齐的树冠。以后视情况逐年修剪，行道树可以整成几大主枝自然开心形，如悬铃木、五角枫；也可以是自然树形，只是要注意剔除下面萌蘖，如毛白杨、垂柳、樱花等。

2）花灌木的修剪。栽植前为保证成活，一般进行重剪，如榆叶梅、碧桃，应保留 3～5 个主枝进行短截和疏枝，但要控制形成丰满的树冠。对于无主干的玫瑰、黄刺玫、珍珠梅、紫荆、连翘等，应选留 4～5 个分布均匀，生长健壮的枝做主枝，其余均剪去，保留的主枝，应短截 1/2，并使其高矮一致。

3）绿篱的修剪。为促进绿篱基部枝叶的生长，栽好后应按同一高度剪去主尖，再用绿篱剪按规定形状修剪。栽植后养护期间的绿篱修剪，一年最好 2～3 次，以保持良好的形状。第一次修剪应在春梢停止生长后，大约是“五一”节前。第二次修剪在夏梢停止生长后，第三次修剪在秋梢停止生长后，大体在“十一”之前，特别是对于小叶女贞、大叶黄杨等生长较快的绿篱，更要定时修剪，控制上方枝条及侧上方枝条的旺长，达到整齐美观的效果。

（4）基本要求

1）栽植前植株整理。栽植前宜将劈裂根、病虫根、过长根剪除，并对树冠进行修剪，保持地上地下平衡。

2）乔木类修剪及注意事项

a．具有明显主干的高大落叶乔木应保持原有树形，适当疏枝，对保留的主侧枝应在健壮芽上短截，可剪去枝条 1/5～1/3。

b．无明显主干、枝条茂密的落叶乔木，对干径 10cm 以上树木，可疏枝保持原树形，对干径为 5～10cm 的苗木，可选留主干上的几个侧枝，保持原有树形进行短截。

c．枝条茂密具圆头型树冠的常绿乔木可适量疏枝。枝叶集生树干顶部的苗木可不修剪。具轮生侧枝的常绿乔木用作行道树时，可剪除基部 2～3 层轮生侧枝。

d．常绿针叶树，不宜修剪，只剪除病虫枯死枝、生长衰弱枝、过密的轮生枝和下垂枝。

e．用作行道树的乔木，定干的高度宜大于 3m，第一分枝点以下枝条应全部剪除，分枝点以上枝条酌情疏剪或短截，并应保持树冠的原型。

f．珍贵树种的树冠宜作少量疏剪。

3）灌木、藤蔓类修剪及注意事项

a．带土球或湿润地区带宿土裸根及上年花芽分化的开花灌木不宜作修剪、当有枯枝、病虫枝时应予剪除。

b．枝条茂密的大灌木，可适量疏枝。

c．对嫁接灌木，应将接口以下砧木萌生枝条剪除。

d．分枝明显，新枝着生花芽的小灌木，应顺其树势适当地强剪，促生新枝，更新老枝。

e．用作绿篱的乔灌木，可在种植后按设计要求整形修剪。苗圃培育成型的绿篱，种植后应加以整修。

f．攀缘类和蔓性苗木可剪除过长部分，攀缘上架苗木可剪除交错枝、横向生长枝。

4）苗木修剪的质量要求

a．剪口应平滑、不得劈裂。

b．枝条短截时应留外芽，剪口应距留芽位置以上 1cm。

c．修剪直径 2cm 以上大枝及粗根时，截口必须削平，并涂防腐剂。

（5）整形修剪方法

在园林育苗中，则多采用短截、回缩、疏枝、摘心、抹芽等措施来达到育苗效果，详见本任务的任务过程。

1）短截。将枝条剪去部分即为短截，短截有轻短截和重短截之分，短截后可刺激枝条的生长，使剪口下的芽萌发，一般地，剪口下芽瘦弱，剪后可发育为结果枝；剪口下的芽饱满，则剪后枝条多发育旺盛，生长势强。在育苗中，常采用重短截，即在枝条基部留少数几个芽进行短截，剪后仅 1～2 个发芽育成强壮枝条，育苗中多用此法培育主干枝。

2）回缩。剪去多年生枝的一部分称为回缩。一般适于处理竞争枝、下垂枝、衰弱枝等。

3）疏枝。从基部剪去过多过密的枝条称为疏枝。疏枝可以减少养分争夺，有利于通风透光，对于乔木树种，能促进主干生长；对于花灌木树种，能促进提早开花。

4）摘心。树木在生长过程中，由于枝条生长不平衡而影响树冠形状，就应对强枝进行摘心，控制生长，以调整树冠各主枝的长势，使之达到树冠匀称、丰满的要求。对抗寒性差的树种，也可用摘心方法促其停止生长，使枝条充实，有利安全过冬。

5）抹芽。树木在发芽时，许多芽会同时萌发，这样根部吸收的水分和营养不能集中供应，通过抹去一些密集的芽，可以促使保留芽的发育，形成理想的枝条和树形。

任务3 各类大苗培育技术

【任务介绍】大苗是指培育多年适用于各种园林绿化需要的、规格较大的园林树木。按照树木生长特性可分为乔木类大苗、灌木类大苗、藤本类大苗和垂枝类大苗等几类。不同类型的大苗其培育要求和培育过程不同。

【任务要求】通过本任务的学习及相应实习，使学生达到以下要求：①明确各类大苗的培育要求；②掌握各类大苗的培育方法和技术。

【教学设计】要完成大苗培育的任务，首先要弄清大苗的类型和培育要求，然后根据大苗的类型和培育要求，在不同时期采取不同的培育方法和技术，将其培育为合格的、满足绿化目的的大苗。

教学过程要以完成大苗培育任务的过程为目标，让学生学习明确大苗的类型，掌握其培育方法和技术。采用讲授法、实验实习法相结合，并辅以多媒体进行教学，让学生切实学习并掌握大苗培育的方法和技术。

【理论知识】

见项目5的任务1和任务2。

【任务过程】

1 乔木类大苗的培育

乔木类主要包括针叶树乔木及阔叶乔木。标准的乔木树形首先要有明显的主干，主干高度应在1m以上，在树冠的中央有时还应有中央领导干，其顶端应位于树冠的最高点，其他主枝和各级侧枝围绕着中央领导干均匀分布，力求层次分明，从属关系正确。

乔木类大苗在园林中一般用作行道树、庭荫树、园景树等。行道树是栽植在道路两侧的树木，在园林中用量较大，对树体也有着特殊的要求。理想的行道树大苗应该具备高大通直的树干，树干高2.5～3.5m；要求树冠完整、紧凑、匀称且具有强大的根系。庭荫树一般是形成绿荫供游人纳凉、避免日光暴晒或作绿化装饰用，其大苗干高也要求为

1.8～2.0m。所以，对于乔木类大苗的培育，其技术的关键是培育具有一定高度的树干，以及在其基础上获得圆整的树冠。

1.1 针叶树乔木大苗的培育技术 针叶树种大都生长缓慢，特别是白皮松、华山松等，从播种到出圃，一般需要十几年以上。针叶树顶端优势明显，容易培养主干，在大苗培育过程中，多取自然树形，通过适当的修剪，保持其原有树形，使之丰满圆整。

针叶树苗木的整形修剪，应在苗木基本定型前尽早进行。这是因为小苗的修剪较大苗容易得多，小苗生命力旺盛、生长速度快，修剪力度可以大一点，而且一旦发生错误，还有足够的时间弥补，可以大大减轻大苗时修剪的压力。例如，白皮松约在6龄苗后进入快速生长期，所以应在6龄苗之前修剪完毕；对于华山松、油松等，其进入高生长期的时间相对较早，要视苗木的生长情况适时进行。

对于针叶树小苗的修剪，主要是确定主干的数目，独干或多干应根据小苗自身情况确定。桧柏、侧柏、白皮松、华山松等在幼苗阶段要注意剪除基部徒长枝，避免出现计划外的双干或多干现象，即在培育过程中要适时去掉多干苗的弱干，避免因去干过晚对树形产生不利的影响。对于去除弱干以后出现的偏冠问题，如果不太严重，可以不用管它，随着时间的推移，苗木本身可以自然纠正。如果偏冠严重，可以采用拉枝等办法加以解决。

对于针叶树大苗的侧生枝条处理，如松类的轮生枝，要视苗木的具体情况而定，即要适时去掉多头枝、重叠枝和根部首轮弱枝。对于油松、黑松等树种，每年生长一轮主枝，数量过多时会削弱领导干的生长优势，特别是十年生以后，顶端生长渐弱，故应适量疏剪轮生枝，每轮可留3～4个主枝，并使其分布均匀。如果培育行道树、庭荫树等需要露出主干的苗木，在苗圃培育时，可在五年生以后，每年提高一轮分枝，到分枝点达2m时停止。

针叶树必须保持中央领导干向上生长的优势以维护优美的冠形。有些苗木的正头弯曲或软弱，势必影响整株的正常生长，需用细竹竿绑扎嫩梢，使树干挺直，并利用顶端生长优势，促使其向高生长。例如，雪松大苗的培育，应该每年进行绑扎工作。若主干上出现竞争枝，应选留一个强者为中央领导干，另一个剪短，于第二年再将其疏除。对于种种原因造成的无顶尖苗，要扶正一个合适的侧枝作为新头。对于刺柏等树种，下部枝条旺盛，顶端优势弱，可按其自然分枝特点，培养成丰满的半圆形或圆形树冠。

1.2 阔叶乔木大苗的培育技术 阔叶乔木大苗的养干是培养合格苗木的基础。根据园林应用方式的不同，阔叶乔木大苗的养干方法因使用目的不同而不尽相同，如行道树的养干方法，一般是在苗木培育过程中，先定干，然后逐年培育，并及时处理竞争枝，疏去1.8m以下的侧枝、萌蘖枝，以后随着树干的不断增粗要逐年疏除定干高度以下的侧枝，定干高度以上的侧枝留作树冠的基础。但是，由于树木种类不同，苗木生长过程中会在多个方面表现出差异，如顶芽的发达程度、腋芽的萌发能力、苗木的生长速度、侧枝的着生方式等，这些因素都会直接影响到阔叶乔木的养干方法。

1.2.1 抚育修剪养干法 苗木培育过程中注意保持苗木的主干通直，随苗木高度增长，及时修除主干基部侧枝，直至养成主干。适于生长快、干性强的树种，如银杏、梧桐、喜树、毛白杨、白蜡、香椿等，其主茎顶芽发达，顶端优势明显，容易在一年内形成挺拔通直的主干。可于移植一年后进行冬剪时，提高分枝点，并注意疏除分枝点以上的竞争枝。对于柳树类这种幼苗阶段叶片较少的树种，对萌发的侧芽可以保留一部分，以满足旺盛生长的需求。当苗高达到一定程度后，对长粗的侧枝应逐步疏除，对上部出现的竞争枝也应及时去除以防影响主干通直。对分枝多、着生又较密的树种，侧枝往往较多，对着生在分枝点上的侧枝，也要酌量疏除，以免造成“卡脖”现象，妨碍中心干的生长，影响树体高度。

1.2.2 接干养干法 对第一年移植后长势弱的树种，如柳树、毛白杨雌株等，如果主干出现弯曲，可在延长干上选强壮上芽处进行短截，剪口芽萌发后，新梢向上直立生长，以培养形成新的主干（图 5-11）。顶芽相对较弱的速生乔木如柳树，冬剪时要注意提高分枝点，可以疏除竞争枝，短截主干和侧枝，如移植后长势仍然较弱，可在冬剪时考虑选择在饱满芽处短截更换主干延长枝。

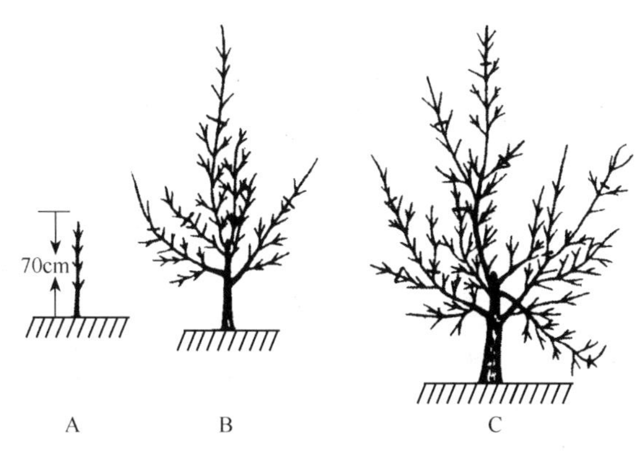

图 5-11 接干养干法

A. 定干；B. 短截主干延长枝，处理竞争枝；C. 下一年效果及处理

1.2.3 截干养干法 对于一些萌芽力强，但是干性弱，容易弯曲的树种，可以采取截干养干法。该方法主要是利用人为方法强烈改变苗木根茎比，增加茎干的生长势，在一个生长季中使苗木生长高度达到定干的高度。如槐树、杜仲、栾树等播种苗一年生长的高度达不到定干要求，而在第二年侧枝又大量萌生且分枝角度较大，很难找到主干延长枝，因而自然长成的主干常常矮小弯曲，不能满足行道树和庭荫树的要求。此时可以采用截干法来培养主干，把苗木换床移植，第一年地上部不加修剪，任其多生枝叶，扩大同化面积，养好根系。第二年在萌芽前，从主干近地面处截干，剪口芽萌发抽梢后，选留合适健壮的新梢作为主干。如果当地春季风害严重，可选留两个，到 5 月底新梢木质化时再去掉一个。通过截干法，在秋季苗木高度可达 2.5～3.0m，从而获得通直高大的主干。采用截干养干法在生长季中要注意加强肥水管理，加强病虫害防治，对侧枝进行摘心，控制其长势，以保护主芽生长，形成通直的树干。

1.2.4 逐年养干法 对于一些干性比较强，树干不容易弯曲，但是苗木生长速度较慢的树种，每生长一段所用的时间都比较长，所以只能采用逐年养干的方法。逐年养干时，必须注意保护好主梢的绝对生长优势，当侧梢太强或超过主梢与主梢发生竞争时，要抑制侧梢的生长。修剪上可采用摘心、拉枝等办法来进行抑制。同时，也要注意病、虫和人为等因素对主梢的损坏。

1.2.5 密植养干法 对于一些生长较慢的树种，如女贞、五角枫等，在苗木培育的时候，可以适当密植，增强顶端优势，抑制侧枝的生长，以此来培养比较通直的树干。密植养干时，常要配合足肥大水，精细管理，促使苗木快速生长，以减少主干弯曲。

阔叶乔木的养冠，特别是高大落叶乔木，一般多按树木自然冠形，不多加以人为干预。自然冠形的养冠过程中，一方面为了改善树冠内部的通风透光条件，修剪时有目的地疏除过密枝、重叠枝、病虫枝及创伤枝；另一方面，当树冠上部出现较强的竞争枝时，为了防止双干的出现要及时地疏除。但是，落叶乔木根据树冠中央领导干的强弱，养冠的方法也有一定区别。对于中央领导干较强的树种，养冠时可利用其顶端优势，保护和促进中心主枝的生长，同时对侧枝生长适当控制；对于中央领导干较弱的树种如槐树、樟树、梧桐、悬铃木等，可按预定分枝点的高度短截主干，促使侧枝生长，次年选留分布均匀、角度适宜的主侧枝3～5个进行短截，剪掉多余侧枝，以后逐年对侧枝进行整形修剪，最后养成理想的完整树冠。

2 灌木类大苗的培育

灌木的观赏价值主要体现在观花和树形，因此对灌木大苗的培养，一方面要重视灌木的生殖生长特点，使之在定植后能够正常开花；另一方面，灌木培养要注意对树形的掌握，使之能发挥出物种特有的观赏性。灌木类大苗根据主干的数目可以分为单干类大苗和多干类大苗，绿篱也可以视为一种特殊的灌木应用形式。

2.1 单干类灌木大苗培育 单干类灌木与乔木类似，这类灌木一般也要求有一定的主干高度，并且冠形丰满匀称，根系强大。如桃花、梅花、海棠等，当苗木主干高度达50cm以上时，即可进行摘心或短截，促发二次枝，进行圃内整形。

单干观花灌木，一般采用的树形有自然开心形和疏散分层形。自然开心形的整形方法是，在苗木距地面50～60cm处定干，剪口30cm下要有良好的饱满芽以作整形带。当整形带内的芽体萌发，新梢长到30cm时，选留3个生长势均衡、向四周分布均匀的新梢作为主枝培养，其余新梢疏除。对整形带以下的萌发枝，在早春一次性疏除。疏散分层形树冠有中央主干，主枝分层分布在主干上，一般第一层主枝3～4个，第二层主枝2～3个，第三层主枝1～2个，主枝错落着生，夹角角度相同，层距80～100cm。苗木经过圃内整形，带主枝出圃，不仅提高了苗木规格，而且由于分枝级次的增加，扩大了叶面积，提高了光合效能，有利定植后促进苗木茎干、根系的生长，提高了成活率及观赏效果。

2.2 多干类灌木大苗培育 在多干类灌木大苗培育过程中，应注意每丛所留枝数不可太多，否则易造成枝过细，达不到应有的粗度。多余的丛生枝要从基部或大的分枝处疏除。修剪时，一般不改变它的自然生长形状，只要求培养成丰满匀称的灌木丛。例如，月季、玫瑰、连翘、迎春、珍珠梅、石榴等，一般选留4～5枝分布均匀的枝条做主枝，其余一律自基部剪除，对保留作主枝的枝条，每一枝上留3～4个芽进行重短截。以后每年只需剪去枯枝、过密枝和病虫枝，适当短截徒长枝。这样，经过几年的培养，即可培养成生产上需要的具有健壮主枝和根系的多干类灌木大苗（图5-12）。

2.3 绿篱类大苗培育 绿篱的整形方式有两大类，即自然式和规则式，但无论哪种整形方式，对苗木的要求都比较相近。用作绿篱的苗木要求枝叶丰满，特别是下部枝条不能光秃。

为达到绿篱苗木的要求，在育苗过程中要进行多次修剪，要特别注意从基部培养出大量分枝，以形成灌丛使定植后能够进行任何形式的修剪。当苗木高达20cm时要进行摘心或短截促进侧芽萌发，多生侧枝，以后随苗木生长，继续进行多次摘心或短截，使枝叶密集，树冠丰满。对于大型绿篱用苗，为了节约定植后的整形时间，需要在苗圃内养成一定形状。

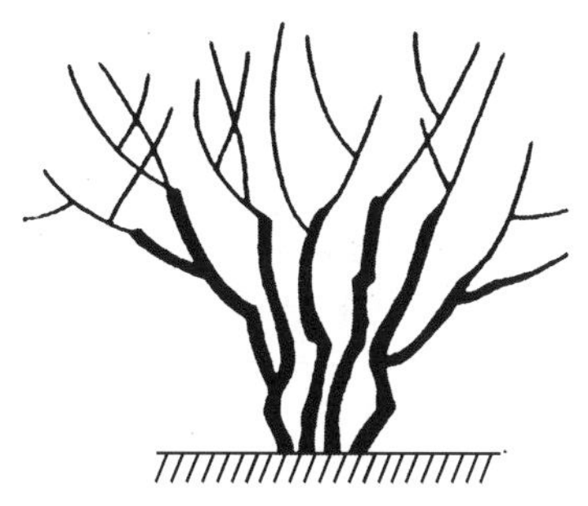

图5-12 多干类灌木大苗培育

3 藤本类大苗的培育

藤本类大苗是进行垂直绿化，装饰建筑物墙面、篱笆、围墙、亭廊、棚架等的主要材料，可有效改善城市生态环境，提高城市人居环境质量。由于垂直绿化植物大多都生长较快，因此用苗规格不一定要太大，其大苗规格一般要求地径粗度大于1.5cm，并有强大的根系。

藤本类大苗培育一般应在苗圃用水泥柱和铁丝构建立架，把一年生苗栽于立架之下，株距15～20cm。当爬蔓能上架时，全部上架，随枝蔓生长，再向上放一层，到第三层为止，培养3年即成大苗。藤木类大苗的整形修剪任务主要是养好根系，并培养一至数条健壮的主蔓，方法是重短截或近地面处回缩。如果采用平床来养藤本类苗木大苗，由于枝蔓顺地表爬生，节间易生根，苗木根基增粗很慢，需用时间较长。藤本类大苗一般根系发达，枝蔓覆盖面积大而茎蔓较细，移植起苗时容易损伤较多根系，为了避免移植后植株水分代谢不平衡而造成死亡，移植时要适当重剪，苗龄不大的留3～5个芽，对主蔓重剪；苗龄较大的植株，主蔓、侧蔓均留数芽重剪，并视情况疏剪。爬山虎类植物一年生扦插苗即可用于定植；如果用于棚架绿化，则应选择大苗，以便于牵引，快速满棚。

4 垂枝类大苗的培育

植物的枝条下垂生长现象是植物中的一种常见变异，如垂枝侧柏、垂枝雪松、垂枝南洋杉、垂枝暗罗、垂柳、绦柳、垂枝桦、垂枝槐、垂枝榕、垂枝梾木、垂枝榆、垂枝梅、垂枝碧桃、垂枝樱花、垂枝海棠、垂枝山毛榉、垂枝红千层等。树木的垂枝性状为园林绿化提供了形态各异的置景材料，丰富了树木的造景手法。

树木的垂枝性状通过种子繁殖时一般不能真实遗传，仅能在隔代分离时获得少量垂枝苗木，因此在生产利用中，垂枝树木不宜采用种子繁殖。压条、扦插繁殖虽然能够成苗，但没有强壮的树干，观赏性不佳。针对垂枝性状，嫁接繁殖是当前一种较为理想的繁殖方法，它的特点是简单易行、生产季节长、易于生产。垂枝类大苗的嫁接培育一般是用该树种普通树形的种子先繁育作砧木，然后用垂枝类型作接穗进行嫁接培育，以扩大树冠。因此，对于垂枝苗的培育可以分为砧木培育和树冠培育两个部分。垂枝类大苗生产，一般先把砧木培养到一定粗度，然后才开始嫁接，接口粗度达到3cm以上直径时最为适宜，这样操作起来比较容易，嫁接成活率高，而且由于砧木较粗，接穗生长势很强，接穗生长快，树冠也能迅速形成。砧木培育方法，可参照本书的播种和扦插等繁殖方式。

由于垂枝树木的枝条均向下生长，所以树势容易变弱，要想扩大树冠，需要对所有下垂枝都进行修剪。垂枝类大苗培养树冠主要是靠冬季修剪，靠夏季修剪培养的冠枝往往过于细弱而不能形成牢固树冠。夏季主要是积累养分，并且注意及时清除接口处和砧木树干上的萌条。垂枝类大苗培育的方法：在嫁接成活后，要附以支架，将萌条放在支架上，使其平展向外生长，第一年冬剪进行重短截，剪口的位置一般与接穗的接口在同一水平面上，剪口留向上芽，以便芽长出后能向斜上方生长。树冠短截后所剩枝条呈向外放射状生长，交叉比较严重的枝条要从基部剪掉，并且直立枝、病虫枝、细弱小枝也要及时疏去。第二年冬剪时还应进行重短截，再留向上剪口芽，疏除向下芽。这样，经过2～3年的培育后，即可形成圆头形树冠。

【相关阅读】

行道树国际标准

国际树木学会（International Society of Arboriculture，ISA）制定了一套客观公正的行道树规格标准，广泛应用于世界很多国家的园林绿化设计及施工。

（1）*必须要有明显的中央主干（领导干、树干）* 中央主干俗称树干，是所有分干的接汇处，是在风、霜、雨、雪时整棵树木承受重力的支持平面。研究指出，“主干树”比“非主干树”在承受外力时结构性表现更强，抗力更高。

许多树木经人为修剪后，会自然长出双主干或多主干，ISA要求整株树木自然高度的2/3以下不能出现双主干或多主干的现象，以免影响其抗风能力。

（2）*必须要有60%的“活冠比”* “活冠比”是指有叶片枝条的高度与整株树木自然高度的比例。ISA认为，“活冠比”在60%以上的树木才有足够的叶片来保持此树的正常健康生长，在此以下的树木因为叶片不足而会产生种种生长障碍，如抗病虫能力低、发根困难、难以开花结果等。另外，“活冠比”在60%以下树木的抗风能力较差，又以单干高球形的树木为甚，此类树木在未完全扎根之前容易随风左摇右摆，从而难以长出新根，容易倒伏。达到60%“活冠比”的树木，一般来说会有超过50%的叶片长于2/3的下部分枝干，树冠形状有如泪滴，有利于整株树木结构来抵御强风。

（3）*在接合点，分干粗度不超过主干粗度的50%* 树木的主干在往上生长的时候会不断长出横生分干枝条。ISA要求在主干和这些分干的接合点，分干的粗度不超过主干粗度的50%，也就是说长出的分干粗度在主干粗度的一半以下，而以1/3最为理想。因为研究结果表明：如果分干粗度不超过主干粗度50%，这个接合点会特别强韧，在风霜雨雪当中不容易折断。树木最大的天敌就是风力，没有良好接口的枝干容易因风折断。

（4）*分枝分干的布局要求*

1）在主干里，上一层的分干与下一层的分干距离大约在全树自然高的5%。例如，若一棵树的自然高度是10m，其理想上下层分干距离是0.5m。

2）每层的分干应成螺旋楼梯形状从下往上排列分布，上一层的分干不该与下一层的分干排列在同一方向，造成上下重叠。

两项要求主要考虑到整株树木重量的平均分布及枝干在风中抗力的安全性。一株结构良好的大树应该犹如一棵巨大的盆景。

（5）主干和分干呈现“干粗收窄” “干粗收窄”是指枝干的粗度从头端开始，慢慢顺序地往末端收窄，如常见的竹笋。如果一棵树的主干犹如竹笋般往上收窄，其抗风能力一定会比只有平均粗度的主干树木强得多，在风中不容易弯曲或折断。按照同样道理，分枝干如果也“干粗收窄”，抗风力同样强。有“干粗收窄”的主干树体由于结构性强，承重能力高，往往能够衍生更多枝条并会长得更高。

（6）有良好的根部系统

1）地栽苗。ISA要求根系必须平均分布于主干的周围，而不是一边多一边少。根系最好还要分布到树冠周边的投影线下，以确定有足够支撑能力。在良好的泥土环境中，根系应达0.6～1m深。根系的分布应从主干呈放射状向外伸展，而绝不产生“盘根现象”。“盘根现象”是指某些大根缠绕着主干下部环绕生长，日后对主干下部造成收握现象，慢慢破坏其生理结构，树木种下几年后会被风力推倒。由于“盘根现象”而导致大树倒伏的案例非常普遍。

2）容器苗。容器苗的优点是移栽时不必大量断根，但它也有缺点。如果一棵树木在容器里生长时间过长，其根系因为不能往外伸展，很容易出现“盘根现象”，造成种后倒伏。由此可见，容器苗只有很短的“货架寿命”，必须在根系长满之时进行移栽，以免产出“盘根现象”。ISA对容器栽苗除了地栽苗的要求以外，还要求不能有“盘根现象”产生。此外，容器栽苗的用土最好与日后移植使用的泥土性质接近，不要选用无土栽培的容器栽苗，然后直接种植到田土里面，因为可能会产生排斥而不发根。

【相关标准】

中华人民共和国城镇建设行业标准：城市绿化和园林绿地用植物材料木本苗（CJ/T 34—1991）。

【相关实训】

大叶女贞行道树大苗培育

（1）种子的处理与播种 早春将层积催芽的种子播种于苗床。

（2）幼苗的春季移栽 3～4月，当播种苗高度达9～12cm时进行。移栽前2d喷一遍800倍多菌灵。对移栽地要施足基肥，并整地作畦。雨后或阴天移栽为好，晴天下午2点以后进行移栽，株行距约为5cm。移栽后浇水保苗，以后不旱不浇水。成活后每亩追施尿素25kg，7月上旬再施尿素35～40kg。另外，要抓好除草松土、防治虫害等田间管理，当年苗木平均可长到1.5m以上。

（3）冬季移栽 10月中下旬根系停止生长后，对苗木进行移栽，株行距为15～20cm。移栽前每亩施100～150kg绿肥（用青草和池塘泥沤制）。移栽时注意保持根系完好，并尽量带一些泥土。做到随起、随运、随栽。栽后踩实，并浇水一次。

（4）翌年早春平茬 翌年2月上旬对移栽的苗木进行平茬。待萌芽后去除多余萌芽仅留一个壮芽。通过精心管理，苗木杆型通直，当年苗高可达1.8～2m，然后定干，即去除1.5m以下的分枝。

（5）移植培育 平茬后第2年或第3年春季，带土球移植，土球直径为树干直径的 6 倍左右，栽植穴为树干直径的 10 倍左右。株行距 40cm×80cm，栽植后及时进行疏枝、疏叶，保留原来树冠的 2/3 即可，然后浇两次大水。第一次即栽植后立即浇一次水，做到浇实浇透，确保土球与土壤紧密结合；3～5d 后浇第二次水，然后围树干基部封土堆。以后每年于早春浇两次水，在越冬前浇一次封冻水。在生长季加强肥水管理，并做好除侧提干工作，经过 3～5 年培育后，可得到干高 3m 以上、胸径达 8cm 以上、树冠圆满完整的大苗。

项目6 园林苗圃栽培管理

园林苗圃栽培管理技术是指从繁殖材料获取到成苗出圃全部培育过程中所涉及的各项技术措施。根据苗木培育的类型一般将其划分为两大体系，即裸根苗培育系统和容器苗培育系统（详见项目8设施育苗技术）。在裸根苗培育系统中，圃地土壤是植物主要的生活环境之一。在培育苗木过程中，对土壤的一系列管理措施都会直接影响到苗木的质量和产量，此外肥、水等其他环境及栽培因子，也决定着苗木生产质量与抚育措施的开展。

任务1 园林苗圃的土壤管理

【任务介绍】在裸根苗培育过程中，土壤是植物主要的生活环境之一，因此圃地土壤管理始终都是园林苗圃生产与建设的主要内容。土壤管理的核心问题是提高土壤肥力。通过改良、耕作与施肥等措施，提高土壤肥力，使其发挥在苗木生产中的基础作用。圃地的耕作具有一次性，不同于农作物栽培需要每年耕作，因此耕作质量至关重要。合理进行土壤耕作、建立苗圃轮作制、选用适宜的育苗方式、合理科学的施肥，对于培育优质壮苗具有重要意义。

【任务要求】通过本任务的学习及相应实习，使学生达到以下要求：①了解土壤的结构及理化性质，针对不同圃地选择合适的改良方法；②掌握常见土壤耕作方法；③掌握土壤轮作的方法及技术要求。

【教学设计】要完成苗圃土壤管理任务首先要对苗圃地土壤情况进行了解，然后根据圃地的实际情况选择合适的土壤改良方法，实现土壤改良，提高土壤肥力。由于苗圃地条件各不相同，因此，重点应该让学生理解苗圃耕作、轮作主要的方法和技术要求，从而掌握根据育苗要求和树种特性合理开展土壤管理的技能。

教学过程以完成圃地土壤管理任务的过程为目标，同时应该让学生学习土壤管理过程中的相关理论知识。可以采用讲授法，在讲授过程中注意对不同方法进行分类并比较。建议采用多媒体进行教学。还可结合土壤管理实习，让学生学习并实际进行苗圃土壤管理。

【理论知识】

1 土壤改良

土壤是育苗生产的物质基础，是苗木所需水分和养分的来源，而土壤肥力则是苗圃功能持续发挥最关键的因素。在育苗生产中，随着育苗年限的增加，苗圃土壤肥力下降的现象十分普遍。因此，土壤改良非常必要。

土壤改良主要是采用物理的、化学的和生物的方法，人为改善土壤结构及水分、养分、通气、热量和生物等状况，从而提高土壤肥力，使其更有利于苗木生产。土壤改良要以土壤的结构和理化性质为基础，根据实际情况采用不同的改良措施。

1.1 土壤结构及理化性质 土壤是由矿物质与有机质（土壤固相）、土壤空气（土壤气相）及土壤水（土壤液相）三相组成的自然体。其中固相颗粒是组成土壤的物质基础，占土壤总重量的 85% 以上。根据土粒直径的大小可以把土粒分为粗砂（2.0～0.2mm）、细砂（0.2～0.02mm）、粉砂（0.02～0.002mm）和黏粒（0.002mm 以下），这些不同大小固体颗粒的组合百分比称为土壤质地。根据土壤质地可把土壤区分为砂土、黏土、壤土三大类。

1.1.1 土壤质地 砂土类土壤以粗砂和细砂为主，因此其土壤黏性小，土壤孔隙多，通气透水性强，蓄水和保肥力弱。黏土类土壤中粉砂和黏粒可以占 60% 以上，其质地黏重，结构紧密、保水保肥能力强，但土壤总孔隙度较小，通气透水性能差。壤土类土壤的质地比较均匀，其中黏砂、粉砂和黏粒的比重大体相等，因此兼有砂质土和黏质土的优点，土壤总孔隙度较大，通气透水性能良好，且有较好的保水保肥能力，是农业上较为理想的土壤。三种土壤生产性能比较见表 6-1。

表 6-1 不同质地土壤的生产状况

土壤的生产性状	砂土	壤土	黏土
通透性	颗粒粗，粗空隙多，透气性好	良好	颗粒细，粗空隙少，透气性不良
保水性	饱和导水率高，排水快，保水性差	良好	饱和导水率低，排水快，保水性强，易内涝
肥力状况	养分含量少，分解快	良好	养分多，分解慢
热状况	比热容量小，易升温，昼夜温差大	适中	比热容量大，升温慢，昼夜温差小
耕性好坏	耕作阻力小，宜耕期长	良好	耕作阻力大，宜耕期短
有毒物质	有毒物质富集弱	中等	有毒物质富集强
植物生长状况	出苗齐，发小苗	良好	出苗难，易缺苗

1.1.2 土壤结构 土壤颗粒通过不同的堆积方式相互黏结而形成土壤结构。土壤结构可以分为微团粒结构（直径＜0.25mm）、团粒结构（0.25～10mm）和比团粒结构更大的各种结构。团粒结构是指在腐殖质等多种因素作用下形成近似球形较疏松多孔的小土团，直径为 0.25～10mm，具有较高的稳定性。孔隙粗细搭配合理。有团粒结构的土壤比较疏松，苗木根系生长的阻力小，土壤微生物比较活跃，水分、养分、空气和热量条件都较好，有利于苗木的生长发育；雨后或灌溉时，渗水均匀，地表径流少、有利于保水、保肥和减少水土流失。

1.1.3 土壤的化学性质 土壤的化学性质包括土壤的酸碱度、土壤有机质、土壤中的无机元素。土壤酸碱度对土壤养分的有效性有重要影响，在 pH 为 6～7 的微酸条件下，土壤养分的有效性最好，最有利于植物的吸收。在酸性土壤中易引起钾、钙、镁、磷的短缺，而在强碱性土壤中易引起硼、铁、锰、铜、锌的短缺。此外土壤的酸碱度对苗木生长影响很大，不同树种对酸碱度的适应范围不同，一般针叶树种苗木适宜的 pH 为 5～7；阔叶树种苗木适宜的 pH 为 6～8。

土壤有机质主要包括腐殖质和非腐殖质两类。它是土壤中最活跃的部分，对土壤有多方面的影响。有机质影响土壤的化学特性如带电性、吸收性及养分含量等。土壤中的氮素有 95% 是有机态氮，磷素有 20%，其中 50% 是有机态磷，此外还含有植物所需要的其他营养元素。有机质还影响土壤的物理性质，特别是对土壤优良结构的形成有重要作用。有机质也影响土壤生物特性，有机质是土壤中微生物的碳源和能源。

目前已被肯定的植物生长发育必需的元素有16种：碳、氢、氧、氮、磷、钾、钙、镁、硫、硼、铁、锰、铜、锌、钼、氯，其中碳、氢、氧主要来自大气和水，其余元素则主要由土壤提供。由此可见，土壤是植物养分元素的主要来源，土壤养分的丰缺程度直接关系到植物的生长状况和产量水平。要实现植物良好的生长发育，土壤中各种元素的比例要适当，因此合理施肥改善土壤营养状况是提高植物产量的重要措施。

1.2　土壤改良的方法　苗圃生产普遍需要透气好的肥沃腐殖土，但我国现有腐殖土资源甚少，圃地土壤往往无法满足苗木生长需要。因此应采取相应的措施，对其加以改良。苗圃土壤改良要因地制宜、就地取材、循序渐进地进行。常见的土壤改良方法有以下几种。

1.2.1　合理耕作　通过合理耕作，可以有效改变土壤物理性质，进而改善土壤的化学性质和生物状况。另外，免耕也是一种耕作方法，合理使用可以使土壤保持良好状态。

1.2.2　休闲轮作　休闲是恢复苗圃地力的一种有效方法，苗圃地经过一定年限培育苗木后，土壤肥力会降低，最好的解决办法是每出圃一茬苗木，圃地休闲1年。休闲时，通常在雨季将地上的杂草翻压在土壤中，任其腐烂以作肥料。

轮作是在苗木出圃后，种植1年农作物、绿肥植物或培育与前茬苗木不同种类的苗木（换茬）。秋季作物收获后，结合施基肥进行耕耙，整平耙细，翌春再进行育苗生产。

1.2.3　施肥　在育苗过程中，养地和护地的最有效手段是增加土壤有机肥料。提高土壤的有机质含量，对提高地温，保持良好的土壤结构，调节土壤的供肥、供水能力均起着重要作用。土壤施入一定量有机肥后，为微生物生长繁殖创造了有利条件，还可以通过分解和生化作用，形成腐殖质、果胶和多糖等有机胶体，这些胶凝物和土壤复合形成大小不等、形状不同的团聚体和团粒结构。

1.2.4　覆盖地膜等措施　在干旱和（或）寒冷地区，覆盖地膜可提高土壤温度，在一定程度上保持土壤水分，从而有利于增强土壤中微生物活动，以此提高全量养分的释放强度，提高养分有效性，促进苗木生长。

也可以采用土面增温剂改良土壤。土面增温剂是一种农田化学覆盖物，有增温、保墒、压碱、抵御风吹雨蚀等多种功能，增温增产效果与塑料薄膜相当。一般将土面增温剂稀释成6～8倍溶液，春季均匀地喷撒在播种地上，喷撒后1～2h，即能凝固成薄膜，可维持2～3周。

1.2.5　加施河沙、石灰、石膏，接种菌根菌或根瘤菌等　土壤黏重时加河沙，偏酸时加石灰，偏碱时加石膏，缺菌根菌时用森林客土或直接施用菌根菌种，缺根瘤菌时接种根瘤菌等，都可以改良土壤。

2　苗圃耕作

苗圃耕作是对土壤的深耕细作，可以有效改善并提高土壤肥力，是实现壮苗高产的重要管理措施之一。通过苗圃耕作，主要是通过翻动耕作层的土壤，促使深层土壤熟化，有利于恢复和创造土壤的团粒结构，从而提高土壤的通透性，提高土壤蓄水保墒能力；同时可提高土壤温度，促进土壤微生物活动，加速有机质分解，进而促进苗木对养分的吸收利用。此外，苗圃耕作还起到翻埋杂草种子和作物残茬、混拌肥料及防治病虫害的作用。苗圃耕作主要的内容包括土地平整、浅耕灭茬、耕地、耙地、镇压和中耕等6个基本环节。

2.1 土地平整 对苗圃某一作业区域内部分土地的平整工作。其主要目的是使圃地平坦，便于耕作和作床起垄，同时有利于灌溉和排水等后续育苗作业。对地势不平坦的缓坡地，起苗出圃后的换茬地及作垄前后，都需进行平整工作。

土地平整一般是在秋季用平整机具进行，可以结合浅耕进行。在地势起伏较大的圃地，多用开沟平整的方法；而在地势较平坦的圃地可与翻耕同时进行。

2.2 浅耕灭茬 在圃地起苗后有残根的情况下，或在收割农作物和绿肥作物的茬地上，进行浅耕层土壤的耕作，叫做浅耕灭茬。其目的是为了防止土壤水分蒸发，消灭杂草和病虫害，减少耕地阻力，提高耕地质量。

浅耕灭茬的时间和深度要根据耕作的日期和对象而定。苗圃种农作物或绿肥植物，在作物收割后要及时进行浅耕灭茬，从而减少土壤水分蒸发，深度一般为4～7cm。而在生荒地或旧采伐迹地开辟苗圃时，由于杂草根的盘结度大，浅耕灭茬深度要达10～15cm。浅耕灭茬机具有圆盘耙、钉齿耙等。

2.3 耕地 又称为犁地，具有苗圃耕作的全部作用，是苗圃土壤耕作的主要环节。在实际操作过程中，要掌握好耕地深度与耕地时间。

2.3.1 耕地深度 耕地的深度对苗圃耕作的效果影响很大。深耕破坏了原有的犁底层，加深了松土层，在深耕的同时如能实行分层施肥，特别是施厩肥、绿肥等有机肥料，更能促使深层的生土熟化，增加土壤的团粒结构，为苗木的根系生长发育提供良好的土壤环境。耕地深度对苗木根系的分布有很大影响，具体耕地深度，要根据圃地条件和育苗要求来确定。耕地过浅，起不到耕地的作用；耕地过深，苗木根系生长太长，起苗时主要根系不能全部起出，伤根过多易降低苗木的质量、影响移植成活率。因此苗圃耕地应适当深耕。

育苗方法不同，对耕地深度的要求也不同。播种苗的营养根系主要为5～25cm，因此播种区的耕地深度多以25～30cm为宜；营养繁殖苗和移植苗的根系较大，一般为7～35cm，故耕地深度以30～35cm为宜。

确定耕地深度，同时应考虑气候和土壤条件。在气候干旱的条件下宜深，在湿润的条件下可浅些；土壤较黏的圃地宜深，砂土宜浅，盐碱地为改良土壤，抑制盐碱上升，利于洗碱，深耕达40～50cm的效果好；秋耕宜深，春耕宜浅。总之，要因地、因时、因土施耕，才能达到预期的效果。

2.3.2 耕地时间 苗圃耕地时间要根据气候、土壤情况而定，一般耕地多在春秋两季进行。

秋季耕地，可以减少虫害，促使土壤熟化，提高地温，保持土壤水分。北方寒冷地区秋季起苗或作物收获后进行秋耕，耕地要做到早耕，因为早耕能尽早消灭杂草，减少土壤养分浪费，还可获得较长时间休闲。但砂性大的土壤，在秋冬风大的地区，不宜秋耕。

春耕往往是在前茬腾地晚或秋季劳力调配不开的情况下所采用的一种耕作方法，但因春季多风，温度上升，蒸发量大，所以春耕应在早春育苗地解冻后立即进行。冬季土壤不结冻的地区可在冬季或早春耕地。

为了提高耕地的质量，必须掌握适宜的耕地时间，实践表明，当土壤含水量为其饱和含水量的50%～60%时，耕地效果最好，阻力最小。在实地观察时，用手抓一把土能捏成团，距地面 1m 高自然落地，土团摔碎则适宜耕地；或者新耕地没有大的垡块，也没有干土，垡块一踏就碎，即为耕地的最好时机。

2.4 耙地 耙地是在耕地后进行的表土耕作措施。其目的主要是疏松表土，耙碎垡块和结皮，平整土地，混拌肥料，轻微镇压土壤，从而实现保持土壤水分、防止返盐碱的目的。耙地要重视质量，要做到耙透、耙实、耙细、耙平，使土壤平整、均匀。如果耙地不好，坷垃大而多，跑墒过多，土壤水分不足，不但影响播种质量，而且幼苗常被较大土块压住，以致不能出土。

耙地的适宜时机依赖于圃地气候和土壤条件。在北方干旱或无积雪地区，为了蓄水保墒，秋耕后应及时耙地，防止跑墒。在冬季有积雪地区，宜翌年早春顶凌耙地。春耕后必须立即耙地，否则既跑墒又不利于播种。对于黏重的土壤，为了促使其风化或氧化土壤中的还原物质，在耕地后要经过晒垡，待土壤干燥到适宜的程度或翌春时再行耙地。对于休闲地，为了保存土壤水分，常在雨后土壤湿度适宜时进行耙地。耙地机常用的有圆盘耙、钉齿耙、柳条耙、拖板（耢子）等。

2.5 镇压 镇压是在耙地后，使用镇压器压平或压碎表土的作业措施。其目的是为了破碎土块，压实松土层，使一定深度的表土紧密，促进耕作层的毛细管作用。

在干旱无灌溉条件的地区，通过春季镇压能减少气态水的损失，对于保墒有较好的效果。镇压多在作床或作垄后进行，也可在播种前镇压播种沟或播种后镇压覆土。耙地后如果需要压碎土块，镇压可与耙地同时进行。

不可在黏重的土壤上镇压，否则会引起土壤板结，妨碍幼苗出土，造成育苗损失。此外，在土壤含水量较大的情况下，镇压也会使土壤板结，要等土壤湿度适宜时再进行镇压。常用的机械有无柄镇压器、环形镇压器、齿形镇压器等。此外也可使用木磙、石磙等。

2.6 中耕 中耕是在苗木生长期间对土壤进行的松土措施，一般与除草结合进行。中耕能使土壤疏松，改善土壤通气条件，减少土壤水分蒸发，减轻土壤返盐，清除杂草，有助于苗木的生长。

中耕必须及时，每逢灌溉或降雨后，当土壤湿度适宜时要及时进行中耕，以减少水分蒸发和避免土壤出现板结龟裂现象。当土壤湿度过大时，中耕会破坏土壤结构。中耕的深度因苗木的大小而异。小苗因根系分布较浅，中耕宜浅，一般中耕深度 2～4cm，随着苗木长大，中耕深度应加深到 7～8cm，垄作育苗的中耕深度可达 10cm。

3 土壤轮作

在苗圃中同一块育苗地上，将不同树种的苗木或与牧草、绿肥、农作物按一定的顺序轮换种植的方法称为轮作，又称换茬。轮作能调节苗木与土壤环境之间的关系，合理轮作可提高苗木的产量、改善苗木的质量。轮作可以增加土壤有机质含量，改善土壤结构，提高土壤肥力，减少病原菌和害虫的数量，减轻杂草的危害程度。

3.1 轮作方法 苗圃的轮作，要根据育苗的任务，树种和农作物等的生物学特性，以及它们与土壤的相互关系，进行合理的安排。常用的轮作方法主要有以下 3 种。

3.1.1 苗木与苗木轮作 苗木与苗木轮作是在同一育苗地上，不同种类树木的苗木进行轮换种植的方法，多在育苗树种较多而苗圃面积有限的情况下采用。要做到树种间的合理轮作，应了解各种苗木对土壤水分和养分的不同要求，各种苗木易感染的病虫害种类、抗性大小及树种互利与不利作用。轮作最好是在豆科树种与非豆科树种、深根树种与浅根树种、喜肥树种与耐贫瘠树种、针叶树与阔叶树、乔木与灌木之间进行，这样轮作效果更明显。

各地实践经验表明，红松、落叶松、樟子松、油松、赤松、侧柏、马尾松、云杉、冷杉等针叶树种，既可互相轮作，又适于连作。因为这类针叶树种具有菌根，育苗地土壤中含有相应的菌根菌，可促进土壤中养分的分解，有助于苗木对养分的吸收，因而无论是轮作还是连作，苗木都能生长良好。杨树、榆树、黄檗等阔叶树种间仅适于相互轮作，不宜连作。油松在刺槐、杨树、紫穗槐、板栗等茬地上育苗，生长良好，病虫害较少。油松、白皮松与合欢、复叶槭、皂角等轮作，可减少猝倒病。注意不要选择有共同病虫害的树种进行轮作，如为了防止锈病就不要用落叶松与杨树、桦木轮作；云杉不要与稠李轮作；圆柏不要与花椒、苹果、梨等轮作。

3.1.2 苗木与农作物轮作 农作物收割后有大量的根系留在土壤中，不仅增加了土壤的有机质，还可以有效地改良土壤结构。实践表明，阔叶树种可与豆类，小麦、高粱、玉米、水稻等轮作。但是，对于某些针叶树种苗木，如落叶松、樟子松、云杉等，则不宜与大豆轮作，否则易引起松苗立枯病和金龟子等地下害虫的为害。由于蔬菜的病虫害严重，因此各种苗木一般均不适宜与蔬菜轮作。

3.1.3 苗木与绿肥植物轮作 这种轮作方式能大大增加土壤中的有机质，促进土壤形成团粒结构，协调土壤中的水、肥、气、热等状况，从而改善土壤的肥力条件，对苗木的生长极为有利。目前在生产上应用较多的绿肥植物有紫云英、苜蓿、草木犀、三叶草和紫穗槐、胡枝子等。苗圃地应该在3～4年内种植一次绿肥，分区轮换种植。

种植绿肥可与苗圃地休闲或轮作结合进行，以苜蓿、大豆、紫穗槐等豆科植物为最好，播种密度要大，在雨季植株鲜嫩、种子未成熟时，将其翻入土中，待其腐烂以作肥料。

3.2 轮作周期 轮作周期是指在实施轮作的育苗地上，所有的地块都能够得到相同休闲时间所需要的期限。通常轮作周期有3年、4年、8年、9年等，一般完成一个轮作周期所需的时间与轮作区的数量相同。为完成一个轮作周期，对育苗地与休闲地布局所做的具体安排，称为轮作制。同一个轮作周期，可以有不同的轮作制度，在不同的轮作制度下，休闲地的数量和同一地块的休闲时间不同。根据具体情况，不同地区应根据本地区的实际情况，制订适合本地区的育苗轮作制度。

【任务过程】

4 土壤管理技术

4.1 改良土壤

4.1.1 改良土壤物理性质 土壤质地分为砂土、壤土、黏土三大类。其中壤土保水、保肥能力和通气、透水能力都很好，适合绝大多数树木品种的生长。土壤的物理性能与土壤中有机质含量有密切关系，土壤中有机质含量高，形成土壤团粒结构好，同样有利于保水、保肥、通气、透水。较好的育苗地有机质含量应不低于4%（指30cm深的耕作层）。园林苗圃土壤容重即每立方厘米自然状况下的干重，应在0.9～1.2g为好。土壤物理性能的改良，除增加有机质含量的措施外，主要应用客土法即砂土掺加适量的黏土，黏土掺加适量的砂土。小苗区改土深度在30cm以内，大苗养护区改土深度在50cm以内。

4.1.2　改良土壤酸碱性　一般树木适应中性偏酸或偏碱。有些园林树种对土壤要求比较敏感，不少外引树木在异地土壤中生长不适应，出现焦边黄叶、营养不良、营养生长受到抑制等反应。除个别受气候因子影响外，绝大多数是土壤因子造成的。对盐碱性土壤及酸性土壤的改良措施有以下几方面。

1）增加土壤有机质。这是改良土壤酸碱性的根本办法，侧重施有机肥，控制施用化肥。

2）施石膏肥料。石膏可供给作物磷、硫、钙等营养元素。同时有改良碱土的作用。石膏还能减弱酸性土壤中氢离子和铝离子对苗木生长的不良影响。

3）施硫酸亚铁。硫酸亚铁可酸化土壤，且能供给植物铁元素。因北方碱性土壤的环境易使铁离子固定，所以常和有机肥一起混施，如制成矾肥水，其比例为硫酸亚铁2～3kg，饼肥5～6kg，兑水200～250kg；日光下暴晒20d全部腐熟后，稀释施用。注意避免用量过大产生烧苗。

4.1.3　改良土壤盐分含量　土壤所含的可溶性盐分达到一定数量后，会直接影响树木的正常生长。盐分对树木的生长影响主要取决于其含量、组成和不同树木的耐盐程度。改良土壤盐分含量的措施主要有以下几方面。

1）物理改良。物理改良措施主要通过客土、平整土地、地表覆盖及耕作措施等方法改善土壤结构、增强土壤渗透性、减少蒸发，来提高土壤盐分淋洗效率。

2）化学改良。不同性质的化学改良剂，对盐碱土改良效果不同，其中石膏对碱土的改良效果优于有机肥，有机肥对盐土的改良效果优于石膏。虽然化学改良剂可有效地改善土壤结构，但必须配合一些水利措施，以排出多余可溶性的钠离子，减少对土壤的不利影响，达到改良的效果。

4.2　土壤耕作　土壤耕作的目的是为苗木创造良好的生长发育环境。土壤耕作能改善土壤的物理状况，提高土壤肥力，保持土壤湿度，改善土壤通气供氧条件，消灭杂草，减轻病虫危害。园林苗圃是集约式经营，土壤耕作尤为重要。

4.2.1　确定宜耕期　宜耕期不是指耕地的季节，而是指圃地土壤宜耕性最好的时间。宜耕期是根据苗圃土壤含水量来确定最适宜的耕作时间，直接关系着耕作的难易和质量。具体时间根据土壤湿度来定。当土壤含水量为饱和含水量的50%～60%时耕地最好。

宜耕性具体的判断方法如下。

1）看地表土色情况。地表外白里黑，半干半湿，是适宜耕作的土壤湿度。

2）用手检查。取土置于手中握紧后放开，看土是否松散，或将土在手中捏成团，然后将手松开，土团落地散碎，即为土壤宜耕状态。

3）试耕。试耕后土壤被耕锄抛散，不粘机具则适宜耕作。

4.2.2　整地步骤

1）清理圃地。耕作前要清理出圃地上的树枝、杂草等杂物，填平起苗后的坑穴，使耕作区达到基本平整，为翻耕打好基础。

2）浅耕灭茬。浅耕灭茬是耕地前的一项表土耕作措施，实际上是以消灭农作物、绿肥、杂草茬口，疏松表土，减少耕地阻力为目的的表土耕作。浅耕深度一般为5～10cm。

3）耕翻土壤。耕翻土壤是整地中最主要的环节。耕地多在春、秋两季进行。北方一般在秋季浅耕灭茬后半个月内进行。早春风蚀严重的地方，可在秋季进行。春耕常在土壤解冻后立即进行。南方冬季土壤不冻结，可在冬季或早春耕作。耕地的具体时间应视土壤含水量而定。耕地的深度应考虑育苗要求和苗圃条件，播种苗区一般为20～25cm，耕地过浅，不利于苗木根系伸长及土壤改良；耕地过深，易破坏土壤结构，也不利于起苗。

4）耙地。耙地是在耕地后进行的表土耕作措施。耙地的目的是耙碎土块、混合肥料、平整土地、清除杂草、保蓄土壤水分。耙地一般在耕地后立即进行，但有时为了改良土壤和增加冬季积雪，也可以早春耙地。

5）镇压。镇压是在耙地后或播种前后进行的一项整地措施。镇压的作用是破碎土块、压实松土层、促进耕作层毛细管作用等。镇压主要适用于土壤孔隙度大、盐碱地、早春风大地区及小粒种子育苗等。黏重的土地或土壤含水量较大时，一般不镇压，否则造成土壤板结，影响出苗。

4.2.3 整地注意事项

1）整地是育苗的基础工作，要注意抓住各种土壤的适耕期及时进行。

2）整地要平整、全面、不要漏耕。

3）疏松的沙地不要在刮大风时翻耕，避免大风刮走细土。在春季干旱而播种较晚的地区，春季解冻后要视土表硬结情况进行整地。

4）在深耕过程中要尽量贯彻“保持熟土在上，生土在下，不乱土层，土肥相融”的原则。

4.3 合理轮作 是否采取轮作要看病虫害是否严重，土壤肥力是否大大降低。常用的轮作方法主要有树种与树种间、树种与作物间、树种与绿肥间的三种形式，但是无论采用哪一种轮作制度，都要考虑树种间的养分消耗和病虫害情况，最好可以相互补充营养。

任务2 园林苗圃的肥水管理

【任务介绍】培育生长健壮、根系发达、树形美观、生长快的优良苗木，必须要有较好的营养条件。因为苗木在生长过程中要吸收很多化学元素作为营养，并通过光合作用合成碳水化合物，供应其生长需要。苗木如果缺乏营养元素．就不能正常生长，势必影响苗木的产量和质量，在一定程度上会延长苗木出圃时间。

苗圃施肥不仅可以供给园林苗木生长所必需的养分，还可以改良土壤理化性质，改善土壤结构，改变土壤微生物区系，促进土壤熟化。施肥是苗圃经营过程中，改善苗圃土壤营养状况和增加土壤肥力的最有效措施，是保证苗木产量和品质的基础。

水分既是植物的重要组成成分，又是植物生存最重要的环境因子之一。从种子萌发到苗木出圃，其中所需水分，主要来自灌溉。不同树种在不同生长时期对土壤水分的要求是不一样的。苗圃水分管理包括水分性质调节、灌溉和排水等方面。

【任务要求】通过本任务的学习及相应实习，使学生达到以下要求：①理解苗圃施肥的重要性，了解肥料的种类和特性。②掌握苗木营养诊断的方法及合理施肥的操作技术。③理解苗圃地灌溉及排水的意义，重点掌握灌溉方法及技能。

【教学设计】要完成苗圃肥水管理任务首先要对苗木营养状况进行了解，然后结合苗圃土壤、气候条件，参照育苗树种的特性，选择合适的施肥方法，科学合理地开展施肥。同时应根据苗木特性和气候条件适时开展圃地灌溉排水工作。

由于苗木特性不同、圃地土壤条件及各种肥料特性也不同，因此重点应使学生理解并掌握苗木营养诊断的方法，合理选择肥料、确定施肥量及施肥方法，另外使学生理解苗圃地灌溉及排水的意义，掌握常用的灌溉排水技能。

教学过程以完成圃地肥水管理任务的过程为目标，同时应让学生学习圃地肥水管理过程中的相关理论知识。可以采用讲授法，在讲授过程中注意对不同方法进行分类并比较。建议采用多媒体进行教学。还可结合苗圃肥水管理实习，让学生学习并实际开展苗圃肥水管理。

【施肥管理理论知识】

1　施肥管理

园林苗木多为生长期和寿命较长的乔灌木，生长发育需要大量的养分。而且园林苗木多年长期生长在同一个地方，根系所达范围内的土壤中所含的营养元素（如氮、磷、钾及一些微量元素）是有限的，吸收时间长了，土壤的养分就会减低，不能满足植株继续生长的需要。尤其是植株根系会选择性吸收的那些营养元素，更会造成这些营养元素的缺乏。如果植株生长所需营养不能及时得到补充，势必造成营养不良，轻则会影响正常生长发育，出现黄叶、焦叶、生长缓慢、枯枝等现象，严重时甚至衰弱死亡。

因此，要想确保园林苗木能长期健康生长，只有通过合理施肥，增强苗木的抗逆性，才能达到培育优质苗木的目的。这种人工补充养分或提高土壤肥力，以满足园林苗木正常生活需要的措施，称为“施肥”。通过施肥，不但可以供给园林苗木生长所必需的养分，而且还可以改良土壤理化性质，特别是施用有机肥料，可以提高土壤温度，改善土壤结构，使土壤疏松并提高透水、通气和保水能力，有利于苗木的根系生长；同时还为土壤微生物的繁殖与活动创造有利条件，进而促进肥料分解，有利于苗木生长。

1.1　苗木营养状况诊断

1.1.1　苗木营养诊断的意义　苗木外部形态是内在因素和外在条件的综合反应。土壤中缺少任何一种必需的矿质元素或者任何一种矿质元素过量，都会引起植物发生特殊的生理反应。据此可以判断哪种元素缺乏或过量，从而采取相应的措施。一般根据苗木生长发育情况、是否有生长障碍、形态上有无异常等来判断苗木是否缺乏某种营养元素，即苗木营养诊断。园林苗木的营养诊断是指导施肥的理论基础，是将苗木矿质营养原理运用到施肥管理中的一个关键环节。

1.1.2　园林苗木营养诊断的方法　园林苗木营养诊断的方法包括形态诊断法、叶分析诊断法、土壤营养诊断法等。

（1）形态诊断法　苗木缺乏某种元素，在形态上会表现某一症状，根据不同的症状可以诊断苗木缺少哪一种元素。此法简单易行、快速，在生产实践中很有实用价值。该诊断法要有丰富的经验积累才能准确判断。该诊断法的缺点是其滞后性，即只有苗木表现出症状才能进行判断，不能提前发现。以下是常见苗木缺素症状表现。

1）缺氮的症状。苗木缺氮，叶子小而少，叶片变黄。缺氮影响光合作用使苗木生长缓慢、发育不良。而氮素过量也会造成苗木疯长，延缓苗木和幼嫩枝条木质化，易受病、虫危害和遭冻害。

2）缺磷的症状。苗木缺磷时，地上部表现为侧芽退化，枝梢短，叶片变为古铜色或紫红色。叶的开张角度小，紧夹枝条，生长受到抑制。磷对根系的生长影响明显，缺磷时根系发育不良，短而粗。苗木缺磷症状出现缓慢，一旦出现再补救，则为时已晚。因此要注意磷肥的施用和圃地土壤肥力检测。

3）缺钾的症状。苗木缺钾表现为生长细弱，根系生长缓慢；叶尖、叶缘发黄、枯干。钾对苗木体内氨基酸合成过程有促进作用，因而能促进苗木对氮的吸收。

4）缺钙的症状。缺钙影响细胞壁的形成，使细胞分裂受阻而发育不良，表现为根粗短、弯曲、易枯萎死亡；叶片小，淡绿色，叶尖叶缘发黄或焦枯；枝条软弱，严重时嫩梢和幼芽枯死。

5）缺镁的症状。镁是叶绿素的重要组成元素，也是多种酶的活化剂。苗木缺镁时，叶片会产生缺绿症。

6）缺铁的症状。铁参与叶绿素的合成，也是某些酶和蛋白质的成分，参与苗木体内的代谢过程。缺铁时，嫩叶叶脉间的叶肉变为黄色。

7）缺锰的症状。锰能促进多种酶的活化，在苗木代谢过程中起重要作用。缺锰时叶片有斑点，叶片呈杂色。

8）缺锌的症状。锌参与苗木体内生长素的形成，对蛋白质的形成起催化作用。缺锌时表现为叶子小、多斑，易引起病害。

9）缺硼的症状。硼参与碳水化合物的转化与运输，促进分生组织生长。缺硼时表现为枯梢、小枝丛生，叶片小，果实畸形或落果严重。

（2）叶分析诊断法　叶组织中各种主要营养元素的浓度与苗木的生长反应有密切的关系。植物体内营养元素间不能互相代替，当某种营养元素缺乏时，该元素即成为植物生长的限制因子必须用该元素加以补充，植物才能正常生长，否则植物的生长量（或产量）将处于较低水平。一般以叶片为材料来分析苗木体内化学成分，与正常植株的化学成分进行比较，这种方法可查明苗木缺少什么和缺乏的程度。很多学者利用叶分析的方法对苗木营养况进行诊断，得到苗木对于氮、磷、钾等营养元素的诊断指标。当对样品测出氮、磷、钾的含量低于标准的适量值时，应当采取科学的施肥方法对该元素进行补充。但是因为不同的苗木在生长过程中对于营养元素的需求量都是不同的，即使是同一种苗，在不同的生长发育阶段也都是不一样的，很难得到统一标准，所以在实际使用该方法开展苗木营养诊断时，还是要“因树因时施肥”。

叶分析方法是当前较成熟的简单易行的植物营养诊断方法。用这种方法诊断的结果来指导施肥，能获得较大的经济效益。主要仪器有原子吸收分光光度计、发射光谱仪、X射线衍射仪等。

（3）土壤营养诊断法　用浸提液提取出土壤中各种可给态养分，进行定量分析，以此来估计土壤的肥力，确认土壤养分含量的高低，能间接地表示植物营养状况的盈亏状况，作为施肥的参考依据。叶分析和土壤分析的结果结合起来能准确地指导施肥，发挥最大的实用价值。

1.2　施肥原则　要取得最好的施肥效果，必须在了解苗圃的土壤、气候条件的基础上，参照育苗树种的特性，选用适宜的肥料，各种肥料混合使用，科学地确定施肥量，施肥应适时，采用正确的施肥方法，并且必须配合合理的耕作制度等措施。总之，合理施肥就是处理好土壤、肥料、水分和苗木之间的关系，正确选择施肥的种类、数量和方法。施肥时应遵循以下原则。

1.2.1 明确施肥目的 苗圃施肥的最终目的是为了及时、适量地供给苗木营养，同时改良土壤。但是针对不同施肥目的，所采取的施肥方式方法是不同的。

为了使苗木获得丰富的矿质营养，促进苗木生长，提高苗木的质量和产量，施肥要尽可能集中、分层施用，使肥料集中靠近苗木根系，有利于苗木吸收和避免土壤固定；还应迟效肥料与速效肥料配合，有机肥料与矿质肥料配合，基肥与追肥配合，以保证稳定和及时供应苗木吸收，避免淋失。

为了改良土壤，应该根据土壤存在的具体问题选用合适的肥料，而不是单纯考虑苗木对矿质营养的需要，甚至可以使用不含肥料三要素的物质，如用石灰改良酸性土，用硫磺改良碱性土等。

1.2.2 联系环境条件与苗木特性合理施肥 合理施肥就是要全面考虑苗木种类及其所处的环境条件，注意它们之间的密切联系。最重要的是看天施肥、看土施肥和看苗施肥。

（1）*看天施肥* 就是根据气候条件确定合理的施肥方案。夏季大雨后，土壤中硝态氮大量流失，这时可立即追施速效氮肥，肥效比雨前施大。根外追肥最好在清晨、傍晚或阴天进行，雨前或雨天根外追肥就无效。在气温较正常偏高的年份，苗木第一次追肥的时间可适当提前一些。在气候温暖而多雨地区，有机质分解快，施有机肥料时宜用分解慢的半腐熟的有机肥料。追肥次数宜多，每次用量宜少。在气候寒冷地区有机质分解较慢，用有机肥料的腐熟程度可稍高些，但不要腐熟过度，以免损失氮素。降雨少，追肥次数可少，施肥量可增加。

（2）*看土施肥*

1）根据土壤养分状况施肥。缺什么补什么，缺多少补多少；并考虑前期施肥状况。如华北的褐色土中磷、钾的供应情况比较好，但氮、磷仍感不足，故应以氮、磷为主，钾肥可以不施或少施。

2）根据土壤质地施肥。土壤质地不同，施肥量、施肥部位和施用肥料的性质、不同肥料的比例等都应该不同，如砂土土壤质地疏松，通气性好，温度较高，属于“热土”，施肥应少量多次，应选用牛粪、猪粪等冷性肥料，施肥宜深不宜浅；而壤土质地紧密，通气性差，温度低，而保水保肥能力强，则可以适当少次多量施肥。宜使用马粪、羊粪等热性肥料，施肥宜浅不宜深。

3）根据土壤 pH 施肥。土壤酸碱度直接影响土壤养分的有效程度，酸性土壤，有利于阴离子的吸收；而碱性土壤则有利于阳离子的吸收。例如，对氮素的吸收，在酸性土壤中，有利于硝态氮的吸收；在中性或微碱性土壤中，则有利于铵态氮的吸收。土壤酸碱度还影响到菌根的发育，通常在酸性土壤中菌根易于形成和发育，而发达的菌根有利于苗木对磷和铁等元素的吸收利用，阻止磷素从根系向外排泄，同时还可提高苗木吸收水分的能力。

（3）*看苗施肥* 就是根据树种、苗木类型、苗木长势等情况施肥，不同树种苗木所需要的养分比例不同。一般树种需氮较多，以氮肥为主；而有根瘤菌的树种需磷较多，像刺槐类豆科苗木就要以磷肥为主。不同密度的苗木所需肥料也不同。苗木密度大比密度小的吸收营养元素多，故应加大施肥量。

另外，苗木的不同生长阶段对肥料需要量及肥料种类也不同。一般而言，幼苗期苗木对氮、磷反应敏感，施氮、磷效果好，但浓度宜小；速生期苗木生长量大，对氮、磷、钾的需求量增多，尤其是氮，其次是磷，对钾的吸收以7～9月份为最多；苗木生长后期不应再施氮肥，所谓“施肥不过秋”，主要指施氮肥，而这时可增施钾肥，提高苗木的木质化和抗逆性。

1.2.3 考虑肥料特性和增产节约原则 化肥种类不同，特性不同，施肥量与比例不同。例如，氮肥应集中施用才会有效，磷肥在酸性土上施用才有效。磷钾肥的施用，必须在氮素充足的土壤上。有机肥料应该多用，但注意养分元素比例问题。基肥与追肥配合，基肥应以有机肥（要腐熟）、复合肥、缓效肥为主，追肥以速效肥料为主。

肥料的用量并非越多越好，而是在一定的生产技术措施配合下有一定的适当用量范围。过量的化学肥料不但造成浪费，而且会妨碍苗木根系的发育，严重的会造成土壤溶液浓度过大，渗透压过高，或者产生毒害作用甚至导致苗木灼伤或死亡。

1.2.4 各种肥料配合施用 氮、磷、钾和有机肥料配合使用的效果好，只有三要素配合使用才能相互促进发挥作用。如磷能促进根系发达，利于苗木吸收氮素，还能促进氮的合成。速效氮、磷与有机肥料混合作基肥，可以减少磷被土壤固定，提高磷肥的肥效，又能减少氮的淋失，提高氮的肥效。混合肥料必须注意各种肥料的相互关系，不是任何肥料都能混合施用，有些肥料不能同时混到一起施用，一旦混用反会降低肥效。各种肥料可否混合施用见表6-2。

表 6-2 常用肥料混合施用表

名称	碳酸氢铵	氨水	硫酸铵	氯化铵	硝酸铵	尿素	过磷酸钙	钙镁磷肥	磷酸铵	硫酸钾	草木灰	人畜粪尿	新鲜厩肥、堆肥
氨水	×												
硫酸铵	×	×											
氯化铵	×	×	○										
硝酸铵	×	×	○	○									
尿素	×	×	○	○	×								
过磷酸钙	●	×	○	○	●	○							
钙镁磷肥	×	×	×	×	×	×	×						
磷酸铵	×	×	○	○	○	○	○	●					
硫酸钾	○	●	○	○	○	○	○	○	○				
草木灰	×	×	×	×	×	×	×	○	×	○			
人畜粪尿	×	×	○	○	●	●	○	×	○	○	×		
新鲜厩肥、堆肥	○	○	○	○	×	○	○	○	○	○	×	○	
饼粕	○	○	○	○	○	○	○	○	○	○	○	○	○

注：○表示可以混合；●表示可以混合，但必须立即使用；×表示不宜混用。

有机肥与化肥要配合使用。基肥要以有机肥为主，追肥要以化肥为主，既要保证土壤中的有机质含量，又要保证各种营养元素达到应有的有效含量，二者相辅相成，共同为苗木的生长提供所需的营养。

1.3 施肥量 各种肥料的施肥量理论上等于单位面积土地耕作层土壤中该种元素的可利用含量，减去单位面积上所有苗木的需要量，再根据某种肥料的有效成分计算施肥量。但实际土壤肥力受多种条件的影响，肥料的利用率也同样受多种条件的影响。因此，环境条件不同，相同的面积、同样的植物、同样的肥料，结果会有较大的差异。

确定施肥量，首先要诊断土壤现有的养分含量是多少，根据所栽培树种需达到的养分等级（浓度），两者之差即为要补充给土壤的养分量，再转变为施肥量。计算苗木施肥量通常采取的公式为：

$$A = (B-C)/D \tag{6-1}$$

式中，A 为对某元素所需数量（kg）；B 为苗木需要的数量（kg）；C 为苗木从土壤中吸收的数量（kg）；D 为肥料利用率（%）。

式中各项因子变化较大，计算出的施肥量只能作为参考。目前可以利用电脑对肥料成分、施肥量、施肥时期及灌溉方式对肥效等的影响，并考虑到环境条件、树种、育苗密度、苗龄、土壤等条件对施肥的影响进行数字处理，能很快计算出理论最佳施肥量。

1.4 苗木的施肥时期 苗木施肥时期应根据生产经验并且通过科学试验来确定。由于苗木的生长期长，所以苗圃生产中很重要的一条经验就是施足基肥（有机肥料和磷肥），以保证苗木在整个生长期间能获得充足的矿质养料。苗木在幼苗期对氮、磷的需要量虽然不多，但很敏感。此期间如能满足幼苗的需要，就可以为培育壮苗创造良好的基础。多数树种苗木到速生期需要氮、磷、钾的数量最多，所以施肥应在幼苗期和速生期进行。到速生期后期要停止施氮肥，以保证苗木充分木质化。

在北方含钾较多的土壤上育苗，在幼苗期一般不需施钾肥，以后的需要量因树种而异，有的速生期需要多，有的硬化期多，有的这两个生长期几乎无差别。针叶树种如云杉和松树在速生期施钾肥能提高抗寒性。总之，要因树因时合理施肥，才能实现培育良种壮苗的目的。

1.5 施肥方法 苗圃中常用的施肥方法有基肥、种肥、土壤追肥和根外追肥 4 种。

1.5.1 基肥 基肥是在播种、扦插、移植前施入土壤的肥料，目的在于保证长期不断地向苗木提供养分及改良土壤等。用作基肥的肥料以肥效期较长的有机肥料为主。一些不易淋失的肥料如硫酸铵、碳酸氢铵、过磷酸钙等也可作基肥。具体方法是将充分腐熟的有机肥均匀撒在地面，通过翻耕，使其翻入耕作层中（15～20cm）。用饼肥、颗粒肥和草木灰等作基肥时，常在作床前均匀撒在地面，通过浅耕等施在上层土壤中。使用硫磺或石灰改良土壤时，多与基肥一起使用。

1.5.2 种肥 种肥是在播种、幼苗定植或扦插时施用的肥料。主要目的在于集中地向幼苗提供生长所需营养元素。多以颗粒磷肥作种肥，与种子混合插入土中，或用于浸种、浸根和浇灌播种沟底。容易灼伤种子的尿素、碳酸氢铵、磷酸铵等不宜用作种肥。

1.5.3 土壤追肥 土壤追肥是在苗木生长发育期间直接施用于土壤中的速效性肥料，目的在于及时供应苗木生长发育旺盛时对养分的大量需要，以加强苗木的生长发育，达到提高合格苗产量和改进苗木质量的目的。同时也是为了经济有效地利用速效肥料，以避免速效养分被固定或淋失。为了使肥料施得均匀，一般都先加几倍的细土拌和均匀或加水溶解后使用。

土壤追肥常用的方法有撒施、条施和浇施。

1）撒施。把肥料均匀地撒在苗床面上或圃地上，浅耙1～2次以盖土。对于速效磷钾肥，由于它们在土壤中移动性很小，撒施的效果差。用尿素、碳酸氢铵等氮肥作追肥时，不应撒施。

2）条施。又称沟施，在苗木行间或行列附近开沟，把肥料施入后盖土。开沟的深度以达到吸收根最多的层次，即表土下5～20cm为宜。特别是追施磷钾肥时应用此法。

3）浇施。把肥料溶解在水中，全面浇在苗床上或行间后盖土。有时也可使肥料随灌溉施入土壤中。浇灌的缺点是施肥浅，肥料不能全部被土覆盖，因而肥效减低。对多数肥料而言，不如沟施的效果好。不适用于磷肥和挥发性较大的肥料。

1.5.4 根外追肥 在苗木生长期间将速效性肥料施于地上部分的叶子，使之吸收而立即供应苗木需要的施肥方式。根外追肥可避免土壤对肥料的固定或淋失，肥料用量少而效率高。供应养料的速度比土壤中追肥更快。根外追肥能及时供给苗木所亟需的营养元素，喷后经几十分钟至2h苗木即开始吸收，经约24h能吸收50%以上，经2～5d可全部吸收。根外追肥节省肥料，能严格按照苗木生长的需要供给营养元素。根外追肥主要应用为亟需补充磷、钾或微量元素。根外追肥浓度要适宜，过高会灼伤苗木，甚至会造成大量死亡。如磷肥料、钾肥料浓度以1%为宜，最高不能超过2%，磷、钾比例为3∶1，尿素浓度以0.2%～0.5%为宜。为了使溶液能以极细的微粒分布在叶面上，应使用压力较大的喷雾器，喷溶液的时间宜在傍晚，以溶液不滴下为宜。根外追肥一般要喷3～4次，它只能作为一种补充营养的辅助施肥措施，只有与土壤追肥配合施用才能取得更好的效果。

【施肥管理任务过程】

2 苗木营养诊断技术

2.1 形态诊断 从苗木形态上来判断苗木体内的病症，称为苗木形态的诊断。土壤中缺少任何一种必需的矿质元素或者任何一种矿质元素过量，都会引起植物发生特殊的生理反应，最终影响苗木的形态。当营养元素不足时部分苗木的缺素症状见表6-3。该方法需要结合叶片分析和土壤分析对苗木进行诊断，才能为合理施肥提供更加科学的依据。

表6-3 营养元素不足的缺素症状（张运山和钱拴提，2007）

元素	针叶和阔叶的变色情况		其他症状
	针叶	阔叶	
氮	淡绿—黄绿	叶柄、叶基红色	枝条发育不足
磷	先端灰、蓝绿、褐色	暗绿、褐斑；老叶红色	针叶小于正常，叶片厚度小于正常
钾	先端黄，颜色逐步过渡	边缘褐色	年轻针叶和叶片小，部分收缩
硫	黄绿—白—蓝	黄绿—白—蓝	
钙	枝条先端开始变褐	红褐色斑，首先出现于叶脉间	叶小，严重时枝条枯死，花朵萎缩
铁	梢部淡黄白色，呈块状全部黄化	新叶变黄白色	严重时逐渐向下（老叶）发展
镁	先端黄，颜色转变突然	黄斑，从叶片中心开始	针叶和叶片较易脱落
硼	针叶畸形，生长点枯死	叶畸形，生长点枯死	小叶簇生，花器和花萎缩

2.2　叶片分析　叶片分析又称为植物组织分析，是近几十年来发展起来的一种先进的诊断技术，它能准确反映出树体营养水平、矿物元素的不足或过剩，并能在症状出现前及早发现。依据研究树种的特性和研究目的，采集适宜的叶片带回实验室作分析。具体步骤是洗去叶柄上的污物，烘干研碎，测定硝酸氮、全磷、全钾、铁、锌、硼等元素的含量。根据叶片分析含量，对照本品种最适合的营养指标、制定施肥标准。

2.3　土壤营养诊断　通过化验土壤中各种营养元素的供应量，再比对苗木生产所需元素的吸收量，从而诊断出营养元素的使用量。具体操作方法是从田间采集土壤样品带回实验室作土壤分析。测定土壤性质、酸碱度、可溶性盐含量及速效性养分含量等。根据土壤分析资料及植株的密度，来进行施肥。这种方法数据可靠，但工作量大，同时由于土壤中养分供给能力受到土壤温度、土壤湿度及土壤微生物等的影响，故土壤养分含量并不完全等同于养分利用率，因此土壤分析只能作树体营养诊断的辅助手段。

在生产上很少见到苗木出现严重缺素情况，多数情况下都是潜在缺乏，常常容易为人们所忽视，因此在营养诊断中，要特别注意区分出各种营养元素的潜在缺乏，以便通过适当的施肥来加以纠正。在实际生产中多采用形态诊断的方法判断苗木营养元素缺乏的种类，然后再通过土壤分析或叶片分析的方法来确定具体的缺乏元素的种类。

【水分管理理论知识】

3　土壤水分管理

水是植物的重要组成部分，是植物的命脉。是植物生长发育过程中必不可少的重要条件。种子萌发需要水、合成养分需要水、养分输导需要水、保持植株的物理机械性需要水、植物生长全过程一刻也离不开水。但水分过量，植物又难以接受，造成植物根部代谢受阻，影响植物正常生长，甚至涝害死亡。

苗木的水分来源主要靠根从土壤中吸收。土壤中的水主要来自自然降水、人工灌水和地下水。其中人工灌水的水源分河水、湖水与井水，有条件的应使用河水，其养分含量优于井水。北方地区靠自然降水满足不了苗木的生长需要，必须依靠人工灌水，根据不同生长阶段的需要量来补充土壤水分的不足。在雨量集中，土壤中水分过量，对树苗生长不利时，必须进行排水防涝工作。

3.1　苗圃灌溉　不同来源的水分性质不同，需要加以调节，以适应苗木生长和苗圃管理对水质的要求。

3.1.1　水源选择　人工灌溉的水源分河水、湖水、水库水、井水、截贮雨水等。有条件的应首先使用河水，其酸碱度比较稳定，养分含量优于井水。其次可以选用湖水或水库水。井水和截贮雨水一般只作为辅助水源。

3.1.2　盐碱度与 pH 控制　苗木常常由于土壤溶液中盐分过多而遭受危害。盐害对苗木的危害主要通过以下几个途径：增加土壤溶液的渗透压，造成生理干旱；使土壤结构和团聚作用遭到破坏，由此降低土壤通透性；溶液中的钠、氯、硼等离子的直接毒害；改变土壤 pH 和溶解度，进而影响养分有效性。

灌溉水中可溶性盐分的盐量一般要求小于 0.3%；以碳酸盐为主的灌溉水全盐量应小

于 0.1%，含氯化钠为主的水全盐量应小于 0.2%，含硫酸盐为主的水全盐量应小于 0.5%。

灌溉水的 pH，要求中性至弱酸性，具体应根据培育树种不同而调节。灌溉水经常用酸处理以降低 pH 到标准的 5.5～6.5，最常用的酸是磷酸、硫酸、硝酸和醋酸。国外通常使用磷酸作为水 pH 的调节剂，既调节 pH，又增加磷素营养。酸化不改变灌溉水的盐分，但能移走碳酸盐和重碳酸盐的盐离子。

目前，我国实际生产中灌溉水 pH 的调控还是较薄弱环节。

3.1.3　水温控制　一般植物秋季灌水的水温应大于 10℃；夏季水温宜小于 20℃，不宜大于 40℃。若水温过低，应采取适当措施调节，如建立晒水池晒水、人工加温、利用太阳能加温等。

3.1.4　杂质控制　灌溉水中杂质包括沙粒、土粒、草木碎片、昆虫、病菌孢子、草籽等，它们或者影响灌溉系统，损坏灌溉和施肥设备或灌溉喷头，或者给苗圃土壤带来病虫杂草，因此，要加以控制。灌溉水中有真菌、细菌、地钱等，可用氯化的方法进行处理：向灌溉水中加入次氯酸钠或次氯酸钙溶液，或向灌溉系统中注射加压的氯气。灌溉水中有悬浮的和胶状的粒子，如小细沙、杂草种子、藻类等，可以用过滤的方式去除。

3.2　苗圃灌溉系统　苗圃必须有完善的灌溉系统，以保证水分的充分供应。苗圃的灌溉系统通常包括水源、提水设备和引水设施、蓄水系统等。

从土壤中吸收的水分主要来源于地面水、地下水及灌溉水。地面水是指河流、湖泊、池塘、水库等，以无污染又能自流灌溉的最为理想。一般地面水温度较高，与耕作区土温相近，水质较好，且含有一定养分，有利于苗木生长。地下水指泉水、井水，其水温较低，需设蓄水池以提高水温。水井应设在地势高的地方，以便自流灌溉；同时水井设置要均匀分布在苗圃各区，以便缩短引水和送水的距离。现在多使用抽水机（水泵）作为提水设备，可依苗圃育苗的需要，选用不同规格的抽水机。引水设施中有地面渠道引水和暗管引水两种。灌溉渠道的设置可与道路相结合，并均匀分布在各生产区力求做到自流灌溉，保证及时供水。

在北方苗圃中，通常建筑蓄水池以提高灌溉用水温度、提高灌溉水的利用效率，尤其是以深井水或山区河水作为灌溉水源时，使用蓄水池提高温度后的水灌溉可以有效地提高苗木质量。蓄水池通常设置在圃地水源附近，其规格大小依灌溉面积和一次灌溉量而定。

3.3　灌溉方法　苗圃的灌水方法根据当地水源条件、灌溉设施不同而不同。

3.3.1　漫灌　又称畦灌，即水在床面漫流，直至充满床面并向下渗透的灌溉方法，主要用于低床。其优点是投入少，简单易行。缺点是水及水溶性养分下渗量大，尤其是在砂壤土中造成漏水、漏肥。漫灌容易使被浇灌的土壤板结，容易冲倒或淹没幼苗，使苗木基部较粘泥，影响光合作用。

3.3.2　侧方灌溉　又称垄灌，一般用于高床（高垄）的灌溉。水沿垄沟流入，从侧面渗入垄内。这种灌溉方法不易使土壤板结，灌水后土壤仍保持原来的团粒结构，有较好的通透性并能保持地温，有利于春季苗木种子出土和苗木根系生长。该方式灌溉省工，但耗水量大。

3.3.3　喷灌　喷灌系统一般包括水源、动力、水泵、输水管道及喷头等部分。是利用水泵加压或自然落差将灌溉水通过喷灌系统输送到育苗地，经喷头均匀喷洒到育苗地上，为苗木生长发育提供水分的灌溉方法。

主要优点是不受苗床高差及地形限制，便于控制水量，控制浇灌深度，省水、省肥，喷灌不会造成土壤板结。配合施肥装置，可同时进行施肥作业。但是喷灌具有如下缺点：可能加重某些树种感染真菌病害程度；在有风的情况下，喷灌难做到灌水均匀，并会增加水量损失；喷灌设备价格高，使苗圃的投资增加。

3.3.4 滴灌 土壤滴灌是通过管道输水以水滴形式向土壤供水，利用低压管道系统将水同溶于水的化肥均匀而缓慢地滴在苗木根部的土壤，是目前最先进的灌溉技术，适用于精细灌溉。其优点是节约用水，每次灌溉用水量仅为地表漫灌的1/6～1/8、喷灌的1/3；干管、支管埋在地下，可节省沟渠占地；随水淌施化肥，可减少肥料流失，提高肥效；节省劳动力，减少修渠、平地、开沟筑畦的用工量；灌溉效果好，能适时适量地为苗木供水供肥，不致引起土壤板结或水土流失，能充分利用细小水源。

滴灌的缺点：需要管材较多，前期投资较大；管道和滴头容易堵塞，严格要求有良好的过滤设备；滴灌不能调节气候，不适于冻结期应用。因此滴灌一般应用于苗床灌溉。

3.3.5 地下灌溉 又称“渗灌”。渗灌是借助于地下的管道系统使灌溉水在土壤毛细管作用下，自下而上湿润植物根区的灌溉方法。

渗灌具有以下优点：灌水后田面土壤仍保持疏松状态，不破坏土壤结构，不产生土壤板结。为苗木生长提供良好的水、肥、气、热条件；地表土壤含水量低，可减少田面土壤蒸发；管道埋入地下，可少占耕地，便于交通和田间作业，可同时进行灌水和农事活动；灌水定额小，灌水效率高。缺点是建设投资大，施工技术复杂，管理维修困难。

3.4 合理灌溉的技术要求 灌溉要合理，就是要求灌溉要区分不同季节、不同土壤、不同树种生长阶段、不同作业内容等，分别进行灌溉。

3.4.1 不同树种的灌溉要求 不同树种对水分的要求各不相同。幼苗期差别并不太大，一般都需要有足够的水分，随着苗龄的增长，差别越来越明显。一般小粒种子如杨、柳、泡桐及落叶松等树种，由于幼苗比较娇嫩，加上根系发育较慢且分布较浅，因此灌水次数可多一些，量少一些，要保持土壤湿润。对于一些耐旱树种，如臭椿、刺槐、丁香等更应注意，水多时要立即排水；对于一般树种，土壤则要经常保持湿润状态，结合地下水位和降雨情况．确定适宜的灌溉量。

3.4.2 不同生长发育时期的灌溉要求 在北方，4～6月是苗木发育旺盛时期，需水量较大，而此期又是北方的干旱季节，因此，这个阶段需要灌水6～8次才能满足苗木对水分的需求。有些繁殖小苗，如播种、扦插、埋条小苗等，由于根系浅更应增加灌水次数，留床保养苗至少也应灌水5次。7～8月进入雨季，降水多，空气湿度大，一般情况不需要再灌水。9～10月进入秋季，苗木开始充实组织、枝条逐步木质化。此阶段不可大量灌水，避免徒长。对秋季掘苗的地块应在掘苗前先灌水，一是使断根苗木地上部分充实水分，以利过冬假植；二是使土壤疏松，以利掘苗，保护根系。对留床养护苗木应在土壤冻结前灌一次冻水，以利苗木越冬。

3.4.3 不同土壤质地的灌溉要求 不同理化性质的土壤对水分的蓄持能力不同，灌水的要求也不同。黏土保水能力强，灌水次数应适当减少。砂质土漏水、漏肥，每次灌水量可少些，次数应多些，最好采用喷灌。有机质含量高、持水量高的土壤或人工基质，灌水次数及数量可少些。

3.4.4 不同气候条件下灌溉要求 灌溉必须根据气候条件的变化灵活掌握。一般来说，冬季，要在土壤上冻前灌一次冻水，以利于苗木越冬；春季到初夏，苗木处于旺盛生长期，要灌溉 7～8 次，播种苗、扦插苗灌溉次数更多；夏季北方常逢雨季，可不灌溉；秋季为了让苗木组织充实和木质化，准备越冬，一般不灌溉。

3.5 灌水量的确定 确定每次灌水量的原则是保证苗木根系的分布层处于湿润状态，即灌水深度应达到主要根系分布层以下。按生产经验，一般在扎根期应浅灌、勤浇；速生期可一次灌透耕作层，量多次少；苗木硬化期要停止灌水。

根据不同土壤的持水量、灌水前的土壤湿度、土壤容重及要求土壤浸润的深度来计算灌水量，即

灌水量＝灌溉面积 × 土壤浸润深度 × 土壤容重 ×（田间持水量－灌溉前土壤湿度）

灌溉前的土壤湿度需要在每次灌水前测定，田间持水量、土壤容重及土壤浸润的深度可以数年测定一次。需要注意的是，上式计算出的灌水量仅是一个参考，在实际生产中，还要根据树种、苗木发育时期、温度、风力等因素进行调整。

3.6 苗圃排水 排水作业是指在雨季雨量过大时，避免发生涝灾而采取的田间积水的排除工作。这是苗圃在雨季进行的一项重要的育苗养护措施。北方地区年降雨量的 60%～70% 都集中在 7～8 月，此间常出现大雨、暴雨，造成田间积水，加上地面高温，如不及时排除，往往使苗木尤其是小苗根系窒息腐烂，或减弱生长势，或感染病虫害，降低苗木质量。因此，在安排好灌溉设施的同时必须做好排水系统工作。

3.6.1 排水系统 一般苗圃的排水系统，分明沟排水与暗沟排水两种。

明沟排水是在地面挖成的沟渠，广泛地应用于地面和地下排水。地面浅排水沟通常用来排出地面的灌溉贮水和雨水。这种排水沟排地下水的作用很小，多单纯作为退水沟或排雨水的沟。深层地下排水沟多用于排地下水并当作地面和地下排水系统的集水沟。排水沟的边坡与灌水渠的角度相同，但落差应大一些，一般为 3‰～6‰。大排水沟为排水沟网的出口段并直接通入河、湖或公共排水系统或低洼安全地带。大排水沟的截面根据排水量决定，但其底宽 1 m 以上，深度 0.5～1m。中排水沟宜顺支道路边设置，底宽 0.3～0.5m，深 0.3～0.6m。小排水沟宜设在岔道路旁，宽度与深度可根据实际情况确定。排水系统占地一般为苗圃总面积的 1%～5%。

暗沟排水多用于汇集和排出地下水。在特殊情况下，也可用暗沟排泄雨水或过多的地面灌溉贮水。当需要汇集地下水以外的外来水时，必须采用直径较大的管子，以便排泄增加的流量并防止泥沙造成堵塞；当汇集地表水时，管子应按半管流进行设计。采用地下管道排水的方法，不占土地，也不影响机械耕作，但地下管道容易堵塞，成本也较高。

3.6.2 排水注意事项 苗圃在总体设计时，必须根据整个苗圃的高差，自育苗床面开始至全圃总排水沟口，设计排水系统，将多余的水从育苗床面一直排出圃外。

进入雨季前，应将区间小排水沟和大、中排水沟联通，清除排水沟中杂草杂物，保证排水畅通，并将苗床畦口全部扒开。在雨天、暴雨后应设专人检查排水路线，疏通排水沟，并引出个别积水地块的积水。

对不耐水湿的树种，如臭椿、合欢、刺槐、山桃、黄栌、丁香等幼苗，应采取高垄、高床播种或养护，保证这些树种的地块不留积水。

【水分管理任务过程】

4　土壤灌排水技术

4.1　不同栽培方式的灌溉方法

4.1.1　播种苗　播种后要尽量避免表土干燥，特别是在北方地区，一些小粒种子播后若覆土较浅，易受干旱的危害。通过合理灌溉使床面保持湿润，可防止小苗失水，还可调节地温，防止日灼。播种苗一般要求灌溉次数多，每次灌溉量要小。

4.1.2　扦插苗、压条苗、埋条苗　这些苗的生根、发芽需水量较大，特别是在刚开始展叶而尚未完全生根阶段（假活期），叶面蒸腾量较大，土壤水分供应量较小，一旦断水就将造成植株死亡，及时灌溉很关键。在北方，气候干燥季节灌溉量可适当大些，但水流要细、缓，以免水流冲力移动苗木（特别是扦插苗）。

4.1.3　分株苗、移植苗　这些苗由于在栽植时根系易受伤，苗木内部的水分供应不平衡，必须加强供水。在分株和移植后应连续灌溉3～4次，灌溉量要大些，间隔时间不能太长。

4.1.4　嫁接苗　嫁接苗对水分的需求量不是太大，只要能保证砧木的正常生理活动即可。灌溉量不能太大，尤其是接口部位不能积水，否则会使伤口腐烂，干旱天气必须灌溉时也要注意。

4.1.5　大苗　大苗只有在干旱季节才需灌溉。如果水分过多，还会使苗木抗性降低，影响生长发育。

4.2　灌溉方式的选择　在各苗圃地中，根据已有的水源（地下水、地面水、灌溉水等），以当地苗圃苗木栽培方式、生长季节、土壤条件、不同的树种等为依据，根据实际情况选择合适的灌溉方法（表6-4）。

表6-4　不同灌溉方法

灌溉方式	灌溉方法
沟灌	在苗圃树木行间开灌溉沟，沟深20～25cm，并与配水渠道相垂直，灌溉沟与配水渠道之间有微小的比降
盘灌	以树干为圆心，在树冠投影以内以土埂围成圆盘，圆盘与灌溉沟相通
穴灌	在树冠投影的外缘挖穴，将水灌入穴中，以灌满为度。穴的数量依树冠大小而定，一般为8～12个，直径30cm左右，穴深以不伤粗根为准，灌后将土还原
喷灌	喷灌系统一般包括水源、动力、水泵、输水管道及喷头等部分
滴灌	滴灌系统的主要组成部分为水泵、化肥罐、过滤器、输水管（干管和支管）、灌水管（毛管）和滴水管（两头）
渗灌	渗灌系统：水源工程、首部枢纽、输水部分和渗水器等4部分组成。渗水器包括渗水管和鼠洞。鼠洞的深度为40～50 cm，间距60cm左右，黏土直径7～8cm，轻质土直径10～12cm

4.3　排水方式的选择　一般苗圃的排水系统，分明沟排水与暗沟排水两种。排水沟网与灌溉渠道网宜各居道路一侧，形成沟、渠、道路并列设置。不同排水沟设置情况见表6-5。

表 6-5　不同规格排水沟设置

排水沟类型	规格	设置位置
大排水沟	截面应根据排水量决定，但其底宽与深度不宜小于 0.5m	为排水沟网的出口段并直接通入河、湖或公共排水系统或低洼安全地带。宜采用片（卵）石铺砌的永久性结构，其边坡可采用 1∶1
中排水沟	沟底宽 0.3～0.5m，深度多为 0.3～0.6m	宜顺支道路设置。宜采用片（卵）石铺砌的永久性结构，其边坡可采用 1∶1
小排水沟	宽度与深度应根据实际情况确定	设在岔道路旁
圃外截水沟	截面应根据排水量决定，但其底宽与深度不宜小于 0.5m	

【相关阅读】

施肥新技术

苗圃施肥存在着肥料总量不足、施肥和肥料比例不合理、肥料分配不当、化肥施用不合理、浪费严重、并且易造成环境污染等问题。盲目施肥的多，科学施肥的少。在容器育苗配合的基质中，施肥量与苗木需肥量和苗木生长之间存在相互不适应等现象。国内外土壤肥料科研人员在这方面作了大量工作，取得了很多成果，但许多还未在苗圃育苗上应用。

（1）*二氧化碳气体肥施用技术*　北京农学院研制了一套计算机测控封闭状态下（塑料大棚内）育苗二氧化碳浓度的系统设备。在自然状态下大气中二氧化碳浓度较低为 300mg/kg，给大棚内的苗木施用二氧化碳气体，使其浓度达到 800～1000mg/kg。对国槐，苗木生物量（鲜重）明显增加；对黄栌、侧柏、银杏高生长和地径生长有极显著的促长作用。施气肥要与苗木的生长周期相适应，日施肥、月施肥、季施肥规律不同。利用酿酒厂废气二氧化碳进行施肥是一项环保新技术。

（2）*高效测土平衡施肥技术*　中国农业科学院土壤肥料所用联合浸提剂测定土壤各大、中、微量营养元素速效含量，只要一人就可操作，一天便可以完成 60 个样品 11 种营养元素 840 个项目的测定，比常规土壤测土推荐施肥技术提高工作效率数倍，大大提高了测土推荐施肥工作的时效性。计算出各营养元素的缺素临界值，并制作了电子表格软件，研制成功一种集统计分析计算、分类汇总、数据库管理、图表编辑、施肥推荐和检索查询等功能于一体的计算机数据库及数据管理系统。应用该系统，可在施肥推荐时，根据土壤测试和吸附试验结果、植物类型及测量目标等，用计算机确定各营养元素的施用量，由此而形成一套完整的土壤养分综合系统评价和平衡施肥推荐技术。

（3）*精准农业技术*　按田间每一操作单元的具体条件，精细准确地调整各项土壤和植物管理措施，最大限度地优化各项农业投入，以获得最高产量和最大经济效益，同时保护农业生态环境，保护土地等农业自然资源。精准农业是在信息科学发展的基础上，以地理信息系统（GIS）、全球卫星定位系统（GPS）、遥感技术（RS）和计算机自动控制系统为核心技术引发的一场高新农业技术革命，对土壤养分、水分、植物保护、播种、耕作进行管理。在北美，精准农业技术又以施肥的应用最为成熟。

任务3 病虫草害防治

【任务介绍】 苗木在培育过程中常遭受病、虫、草及自然灾害等侵袭，造成苗木巨大损失。园林苗圃由于苗木品种多、规格复杂、栽培制度特殊、气候及土壤因子等，客观上很适宜病虫草害的发生、发展。因此，苗圃要育好苗，保护苗木正常生长，持续稳产高产，必须做好病虫草害的防除工作。

【任务要求】 通过本任务的学习及相应实习，使学生达到以下要求：①了解苗木病虫害基本知识，识别和鉴定苗圃常见病虫害；②制订园林苗圃病虫害防治方案，掌握病虫害防治的基本方法；③识别苗圃常见杂草，掌握合理使用除草剂的基本技能。

【教学设计】 要完成苗圃病虫草害防治首先应查阅收集相关资料，了解当地苗圃主要病虫害发生情况，在掌握常见园林苗木病虫害症状的基础上，结合苗圃病虫草害发生规律制订综合防治方案。重点使学生学会识别和鉴定苗圃常见病虫害，并根据苗圃实际情况制订苗圃病虫害防治方案。

教学过程以完成圃地病虫草害防治过程为目标，同时应该让学生学习圃地病虫草害防治过程中的相关理论知识。可以采用讲授法，在讲授过程中针对不同类型的病虫草害防治方法进行比较。建议采用多媒体进行教学。还可结合圃地病虫草害防治实训，让学生实际开展圃地病虫草害防治。

【理论知识】

苗圃灾害主要有病害、虫害、杂草危害和极端环境危害等。其中病虫草害被称为苗圃三大害，是苗木正常生长的主要危害因子。掌握这些影响因子的危害规律，选择适宜的预防措施，就可以把这些影响苗木健康生长的危害降到最低，从而为苗木生长创造良好的环境，培育出更多的优质苗木。

园林苗木在不同的生长发育阶段，都可能遭到各种灾害的袭击，而杂草在苗木生长各个阶段都会出现，因此杂草防治是苗圃最常规的作业。病虫害的危害对苗木生长尤为严重。轻者使植株生长发育不良，色泽暗淡，叶枯，花腐，器官畸形，枝（茎）干枯，从而降低绿化苗木的观赏价值，影响园林景观；重者引起品种退化，植株死亡，降低产量和质量，造成一定的经济损失。因此圃地病虫害防治的工作显得尤为重要。

1 苗木病害与防治

苗木在遭受病菌和其他生物寄生或环境因素侵染时，会在生理及形态结构等方面产生一系列变化，从而影响苗木产量和品质的现象，即为苗木病害。

根据苗木病害能否侵染，可将苗圃病害分为侵染性病害与非侵染性病害两类。非侵染性病害又称为生理病害。两类病害在园林苗圃的发生都能造成部分苗木毁灭，因此，既要注意防治侵染性病害，更要避免和减轻生理性病害的发生。

1.1 侵染性病害 由真菌、细菌、类菌质体、病毒、线虫及寄生性种子植物等病原物引起的病害称为侵染性病害，依据病害危害苗木的部位及特征，可分以下几类。

1.1.1 叶部病害 病菌危害苗木叶片、幼嫩枝梢等，影响苗木生长，降低苗木质量，造成焦叶、落叶，甚至影响苗木安全越冬。常发生的有锈病、白粉病、黑斑病、花叶病等。

1.1.2 枝干病害 危害苗木主干及枝条，造成枝干烂皮、干枯、溃疡，甚至死亡。此类病害多与苗木生长力衰弱有关。一旦发生，对成品苗影响较大，可造成苗木死亡或产生大量残次品。常发生的有杨、柳、国槐等腐烂病、溃疡病，刺槐的疫霉病，常绿树的枝枯病等。

1.1.3 根部病害 这类病害危害多种植物，除降低苗木使用价值外，严重时可导致苗木死亡，常发生的病害有苗木立枯病、根癌病、线虫病、日灼病、紫纹羽病等。其中苗木立枯病多发生在幼苗出土后，尤其是幼苗出土后 1 个月内在高温、高湿条件下易发生；立枯病对播种繁殖苗危害较大，一旦发生，轻者缺株断垄，重者造成局部或全部苗木死亡。

1.2 非侵染性病害 非侵染性病害不能进行再传染，主要是由不适宜的土壤、水肥、温度、湿度及其他非生物因子引起的生理失常。苗圃常发生并造成损失的非侵染性病害（生理病害）有以下几种。

1.2.1 冻害 主要表现抽条，或主干冻裂等，轻者影响生长，降低苗木质量，重者可造成大量苗木死亡。危害树种较多，如锦熟黄杨、大叶黄杨、龙柏、蜀桧、雪松、紫薇、合欢、紫叶李、柿树等。

1.2.2 涝害 主要发生在雨季，排水不畅、栽植不当、管理不善等很容易引起怕涝品种受害，造成大批繁殖苗、移植苗甚至保养大苗死亡，其中有些常绿树一旦受雨水或灌溉水的长时间浸泡，即使当时未死亡，越冬后也能导致苗木枯死。危害树种有油松、白皮松，山桃及以山桃为砧木的一些观赏树种。

1.2.3 缺素 苗木缺素病最典型的是缺铁引起的苗木黄化病，此外，缺乏其他营养元素，苗木虽未死亡，但易出现小叶病、小老苗等不正常现象。

1.2.4 药害与肥害 喷药不当或施肥过量均可引起苗木受害，轻者造成叶片焦边、焦叶，重者可引起苗木死亡，药害一般引起地上枝叶受害，而根系通常尚好。肥害则表现为根细胞失水，继而烂根、整株枯死，肥害在幼苗上表现突出。多为施肥不匀、局部过量所致。

1.2.5 风害 有些年份在冬季或春季发生大风或干热风可造成苗木抽条，如一些速生柳、杜仲、水杉等。大风也可引起松类新梢风折。

1.2.6 盐碱害 主要表现为焦边黄叶、生长不良、苗木枯死，是由于盐碱过量，pH 偏高，从而破坏或影响苗木吸收机能引起的，如一些酸性土植物在盐碱性土壤中的表现。

1.2.7 日灼 出土幼苗在春末、夏初易受强光高温灼伤。保护地栽培条件下，靠近塑料薄膜部位的枝叶易受日灼。

1.3 病害防治重点与策略 防治病害总的原则是立足预防，综合防治。也就是针对不同病害的发生发展规律，采取相应的综合防治措施，预防病害的发生。

1.3.1 立枯病 苗木立枯病的发生主要是由于土壤湿度大、温度高，二者缺一就不会发生病害。因此，在播种及幼苗出土前、后控制土壤湿度，就可以预防立枯病的发生。

一旦发生及时采取施加化学药剂等综合措施防治。立枯病是苗圃病害的防治重点。

1.3.2 枝干病害 苗圃发生的枝干病害，如腐烂病，主要与寄主生活力衰弱、苗生长的空间有关。合理密植、科学施肥与管理、培养壮苗是防治枝干病害的上策。

1.3.3 叶部病害 苗圃发生的叶部病害多为侵染性病害，其中有的属于流行性病害，条件一旦合适就会大面积暴发，造成重大损失。因此，掌握每种叶部病害发生规律，在病害危害初期，及时发现并采取防治措施，可以控制病情蔓延。

1.3.4 根部病害 由于病原物生活于土壤之中，难以完全消灭病原，但通过更换寄主、加强检疫、结合化学防治可避免或减轻此类病害发生。

1.3.5 生理病害 此类病害是由不适宜的土壤、水肥、温度、湿度及其他非生物因子引起的，因此防治此类病害应当依靠加强田间综合管理、选择优良品种等措施来防治。

2 苗木虫害与防治

苗木虫害是造成苗圃重大损失的主要因素，此外许多苗木的重大害虫，可随着苗木的出圃及运输，迅速传播。根据主要危害部位将苗木害虫分为四类：地下害虫、蛀干害虫、吸汁害虫、食叶害虫。这四类害虫中，地下害虫、蛀干害虫较难防治。

2.1 苗圃常见害虫种类

2.1.1 地下害虫 此类害虫在土表或地下咬断或咬伤幼苗和嫩茎，导致幼树枯黄或死亡，造成缺苗现象，从而降低苗木产量和质量。对于当年播种苗、珍贵树种小苗等的危害很大。苗圃常见地下害虫有蝼蛄、蛴螬、地老虎、金针虫、象鼻虫等。

2.1.2 蛀干害虫 园林苗圃培育的是大苗，在育苗过程中，树干不可避免地会遭受蛀干害虫的侵袭。蛀干害虫钻进苗木枝干梢内部啃食木质部，造成苗木生长势减弱，发育不良，严重时树干折断，造成很大的损失。枝干害虫，特别是蛀干害虫，由于昆虫侵袭部位的特殊性，防治难度比其他害虫大。常见的、危害比较严重的枝干害虫主要有透翅蛾、天牛等。

2.1.3 吸汁害虫 此类害虫以口针刺吸苗木枝叶等，造成苗木卷叶、落叶，使枝干失水，消耗苗木营养，降低苗木抗逆能力。吸汁害虫种类很多，口器有咀嚼式、刺吸式等。如能掌握这类害虫的发生规律，用化学方法及时防治，效果很好。但如果不能及时防治，蔓延成灾，危害严重。常见有红蜘蛛、蚜虫、蚧壳虫等

2.1.4 食叶害虫 园林苗圃食叶类害虫有很多种，特点是咬食、蚕食树木的叶子、幼芽、幼茎，危害严重时使苗木光秃，造成苗木强迫休眠甚至死亡。常见的有尺蠖、毛虫、刺蛾、叶甲等。

2.2 害虫防治重点

2.2.1 地下害虫 地下害虫是防治重点，尤其是危害性大的蝼蛄、蛴螬等，对于这些害虫防治应治早、治小，综合防治。

2.2.2 蛀干害虫 这类害虫对部分常绿树、落叶乔木、花灌木可造成危害，根据这些害虫的发生规律，抓好虫情测报，适时防治、连续防治，防止蔓延。

2.2.3 吸汁害虫 蚜虫、介壳虫等是苗圃常见的吸汁害虫，应根据苗木生长情况适时防治，特别是幼苗上的蚜虫等应及时控制住。

2.2.4 食叶害虫 某些食叶害虫对有些树种危害较重，应抓住危害期及时防治，也可在防治其他害虫时兼治。

2.3 园林苗圃主要病虫害防治措施 园林苗圃主要病虫害的防治，主要从病虫害的寄主、主要症状、具体防治措施等三个方向介绍，具体参见表 6-6。

表 6-6 园林苗圃主要病虫害及防治措施

病虫害名称	危害苗木	主要症状	防治方法
立枯病	松苗、刺槐等幼苗	一般发生在一年生苗木上，受害最严重的是自出土至 1 个月之内的幼苗。造成种芽腐烂、幼苗猝倒、茎部腐烂、根腐立枯	① 提前播种 ② 加强管理，控制水分，实行蹲苗 ③ 发病初期灌 200～400 倍 50% 代森铵 3kg/m^2 或 75% 敌克松 800 倍液灌根
苗木白绢病	榆树、银杏、苹果、泡桐、垂柳、蜡梅、大叶榆杨等	常发生在根部，最初须根腐烂，以后扩展到侧根和主根。在被害部位的表层缠绕有白色或灰白色的丝网状物，后期在病根茎表面或土壤内形成小黑点。叶片逐渐变黄、枯萎，最后造成整株枯死	① 与禾本科植物实行 5 年以上轮作 ② 土壤消毒：可用 40% 甲醛 100 倍液或 1% 硫酸铜浇灌土壤 ③ 发病初期可用 25% 敌力脱乳油 3000 倍液喷雾，发病严重的拔除病株
白粉病	月季、九里香等	可侵害叶片、嫩枝、花等。叶片发病初期出现褪绿斑，并产生白粉状物，叶片不平整，卷曲。幼嫩枝梢发育畸形，生长停滞，严重时枝叶干枯，甚至可造成全株死亡	① 结合修剪消灭越冬病菌，及时清扫落叶残体并烧毁 ② 合理密植、施肥，加强通风透光 ③ 发病初期喷 25% 粉锈宁可湿性剂 2000 倍液，连续 2～3 次，可起到较好的防治效果
锈病	毛白杨、玫瑰	锈病大多数侵害叶和茎，叶上产生大量锈色、橙色或黄色的斑点，严重时叶片枯黄、死亡	① 清除带病残体，减少初侵染源 ② 进行冬剪，结合庭园清理和修剪，及时除去病枝、病叶、病芽，并集中烧毁 ③ 化学防治：苗木发芽前喷施 3～4° Bé 的石硫合剂；发病初期喷 25% 粉锈宁可湿性剂 1500～2000 倍液
茎腐病	银杏、松类、柏类、水杉、柳杉、杜仲、刺槐、板栗、桑树、大叶黄杨等	幼苗发病初期，苗茎基部近地面处出现污褐色斑点，此时叶片失绿并下垂，当病部包围整个茎基部时，全株开始死亡	① 在高温季节采用遮阳网降温 ② 加强田间管理，施有机肥、松土，促进苗木生长发育，增强其抗病能力 ③ 在发病前及发病初期，喷 1∶1∶160 波尔多液，每隔 10～15d 喷一次
蝼蛄类	多种植物幼苗	于地表下潜行咬食种子或将嫩茎咬断。另外，常把根割断或对根造成机械损伤	① 加强苗圃管理，深耕、中耕除草，破坏其生存环境 ② 用 5% 的辛硫磷颗粒剂处理土壤 ③ 成虫羽化期间，夜晚用灯光诱杀，晴朗、无风、闷热的天气效果很好 ④ 化学防治：危害初期及时浇灌 1200 倍 50% 的辛硫磷乳液或 1000 倍 40% 的氧化乐果乳液
金龟类	多种植物幼苗	幼虫危害苗木幼芽和根系，成虫危害叶、花、果，往往使苗缺苗断垄，有时成片死亡，影响苗木产量	① 生物防治：可招引喜捕食金龟的鸟类、家禽 ② 灯光诱杀：在夜间，可用灯光诱杀金龟成虫 ③ 人工防治：利用成虫的假死性，将其捕杀 ④ 化学防治：可用杀虫农药对土壤处理，可参照蝼蛄的化学防治方法

续表

病虫害名称	危害苗木	主要症状	防治方法
地老虎类	多种植物幼苗	危害幼苗和幼茎	① 及时清除苗床及荒地杂草，减少虫源 ② 诱杀成虫：利用黑光灯诱杀，或用糖、醋、酒按 6∶3∶1 的比例混合后再加入杀虫剂，诱杀成虫 ③ 化学防治：危害初期可用 50% 锌硫磷土壤处理，每公顷 12～16kg
天牛	杨树、柳树、榆树、槭树、刺槐、侧柏等	幼虫蛀食枝干，特别是枝梢部分。致枝梢干枯，或遭风折。如在幼树髓部危害，可使整株死亡	① 捕杀成虫：天牛成虫反应迟钝，飞翔力不强，可人工捕杀 ② 破坏虫卵：天牛产卵时习惯在树干上咬一槽，可据此找到虫卵，将其破除 ③ 化学防治：800～1000 倍 40% 氧化乐果，1000 倍 50% 磷铵等对树干喷雾 ④ 集中烧毁受害枝干，杀死幼虫及虫卵 ⑤ 招引啄木鸟等天敌
白杨透翅蛾	杨树、柳树	幼虫钻蛀枝干和顶芽，形成秃梢；钻蛀树干，形成瘤状虫瘿，使苗木营养运输受到严重影响，严重时枝干折断	① 在成虫活动期，可用人工合成的毛白杨性激素诱捕雄性成虫，效果较好 ② 每 7～10d 向虫孔注射一次 600～800 倍氧化乐果等农药稀释液，杀死幼虫 ③ 剪除虫枝及时烧毁
蚜虫	侧柏、苹果、海棠、梨、菊花、玫瑰等	以成虫和若虫群集在寄主的嫩梢、花蕾、花朵和叶背，吸取汁液，使叶片皱缩，影响开花，同时可诱发煤污病	① 注意检疫虫情，抓紧早期防治 ② 保护和利用天敌，适时释放瓢虫、草蛉等天敌 ③ 物理防治：利用涂有黄色和胶液的纸板或塑料板，诱杀有翅蚜虫；或采用银白色锡纸反光，拒避迁飞的蚜虫 ④ 化学防治：喷 5000～10000 倍 2.5% 溴氰菊酯、1000 倍 40% 氧化乐果、1000 倍 25% 亚胺硫磷
螨类	柏树、榆树、山楂等	严重时树叶上红红一层，树叶干枯脱落，造成强迫休眠，影响苗木的质量，大树花期、果期落花、落果严重，甚至全部脱落	① 掌握螨类发生规律，经常检查 ② 清理螨类越冬、栖息场所，如清理杂草和枯枝落叶，被危害造成的落叶更应及时清理 ③ 化学防治：螨虫较多时，可用 40% 三氯杀螨醇 800～1000 倍液或 800～1000 倍氧化乐果喷雾防治
介壳虫	蔷薇、海棠、苹果等	以刺吸式口器吸取植物汁液，造成枝叶枯萎，甚至整株死亡	① 加强植物检疫 ② 剪除虫枝及时烧毁 ③ 用 40% 氧化乐果 1000 倍液；苗木发芽前喷施波美 3°～5° 的石硫合剂；若虫孵化盛期，喷 800 倍杀螟松，800 倍氧化乐果
粉虱	多种植物	以成虫和幼虫群集叶面背部，刺吸危害，造成叶片发黄、卷曲、脱落	① 使用涂有粘虫剂的木板或纸板 ② 喷 2500～3000 倍 2.5% 溴氰菊酯、1000 倍磷铵
毒蛾	杨、柳、栎、榆、桦、核桃、海棠等	咬食、蚕食树木的叶子、幼芽、幼茎，危害严重时使苗木光秃，造成强迫休眠甚至死亡	① 人工摘除虫卵或捕杀幼虫 ② 喷 1000～1500 倍 50% 杀螟松等胃毒剂或触杀剂

【任务过程】

3 苗圃常见病虫害调查与防治

3.1 害虫调查 主要调查虫口密度和有虫株率。

单位面积虫口密度=调查总活虫数/调查面积

每株虫口密度=调查总活虫数/调查总株数

有虫株率=（有虫株数/调查总株数）×100%

3.1.1 地下害虫调查 在苗圃内调查根部害虫如金龟子、地老虎、蝼蛄、叩头虫、象鼻虫等时，多采用棋盘式或对角线式取样。样坑数量因地而异，视地势、土质、前茬植物及面积大小不同确定，一般为5～8个，每个大小为0.5m×0.5m或1m×1m，样坑深度可根据调查目的及季节而定，一般为0.4～0.6m。统计每个样坑地下害虫的种类、虫口密度等（表6-7）。

表6-7 苗圃地下害虫调查统计表

调查时间： 地点及土壤类型： 调查面积：

样坑号	样坑深度	害虫名称	虫期	害虫数量	调查苗数	被害苗数	受害率	备注
1								
2								
3								
4								
5								

3.1.2 枝梢害虫调查 由于蛀梢害虫种类不同，因此调查方法有异。一般可在苗圃内选100～200株逐株统计健康及受害株数。对于虫体小、数量多、定居在嫩梢上的害虫如蚜虫，可在嫩梢上取一定数量（长10cm）的样枝，查清虫口密度。统计每块样地的枝梢害虫（表6-8）。

表6-8 苗圃枝梢害虫调查统计表

调查时间： 地点： 调查面积：

样地号	调查株数	被害株数	被害率	害虫名称	样枝虫口数量	虫口密度	备注
1							
2							
3							
4							
5							

3.2 病害调查 主要是调查、统计发病率和病情指数。

发病率=（感病株数/调查总株数）×100%

3.2.1 苗木根病调查 对于苗木的立枯病、根癌病等根病调查，可在苗圃内设置大小为 1m×1m 的样地，样地数量以不少于被害面积的 0.3% 为宜。在样地上对苗木进行全部统计，或对角线统计。记录调查苗木数量和感病、枯死苗木的数量（表 6-9）。同时记录苗圃地的详细环境因子，如设置年份、土壤、位置、卫生状况等。

表 6-9 苗圃根部病害调查统计表

调查时间： 地点： 苗木种类：

样地号	病害名称	苗木状况和数量				发病率	死亡率	备注
		健康	感病	枯死	合计			
1								
2								
3								
4								
5								

3.2.2 叶、枝病害调查 按照病害分布情况和病害程度，按五点取样法，每样点取 10～20 个样株，调查发病率和病情指数（表 6-10）。

表 6-10 苗圃叶部害虫调查统计表

调查时间： 地点： 苗木种类：

样地号	病害名称	调查株数	被害株数	发病率	病害分级					病情指数	备注
					0	1	2	3	4		
1											
2											
3											
4											
5											

病情指数分级标准：① 0 级：无病斑；② 1 级：少数病叶，少数病斑；③ 2 级：少数病叶、多数病斑或多数病叶；④ 3 级：多数病叶、多数病斑；⑤ 4 级：多数病叶干枯。

3.3 病虫害防治技术 病虫害防治常用技术见表 6-11 和表 6-12。

表 6-11 苗圃地地下害虫防治技术

防治类型	防治方法		
农业防治	深耕土壤除草灌水		
	施用腐熟有机肥		
	种植诱集作物		
生物防治	利用害虫的天敌，绿僵菌		
物理机械防治	人工捕杀	黑光灯诱杀	在天气闷热、无月光、无风的夜晚，每 2～3hm^2 苗圃堆一个高 1m 左右的土堆，在土堆上放置水盆，水盆内盛半盆水并加入少许煤油，在水盆上方离水面 20cm 处挂一盏 20W 的黑光灯，每晚可捕杀 5～20 头

续表

防治类型	防治方法		
物理机械防治	诱杀法	糖醋液诱杀	白糖 6 份、醋 3 份、白酒 1 份、水 10 份、90% 敌百虫 1 份调匀后放入盆内，每公顷放糖醋液 45～75 盆，高度为 1.2m，每天需要补充 1 次醋
		毒饵诱杀	将麦麸、棉籽、豆饼、粉碎做成饵料炒香，每 $5hm^2$ 饵料加入 90% 晶体敌百虫 30 倍液 0.15kg 或 50% 辛硫磷乳油 10 倍液，每公顷施用 22.5～37.5kg
		鲜草诱杀	采集新鲜嫩草或新鲜泡桐叶或莴苣叶，用 90% 晶体敌百虫 150 倍液喷洒后，于傍晚放置在被害株旁和撒于作物行间诱杀地老虎幼虫，每公顷用 75～150 枝杨柳枝，放进 40% 乐果 500 倍液中浸泡 20min，于傍晚插入花圃里，可很好地诱杀金龟子
		马粪诱杀	在田头挖 30～60cm 见方的土坑，内放撒少许敌百虫粉的马粪，可诱杀蝼蛄
化学防治	土壤处理：整地前用 5% 的辛硫磷颗粒均匀撒施地面，随即翻耙使药剂均匀分散于耕作层		
	药剂拌种：每 100kg 种子采用 50% 辛硫磷乳油 0.2kg 拌种		
	毒土法：每公顷用 50% 的辛硫磷 4.5g，拌干细土 375～450kg		
	药剂灌施：用 90% 晶体敌百虫 800 倍、50% 的辛硫磷乳油 500 倍液灌根，8～10d 灌 1 次，连续灌 2～3 次		
	喷药防治：于成虫盛发期，喷洒 1000 倍 50% 的辛硫磷乳油或 25% 敌杀死 1800 倍液		

表 6-12　苗圃地地上害虫防治技术

防治类型	防治技术	
农业防治	合理进行苗圃地施肥、灌溉、苗木修剪等管理	
物理防治	黄板诱杀	直接购置黄板或用三合板两面涂上橙黄色油漆，漆干后，再涂一层 10 号机油和黄油混合调制的黏油，挂在苗木之间。色板每公顷苗地不少于 225 块，每块不小于 $0.1m^2$，悬挂高度和苗木植株高度保持一致，悬挂一段时间后黏性变差，及时更换黏油
	灯光诱杀	可在成虫盛发高峰期，利用黑光灯或频振式杀虫灯等诱杀，还可用性诱剂诱杀雄成虫
生物防治	人为地向苗圃地内释放天敌	
化学防治	打孔注药	采用人工或机械的方法在树上钻孔，然后向孔内注入一定量的农药。从春季树液流动至秋季进入休眠期，这段时间均可采用打孔注药法防治，以 4～9 月为最佳。可用 40% 乐果 5 倍液（1 份药液兑 5 份水），向虫孔注射药液 1～2mL，或用毒签插入虫孔，然后用泥封口。也可用一个矿泉水瓶，瓶内放敌百虫粉剂，然后灌满水将瓶盖拧紧，在瓶盖上用针扎一小孔，用时将药液射入孔内，射满为止
	冬季涂抹药液	此法主要结合冬季树干涂白时进行。在石灰水中加入适量的药剂
	根部埋药	通过对树根部周围埋入杀虫、杀菌颗粒剂
	喷施石硫合剂	选用优质块状的生石灰和碾碎的硫磺粉。用生石灰 1 份、硫磺粉 2 份、水 14 份，先将生石灰放入锅内，加少量水成消石灰，加水煮沸。接着将用少量水调成糊状的硫磺粉，倒入煮沸的石灰乳中，不断搅拌，用大火煮沸 40～50min，待药液变成红褐色时熬制结束。冷却后滤出渣滓，用波美比重计测定石硫合剂原液的度数

4　杂草管理

园林苗圃杂草是指苗圃中无意识栽培的植物，园林苗圃一般水肥条件比大田好，所以杂草也会比一般大田多。杂草一般比园林幼苗生长旺盛、吸收养分和水分的能力比园林幼苗强，因此杂草的滋生会大量夺取苗木生长所需的养分、水分和光照，使植株生长缓慢；具缠绕茎的杂草使苗木生长变形扭曲，影响园林苗木的生长发育。另外，杂草也是许多病原菌、害虫的栖息地，是一些病虫害的寄主植物，充当苗木病虫害的中间寄主，造成病虫害传播蔓延。

4.1 常见杂草种类 园林苗圃杂草种类很多，依据生物学习性可以把杂草分为三大类。

4.1.1 一年生杂草 一年生杂草指那些在春、夏季发芽出苗，夏、秋季开花、结实，之后死亡，整个生命周期在当年完成的杂草。这类杂草都是种子繁殖，幼苗不能过冬，是苗圃中的主要杂草，它们种类繁多，常见有藜、小叶藜、稗、狗尾草、反枝苋等。

4.1.2 多年生杂草 可连续生存两年以上，通常第一年只生长不结实，第二年起才结实。有些种类冬季地上部分枯死，依靠地下器官越冬，次年又长出新的植株，所以，多年生杂草除能以种子繁殖外，还能利用地下营养器官进行营养繁殖。苗圃常见的有荠菜、芦苇、田旋花、绊根草、白茅等。

4.1.3 寄生杂草 不能进行或不能独立进行光合作用制造养分的杂草，必须寄生在别的植物上吸取寄主养分而生活，如菟丝子、列当等。

有效的杂草防治不仅要了解杂草生命周期、生物学特性，还需要早防早治。大多数除草剂在杂草较小时使用效果最好。

4.2 除草的原则 除草一般结合中耕作业进行，原则是“除早、除小、除了”。“除早”是指除草工作要早安排、提前安排，只有安排并解决了杂草问题之后，其他作业，如施肥、灌水等才有条件进行。“除小”是指清除杂草从小草开始就动手，不能任其长大形成了危害才动手，那时既造成了苗木损失，又增大了作业工作量。“除了”是指清除杂草要清除干净、彻底，不留尾巴，不留死角。

4.3 除草的方法 目前杂草防除的物理方法主要是人工除草、耕作和使用覆盖物，生物除草很少在园林苗圃中使用，而最简单有效的方法则是化学除草。

4.3.1 人工除草 人工除草就是人工直接拔除杂草或者使用锄头、镰刀之类的简单工具铲除或割除杂草的方法，是传统的、彻底的、无其他副作用的方法，但是劳动强度大、速度慢。适用于杂草密度较小、个体较大的场合。

4.3.2 机械除草 机械除草就是使用专用除草机械或中耕机具进行除草的方法，一般在行距1m以上的大苗区，可用手扶拖拉机在苗行间进行中耕除草。对小行距的育苗区，可用小型中耕机操作，也可用大中型轮式拖拉机牵引多行中耕器进行多行作业。它速度较快、效率较高。但是对于苗行内苗木间的杂草无法去除，适用于去除顺床条播时苗行间、垄间杂草、大苗的行间株间杂草。

4.3.3 化学除草 化学除草是利用化学农药（除草剂）防除杂草的非人工除草方法，其主要特点是速度快、效率高、效果好，适宜在杂草密度大、分布均匀时使用。缺点是有些杂草种类去除效果不好，应用不当易产生药害，使用过量对环境有污染等。国内外已有300多种不同剂型的化学除草剂，可用于几乎所有的粮食作物、经济作物、苗圃林地和公园、铁路、机场等地的除草。

4.3.4 生物除草 生物除草即利用昆虫、病原菌、线虫、动物（如稻田养鱼）及生物除草剂等除草的方法。以虫（动物）或微生物除草是利用专性植食性动物、病原微生物，在自然状态下通过生态学途径，将杂草种群控制在经济上、生态上可以接受的水平。

4.4 化学除草剂 由于机械除草、人工除草综合成本高，效果经常不理想，生物除草属于新技术，园林苗圃中研究和应用尚未展开，所以目前苗圃以化学除草应用较多。

4.4.1 除草剂的种类 除草剂一般根据化学结构、对植物的作用方式、吸收方式及使用方法等进行分类。

（1）按化学结构分类 通常将除草剂分为无机和有机两类，生产上应用的主要是有机除草剂。有机除草剂主要有苯氧类、苯甲酸类、酰胺类、醚类、酚类、二硝基苯胺类、取代脲类、氨基甲酸酯类、硫代氨基甲酸酯类、三氯苯类、脂肪族类、有机磷类。另外，还有脂类、杂环类、有机砷类等。

（2）按作用方式分类

1）选择性除草剂。这类除草剂在一定剂量的范围内，有针对性地杀死一类或一种杂草，而对其他植物没有毒害或毒害较低，可以在栽培植物和杂草都存在的情况下使用。这种选择性与剂量和植物的生育阶段等因素有关，如2,4-D用量较大时就成为非选择性。

2）灭生性除草剂。这类除草剂对所有植物都有毒性，都能产生危害。因此，不能将药剂直接用在有苗地，可在一定的条件下如休闲地、荒地、地边、路边使用。如百草枯（已禁用）可以通过“时差”，五氯酚钠（已禁用）可以通过“位差”或“时差”的选择性，而用于苗圃地除草。

（3）按吸收方式分类

1）触杀型除草剂。此类除草剂被吸收后，主要引起接触部位反应，使茎叶黄化、枯干，达到除草目的，如除草醚（已禁用）、五氯酚钠（已禁用）、敌稗等。

2）传导型除草剂。此类除草剂被植物组织吸收后，通过辅导组织传到整个植株，敲坏植物的内部结构，打乱生理平衡，使植株死亡，达到除草目的，如苯氧类、三氯苯类、氨基甲酸类等。

（4）按使用方法分类

1）茎叶处理剂。将药剂直接喷洒在植物茎叶上。液体可加水稀释，粉剂可加水成药液，喷雾施药，也可以用喷粉机喷粉施药，如盖草能、草甘膦、果尔、拿扑净、精禾草克等。

2）土壤处理剂。直接将药剂施用于土壤表面或采取拌土、泼浇等方法，将药剂施于土壤一定深度处。土壤处理剂适用于挥发、光解的除草剂，通过土壤处理杀死刚萌发的杂草种子和幼苗，如敌草隆、西玛津、威尔伯、扑草净、氟乐灵（已禁用）等。

4.4.2 化学除草剂的合理使用 苗圃杂草种类多，园林苗木种类繁多，它们的生长习性、生物学特性、栽培方式各不相同，同时除草剂的作用还受环境条件如光照、温度、土壤等因子的影响。因此在大田中使用除草剂，要注意以下方面。

（1）注意选择药剂 除草剂的品种很多，有茎叶处理剂、灭生性除草剂等，有的适用于芽前除草，有的适用于茎叶期除草。因此，要根据不同苗木品种和不同时期的杂草分别选用。如针叶树种抗药性强，可选用盖草能、果尔等；阔叶树种抗药性差，可选用地乐胺、扑草净等。

（2）注意用药量 苗木对除草剂的耐药性是有一定的限度的，所以不能随意加大用量。另外，不同苗木的耐药性不同，应严格按产品说明使用。一般来说，针叶树种的用药量可以大些，阔叶树种的用药量宜小些。同一苗木品种对某种药剂的抗药性，会随着苗龄增加而提高，用药量可相应加大，如防除松、杉苗圃的禾本科杂草，每公顷可用23.5% 的果尔乳油 30mL 加 50% 乙草胺乳油 100mL 混用或 23.5% 的果尔乳油 50mL。若用于阔叶树种苗圃，用药量宜适当减少。

（3）注意施药方法　氟乐灵易见光挥发，必须先喷施于苗圃土壤表层，然后覆土。拉索可在播种之后，出苗前施用。都尔、精稳杀得可在杂草幼苗期施用，对苗木比较安全。使用灭生性除草剂如草甘膦、克芜踪等，使用时喷头要加保护罩，只能在行间喷雾，防止喷施到苗木绿色部位。树种对除草剂较为敏感时，可采用毒土法，以防药害。

（4）注意施药时间　苗前期宜用毒土法；速生期对除草剂敏感，要特别慎用；苗木木质化后虽有一定抗性，但大部分杂草已经成熟，施药的作用不大。

4.4.3 除草剂具体使用方法　除草剂的使用方法因药剂种类、施用时期和施用部位而异（表 6-13），主要有如下方法。

表 6-13 苗圃常用化学除草剂及其使用方法

商品名称	剂型	每公顷参考使用量	使用对象	使用方法	适用树种	备注
果尔	24% 乳油	675～900mL	广谱	茎叶、芽前土壤	针叶	触杀
盖草能	10.8% 乳油	450～750mL	禾本科杂草	茎叶处理	阔叶、针叶	触杀
森草净	70% 可湿性粉剂	5～50g	广谱	茎叶、芽前土壤	阔叶、针叶（杉木，落叶松除外）	内吸
		250～900g	广谱	步道、大苗等		
氟乐灵	48% 乳油	2100mL	禾本科，小粒种子阔叶杂草	芽前土壤	阔叶、针叶	触杀
敌草胺	20% 乳油	1500～3750g	广谱，对多年生杂草无效	芽前土壤	阔叶、针叶	内吸
乙草胺	50% 乳油	900～1125mL	广谱	芽前土壤	阔叶	触杀
草甘膦	10% 水剂	100～450g	广谱	茎叶、芽前土壤	针叶	内吸
扑草净	50% 可湿性粉剂	500～1500g	广谱	土壤处理	阔叶、针叶	内吸
丁草胺	60% 乳油	1350～1700mL	禾本科杂草	芽前土壤		内吸
百草枯	20% 水剂	100～300mL	广谱	茎叶处理	阔叶、针叶	触杀
阿特拉津	40% 胶悬剂	450～750mL	阔叶杂草	茎叶处理	针叶	触杀
精禾草克	5% 乳油	600～3000mL	禾本科杂草	茎叶处理	阔叶	内吸
敌草隆	25% 可湿性粉剂	2750～4500g	广谱	芽前土壤	阔叶、针叶	内吸
拿扑净	12.5% 机油乳油	200～400g	禾本科杂草	茎叶处理	阔叶、针叶	内吸
西玛津	50% 可湿性乳油	1500～3750g	禾本科杂草	芽前土壤	针叶	内吸
2，4-D 丁酯	72% 乳油	600～900mL	对禾本科杂草无效	茎叶处理	针叶	内吸

（1）浇洒法　适用于水溶剂、乳剂和可湿性粉剂。先称出一定数量的药剂，加少量水使之溶解、乳化或调成糊状，然后加足所需水量，用喷壶或洒水车喷洒苗床和道路。加水量的多少与药效关系不大，主要看喷水孔的大小。一般每平方米用水量约 0.75kg。

（2）喷雾法　适用剂型和配制方法同浇洒法，不同点是用喷雾器喷药，每平方米用水量比浇洒法少，约 0.15kg。喷洒苗床和主道、副道。

（3）喷粉法　适用于粉剂，有时也用于可湿性粉剂。施用时应加入质量轻、粉末状的惰性填充物，再用喷粉器喷施。多用于幼林和果圃。

（4）毒土法　适用于粉剂、可湿性粉剂和乳剂。取含水量20%～30%的潮土（手握成团，手松即散），过筛备用。称取一定数量的药剂，先用少量细土充分勾兑、再加适量土（每平方米可按0.04kg计算）充分混拌。如为乳剂，可加少量水稀释，喷于细土中，然后拌匀撒施。但要随配随用，不宜久放。这种方法可用于苗圃、幼林和果园。

（5）涂抹法　适用于水溶剂、乳剂和可湿性粉剂。将药配成一定浓度的药液，用刷子直接涂抹在欲毒杀的植物上。一般用来灭杀苗圃大草、灌木和伐根的萌芽。

4.4.4　除草剂的混用　两种或两种以上的除草剂混用，可以起到降低用药量，扩大杀草范围和增加药效与安全性等作用。除草剂与杀菌剂、杀虫剂、增温剂及肥料混用，做到一次用药，达到多种效果，并起到节约人力物力的目的。混用的一般原则是取长补短，混合的原则如下：残效期长的与残效期短的结合；在土壤中移动性大的与移动性小的结合；内吸型与触杀型结合；药效快与药效慢的结合；对双子叶杂草杀伤力强的与对单子叶杂草杀伤力强的结合；除草与杀菌、杀虫、施肥等结合。

除草剂的混用应注意下列几个问题：遇到碱性物质分解失效的药剂，不能与碱性物质混用；混合后产生化学反应引起植物药害的药剂，不能相互混用；混合后出现乳剂破坏现象的药剂剂型或混合后产生絮凝或大量沉淀的药剂剂型，不能相互混用。

一般地说，两种除草剂混用药量是它们各自单用量的一半，3种混用则是各自单用量的1/3。但这不是绝对的。混用时必须依照杀草对象、植物情况、药剂特点及环境条件等灵活掌握。

4.4.5　施药时注意事项　施用化学除草剂一般要求在晴天，施药后12～48h内无雨；喷药速度要适宜，均匀周到，一定面积上应刚好喷完一定数量的药液，严防漏施、重施；第2次以后喷药时，先拔除杂草再进行。

2000年起我国禁用除草醚、二苯醚、草枯醚、茅草枯及对人和动物有致癌影响的氟乐灵、拉索、五氯酚钠、百草枯等，除草剂的安全使用已成为苗圃苗木生产必须注意的问题。

4.5　除草剂的吸收、传导和杀草机制

4.5.1　除草剂的吸收

（1）茎叶处理除草剂　茎叶处理除草剂主要通过植物的茎、叶、芽吸收，但不同的除草剂、不同的剂型及不同的植物对除草剂的吸收及进入的途径有差异。容易附着到植物叶面的剂型，易被植物吸附、吸收。有些除草剂在喷施时，加入一定量的洗衣粉，提高药液的黏着力和亲和力，使药液更容易附着到植物表面。植物表面也是影响药物吸收的重要因素，蜡质、革质、多毛分泌油脂的叶面，不易吸附药液。药物附着后，主要通过扩散作用进入植物体内，扩散主要经过气孔、角质层间隙、表皮细胞壁等途径进入植物体内。叶片背面有很多气孔，是药物吸收的主要途径，施药时应注意向叶背面喷射。

（2）土壤处理剂　土壤处理剂是将除草剂施用在土壤中。一般容易挥发、容易被光分解的除草剂用于土壤处理，有些施药后要及时拌土，防止挥发和受光。药物主要通过两种途径被吸收，一是通过根部吸收，根的表皮，有吸收水分和养分功能，除草剂的水溶性化合物很容易被根系吸收进入植物体内。二是通过幼芽、胚芽鞘、种子等吸收。

土壤湿润、质地疏松，易被吸收，反之则容易被土壤吸附和固定，较难被植物吸收。

4.5.2　传导

（1）触杀型除草剂　与植物接触后迅速杀死被接触细胞，造成植物叶、茎局部干枯，使植物失去自养功能，养分供应平衡被破坏，使植物死亡，达到除草目的。

（2）传导型除草剂　被植物组织吸收后，通过输导系统如木质部的导管、韧皮部的筛管传到整个植株。在蒸腾作用下，导管将根部吸收的水分和药物向上传输到植物的各个部位。由于导管是没有生命力的组织，药物不能损伤它，可持续传导。筛管是韧皮部输导系统，可将叶子光合作用形成的营养物质连同药物传输到整个植株。

4.5.3　除草剂的杀草机制　除草剂被植物吸收，进入植物体内，对植物正常的生理生化作用进行干扰使植物死亡。除草剂的杀草机制有如下几个方面。

（1）抑制光合作用　光合作用是绿色植物不可缺少的生理活动，不能进行光合作用的植物失去自养能力而死亡。

（2）干扰呼吸作用和能量代谢　植物的呼吸作用受阻或停止，植物将失去生命力。很多除草剂能破坏和干扰呼吸作用，使植物死亡。

（3）干扰正常的激素作用　正常的激素作用是植物生理活动所必需的，但过量的激素使植物生理活动紊乱，引起细胞异常增殖、造成蒸腾系统和运输系统堵塞、破坏使植物死亡。

另外还有其他作用机制如抑制和干扰核酸代谢，干扰蛋白质合成等，达到除草目的。

4.5.4　除草剂的选择机制　在苗木与杂草混生的圃地，使用除草剂将杂草杀死而不伤害苗木的特性称为选择性。由于苗木在形态、结构、苗龄、遗传特性等方面与杂草有差异，除草剂有较大的选择空间。

（1）形态选择　植物外部形态差异和内部结构特点，是形成除草剂选择的依据。自然界中由于植物外部形态的差异，对除草剂的承受和吸收能力也有差异；由于内部组织结构差异，对除草剂反应也有差异。正是利用这些特点，形成了形态选择。

如单子叶植物的生长点被叶鞘所包围。叶片竖立狭小，表面角质层、蜡质层较厚，药液容易滚落，触杀型除草剂不易伤害其分生组织；而双子叶植物，叶片平伸、面积大，表面角质层、蜡质层较薄，幼芽裸露，则容易为触杀型除草剂所杀死。在内部结构上，双子叶植物韧皮部的形成层呈环状排列，薄壁细胞多，吸收2,4-D后，薄壁细胞迅速增殖，形成瘤状突起，堵塞筛管，使植物因输导不通而死亡；而单子叶禾本科植物，因维管束呈星状排列，形成层又不发达，因而对2,4-D等除草剂不敏感。

（2）生理生化上选择　不同的植物，对同一种除草剂生理生化反应不一样。因此，不同植物对除草剂的吸收和传导有很大差异，除草剂在园林苗木体内和杂草内部能发生不同的生化反应，解毒作用也不一样，这就形成了生理生化选择。

如2,4-D、二甲四氯等除草剂，能被双子叶植物很快吸收，并向植株各部位转送，造成中毒死亡，而禾本科植物就很少吸收和传导。就同一种植物而言，幼小、生长快的比年老、生长慢的对除草剂更敏感。苍耳等杂草能大量吸收百草克，而豆科植物则很少吸收；有的植物能将除草剂分解为无毒物质，免遭杀害，如水稻分解敌稗，玉米分解西玛津等；而有些植物却又能将原本无毒的除草剂，如2,4-D丁酯活化成有毒物质，使自身中毒死亡；而豆科植物则没有这种活化能力，因此不会中毒。

（3）位差选择　利用植物根系在土壤中分布的深浅，以及植物茎干高低差别来施用除草剂，达到除草目的，称为位差选择。一般来看，苗木根系分布较深，而大多数杂草的根系分布较浅。利用这一特点，可把除草剂施于土壤表层来消灭杂草。如培育针叶树苗时，可在播种后出苗前，在土壤表面喷洒除草醚，使之形成毒剂层，一旦杂草种子萌发即被杀死；而针叶树根系扎得深，不与药剂层相接触，而且幼苗带谷壳出土，因而可以正常发芽生长。

（4）时差的选择　有的除草剂药效迅速，成效期短。利用这一特点，可在播种前施药杀死杂草，待药效过后再行播种，如五氯酚钠在有阳光的情况下，施后3～7d药效即可消失。也可以利用杂草发芽早，苗木发芽晚的特点，在播种后发芽前施药。

（5）剂量的选择　树木与杂草耐药能力不同。杂草，特别是刚出土的小草，组织嫩弱，耐药性差而树苗组织充实，保护层致密，抗药性较强，故使杂草致死的药量对苗木不致产生药害或对苗木影响较小。

【任务过程】

5　除草技术

5.1　苗圃地杂草种类的统计　分组将苗圃地中各项杂草进行归类（表6-14），拿回实验室后进行分类，制作成标本，以便为苗圃地进行合理的除草提供科学依据。

表6-14　苗圃地杂草统计情况

杂草名称	科属	长势	是否为病虫害寄主

5.2　选择合理的除草方法　根据当地苗圃杂草的种类选择适宜的除草方法（表6-15）和除草剂类型，并做好数据的统计（表6-16）。

表6-15　除草方法

除草类型	具体操作方法
人工除草	（1）杂草种子防除，严格杂草检疫制度 （2）用杂草沤制农家肥时要腐熟充分 （3）人工拔除或铲除
机械除草	利用农机具耕翻、中耕松土等措施进行除草
化学除草	（1）土壤处理。①土表喷雾，如喷乙草胺、莠去津、氟乐灵等形成毒土层。②灌溉输液，结合春灌，用去掉针头的输液器，灌输乙草胺、莠去津、氟乐灵等 （2）茎叶处理：采用喷雾法。①草甘膦、农达等加上增效剂或洗衣粉少许进行喷雾，几乎可以杀死苗圃里的所有杂草，用药时间以7月下旬至9月上旬为宜。②百草枯。该药对一年生杂草的除草效果很好。③盖草能。可以杀死一年生单子叶杂草，在杂草3～5叶期效果很好。④2,4-D丁酯。可以用来防治苗圃里的双子叶杂草，但要慎用
替代控制	利用覆盖、遮光等原理，用塑料薄膜覆盖或播种其他作物（或草种）等方法进行除草

表 6-16　除草剂施用效果统计表

除草剂名称	除草剂使用方式	除草剂浓度	杂草名称	除草效果

5.3　除草剂使用注意事项　一般施药要求晴天，并在 12～48h 内无雨；注意防止漏施或重施；喷药速度快慢适宜，并均匀周到，如果剩有药水应再加水均匀喷开，不要集中一地多喷；在停止喷药或地头转弯处，要关闭喷头，不要随意向其他禁忌苗木喷洒；喷洒时要边喷洒边搅拌，防止沉淀。

任务 4　越冬防寒和防暑降温

【任务介绍】北方地区，冬季气候寒冷，春季风大干旱、气温多变，抗寒性差和木质化程度低的苗木，极易受霜冻和生理干旱的危害，因此，在苗圃内应采取有效的防寒措施。此外，大部分苗木在幼苗期组织幼嫩，容易受到地面高温的灼热。强烈的直射光不仅会影响幼苗的光合作用，也会使地面温度升高，灼伤幼苗，故要在高温时期采取降温措施。

【任务要求】通过本任务的学习及相应实习，使学生达到以下要求：①了解苗木防寒、防冻的重要意义；掌握各种防寒方法及技能。②了解苗木防暑降温的重要意义；掌握各种降温措施。

【教学设计】要完成苗木防寒防暑任务首先要了解造成幼苗寒害、高温伤害的原因，然后结合苗圃土壤、气候条件，参照育苗树种的特性，重点应让学生理解并掌握苗木越冬防寒的方法和防暑降温的措施，合理选择保护措施，确保苗木健康生长。

教学过程以完成苗木越冬保护和防暑降温的过程为目标，同时让学生学习开展苗木越冬保护和防暑降温过程的相关理论知识。可以采用讲授法，在讲授过程中注意对不同方法进行分类比较。建议采用多媒体进行教学。还可结合苗木越冬保护和防暑降温实训，让学生开展相关管理工作。

【理论知识】

1　苗木防寒

我国南方地区初冬的寒流和春季的倒春寒及北方地区冬季的严寒、春季的大风、干旱，这些剧烈变化的大气往往对一些耐寒能力差或生长较弱的苗木、移植苗产生危害，轻则使嫩芽、茎叶冻伤，重则整株冻死。为保证苗木的安全越冬，应了解其受冻机制，采取有效的防冻措施。

1.1　幼苗受冻害的原因

1.1.1　冻害　未充分木质化的苗木及其幼嫩部位，水分含量相对较高，当气温低于 0℃时，细胞内和细胞间隙结冰，损坏了苗木的生理机能，从而引起苗木的死亡。冻害以早霜、晚霜为主，尤其是在春季幼芽萌动后最易受冻害。

1.1.2　生理干旱　多发生在北方干旱地区，冬末春初干旱多风，地温和气温变化较大，随气温的回升，苗木地上部分已开始生理活动蒸腾水分，而土壤仍处于冻结状态，不能吸收水分，致使水分供应不足，地上、地下部分的水分平衡失调，发生干梢或枯死现象。

1.1.3　冻拔　又称冻举，实际是根部低温导致的机械伤根，与苗木本身的抗寒性无关。在低洼、潮湿、黏重的土壤中，由于土壤水分冻结，土体膨胀，土壤产生裂隙，致使苗木根被拉断或使苗根拱出地面，经风吹日晒而干枯。

1.2　常用的防寒措施　防寒是保护苗木安全越冬的一项措施，特别在北方，由于气候寒冷和早晚霜等不稳定因素，苗木很容易受到冻害而死亡。苗木防寒应从提高幼苗抗寒能力和减少霜冻危害这两方面入手。首先可以采用合理的栽培管理措施，此外常用的防霜防冻措施有熏烟、灌水或排水、根颈培土、假植防寒、风障防寒、树干涂白等。

1.2.1　合理的栽培措施

（1）适时早播　适时早播可以延长苗木的生长发育期，使苗木生长充分，组织充实，有利于安全越冬。

（2）控制肥水　苗木生长后期，控制水分的供给和氮肥的施用，增加磷肥、钾肥的施入，可以有效地控制苗木的徒长，从而使组织成熟、安全越冬。在入冬前灌一次透水有助于安全越冬。

（3）合理修剪　合理的整形修剪可以使树冠在形成目标树形的同时，改善通风透光条件，增加光合积累，减少病虫害的滋生，使枝芽发育健壮，提高抗寒能力。

1.2.2　苗木越冬保护措施

（1）埋土防寒

1）全埋。适用于较小规格的且茎干有弹性的苗木，作业在封冻前进行。若埋土湿度过小，应提前一星期进行灌水。具体做法是顺行将小苗按倒，从两侧培土将苗木盖严，厚度为 10～15cm，落叶小苗必须待落叶后才能实施。对一年生桧柏、小叶黄杨小苗可先用蒲包片覆盖后再盖土压严，这样便于翌春 1 月上旬或 3 月下旬除去覆土。除去覆土后应及时浇水。

2）培土。有些树种，在小气候好的条件下或大苗阶段，能在北方安全越冬，但在幼苗阶段、或在小气候条件较差的地方，则需加以保护才能安全越冬，如女贞、石榴、雪松及当年移植苗等。除灌冻水、涂白外，还可在根际部培土，其方法是直接用土于苗木根部堆成 20～30cm 高的土堆；或在苗木根部的西北侧距根干 10～15cm 处，培成弯月形半环土堆，高 25～30cm，这样苗根部封冻晚，解冻早，冻结期缩短，便于安全越冬。

（2）覆盖防寒　其作用是提高地温，保持土壤湿度，减少冻层厚度，从而达到保护苗木安全越冬的目的。如新移植的竹子、雪松苗等，可在架风障的同时，在根部覆以马粪或落叶、锯木等物，使土壤晚结冻早解冻、并使冻土层减薄，利于苗木安全越冬。

（3）假植防寒　多用于小苗期抗寒性较差的一些树种，如悬铃木、紫藤、紫荆、大叶黄杨、雪松小苗等。结合翌年春季移植，入冬前掘苗，分级入沟、入窖进行假植。这种方法安全可靠，又为翌年春季施工提前做好了准备工作。

（4）风障防寒　当苗木规格较大，苗干较粗硬，或较珍贵的大苗如雪松、龙柏、玉兰、大叶女贞等，不能采用埋土防寒时，可架设风障防寒。它可以起到营造局部背风向阳的小气候，增加局部环境温度、湿度的作用。风障材料可用玉米秸、高粱秸，现在大多使用聚丙烯彩条编织布，成本较高。风障应架设在苗区的北侧和西侧，高度应以保护对象的高度进行设计，风障防寒的有效控制距离为风障高的10倍。此外，风障应架设支柱、纤绳，保持其牢固。在设风障防寒的同时、还可结合松土、涂白等其他防寒措施。

（5）塑料大棚防寒　塑料薄膜大棚具有推迟土壤结冻期，提前解冻期，延长生长期的作用。同时还因为棚内无风、湿度大，幼苗不会出现生理干旱。故对珍贵小苗及南方引种的幼苗，如有条件时，应搭塑料棚防寒。其方法为先用钢筋或竹板、木棍等做弓形棚架架于苗上，然后把塑料薄膜盖上拉紧埋好。到早春需注意塑料棚的通风，冬季下雪应及时清扫棚上积雪，并随时检查有无破口，如有破口随时修补。

（6）灌冻水　利用水的比热容较大、当水冷却结冰时能放出热量的特性来进行灌水防寒。浇灌冻水有两个作用，一是增加土壤湿度，使幼苗在入冬前吸足水分。可相对增加抗风能力，减少抽条的可能性。对一些比较耐寒的树种，在一般情况下也需浇灌冻水。二是浇足浇透水分可以增加土壤的热容量，提高地温，缓解土壤温度降低时对苗木根系的影响和生理干旱所产生的危害。灌冻水的时间不要太早，一般在封冻前较好，灌水时水量要大。

（7）涂白防寒　涂白指使用涂白剂刷苗木枝干，形成保护膜，从而起到抗风保湿、保温，减少树干皮部水分蒸腾的作用。白色涂剂白天能反射日光，使树干温度不至太高，夜晚白膜又使温度不至于太低，减少温差，故能起到防寒作用。对一些抗寒性稍差和苗干怕日灼的苗木，如香椿、柿树、合欢、悬铃木等常用此法。具体配方是生石灰5kg、硫磺0.5kg，水20kg。一般涂白高度在1～1.5m。

2　苗木防暑降温

许多原属高海拔地区或冷凉地区生长的树种，其生态习性决定了在高温、干燥的环境中很难适应，必然导致生长发育不良。因此，苗木防暑成为了园林苗木培育过程中必不可少的一个环节。造成苗木受到高温伤害的主要原因是在气温比较高、空气湿度小的条件下，植株的蒸腾作用强度增加了，超出了其能忍耐的极限，从而对植物造成伤害。苗木高温伤害在北方地区以仲夏和初秋最为常见。

2.1　苗木高温伤害的类型　高温对苗木的影响，一方面表现为组织和器官的直接伤害——日灼；另一方面表现为呼吸加速和水分平衡失调的间接伤害——代谢干扰。

2.1.1　直接伤害　夏秋季由于气温高，水分不足，蒸腾作用减弱，致使苗木体温难以自我调节，造成叶、枝、干的皮层或其他器官表面的局部温度过高，伤害细胞生物膜，使蛋白质失活或变性，导致皮层组织或器官溃伤、干枯，严重时引起局部组织死亡。

2.1.2　间接伤害　苗木在达到临界高温以后，光合作用开始迅速降低，呼吸作用继续增加，消耗了本来就可以用于生长的大量碳水化合物，使生长下降。高温引起蒸腾速率的提高，也间接降低了苗木的生长和加重了对苗木的伤害。

2.2　高温伤害的防治

2.2.1　搭荫棚　荫棚分为上方遮阴和侧方遮阴两类。上方遮阴又分为平顶式、斜顶式和拱顶式三种。生产上多采用上方遮阴平顶式荫棚，荫棚高40～60cm，上盖苇帘、竹帘、遮阳网等。荫棚透光度，要求达到50%左右。遮阴时间一般从上午9：00到下午3：00，其余时间或阴雨天气，都应揭除。随着苗木长大，遮阴时间可逐渐缩短。待苗木枝干木质化程度较高、气温稳定在35℃以下时，荫棚即可撤除。

2.2.2 喷灌降温 用电子自动喷雾设施，在高温时间歇性喷雾，降温效果很好。既不会影响太多的光照，又可以增加土壤湿度和空气湿度。

2.2.3 间作遮阴 将易受日灼暑害的小苗，种在耐暑耐旱树种的大苗行间，可减轻小苗的暑害。

2.2.4 提早播种 有些树种，在播种之前，采取温水浸种和湿沙拌种等措施催芽，提早播种出苗，使初生幼苗，在盛夏高温到来之前，已长大木质化，增强了抗热能力。

以上防暑措施，应因地因树种选用，有时要综合几种措施，以提高防暑效果。

【任务过程】

3 苗木防寒和防暑技术

3.1 防寒

3.1.1 土埋法 埋土厚度因地而异，一般以超过苗梢1～10cm为宜。苗床南侧覆土宜稍厚。生长高的苗木可以卧倒用土埋住。

3.1.2 设防风障 一般在土壤结冻前用秋秸建立防风障。针叶树苗每隔2～3床，用秋秸等建一道障，风障的长度与主风方向垂直设立，梢端向顺风方向稍倾斜或垂直均可。

3.2 防暑

3.2.1 苗木遮阴 苗木遮阴是降低地表温度，减少苗木蒸腾和土壤水分蒸发，防止苗木日灼，提高苗木的成活率和质量的重要措施。遮阴主要考虑苗木的生物学特性、天气及育苗成本等因素。苗木本身特性应作首要考虑因素。

移栽小苗尤其是芽苗移栽，以及扦插苗移栽后，应搭建平顶式荫棚，即在苗床（垄）或苗圃地周围每隔一段距离（4～6m）打木桩，拉上铁丝网，高度一般为1.6～2.0m，以便作业。遮阳网透光率、遮阳时间要随着气候变化及一天中早中晚温度、光照变化情况进行选择和确定。苗木遮阴成本较高，管理也较复杂，但它能给苗木降温，使苗木度过高温逆境。

3.2.2 覆草和喷灌降温 在播种行行间盖草，能降低温度8℃以上，效果较好。喷灌或用地面灌溉都能起到降低地温的作用。

项目 7 苗木质量评价与出圃

苗木出圃，是园林苗圃中苗木经培育至一定规格后，从生长圃地挖起，用于绿化栽植的过程的总称。苗木出圃是苗木培育过程中的最后一个重要环节，关系到苗木的质量、栽植成活率和经济收益。出圃工作做得好、做得细，就可以提高苗木质量，减少苗木损失，保证合格苗的产量。相反，如果在出圃环节不注意，不严格按照操作程序，就容易造成苗木受损，降低苗木质量与产量。所以，人们必须给予足够的重视，做好出圃前的准备工作，通过科学的调查苗木，了解各类苗木的产量和质量，作出苗木生产统计与供应计划。

本项目通过对苗木出圃中苗木调查、起苗、分级、检疫、消毒、包装、运输、贮藏、假植等任务的学习，使学生掌握园林苗木的调查和质量评价的方法；苗木掘取与分级的方法；园林苗木包装、运输、假植和贮藏中的技术；园林苗木的检疫和消毒的主要措施。

本项目重点包括园林苗木的调查与质量评价、起苗与分级、消毒与检疫的方法及原理；包装与运输、贮藏的方法等内容。由于绿化任务的需求不同，出圃苗木也各异，因此本项目教学过程中，应让学生了解不同类型的苗木出圃过程的特点。在此基础上，结合实习实训，运用案例教学法让学生掌握常见苗木的出圃方法。

任务 1 园林苗木产量与质量调查

【任务介绍】苗木调查，是指在秋季苗木停止生长后对全圃苗木进行的产量和质量的调查。通过苗木调查，能够帮助苗圃管理人员了解各类苗木的数量和质量，以便作出苗木的出圃计划和生产计划。此外通过调查，可进一步掌握各种苗木的生长发育状况，科学地总结育苗经验，为今后的生产提供科学依据。

【任务要求】通过本任务的学习及相应实习，使学生达到以下要求：①了解苗木调查的目的；②掌握苗木调查的时间、方法及注意事项。

【教学设计】开展苗木调查首先要确定调查区的范围，选择合适的调查时间和采用科学的调查方法进行苗木调查。尤其要注意样地选择的代表性。

针对不同树种、不同育苗方法、不同苗木种类和苗龄选择合理的调查方法，因此，重点应让学生理解影响调查样地选择、调查时期确定和调查方法确定的因素，从而掌握根据育苗要求和树种特性开展合理调查的技能。

教学过程以完成苗木调查的过程为目标，同时应该让学生学习苗木调查过程中的相关理论知识。可以采用讲授法，在讲授过程中注意对不同育苗方法、不同苗木种类进行分类并比较。建议采用多媒体进行教学。还可结合实践开展常见园林树木的苗木调查实习。

【理论知识】

苗木调查是指在苗圃地采用各种抽样的方法，对苗木的数量和质量进行调查统计。苗木调查产量精度要达到 90% 以上，质量精度要达到 95% 以上。

1 苗木调查时间

为使调查所得数据真实有效，苗木调查的时间一般选择在每年苗木高、径生长结束后进行，落叶树种在落叶前进行。因此，出圃前的调查通常在秋季。生产上也为核实苗圃育苗面积、检查苗木出土和生长情况，在每年 5 月调查一次。

2 苗木调查的方法

常用的调查方法有标准行法、标准地法、计数统计法、抽样调查法等。

2.1 标准行法 在调查的苗木生产区中，每隔一定的行数，选出一行作标准行。把全部标准行选定后，再在标准行上选出一定长度有代表性的地段，在选定的地段量出苗高、地径（胸径）、冠幅、根系长度和大于 5cm 长的 I 级侧根数等质量指标，记录在苗木调查统计表中（表 7-1）。计算调查地段苗行的总长度和每米苗行上的平均苗木数，以此推算出每公顷的苗木数量和质量，进而推算出全生产区的苗本数量和质量。

表 7-1 苗木调查统计表

树种： 育苗方式： 苗龄： 面积： 调查比例：

标准地或行号	调查株号	高度 /cm	地径 /cm	冠幅 /cm	根系长度 /cm	大于 5cm 的一级侧根数

调查人： 调查时间：

标准行法适用于移植苗区、嫁接苗区、扦插苗区、条播苗区和点播苗区。间隔的行数视苗木面积而定，面积小间隔的行数可少一些，面积大间隔的行数可多一些，一般是 5 的倍数。一般标准段长 1m 或 2m，大苗可长一些，样本数量要符合统计抽样要求。

2.2 标准地法 适用于苗床育苗、播种的小苗。在育苗地上均匀地每隔一段距离，选出有代表性的面积为 1m^2 的小块标准地若干，在小块标准地逐一调查苗木的数量和质量（苗高、地径等），记录在苗木调查统计表中（表 7-1），并计算出每平方米苗木的平均数量和质量指标，再推算出全生产区的苗木产量和质量。

应用标准行和标准地调查时，一定要从数量和质量上选有代表性的地段进行调查，否则调查结果不能代表全生产区的情况。标准地或标准行面积一般占总面积的 2%～4%。

2.3 计数统计法 对于针叶树大苗和珍贵树种的大苗，为了做到统计数字准确，也常进行逐株点数，并抽样量出苗高、地径、冠幅等，计算出平均值，以掌握苗木的数量和规格。根据育苗地的面积，计算出单位面积产苗量和各种规格苗木的数量。小型苗圃为了精确了解情况，也可采用点数的方法进行苗木调查。

2.4 抽样调查法 为了保证苗木调查的精度，苗木数量大的育苗区可采用抽样调查法。要求达到 90% 的可靠性、90% 的产量精度和 95% 的质量精度。这种调查方法工作量小，又能保证调查精度。

3 调查内容与统计

苗木调查时要按树种、育苗方法、苗木的种类和苗龄等项分别进行调查和记载，分别计算，并将合格苗和等外苗分别统计，汇总后填入苗木调查汇总表（表7-2）。

3.1 调查内容

1）统计样地的全部苗木数量，同时将有病虫害、机械损伤、畸形、双顶芽等的苗木分别记载。

2）园林生产上用的苗木质量分级指标以苗高、地径、根幅、大于5cm长的Ⅰ级侧根数等为主。苗木调查必须用游标卡尺、直尺、钢卷尺测量样地内苗木的地径或胸径、苗高、冠幅、枝下高，记载入表（表7-2）；并对苗木受病虫危害、机械损伤程度及干形状况进行登记。

表7-2 苗木调查汇总表

树种	苗木种类	育苗方式	苗龄/年	总产苗量/株	合格苗数							留圃苗		
					合计	Ⅰ级苗			Ⅱ级苗					
						计/株	$\overline{H}$（平均高）/cm	$\overline{D}$（平均地径）/cm	计/株	$\overline{H}$/cm	$\overline{D}$/cm	计/株	$\overline{H}$/cm	$\overline{D}$/cm

调查人： 调查时间：

3.2 苗木的产量和质量计算

3.2.1 计算调查区的施业面积（毛面积）、净面积等

施业面积（hm^2）=调查区长×平均床（垄）宽×总床（垄）数

床（垄）作净面积（m^2）=被抽中床（垄）的平均长度×平均床（垄）宽×总床（垄）数

床（垄）的总长度（m）=平均床（垄）宽×总床（垄）数

3.2.2 计算调查区总产苗量和单位面积产苗量

床（垄）作总产苗量=[床（垄）的净面积/样地面积]×样地平均株数

每公顷产苗量=净面积总产苗量/施业面积

每平方米产苗量=净面积总产苗量/净面积

每米产苗量=净面积总产苗量/样地总长度

3.2.3 苗木质量计算 通常先算出出圃苗木的平均高（$\overline{H}$）、平均地径（$\overline{D}$）、平均根系长度和大于5cm长的Ⅰ级侧根数等，再按现行国标规定将苗木分级。分别算出各级苗木数量。最后将调查的质量结果填入调查统计表（表7-1）。

【任务过程】

4 抽样调查法过程

4.1 划分调查区 将树种、育苗方式、苗木种类和苗龄等都相同的育苗地划分为几个调查区，进行抽样调查统计。当调查区内苗木密度和生长情况差异显著，而且连片有明显界限，其面积占调查区面积10%以上时，则应分层抽样调查。

调查区划分后，测量调查区毛面积（包括水渠和步道），并将全部苗床或垄按顺序进行统一编号，以便抽取样地。

4.2　确定样地面积　样地是指在调查区内抽取的有代表性的地段。根据样地的形状，分为样行、样方和样圆。实际调查中苗木成行的（如条播）采用样行，苗木不成行的（如撒播）采用样方。样地面积应根据苗木密度来确定，小苗一般以苗木密度中等处样地内至少有 30 株来确定面积，较大的苗木一般以苗木密度中等处样地内至少 15 株来确定面积。

4.3　确定样地数量　样地数量的多少，直接影响调查精度和调查工作量。样地越多，精度越高，但调查工作量也越大。因此，样地数量应以满足精度要求的最少样地数为宜。一般密度均匀，苗木生长整齐则样地宜少；否则，样地可适当增多。生产上常用经验数字法预估样地数量。

实际调查中，一般认为初设样地 20～50 个就能达到产量精度 90%、质量精度 95% 的要求。如果苗木的密度和生长情况差异不大时，可初设 20 个样地。然后按照布点调查样地内的苗木数量、质量，计算调查精度。如果达到所要求的调查精度，外业即结束；如果未达到精度要求，则用调查所得到的产量变异系数，代入公式，算出实际需要的样地数。

$$n=(t\times c/E)^2 \tag{7-1}$$

式中，n 为样地数量；t 为可靠性指标（可靠性指标定为 90% 时 $t=1.7$）；c 为变异系数；E 为允许误差百分数（精度规定为 95% 时，允许误差百分数为 5%）。

由上式可知，样地数是由 c、t、E 三者决定的，其中 t、E 是给定的已知数，只有变异系数 c 为未知数，可依据过去的资料确定，也可根据极差来确定。因根据正态分布的概率，中心值两边各 2.5 倍标准差范围内的概率为 96%，而所要求的精度为 95%，所以用标准差的 5 倍来估算是可行的，再由极差估算该调查的标准差，然后由标准差求变异系数。其具体做法是在调查区内选择苗木密度较大的一个样地，再选一个密度较小的样地，两个样地苗木株数之差为极差。

现以一年生落叶松播种苗为例：密度为 0.25m^2 样地 20 株计算，调查结果较密处有 27 株、较稀处为 13 株，则：

极差　$R=27-13=14$

粗估标准差　$S=\dfrac{R}{E}=14/5=2.8$

粗估样地平均株数　$\overline{X}=20.786$

粗估变异系数　$c=\dfrac{S}{\overline{X}\times 100\%}=\dfrac{2.8}{20.786}\times 100\%=13.47\%$

粗估需设样地数　$n=\left(\dfrac{t\times c}{E}\right)^2=\left(\dfrac{1.7\times 13.47\%}{5\%}\right)^2=21$

4.4　样地的设置　样地的布点一般有机械布点和随机布点两种方法，生产中多采用机械布点。设置样地前要测量苗床（垄）长度及两端和中间的宽度，平均宽度乘长度为净面积。机械布点还要求测量苗床（垄）总长度。机械布点是根据苗床（垄）总长度和样地数，每隔一定距离将样地均匀地分布在调查区内。其优点是易掌握，故应用较多。

随机布点要经过3个步骤。第一，根据调查区苗床（垄）的多少和需要样地数量，确定在哪些苗床（垄）上设置样地。例如，粗估样地数15个，共有60个苗床，则60/15=4（床），即每4床中抽取一个床，也就是每隔3床抽1床。被抽中的床号是4、8、12……第二，查乱数表确定每个样地的具体位置。查表所取数据应不超过苗床（垄）长度，并且一般不取重复的数据。第三，根据查表取得的位置数据布点。如数据为3、8、5……则第1个样地的中心在4号苗床（垄）3m处，第2个样地在8号苗床（垄）8m处，第3个样地在12号苗床（垄）5m处。

4.5　苗木调查　样地布设后，统计样地内的苗木株数，并每隔一定株数测量苗木的苗高和地径（或胸径、冠幅），填入调查登记表（表7-3）。根据经验，当苗木生长比较整齐时，测量100株苗木的苗高和地径（或胸径、冠幅），质量精度可达95%以上的精度要求。生产中一般先测100株，调查后若精度达不到要求，再用调查得出的变异系数计算应测株数（公式与样地数计算公式相同），补设 n～100株进行调查。如假设抽12块样地，粗估每块样地内平均苗木数为50株，需要测100株时，则（50×12）/100=6（株），即在12块样地约600株苗木中，每隔5株测定1株。

表7-3　苗木调查登记表

树种：　　　　　　　　　　苗龄：　　　　　　　　　　育苗方式：

调查床序号	苗床净面积						随机数表读数	样地株数					样地面积/m²	样地苗木质量
	床长/m	床宽/m				面积/m²		序号	株数					
		左端	中间	右端	平均				样方1	样方2	样方3	合计		

注：测量精度要求，苗高一位小数，地径两位小数，单位为cm。

苗木生长比较整齐时，测量数可比不整齐的少些。具体测量数量见表7-4。检测时可根据所需数量去样地上随机或每隔几株测定。

表7-4　苗木检测抽取样苗数量表

苗木株数/万株	抽样数/株	苗木株数/万株	抽样数/株
0.1以下	50	5.0～10.0	350
0.1～1.5	100	10.0～50.0	500
1.5～5.0	200	50以上	750

4.6　精度计算　样地内苗木调查结束后，首先计算精度，当计算结果达到规定的精度

（可靠性为90%，产量精度为90%，质量精度为95%）时，才能计算调查区的苗木产量和质量指标，精度计算公式如下。

1）平均数（$\overline{X}$）。

$$\overline{X}=\frac{\sum_{i=1}^{n}X_i}{n} \tag{7-2}$$

2）标准差（S）。

$$S=\sqrt{\frac{\sum_{i=1}^{n}X_i^2-n\overline{X}^2}{n-1}} \tag{7-3}$$

3）标准误（$S_{\overline{X}}$）。

$$S_{\overline{X}}=\frac{S}{\sqrt{n}} \tag{7-4}$$

4）误差率。

$$E=\frac{t\times S_{\overline{X}}}{\overline{X}}\times 100\% \tag{7-5}$$

5）精度（P%）。

$$P=1-E \tag{7-6}$$

若精度没有达到规定要求，则需补设样地。补设样地数是根据实际调查材料算出变异系数，代入粗估样地数公式，求出需设样地数，减去已经调查的样地数，即为应补设样地数。

例如：落叶松一年生播种苗，初设14块样地，调查结果见表7-5。

表7-5　样地调查数据（孙时轩，2001）

样地号	各样地株数X_i	各样地株数平方值X_i^2	样地号	各样地株数X_i	各样地株数平方值X_i^2
1	20	400	9	13	169
2	25	625	10	19	361
3	14	196	11	13	169
4	16	256	12	15	225
5	20	400	13	8	64
6	20	400	14	18	324
7	18	324	合计	239	4313
8	20	400			

平均值　$$\overline{X}=\frac{\sum_{i=1}^{n}X_i}{n}=\frac{239}{14}=17.07\text{（株）}$$

标准差　$$S=\sqrt{\frac{\sum_{i=1}^{n}X_i^2-n\overline{X}^2}{n-1}}=\sqrt{\frac{4313-14\times17.07^2}{14-1}}=\sqrt{17.97}=4.24$$

标准误　$$S_{\overline{X}}=\frac{S}{\sqrt{n}}=\frac{4.24}{\sqrt{14}}=1.13$$

误差率　$$E=\frac{t\times S_{\overline{X}}}{\overline{X}}\times100\%=\frac{1.7\times1.13}{17.07}\times100\%=11.29\%$$

精度　$$P=1-E=1-11.29\%=88.71\%$$

由于精度未达到 90% 的要求，还需补设一些样地。

变异系数　$$c=\frac{S}{\overline{X}}\times100\%=\frac{4.24}{17.07}\times100\%=24.84\%$$

样地数　$$n=\left(\frac{t\times c}{E}\right)^2=\left(\frac{1.7\times24.84}{10\%}\right)^2=17.8\approx18$$

将 18 个样地调查产量数据重新进行精度计算，调查数据见表 7-6。

表 7-6　样地调查数据表（孙时轩，2001）

样地号	各样地株数 X_i	各样地株数平方值 X_i^2	样地号	各样地株数 X_i	各样地株数平方值 X_i^2
1	20	400	11	13	169
2	25	625	12	15	225
3	14	196	13	8	64
4	16	256	14	18	324
5	20	400	15	17	289
6	20	400	16	19	361
7	18	324	17	21	441
8	20	400	18	17	289
9	13	169	合计	313	5693
10	19	361			

平均值　$$\overline{X}=\frac{\sum_{i=1}^{n}X_i}{n}=\frac{313}{18}=17.39$$

标准误　$$S=\sqrt{\frac{\sum_{i=1}^{n}X_i^2-n\overline{X}^2}{n-1}}=\sqrt{\frac{5693-18\times17.39^2}{18-1}}=3.83$$

标准差　$$S_{\overline{X}}=\frac{S}{\sqrt{n}}=\frac{3.83}{\sqrt{18}}=0.9$$

误差率 $E=\frac{t\times S_{\overline{X}}}{\overline{X}}\times100\%=\frac{1.7\times0.9}{17.39}\times100\%=8.8\%$

精度 $P=1-E=1-8.8\%=91.2\%$

即该落叶松育苗地设置18个样地即可达到产量调查精度要求。

18个样地的计算结果表明调查苗木株数达到了精度要求。然后用同样的方法计算苗木质量（苗高和地径）精度，若质量精度也达要求，才能计算苗木产量和质量指标。否则需补测苗木质量株数，其方法和补设样地的方法相同，直到达到精度要求为止。

任务2 园林苗木质量标准与评价

【任务介绍】苗木是园林绿化建设的物质基础，是绿化景观效果的关键所在。因此，必须把好出圃苗木的质量关，确保出圃苗木为优质壮苗，在城市绿化中充分发挥其观赏价值、绿化效果和生态功能，满足各层次绿化的需要。对出圃苗木制定相关的质量标准并开展质量评价显得尤为重要。

【任务要求】通过本任务的学习及相应实习，使学生达到以下要求：①了解苗木质量指标和规格要求；②掌握园林苗木质量评价指标；③掌握园林苗木质量评价常用方法。

【教学设计】要完成苗木质量评价首先要明确园林苗木质量指标和规格要求，选择合适的评价方法进行苗木质量评价，最后综合多个评价结果，确定优质苗木。

不同树种、不同育苗阶段、不同绿化任务有相应的出圃规格和质量标准要求，因此，在教学过程中重点应在让学生了解常见不同类型苗木的质量指标和规格标准，理解合理选择苗木质量评价指标和苗木质量评价方法的重要性，从而掌握根据育苗要求和树种特性开展苗木质量评价的技能。

教学过程以完成苗木质量评价为目标，同时让学生学习苗木质量评价过程中的相关理论知识。可以采用讲授法，在讲授过程中注意对不同育苗方法、不同苗木种类进行分类并比较。建议采用多媒体进行教学，还可结合实践开展常见园林树木质量评价方法。

【理论知识】

1 苗龄的表示方法

苗龄就是苗木的年龄，是从播种、插条或埋条到出圃，苗木实际生长的年龄。以经历1个年生长周期作为1个苗龄单位。苗龄用阿拉伯数字表示，第一个数字表示播种苗或营养繁殖苗在原地的年龄；第二个数字表示第一次移植后培育的年数；第三个数字表示第二次移植后培育的年数，数字间用短横线间隔，各数字之和表示苗木的年龄，称几年生。如：1-0，表示一年生播种苗，未经移植；2-0，表示二年生播种苗，未经移植；2-2，表示四年生移植苗，移植1次，移植后继续培育2年；2-2-2，表示六年生移植苗，移植2次，每次移植后各培育2年；0.2-0.8，表示一年生移植苗，移植1次，2/10年生长周期移植后培育8/10年生长周期；0.5-0，表示半年生播种苗，未经移植，完成1/2年生长周期的苗木；$1_{(2)}$-0，表示一年干二年根未经移植的插条苗、插根苗或嫁接苗；$1_{(2)}$-1，表示二年干三年根移植1次的插条、插根或嫁接移植苗，以上右下角括号内的数字表示插条苗、插根苗或嫁接苗在原地（床、垄）根的年龄。

2　苗木出圃的规格要求

苗圃培育的苗木必须达到额定规格才能出圃。苗木的出圃规格，要根据绿化任务的不同来确定。如用作行道树、庭荫树或重点绿化的地区，要求绿化美化立竿见影，苗木规格要求就要大些，而一般绿化或花灌木的定植规格要求就可小些。但随着城市建设的发展，人们对绿化美化的急切追求，对苗木的规格要求出现了逐渐加大的趋势。

2.1　大、中型落叶乔木　毛白杨、小叶白蜡、元宝枫、国槐、银杏等大、中型落叶乔木，要求树干通直，分枝点在2.8m、胸径在3cm以上即可出圃。胸径每增加0.5cm提高一个级别规格。绿化工程用落叶乔木，设计规格常为胸径7～10cm。

2.2　有主干、分枝点较低的观花、观果落叶小乔木、树种及乔化灌木　小乔木如桃叶卫矛、北京丁香、紫叶李、西府海棠、垂丝海棠、嫁接品种玉兰、碧桃等要求枝冠丰满、主干通直。出圃规格以地径（地面上30cm处）为计量标准，地径达2.5cm为最低出圃规格。在此基础上地径每增加0.5cm提高一个级别规格。

2.3　多干式灌木　自地表分枝，有3个以上分布均匀的主枝的苗木称为多干式灌木。灌木树型及体量差异很大，又可分为大、中、小3个类型。这类苗木出圃规格通常以苗的高度为计量标准。规格特别小的可用几年生表示，如月季、蔷薇、迎春、连翘等。

2.3.1　大型灌木　大型灌木如丁香、黄刺玫、珍珠梅、金银木、紫薇等出圃标准高度要求在80cm以上，在此基础上高度每增加30cm即提高一个级别规格。

2.3.2　中型灌木　中型灌木如海棠、玫瑰、金叶女贞等出圃高度要求在50cm以上，在此基础上苗木高度每增加20cm即提高一个级别规格。

2.3.3　小型灌木　小型灌木如丰花月季、麦李、连翘、迎春、花石榴等出圃高度要求在30cm以上，在此基础上高度每增加10cm即提高一个级别规格。有些苗木养护经过多次修剪培育，不好以高度表示，则以几年生苗来表示更为确切。如一年生苗、二年生苗……多年生苗。

2.4　绿篱用苗木　用作绿篱的苗木，既要求高度50cm以上，又要求基部枝叶要丰满。量化要求，合格绿篱出圃苗高度在80cm（黄杨在50cm）以上，冠幅不小于30cm，苗木高度每增加20cm即提高一个级别规格，如桧柏、侧柏、大叶黄杨、锦熟黄杨等。

2.5　常绿乔木　出圃常绿乔木要求苗木树冠丰满，有全冠和提干两种，有主尖的要主尖茁壮。常绿乔木的规格，主要以苗木高度为计量标准，高度在1.5m胸径在5cm以上为合格苗木，高度每提高0.5m即提高一个出圃级别规格。

2.6　攀缘类、藤本　攀缘类出圃苗木要求生长旺盛，枝蔓发育充实，腋芽饱满，根系发达。此类苗木不易采用量化指标规定等级，常以几年生来表示，增加1年生长量，即提高一个规格级别。如美国地锦、紫藤、金银花、小叶扶芳藤等，都以几年生来表示规格。

2.7　人工造型苗木　人工造型苗木由于经过人工修剪、嫁接等作业程序，增加了不少工作量，影响了植株正常的年生长量，量化标准比较复杂。既然是造型苗木，就要求达到造型标准，才能出圃。如大叶黄杨球、锦熟黄杨球，经过3～5年修剪，要求已经形成球形，再以球的高度及冠幅进行量化，如高1.5m、冠径1m的大叶黄杨球或锦熟黄杨球；龙爪槐、垂枝榆、垂枝碧桃等是以经过3～5年造型修剪后，基本形成垂枝树冠，冠幅达到 1m 以上为合格造型苗木，在此基础上对其胸径进行量化，和落叶乔木一样每增粗 0.5cm 即提高一个级别规格。特殊艺术造型的苗木不以规格论价。

2.8 桩景 桩景的使用效果日益被人们青睐，加之其经济效益可观，所以在苗圃中所占比例也日益增加，如银杏、榔榆、三角枫、对节白蜡等。桩景以自然资源作为培养材料，要求其根、茎等具有一定的艺术特色，其造型手法类似于盆景制作，出圃标准由造型效果与市场需求而定。

3 出圃苗木的质量要求

苗木质量的好坏直接影响栽植的成活率、养护成本和绿化效果，高质量的苗木是园林绿化建设的重要保证。一般苗木的质量主要由根系、干茎和树冠等因素决定。高质量的苗木应具备如下条件。

3.1 生长健壮，树形骨架基础良好，枝条分布均匀 总状分枝类的苗木，顶芽要生长饱满，未受损伤。其他分枝类型大体相同。苗木在幼年期就应培育出良好的树体和骨架基础，使之树形优美、长势健壮，符合绿化要求。

3.2 根系发育良好，大小适宜，带有较多侧根和须很，同时根不劈不裂 因为根系是苗木吸收水分和矿物质营养的器官，根系完整，栽植后能较快恢复，及时地给苗木提供营养和水分，从而提高栽植成活率，并为以后苗木的健壮生长奠定有利的基础。苗木带根系的大小应根据不同品种、苗龄、规格、气候等因素而定。苗木年龄和规格越大，温度越高，带的根系也应越多。

3.3 苗木的茎根比适当 苗木地上部分鲜重与根系鲜重之比，称为茎根比。茎根比大的苗木根系少，地上、地下部分比例失调，苗木质量差；茎根比小的苗木根系多，质量好。但茎根比过小，则表明地上部分生长小而弱，质量也不好。

3.4 苗木的高径比适宜 高径比是指苗木的高度与根颈直径之比，它反映苗木高度与苗粗之间的关系。高径比适宜的苗木，生长匀称。它主要决定于出圃前的移栽次数、苗间的间距等因素。年幼的苗木，还可参照全株的重量来衡量其苗木的质量。同一种苗木，在相同的条件下培养，重量大的苗木，一般生长健壮、根系发达、品质较好。

3.5 出圃苗木无病虫和机械损伤 危害性的病虫害及较重程度的机械性损伤的苗木，应禁止出圃。这样的苗木栽植后生长发育差，树势衰弱，冠形不整，影响绿化效果。有时还会起传染病虫害的作用，使其他植物受侵染。

3.6 针叶树种要有饱满的顶芽，且顶芽一定要没有开始萌动 对于萌芽力不好的针叶树种要有饱满的顶芽，且顶芽一定要没有开始萌动。有的树种苗木树梢、顶芽一旦受损，不能形成良好完整的树冠，影响造林和绿化效果。

以上是园林绿化苗的一般要求，特殊要求的苗木质量标准不同，视具体要求而定。如桩景要求对其根、茎、叶进行艺术的变形处理。假山上栽植的苗木，则大体要求“瘦、漏、透”。

4 苗木常见的质量指标

苗木质量的好坏直接影响栽植的成活率、绿化成本、对不良环境的抗逆性和绿化效果。反映苗木质量的指标包括形态指标、生理指标和艺术指标等。当前苗木质量评价的重要任务就是筛选出最能代表不同树种苗木质量的主要形态指标和生理指标，并将其应用于生产实际。

4.1 形态指标 苗木质量形态指标主要有苗高、地径、相对苗高（高径比）、根系发育状况、苗木重量、茎根比（冠根比）、病虫害和机械损伤等。由于形态指标易于观测，便于直观控制，因此在生产上广泛应用。

4.1.1 苗高 苗高是指苗木从根颈到顶梢的高度，是苗木分级的重要根据之一。优良的苗木应具有一定的苗木高度。如果苗木高度达不到要求的标准，则属等外苗。因徒长而造成苗木生长细高，是属于生长不正常。

4.1.2 地径 地径是指苗木主干靠近地面处的根颈部直径，通常称为地际直径或根径。它是苗木地上部与地下部的分界线。一般在苗龄和苗高相同的情况下，地径越粗的苗木质量越好，栽植成活率越高。调查结果表明，地径与根系的发育状况及苗木的其他质量指标呈正相关。所以，地径能够比较全面地反映出苗木的质量，是评定苗木质量的重要指标。一般生产上主要根据苗高和地径两个指标来进行苗木分级。

4.1.3 相对苗高 相对苗高为苗高与苗木地径之比。在苗高相同的情况下，地径越大，则相对苗高的数值越小，说明苗木粗壮。不同树种相对苗高具有很大差异，如核桃、栎类等树种播种苗相对苗高的数值比较小，而杨树等树种相对苗高的数值则比较大。同一树种，由于育苗技术和圃地条件的影响，相对苗高的数值也不完全一样，如油松移植苗，因根系发达，地径较粗，相对苗高数值较小；油松留床苗则因根系发育较差，地径较细，地上部生长旺盛，因而相对苗高数值较大。苗木过度遮阴或施氮肥过多，容易引起苗木徒长，往往相对苗高的数值过大，苗木细长，发育不匀称，质量较差。

4.1.4 根系发育状况 根系发育状况是指主根长度、侧须根数量、根幅范围等，它是评定苗木质量、进行苗木分级的重要指标。根系长度是从根基部靠近地表处至根端的自然长度。它是起苗时应保留的根系长度，在控制起苗深度上有重要作用。同样，根幅是从主根基部靠近地表处至四周侧根的长度，是起苗时应保留的侧根幅度，在控制起苗宽度上有重要意义。

4.1.5 苗木重量 苗木重量是指苗木干重或鲜重，通常以克（g）来表示。鲜重容易测定但数据不稳定。干重需要烘干后测量，但数据更稳定、可靠。干重反映的是苗木干物质积累状况，是指示苗木质量的较好指标。苗木重量可以是苗木总重量，也可以是各部分重量，如根重、茎重、叶重等。苗木干重只能用于抽样调查，以估测整个苗批的质量状况。

苗木重量是评定苗木质量的综合指标，能说明苗木体内贮藏物质的多少。其他指标近似而重量大的苗木，组织充实，木质化程度好，贮藏的营养物质多，抗逆性强。

4.1.6 茎根比 茎根比（或冠根比）是指苗木地上部与地下部重量之比。冠根比值的大小反映出地下部根系与地上部苗茎生长的均衡程度，实际就是反映苗木水分和营养状况的收支平衡。茎根比是受到广泛重视的形态指标之一。在同一树种、同一苗龄的情况下，冠根比值小，表明苗木根系发育良好，根系多、粗壮，栽植后容易成活。

4.1.7 顶芽 顶芽的有无和大小对一些萌芽力弱的针叶树种非常重要，发育正常而饱满的顶芽是合格苗木的一个重要条件，如油松和樟子松等苗木。因为顶芽越大，芽内原生叶的数量越多，苗木的活力越高，移栽后的生长量越大。但对大多数阔叶树种及一些速生针叶树种（如火炬松）而言，顶芽与苗木质量的关系不大。

4.2 生理指标 苗木质量生理指标主要有苗木水分状况、碳水化合物含量、苗木矿质营养状况、生长调节物质状况、导电能力、根系活力、叶绿素含量、有丝分裂指数、打破芽休眠的日期、胁迫诱导挥发性物质等。

4.2.1 苗木水分状况 大量研究和生产实践证明，定植后苗木死亡的一个重要原因就是苗木水分失调。过去主要是以含水量来反映苗木水分状况，目前采用水势评价苗木水分状况。用压力势技术测定苗木水势，可根据测定结果初步判断栽植成功的可能性，并对苗木进行分级。仅仅用压力势测定水势与测定含水量、失水率一样，有可能把吸足水的死苗评定为壮苗，而 P-V 技术（压力－体积曲线法）可解决这个问题。枯死苗木的根系细胞已遭破坏，失去了半透膜的控水能力，在压力室稍加压力，水分几乎一次全部排出，继续增压，几乎排不出更多水分，其 P-V 曲线几乎垂直于横轴；而吸足水分为壮苗，根细胞膜完整，有很强的控水能力。

4.2.2 碳水化合物含量 碳水化合物是苗木体内重要的营养物质，为苗木的生长提供能量和原料。苗木栽植后能否迅速长出新根，是园林苗木成活及生长表现的关键之一。根的萌发及生长需消耗大量碳水化合物。尤其当苗木碳水化合物不足时，碳水化合物含量与苗木栽植后的生长表现关系十分密切，成为苗木正常生长的限制因素。因此，可以用苗木体内碳水化合物的相对含量作为苗木质量的生理指标。

4.2.3 导电能力 植物组织的水分状况及植物细胞膜的受损情况与组织的导电能力紧密相关。干旱及其他任何环境胁迫都会造成植物细胞膜的破坏，从而使细胞膜透性增大，对水和离子交换控制能力下降，钾离子等离子自由外渗，从而增加其外渗液的导电能力。因此通过对苗木导电能力的测定，可在一定程度上反映苗木的水分状况和细胞受害情况，以起到指示苗木活力的作用，也可以对越冬贮藏休眠苗木进行苗木病腐和死活的鉴定。

4.2.4 苗木矿质营养状况 苗木体内的矿质营养状况与苗木质量密切相关。有 17 种营养元素参与苗木生长和发育，其中既有大量元素也有微量元素。这些营养元素是苗木生长所必需的，任何一种元素的不足都会造成苗木生长不良；任何营养元素的过剩，都会对苗木生长产生不利影响，甚至起毒害作用。只有各种营养物质平衡、足量地供给苗木，苗木才能健壮生长。因此，通过测定苗木体内矿质营养元素的含量，并与苗木所需营养元素的标准含量进行比较，就能对苗木的生长状况进行评定，以便提出改善苗木营养状况的措施或对苗木质量作出评价。苗木矿质营养状况诊断的方法主要是症状分析、施肥实验和组织化学分析等。

4.3 苗木活力 苗木在正常的生态条件下，定植后能迅速成活并形成完整植株的潜在能力，称为苗木活力。苗木的不同器官如根、茎、叶的生命力并不是等同地影响着苗木的活力，绝大多数树种的实生苗，苗木根系的生命力直接同苗木生命力相关联。苗木根系的生命力一旦丧失，苗木活力也随之失去。

根生长活力（也称为根生长势或根生长潜力），是指苗木在适宜环境条件下新根发生及生长的能力，是评价苗木活力最可靠的方法。根生长活力不仅能反映苗木的死活，更重要的是它能指示不同季节苗木活力的变化情况，这对于种苗活力大小、抗逆性强弱、选择最佳起苗和绿化时期有重要意义。由于其测定时间较长，一般需 2～4 周，在一定程度上限制了它的推广应用。

【任务过程】

5 各类质量指标的测定

5.1 形态指标的评价 苗木形态指标的测量简单直观，因此在测定苗木质量时首先对苗木开展形态指标测定。

5.1.1 苗木质量调查内容 主要是苗高、地径、主根长、Ⅰ级（长≥5cm）侧根数和根幅等。这些指标的检测方法如下。

1）地径。用游标卡尺测量，如测量的部位出现膨大或干形不圆，则测量其上部苗干起始正常处，读数精确到 0.05cm。

2）苗高。用钢卷尺或直尺测量，自地径沿苗干量至顶芽基部，读数精确到 1cm。

3）主根长。用钢卷尺或直尺测量，从地径处量至根端，读数精确到 1cm。

4）Ⅰ级（长≥5cm）侧根数。点数直接从主根上长出的长度在 5cm 以上的侧根条数。

5）根幅。用钢卷尺或直尺测量，以地径为中心量取其侧根的幅度，如两个方向根幅相差较大，应垂直交叉测量两次，取其平均值，读数精确到 1cm。

5.1.2 苗木等级标准 根据国家技术规定（GB 6000—1999），苗木质量等级以综合控制条件、根系、地径和苗高为确定合格苗的数量指标。

综合控制条件达不到要求的为不合格苗木，达到要求者以根系、地径和苗高 3 项指标分级；分级时首先看根系指标，以根系所达到的级别确定苗木级别，如根系达Ⅰ级苗要求，苗木可为Ⅰ级或Ⅱ级，如根系只达到Ⅱ级苗的要求，该苗木最高也只为Ⅱ级，在根系达到要求后按地径和苗高指标分级，如根系达不到要求则为不合格苗。

合格苗分为Ⅰ、Ⅱ两个等级，由地径和苗高两项指标确定，在苗高、地径都属同一等级时，以地径所属级别为准。苗木调查记录表见表 7-7。

表 7-7 苗木调查记录表

树种： 苗龄： 样地号： 调查数量：

株号	地径 /cm	苗高 /cm	根系长 /cm	Ⅰ级侧根数	根幅 /cm	质量等级			备注
						Ⅰ级	Ⅱ级	不合格	

5.1.3 苗木重量测定 测定苗木重量之前应将苗木清洗干净，擦干表面水分后及时称量鲜重。测定苗木干重时，应将洗净的苗木装于纸袋内，置烘箱中烘干，烘箱的温度保持在 60～70℃，这一温度范围可以使苗木体内的分解酶变性（>60℃）又不会导致热分解和氮挥发（<70℃）。等到苗木烘至恒定重量时，便可取出并立即称重，烘干过程通常需要 24h 左右。

5.2 生理指标的评价 形态指标直观，易操作，生产上应用较多。但形态指标只能反映苗木的外部特征，难以说明苗木内在生命力的强弱。因为苗木的形态特征相对比较稳定，在许多情况下，虽然苗木内部生理状况已发生了很大变化，但外部形态却基本保持不变。因此，人们评价苗木质量注意力逐渐由形态指标深入到生理指标，常见的苗木质量生理指标主要有苗木水分状况、矿质营养状况、碳水化合物含量、细胞浸出液电导率、根系活力、叶绿素含量等。这里重点介绍苗木水分状况、细胞浸出液电导率、根系活力这三种。

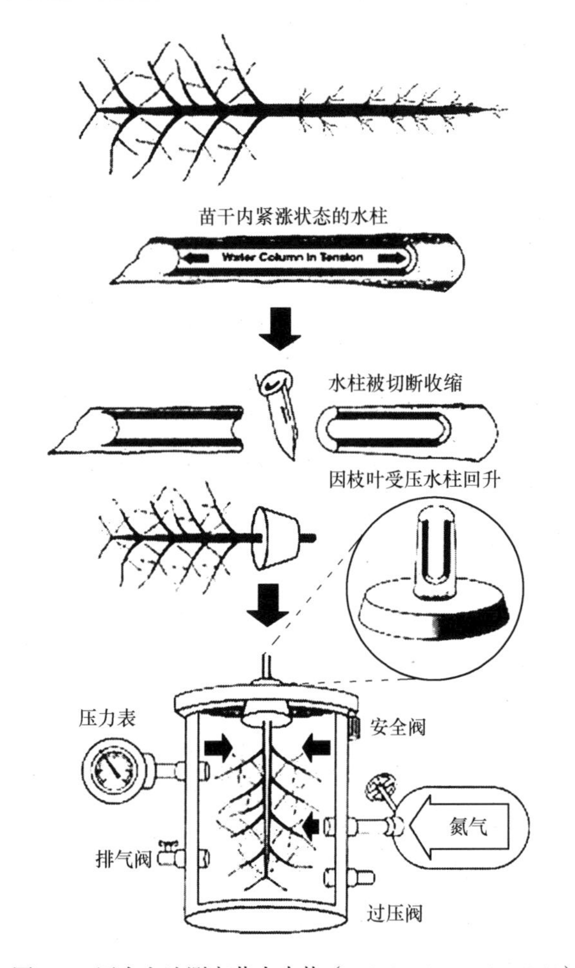

图 7-1　压力室法测定苗木水势（Scholander et al., 1964）

5.2.1　水分状况测量　苗木起出后到定植前，防止苗木失水是提高种植成活率的重要技术环节，从而认为测量苗木体内的含水状况，是评定苗木质量的一种手段。测量苗木水分状况的最好办法是测定它的水势。测量水势的方法有压力室法、热电偶湿度计法、平衡溶液法、冰点渗压计、压力探针等。其中 Scholander（1964，1965）的压力室已成为野外测量苗木水势的一种快速而可靠的方法（图 7-1）。这种方法是将一个叶芽、针束或针叶放入一个特制的压力夹中，使其切面突出，通过气缸供压直到切面上出现液汁为止，通常认为，此时所表示的压力量即测试器官细胞的水势。这种测量方法通常只用 2～3min。

5.2.2　细胞浸出液电导率

1）首先用水将根系表面的土洗净，然后用去离子水洗净根系表面可能存在的离子。

2）取苗木根系中心部位的部分，通常为离根茎处 2.5cm 以外的根系。

3）除去根系样品中大于 2mm 的根系，仅留下须根。

4）将须根置于盛有 16mL 去离子水的 28mL 玻璃容器中。

5）盖好容器、摇匀，在室温下放置 24h。

6）用温度补偿电导仪测定溶液的电导率值，即为 Cl。

7）将样品在 100℃下灭活 10min。

8）测定死组织溶液的电导率值，即为 Cd。

9）活组织的电导率值除以死组织的电导率值即得到根系浸出液相对电导率：

$$REL=\left(\frac{\mathrm{Cl}}{\mathrm{Cd}}\right)\times 100\% \qquad (7\text{-}7)$$

电导率不但可用于直接测定苗木的耐寒能力，而且可用于预测苗木对寒冷胁迫的反应。电导率还可以用于估测耐寒能力的遗传变异、空气污染对苗木的影响和其他胁迫如叶片失水对苗木的影响等。电导率测定具有快速、测定样品量大、精确和成本低等优点。不足之处为有损检测、测定基准因季节而变化。

5.2.3　根系活力（以根系脱氢酶活性为例）

1）取 10～15 株苗木、洗净、吸去表面水分，将小于 2mm 粗的须根剪成小于 2mm

长小段，充分混合后称取 0.2～1.0g 放入小烧杯或试管中，加入 0.4% 2, 3, 5- 三苯基四氮唑氮化物（TTC）溶液 5mL，0.1mol/L 磷酸缓冲溶液（pH 为 7.5）5mL，使根系全部浸入反应液中，放入 20℃左右恒温的黑暗条件下反应 24h。滴入 2mol/L 的 $H_2SO_4$2mL 以终止反应。

2）倒出 TTC 溶液，将根段用蒸馏水冲洗数遍，用滤纸吸去表面水分，将根段置于研钵中，加入 4～5mL 乙酸乙酯和石英砂，充分研碎，提取还原的 TTCH，此时根段吸附的红色 TTCH 溶于乙酸乙酯中。稍待，使溶剂和残渣分开后，将红色溶剂小心地用吸管吸入具塞刻度试管中，继续用乙酸乙酯提取 4～5 次，直到提取的溶剂呈无色为止。

3）再用乙酸乙酯将刻度试管中的提取液稀释至刻度，用分光光度计于 485nm 处测定光密度，从标准曲线上计算出 TTCH 的量。以每小时每克鲜重（或干重）根系还原 TTCH 的微克数［μg/（g·h）］表示根系活力。

根系活力＝（TTCH 量 × 稀释倍数）/（根鲜重 × 实际反应时间）

相关研究表明，TTCH 值与根生长势（RGP）有显著的线性关系，TTCH 值与造林成活率也存在显著相关关系。这说明 TTC 法可以很好地表现苗木根系活力情况。

5.3　苗木质量活力指标　裸根苗起苗后，苗木根系已脱离了过去适应了的土壤生态条件，一切生理机能暂时停止，随后又经历着拣苗、分级、假植、运输和贮藏等环节，从而使苗木活力受到影响。一般苗木活力的降低直至完全丧失，是一个逐渐累积的过程，这个过程又因树种和苗龄而异，大致是无性繁殖容易的树种比无性繁殖困难的树种苗木活力易于保持，自然落叶的树种比常绿树种苗木活力易于保持，同一树种的大苗或苗龄大的苗木比小苗苗木活力易于保持。

苗木的不同器官如根、茎、叶的生命力并不是等同地影响着苗木的活力。绝大多数树种的实生苗，苗木根系的生命力直接同苗木生命力相关联，苗木根系的生命力一旦丧失，苗木活力也随之失去。但不少树种、尤其是一些常绿性针叶树苗木，如果茎干和针叶损伤、枯死，即使根系新鲜、完好，其活力也是微弱的，通常是没有造林价值的。

苗木质量活力指标有根生长势、苗木耐寒性（OSU 活力指数）等。

5.3.1　根生长势　测定苗木根生长势的方法，相对说来较简单、容易，就是将试验的苗木除掉所有的新根尖，然后将苗木栽入容器中，并置于最佳的生态条件下，经过一定天数后，取出检测新根的生长情况。

1）基本方法。将苗木洗净，剪去露白的新根，然后植于营养钵中，培养基为 1：1 的泥炭和蛭石。培养基应排水良好。苗木置于温室或生长箱中培养，温度 20℃，16h 光照，不需施肥。4 周后取出苗木，洗净，统计新根生长情况。

2）快速测定方法。Burdett（1979）提出测定根生长势的快速方法。温度白天 30℃，晚上 25℃，16h 光照，光照强度 25 000lx，相对湿度 75%。其他与基本方法相同。

3）水培法。将苗木置于透明水槽中，水槽的盖子挖孔，以支持苗木。培养条件与基本方法相同，只是水槽需通气。水培节省了大量培养介质，根系有更好的伸展空间，新根干净易与老根区分，不会因起苗而伤根。

应用拍照和排水法测定新根生长情况，可以在测定过程中观察新根生长情况，易于管理。培养结束后，测定新根的生长情况。目前表达根生长势所用的指标较多，如新根数量、新根总长、大于 1cm 的新根数量、新根体积、新根干物质重量等。由于指标太多，给根生长势的统一评价带来困难。鉴于上述指标的测定均较繁琐，Burdett（1979）提出了一套简便的测定方法，即测定新根生长指数，具体做法是将新根生长情况分为 6 级（表 7-8）。

表 7-8　苗木新根生长分级表

等级	新根生长情况	等级	新根生长情况
0 级	没有新根	3 级	有 4～10 条新根，生长量超过 1cm
1 级	有一部分新根，但生长不超过 1cm	4 级	有 11～30 条新根，生长量超过 1cm
2 级	有 1～3 条新根，生长量超过 1cm	5 级	有 31～100 条新根，生长量超过 1cm

据研究，这个分级方法简便、可比较性强、便于实际应用。

5.3.2　苗木耐寒性　苗木耐寒性是指在寒冷情况下存活一定数量的苗木所能忍受的最低温度。通常用 50% 的苗木致死的温度来表示苗木的耐寒水平。如果造林时苗木遭受忍耐极限以下的低温，苗木将会死亡。因此，耐寒性是影响成活率的一个重要因素，是表明苗木质量的一个重要因子。

评价苗木耐寒性的方法是将冷冻处理后的苗木置温室中培育，数周后检查苗木生长情况，包括根系生长情况。Mcnzies 等（1981）提出了评价辐射松、加州沼松和花旗松苗木遭受冻害程度的等级情况（表 7-9）。

表 7-9　苗木遭受冻害程度等级表

受冻害程度	等级	受冻害程度	等级
无	0	40%～60% 的针叶死亡	3
芽未受凉害，但针叶变红	1	70%～90% 的针叶死亡	4
芽受冻害，10%～30% 的针叶死亡	2	所有针叶死亡，茎干死亡	5

【相关阅读】

苗木质量测定新技术

（1）叶绿素荧光分析技术　叶绿素荧光分析技术是一种以光合作用理论为基础、利用体内叶绿素作为天然探针、研究和探测植物光合生理状况及各种外界因子对其细微影响的新型植物活体测定和诊断技术，具有快速、灵敏、对细胞无损伤的优点，叶绿素荧光参数与光合作用各种反应紧密相关，任何逆境对光合作用某个过程的影响都可以通过叶绿素荧光动力学反映出来。

近年来，植物生理的许多领域已越来越多地应用荧光测定，如用于测定耐寒能力、研究水分作用、监测胁迫状况等。

叶绿素荧光测定是直接测定叶绿体膜的生理状况，其能与电导测定、根生长势测定和胁迫诱导挥发性物质测定等生理评价方法结合应用。这项测定所需的时间很短，先将材料置于黑暗下 20min，然后再过几分钟就能测出结果，该法具有可靠、快速、完全无损的特点。用于测定生长阶段苗木的生理状况优势明显。

叶绿素荧光测定在以下方面有潜力发挥作用：确定起苗时间；测定苗木贮藏后的活力；监测环境条件对光合作用的影响；测定针叶树种源光化学作用的差异。

（2）胁迫诱导挥发性物质测定 测定的原理是针叶树苗木在胁迫状况下，其体内的一些低分子量碳氢化合物会逸出，如在空气污染、缺水和冻害等胁迫情况下，木本植物会挥发出乙烯、乙烷、乙醇、乙醛等物质。所产生气体的量与胁迫的程度有关。乙烯作为植物生长调节剂的一种，是苗木胁迫反应的组成部分之一，乙烷是细胞伤害的敏感指示物。上述两种气体可共同用于指示苗木胁迫和伤害。乙醇和乙醛也可用于指示胁迫伤害。在 4 种气体中，乙醇和乙醛是快速监测抗逆性和植物组织质量的最佳选择。

这种方法的主要优点是快速和能在症状出现之前监测微小的物理机械损伤。另外，它也可以在贮藏运输期间监测苗木的质量变化。其缺点是有损检测和测定费用高。

任务3 苗木出圃（起苗与分级）

经过苗木调查和苗木质量评价，合格的苗木就可以出圃了。苗木出圃包括起苗与分级、检疫与消毒、包装与运输、贮藏等环节，是苗木生产的最后一道工序，也是苗木培育过程中的一个重要环节，关系到苗木的质量、栽植成活率和经济收益。出圃工作做得好、做得细，就可以提高苗木质量，减少苗木损失，保证合格苗的产量。相反，如果在出圃环节不注意，不严格按照操作程序，就容易造成苗木受损，降低苗木质量与产量。

【任务介绍】苗圃培育的优质苗木能否成为优质的商品苗，起苗与分级是非常重要的。不正确的起苗方法对苗木的根系、苗木的树冠造成的损伤，或分级方法不当，都会降低出圃苗木的质量和销售价格。因此要严格按技术要求操作，保证苗木质量。

【任务要求】通过本任务的学习及相应实习，使学生达到以下要求：①了解苗木掘取的时期和注意事项，掌握苗木掘取的方式和技术要求；②掌握苗木分级的方法。

【教学设计】要完成苗木掘取，首先要明确掘取的时期，针对不同类型的苗木选择合适的起苗方法和包扎技术，在起苗的同时开展苗木分级工作。教学过程的重点是让学生掌握苗木掘取及带土球起苗和包扎的方法与技术。

教学过程以完成起苗和分级为目标，同时让学生学习苗木掘取过程中的相关理论知识和注意事项。可以采用讲授法，在讲授过程中注意对不同起苗方法、不同包扎技术进行分类并比较。建议采用多媒体进行教学。还可结合实践开展常见园林树木的掘取和分级。

【理论知识】

1　起苗

起苗是把已经达到出圃规格或需移植扩大株行距的苗木从苗圃地上挖起来的工作。起苗是苗木出圃工作中的第一个环节，对苗木的质量、产量和移植成活率有着直接的影响。因此，应选择适当的起苗时期，合理运用技术，认真细致地完成起苗工作，以保证苗木的质量。

1.1　起苗时间　起苗时间主要根据各树种苗木的生物学特性来确定，同时，要与园林绿化栽植的时期紧密配合，有时还要兼顾苗圃的整地作业时间。在我国大部分地区，植物生长随季节变化而有所不同，为保证苗木的移植成活率，应选择在苗木新陈代谢相对较为缓慢的时期进行起苗工作。一般来说，落叶树种的起苗常选择在秋季落叶后或春季萌芽前的休眠期进行，也有些树种可在雨季进行；常绿树种的起苗，北方地区大都在雨季或春季进行，南方则在春季气温转暖后的3～4月份或秋季气温转凉的10月份后及雨季进行。

确定具体的起苗时间，要考虑到当地气候特点、土壤条件（如春季短、道路泥泞等）、树种特性（发芽早晚、越冬假植难易等）和经营管理上的要求（如栽植时间的早晚、劳力安排和育苗地使用情况）。

1.1.1　秋季起苗　多数园林绿化树种均可秋季起苗，尤其是春季发芽早的树种（如落叶松、水杉等）应在秋季起苗。而油松、黑松、侧柏、云杉、冷杉等常绿针叶树种也可以秋季起苗，但是最好随栽随起苗。秋季起苗一般在地上部停止生长开始落叶时进行，此时根系仍在缓慢生长，起苗后及时栽植有利于根系伤口愈合。起苗的顺序可按栽植需要和树种特性的不同进行合理安排，一般是先起落叶早的（如杨树），后起落叶晚的（如落叶松等）。起苗后可直接栽植，也可假植。

1.1.2　春季起苗　针叶树种、常绿阔叶树种及不适合于长期假植的根部含水量较多的落叶阔叶树种（如榆树、枫树、泡桐等）的苗木适宜春季起苗，随起苗随栽植。春季起苗宜早，否则芽苞萌动，将降低苗木成活率，同时，也影响圃地春季生产作业。

1.1.3　雨季起苗　春季干旱风大的西部、西北部地区，有时进行雨季绿化，可在雨季起苗。主要用于常绿树种，如侧柏、油松、桧柏、红皮云杉、樟子松等。雨季起苗应当带土球起苗，随起苗随栽植。

1.1.4　冬季起苗　在比较温暖，冬天土壤不结冻或结冻时间短，天气不太干燥的地区，冬季也是植树的适宜时期，可随起苗随种植。这种方法主要适于南方。北方冬季起苗是指大苗破冻土、带土球进行起苗。这种方法一般在特殊情况下采用，而且费工费力，但可利用冬闲季节。

1.2　起苗方法

1.2.1　人工起苗　人工起苗一般分为裸根起苗和带土球起苗两种方法。

1）裸根起苗。绝大多数落叶树种和容易成活的针叶树小苗均可裸根起苗。起小苗时，沿苗行方向距苗行20cm左右处挖一条沟，在沟壁下侧挖出斜槽，根据根系要求的深度切断苗根，再于第二行与第一行间插入铁锹，切断侧根（图7-2），把苗木推在沟中即可取苗。取苗时注意把根系全部切断再拣苗，不可硬拔，免伤侧根和须根。

大苗裸根起苗时，宜单株挖掘。保留的主根长度和侧根幅度，主要取决于树种特性、苗木大小、根系再生能力的强弱等。生产上常常以苗木地际直径（根径）粗细的 8～10 倍为标准，确定挖根的深度和幅度大小。

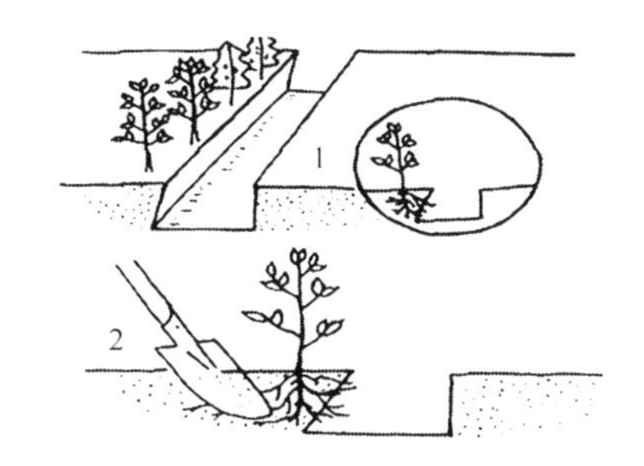

图 7-2 裸根起苗
1. 苗行间挖沟；2. 插入铁锹切断侧根

起苗时在稍大于规定的根系的幅度范围外挖沟，切断接合部侧根。再于另一侧向内深挖，将主根切断，注意不要使根系劈裂，然后将苗木轻轻放倒，再打碎根部泥土，尽量保留须根。起苗后，应注意苗木保湿，防止失水，如果不立即栽植，要及时进行假植。针叶树种小苗及细须根多的阔叶树种小苗，起后应立即打浆，用湿草帘包起，以防风干。

2）带土球起苗。一般常绿树、珍贵树种和较大的花灌木常采用带土球起苗。这是因为此类苗木根系不发达，或吸收能力弱，蒸腾量却很大，故栽植较难成活，因此常采用带土球起苗。土球的大小视树种、苗木大小、根系分布情况、土壤质地等条件而确定。一般土球直径为根际直径的 8～10 倍，土球高度约为其直径的 2/3，灌木的土球大小以其冠幅的 1/4～1/2 为标准，原则上以尽量保持主要根系的完整，确定土球的大小。

起苗时先用草绳将树冠捆好，再将苗干周围没有根生长的表面浮土铲去，以减轻土球不必要的重量。在规定带土球大小的外围挖一条操作沟，沟深同土球高度，沟壁垂直。达到所需深度后，就向内斜削，将土球表面及周围修平，使土球上大下小呈坛子形（图 7-3）。起掘时，遇到细根用铁锹斩断，3cm 以上粗根用枝剪剪断或用锯子锯断。土球修好后，用锹从土球底部斜着向内切断主根，使土球与地底分开，最后用蒲包、稻草、草绳等将土球包扎好。打包的形式和草绳围捆的密度视土球大小和运输距离的长短而定（图 7-4）。土球大的、运输距离远的，要捆得牢固些；土球小的或近距离的可以较简便地包扎。

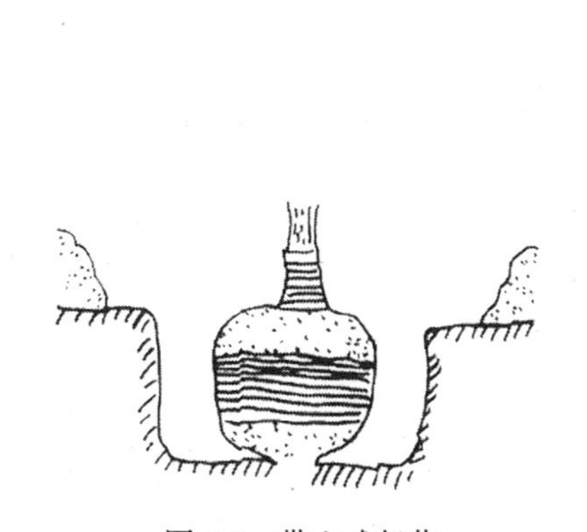
图 7-3 带土球起苗

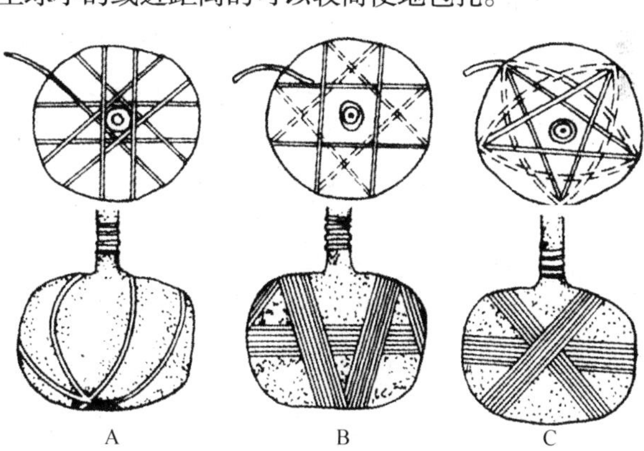

图 7-4 带土球苗木打包技术
A. 橘子包；B. 古钱包；C. 五角包

东北地区可利用冬季土壤结冻层深的特点，采用冰坨起苗法。冰坨的直径和高度及挖掘方法，与带土球起苗基本一致。当气温降至－12℃左右时，挖掘土球。如挖开侧沟，发觉下部冻得不牢不深时，可于坑内停放 2～3d。如因土壤干燥冻结不实时，于土球外泼水，待土球冻实后，用铁钎插入冻坨底部，用锤将铁钎打入，直至震掉冻坨为止。注意掏底时不能用力太重，以防震掉冰坨。

1.2.2　机械起苗　人工起苗在园林苗圃生产上应用较广泛，主要是方法简便，特别是小型苗圃采用的较多，但效率低，需要劳动力多，劳动强度大，而且起苗质量也不理想，苗木损伤较多。

机械起苗，可以大大提高工作效率，减轻劳动强度，而且起苗的质量也较好。目前、我国有条件的大中型园林苗圃多采用机械起苗，但机械起苗只能完成切断苗根、翻松土壤，而不能完成全部起苗程序。一般由拖拉机牵引床式或垄式起苗犁起苗，不仅起苗效率高，节省劳动力，减轻劳动强度，而且起苗质量好，很少损伤苗木，又降低成本，值得推广使用。

1.2.3　起苗注意事项

1）无论人工还是机械起苗，必须保证苗木质量，保持一定深度和幅度，保证苗木根系的完整，不伤根，不劈裂，保护好苗干和枝芽，特别是针叶树，务必不要碰伤顶芽。

2）保持圃地良好墒情。为了避免根系损伤和失水，圃地土壤干燥时，应在起苗前2～3d适当灌溉，使土壤潮湿、疏松，以使苗木吸收充足水分，以利成活，并可减少根系损伤。

3）为保证成活率，不要在大风天起苗，以防苗木失水风干。此外对于阔叶树还应修剪地上部分枝叶。

4）为提高栽植成活率，应随起随运随栽，当天不能栽植的要立即进行假植，以防苗木失水风干。

5）起苗工具是否锋利也是保证起苗质量的重要环节。此外，还应做好组织工作，保证起出苗木及时分级和假植。

2　苗木分级

苗木分级即按苗木质量标准把苗木分成不同等级。由于苗木等级反映苗木质量，为了提高苗木栽植的成活率，并使栽植后生长整齐一致，更好地满足设计和施工的要求，同时也为了便于苗木包装运输和出售标准的统一，苗木分级应根据苗木的级别规格进行。当苗木起出后，应立即在庇荫处进行分级，同时对过长或劈裂的苗根和过长的侧枝进行修剪。

苗木分级标准，因树种、品种及主要观赏目的不同而异，一般根据苗木的年龄、高度、粗度（根径或胸径）、冠幅和主侧根的状况、有无病虫害和机械损伤等，将苗木分为合格苗、不合格苗和废苗3类。

2.1　合格苗　合格苗指可以用来绿化的苗木，具有良好的根系、优美的树形、一定的高度。合格苗根据其高度和粗度的差别，又可分为一级苗和亚级苗。

出圃的苗木规格因树种、地区和用途不同而有差异，除一些特殊整形的观赏树种外，乔木的一级苗应是：根系发达，侧根须根多而健壮；树干健壮、挺直、圆满、均匀，有一定高度和粗度；树冠饱满、匀称，枝梢木质化程度好，顶芽健壮、完整；无病虫害和机械损伤。

除上述条件外，不同功能的苗木还有不同的要求。如行道树特别要求树干通直健壮，分枝点有一定的高度；果树苗则要求骨架匀称，分枝角度合理，接口愈合牢靠，品种优良等。

2.2　不合格苗　　不合格苗是指需要继续在苗圃培育的苗木，其根系、树形不完整，苗高不符合要求，也可称小苗或弱苗。

在苗木分级时应剔除不合格的苗木，这些苗木有的可以继续留在苗圃培养，质量太差者应加以淘汰。苗木的分级工作应在避风背阴处进行，并做到随起苗、随分级、随假植或随出圃，以防风吹日晒损伤根系，影响其成活率。

2.3　废苗　　废苗是指不能用于造林、绿化，也无培养前途的断顶针叶苗，病虫害苗和缺根、伤茎苗等。除有的可作营养繁殖的材料外，一般皆废弃不用。

出圃苗木的统计，一般结合分级进行。大苗以株为单位逐株清点；小苗可以分株清点，为了提高工作效率，小苗每50株或100株捆成捆后统计捆数。小苗也可以采用称重法，即称一定重量的苗木，再折算出该重量苗木的株数，最后推算出苗木的总株数。

整个起苗工作应将人员组织好，起苗、检苗、分级、修剪和统计等工作实行流水作业，分工合作，提高工效，缩短苗木在空气中的暴露时间，能大大提高苗木的质量。

【任务过程】

3　苗木起苗和分级操作

3.1　起苗

3.1.1　裸根起苗

1）试挖。正式起苗前先试挖，观察并确定下锹的位置和沟深。如果土壤过于干燥应提前灌水，让苗木吸足水分后再起，便于移植缓苗。

2）沿苗行挖沟。起苗时，沿苗行方向距苗木规定距离处挖一道沟，距离视苗木和根系大小确定，要在主要根系分布区之外，沟深与主要根系深度相同。

3）斜挖断根。在沟壁苗方一侧挖一斜槽，根据出圃的具体要求截断根系，再从苗的另一侧垂直下锹，截断过长的根系，将苗木推到沟中即可取苗。注意要待根系完全截断再取苗，不可硬拔，否则损伤根系。

4）大苗裸根起苗。由于根系较大，挖槽的距离、深度均要加大，沟要围着苗干，截断多余的根，然后从一旁斜着下锹，按具体的出圃规格要求截断主根，轻轻将土敲下，可保留部分宿土，把苗木取出。

3.1.2　带土球起苗　　较大的常绿树苗、珍贵树种和大的灌木，为了提高栽植成活率，需要带土球起苗，以达到少伤根、缩短缓苗期、提高成活率的目的。

1）断根缩坨。较大苗木的带土球起苗，可提前1～2年在树干周围按规定的尺寸断根缩坨，再行起苗移植。

2）树冠捆扎。起苗前，先将树冠捆扎好，防止施工时损坏树冠，同时也便于作业，对珍贵大苗，还要将根颈以上的1m主干用草绳或稻草包扎，以免运输中被损伤。

3）挖掘。起苗时先把苗干周围地表浮土铲去，然后在确定的土球尺寸的外围向下挖，挖掘宽度以便于作业为度，深度比规定的土球高度稍深一些，遇到粗根，应用枝剪剪断或用手锯锯断，尽量不要震散土球。

4）土球包扎。土球直径为30～50cm或以上的，当土球周围挖成类似“苹果”形后，立即用蒲包将土球包裹、打上腰箍。土球包扎方式如图7-4所示。将草绳的一头拴在树干上，在树干基部绕30cm一段，以保护树干。然后绕过土球底部，顺序拉紧捆牢，可用砖块在土球的棱角处轻轻击打，使草绳捆紧、捆实，在花箍外再打上腰箍。土球直径在50cm以下者，可不用草绳打包，而仅用蒲包、稻草或麦秆包扎即可。

5）兜底。捆完后，铲断主根，将土球推斜，用蒲包将土球底部包住，再用草绳将底部的花箍穿起来，捆结实，这一步在生产上称“兜底”。捆扎密度视苗木大小、土壤质地确定。大苗，土壤质地疏松，密度可大一些；小苗，不易松散的土壤，密度可小一些。

3.2 分级 苗木起出后进行简单的修剪，按规定的标准分级、打捆，如大规格的可10～20株一捆，小规格的可30～50株一捆。打捆后，准备假植、出圃或栽植。一般可分为3～4个等级，对小规格的苗木如桧柏、黄杨（一年生小苗）可按高度分级，适当照顾干径；大规格的苗木以干径粗度为主，适当照顾高度；分级时对劣苗应严格剔出，列为等外苗另行处理。出圃的苗木规格因树种、地区和用途不同而有差异，除一些特种整形的观赏苗木外，一般优良乔木苗的要求：①根系发达，主根不弯曲，侧根须根多；②苗木粗壮、通直、圆满均匀，并有一定高度；③根颈较粗；④没有病虫害和机械损伤。

3.3 统计

3.3.1 统计方法

1）计数法。按苗木级别统计苗木数量（50株或100株为一捆）。

2）称重法。随机称取一定数量的苗木，统计株数，再称某树种苗木的总重量，即可计算苗木的总株数。

3.3.2 注意事项 分级、统计工作要配合在一起进行，选择在背风阴凉的地方进行，严防风吹日晒；操作过程要迅速、准确。

任务4 苗木出圃（消毒与检疫）

【任务介绍】随着贸易全球化的进程，种苗的异地交流更为频繁，因而病虫害传播的危险性也越来越大，所以在苗木出圃前，要做好出圃苗木的病虫害检疫工作。

苗木外运或进行国际交换时，则需国家植物检疫部门检验，发给检疫证书，才能承运或寄送。带有“检疫对象”的苗木，一般不能出圃；病虫害严重的苗木应烧毁；即使属非检疫对象的病虫也应防止传播。因此苗木出圃前，需进行严格的消毒，以控制病虫害的蔓延传播。

【任务要求】通过本任务的学习及相应实习，使学生达到以下要求：①了解苗木检疫消毒的意义，掌握苗木检疫的基本流程；②掌握苗木常见消毒方法及注意事项。

【教学设计】要完成苗木检疫和消毒，首先要明确检疫的目标任务和检疫对象，针对检疫对象采取相应的检疫措施。如果发现有检疫对象，应对相关苗木进行彻底消毒处理。

对于不同树种、不同地区、不同阶段有相应的检疫对象，因此，在教学过程中让学生了解检疫消毒的重要性，重点理解苗木检验检疫综合管理体系，从而掌握产地检疫和调运检疫的基本流程，培养他们根据生产实际选择合适的消毒方法的技能。

教学过程以完成苗木检疫和消毒为目标，同时应该让学生学习苗木检疫过程中的相关理论知识。可以采用讲授法，建议采用多媒体进行教学。还可结合实践开展常见园林苗木检疫与消毒。

【理论知识】

1 苗木检疫

1.1 苗木检疫的目的 为了防止危险性病虫害随着苗木的调运传播蔓延，将病虫害限制在最小范围内，对输出输入苗木的检疫工作十分必要。尤其我国加入WTO后，国际间及国内地区间种苗交换日益频繁，因而病虫害传播的危险性也越来越大，所以在苗木出圃前，要做好出圃苗木的病虫害检疫工作。

苗木检疫由国家植物检疫部门进行，检疫地点限在苗木出圃地。一般可按批量的10%左右随机抽样进行质量检疫，对珍贵、大规格苗木和有特殊规格质量要求的苗木要逐株进行检疫。

运往外地的苗木，应按国家和地区的规定检疫重点的病虫害。如发现本地区和国家规定的检疫对象，应禁止出售和交流，不致使本地区的病虫害扩散到其他地区。对于引进苗木的地区，还应将本地区没有的严重病虫害列入检疫对象。引进的种苗有检疫证，证明确无危险性病虫害者，均应按种苗消毒方法消毒之后栽植。如发现有本地区或国家规定的检疫对象，应立即进行消毒或销毁，以免扩散引起后患。

1.2 检疫对象及其确定原则 检疫对象名单并不是固定不变的。应根据实际情况的变化及时修订或补充。确定检疫对象依据的原则：①本国或本地区未发生或分布不广，局部发生的病虫草害；②危害严重，防治困难的病虫草害；③可借助人为活动传播的病虫草害，即可以随同种苗、包装物等运往各地，适应性强的病虫草害。

1.3 苗木检疫的主要措施 与通常的植物检疫一样，苗木检疫不是一个单项的措施，而是一系列措施相互联系构成的综合管理体系。具体来看，苗木检疫的管理措施包括划分疫区和保护区，建立无检疫对象的种苗繁育基地，产地检疫，调运检疫，邮寄物品检疫，从国外引进种苗等繁殖材料的审批和引进后的隔离试种检疫等。这些措施贯穿于苗木生产、流通和使用的全过程。它既包括对检疫病虫的管理，也包括对检疫病虫的载体及应检物品流通的管理，以及对从事苗木检疫有关人员的管理。在这些措施中，与植物繁殖的任务直接相关的主要是产地检疫与调运检疫。

1.3.1 产地检疫 产地检疫是指植物检疫人员对申请检疫的单位或个人的种子、苗木等繁殖材料，在原产地进行的检查、检验和除害处理，以及根据检查和处理结果作出评审意见。

为了查清种苗产地检疫对象的种类、危害情况及它们的发生、发展情况，并根据情况采取积极的除害处理，把检疫对象消灭在种苗生长期间或在调运之前，有必要进行产地检疫。经产地检疫确认没有检疫对象和应检病虫的种子、苗木或其他繁殖材料，发给产地检疫合格证，在调运时不再进行检疫，而凭产地检疫合格证直接换取植物检疫证书；不合格者，不发产地检疫合格证，不能作种用外调。

苗木产地检疫，是防止有害生物随同苗木流通进行远距离传播的有效措施。我国已制定并颁布了种苗产地检疫规程，各地在进行苗木生产时，应该认真执行。

1.3.2 调运检疫 调运检疫也称为关卡检疫，是指对种苗等繁殖材料及其他应检物品在调离原产地之前、调运途中及达到新的种植地之后，根据国家和地方政府颁布的检疫法规，由植物检疫人员对其进行的检疫检验和验后处理。

调运检疫与产地检疫的关系甚为密切，产地检疫能有效地为调运检疫减少疫情，调运检疫又促使一些生产者主动采取产地检疫。

2 苗木的消毒

苗木挖起后，经选苗分级、检疫检验，除对有检疫对象和应检病虫的苗木，必须按国家植物检疫法令、植物检疫双边协定和贸易合同条款等规定进行消毒、灭虫或销毁处理外，对其他苗木也应进行消毒灭虫处理。常用的苗木消毒方法如下。

2.1 热水处理 能够除去各种有害生物，包括线虫、病菌及一些螨类和昆虫等。进行热水处理时，所采用的温度与时间的组合必须既能杀死有害生物，又不能超出处理材料的耐受范围。当温度在有害生物致死点与寄主受损开始点之间时，必须精确控制水温。在大部分情况下，还需留有使所有材料升至处理温度的时间，并确保每一植物材料内部达到所要求的温度。

2.2 药剂浸渍或喷洒 常用的药剂可分为杀菌剂和杀虫剂。

杀菌剂是一类对真菌或细菌具有抑制或杀灭作用的有毒物质。常见的药剂有石灰硫磺合剂、波尔多液、升汞溶液、代森锌、甲基托布津、多菌灵等。例如，苗木或种子数量较少时，可用0.1%升汞溶液浸泡20min，水洗1～2次，或用硫酸铜：石灰：水＝1：1：100的波尔多液浸渍10～20min，用清水冲洗根部。

杀虫剂的种类较多，包括无机杀虫剂如砷酸铅、硫磺制剂等，有机杀虫剂如除虫菊酯、石油乳剂、有机氯杀虫剂、有机磷杀虫剂等，以及专门用来防治植食性螨类的杀虫剂。在使用时，根据除治对象进行选择。

2.3 药剂熏蒸 药剂熏蒸是在密闭的条件下，利用熏蒸药剂汽化后的有毒气体杀灭种子、苗木等繁殖材料及土壤、包装等非繁殖材料中的害虫处理方法。由于施用费用较低，施药方法简便，能够彻底杀灭处于任何发育阶段的害虫，因此是当前苗木消毒最为常用的方法。

药剂熏蒸的方式有常压熏蒸和减压（真空）熏蒸。常压熏蒸适用于除治苗木表面害虫，减压熏蒸用于除治植物内部取食的害虫，对某些娇嫩的植物材料不能采取真空熏蒸。熏蒸剂的种类有很多，常用于苗木消毒的有溴甲烷（MB）和氢氰酸（HCN）（表7-10）。

表7-10 氰酸气熏蒸苗木的用量及处理时间

树种	硫酸/g	氰酸钾/g	水/mL	熏蒸时间/min
常绿树	450	250	700	45
落叶树	450	300	900	60

注：面积为100m^2时的用量及处理时间。

由于药剂熏蒸是一项技术性很强的工作，使用的熏蒸剂对人体都有很强的毒性，因此工作人员必须认真遵守操作规程，要特别注意安全，以免中毒事件的发生。

【任务过程】

3 苗木的检疫和消毒过程

3.1 苗木的检疫

3.1.1 产地检疫的具体做法 种苗生产单位或个人事先应向所在地的植检机关申报并

填写申请表，然后植检机关根据不同的植物种类、病虫对象等决定产地检疫的时间和次数。如果是要建立新的种苗基地，则在基地的地址选择、所用种子、苗木繁殖材料及非繁殖材料（如土壤、防风林等）的选取和消毒处理等方面，都应按植检法规的规定和植检人员的指导进行。

植检人员在进行产地检疫时，先进行田间调查，必要时还要进行室内检验或鉴定。检验和检疫时要注意取样的代表性和要有足够的取样数量。对检出有检疫对象或应检病虫的，应就地处理；凡能通过消毒或灭虫处理达到除害目的的，进行消毒或灭虫处理，处理后复检合格的，可发给产地检疫合格证；对无法进行消毒、灭虫等除害处理，或处理后复检不合格的，不发给产地检疫合格证，不能外运。

3.1.2 调运检疫一般程序

1）准备工作。审核受理报检单；查询种苗情况和资料，分析疫情，明确检疫要求，准备检疫工具，确定检疫的时间、地点和方法。

2）现场检疫。检查货单、货物是否相符，核对货物名称、数量和来源；对苗木、接穗、插条、花卉等繁殖材料，按总量的5%～10%抽取样品，对抽取的样品逐株进行检查。

3）室内检疫。对代表样品和病、虫、杂草材料，按病原物和害虫的生物学特性、传播方式采取相应的检疫检验方法，进行检验和鉴定。

4）评定与签证。现场检疫和室内检疫结束后，按照国家植物检疫法令、植检双边协定和对外贸易合同条款等规定，作出正确的检疫结论，并分别签发检疫放行单或加盖放行章、检疫处理通知单、检疫证书和检验证书等有关单证。

3.2 苗木的消毒

3.2.1 药剂消毒 用3～5倍美度石琉合剂或1∶1∶100倍波尔多液等浸渍苗木根部，并用药液喷洒苗木的地上部分。浸根10～20min后，用清水冲洗干净。也可用0.1%～0.2%硫酸铜液处理根系5min后，用清水冲洗干净。

3.2.2 熏蒸消毒 用氰酸气时一定要严格密封，以防漏气中毒，先将硫酸倒入水中，在倒入氰酸钾之后，工作人员立即离开熏蒸室，熏蒸后打开门窗，待毒气散尽后，方可入室。每100m^{2}熏蒸面积所需药量，落叶树种为硫酸450g、水900mL和氰酸钾300g，熏蒸时间60min；常绿树种为硫酸450g、水700mL和氰酸钾250g，熏蒸时间45min（表7-10）。

任务5 苗木包装和运输

【任务介绍】在运输途中，苗木暴露于阳光之下，长时间被风吹袭，会造成苗木失水过多，质量下降，甚至死亡。所以，在运输过程中尽量减少植株水分的流失和蒸发，对保证苗木的成活率有很大的作用，这就要求人们必须注意苗木的包装和运输。

【任务要求】通过本任务的学习及相应实习，使学生达到以下要求：①掌握苗木包装前的处理方法；②了解常见的苗木包装材料；③掌握不同类型苗木的包装方法，了解各类苗木运输方法及注意事项。

【教学设计】要完成苗木包装和运输，首先应了解包装的重要性及运输过程中应注意的事项，然后按照包装前处理、包装、运输的流程开展苗木包装及运输。

对于不同类型苗木有不同的包装及运输要求，因此在教学过程中让学生掌握根据不同类型苗木及运输距离远近选用合适包装材料，采用相应的包装方法和运输方式，培养他们根据生产实际开展苗木包装及运输的技能。

教学过程以完成苗木包装及运输为目标，同时应该让学生学习与苗木包装与运输有关的理论知识。可以采用讲授法，建议采用多媒体进行教学。还可结合实践开展常见园林树木包装及运输。

【理论知识】

苗木运输前，应将苗木加以包装，并在运输过程中不断检查根系状况，其主要目的是尽量减少根系失水，提高栽植成活率。包装前常用苗木蘸根剂、保水剂或泥浆处理根系，保持苗木水分平衡。也可通过喷施蒸腾抑制剂处理苗木，减少水分丧失。

1 包装前苗木防止失水处理

1.1 泥浆蘸根 俗称打浆。将苗木根系蘸上泥浆，使根系形成湿润的保护层，能有效地保持苗木水分。

1.2 苗木蘸根剂处理 苗木蘸根剂是一种新型的高分子材料，吸水性能是自身的数百倍。高吸水树脂有多种型号，用于苗木蘸根的类型为白色颗粒，无毒无味，具有很高的保水性，加入土壤还有改良土壤结构的作用。常用1份蘸根剂加400～600倍重量的水，搅拌即成胶冻状，用于苗木蘸根。

2 苗木包装材料

包装可用包装机或手工包装。现代化苗圃多具有一个温度低、相对湿度较高的苗木包装车间。在传送带上去除废苗，将合格苗按重量经验系数计数包装。

常用的包装材料有聚乙烯袋、聚乙烯编织袋、草包、麻袋等。但是，除聚乙烯袋外，这些材料保水性能差，而聚乙烯透气性能差。美国有商品化苗木包装材料销售，它是在牛皮纸内层涂一层蜡层，其既有良好的保水作用，透气性又较好。苗木保鲜袋是目前较为理想的苗木包装材料，它由三层性能各异的薄膜复合而成，外层为高反射层，光反射率达50%以上；中层为遮光层，能吸收外层透过的光线达98%；内层为保鲜层，能缓释出抑制病菌生长的物质，防止病害发生。且这种苗木保鲜袋可重复多次使用。

一般根据运输距离的远近选择合适包装材料。对于长距离运输，多采用草包或蒲包细致包装，根部加填湿润物（如苔藓、湿稻草、麦秸等）。对于短距离运输，则可简易包装。带土球的大苗，多单株包装，可用蒲包或草绳包装。除此以外，还可选用涂沥青的不透水的麻袋、纸袋、集运箱等。

3 包装方法

3.1 裸根苗包扎 裸根苗如果长距离运输（如达1d以上），园林植物需要细致包装，以防苗木失水。生产上常用的包装材料有草包、草片、蒲包、麻袋、塑料袋等。具体包装方法是先将包装材料铺放在地上，再在上面放上苔藓、锯末、稻草等湿润物，然后将苗木根对根堆放在上面，并在根系间加些湿润物，当每个包装的苗木数量达到一定要求时，如放苗到适宜的重量（20～30kg）后，用包装物将苗木卷成捆。捆扎时，在苗木根部的四周和包装材料之间，应包裹或填充均匀而又有一定厚度的湿润物。捆扎不宜太紧，以利通气。外面挂一标签，标明树种、苗龄、苗木数量、等级和苗圃名称。

裸根苗短距离运输，可在筐底或车上放一层湿润物，将苗木根对根地分层放在湿润物上，分层交替堆放，并在根间放些湿润物，苗木装满后，最后在苗木上再放一层湿润物即可。用包装机包装也要加湿润物，保护苗根不致干燥。在英国、瑞典、美国、加拿大等国用特制的冷藏车运输裸根苗。美国的冷藏运苗车，车内温度为1℃，空气相对湿度为100%，一次可运苗6万株。

3.2　带土球苗木的包装　带土球的大苗应单株包装。一般可用蒲包和草绳包装，大树最好采用板箱式包装。小土球和近距离运输可用简易的四瓣包扎法，即将土球放入蒲包或草片上，拎起四角包好。大土球和较远距离的运输，可采用橘子式、井字式、五角式等方法包扎。

苗木包装容器外要系固定的标签，注明树种、苗龄、苗木数量、等级、生产苗圃名称、包装日期等资料。

4　苗木运输

城市交通情况复杂，而树苗往往超高、超长、超宽，应事先办好必要的手续；运输途中押运人员要和司机配合好，尽量保证行车平稳。运苗途中提倡迅速及时，短途运苗中不应停车休息，要一直运至施工现场。长途运苗应经常给树根部洒水，中途停车应停于有遮阳的场所。遇到刹车绳松散、苫布不严、树梢拖地等情况，应及时停车处理。

4.1　小苗的运输　小苗远距离运输应采取快速运输，运输前应在苗包上挂上标签，注明树种和数量。在运输期间，要勤检查包内的湿度和温度。如包内温度过高，要打开通风。如湿度不够，可适当喷水。苗木运到目的地后，要立即将苗包打开进行假植，过干时适当浇水，再进行假植。火车运输要发快件，对方应及时到车站取苗假植。

4.2　裸根大苗的装运　苗木根部装在车厢前面，用人力或吊车装运树木时，应轻抬轻放，先装大苗、重苗，大苗间隙填放小规格苗。树干之间、树干与车厢接触处要垫放稻草、草包等软材避免磨损树皮，并防止苗木滚动，装车后将树干捆牢。树根与树身要覆盖，保持根系湿润，以防止风吹日晒，并适当喷水保湿。运到现场后要逐株抬下，不可推下车。

4.3　带土球大苗的吊装、运输　带土球的大树，重量常达数吨，要用机械起吊和载重汽车运输。吊装和运输途中，关键是保护好土球，不使破碎散开。吊装时应事先准备好麻绳或钢丝绳，以及蒲包片、碎砖头和木板等。起吊时绳索一端拴在土球的腰下部，另一端拴在主干中下部，大部分重量落在土球一端，为防止起吊时因重量过大，而使绳子嵌入土球切断草绳，造成土球破损，应在土球与绳索之间插入适当大小的木板。

吊起的土球装车时，土球向前（车辆行驶方向），树冠向后码放，土球两旁垫木板或砖块，使土球稳定不滚动。树干与卡车接触部位，用软材料垫起，防止擦伤树皮。树冠不能与地面接触，以免运输过程中树冠受损伤，最后用绳索将树木与车身紧紧拴牢，运输时汽车要慢速行驶。树木运到目的地后，卸车时的捆绳方法与起吊时相同。按事先编好的位置将树木吊卸在预先挖好的栽植穴内。如不能立即栽植，即应将苗木立直、支稳，决不可将苗木斜放或平倒在地。

4.4 运输时注意的问题 如果是短距离运输，苗木散在筐篓中，在筐底放上一层湿润物，筐装满后在苗木上面再盖上一层湿润物即可，以防苗根失水。如果长距离运输，则裸根苗苗根一定要蘸泥浆。带土球的要在枝叶上喷水，再用湿苫布将苗木盖上。

运输过程中，要经常检查苗木包的温度和湿度，如果温度太高、要打开包，适当通气，若发现湿度不够要及时喷水。另外，运苗时应当选用速度快的运输工具，尽量缩短运输时间，有条件的还可用特制的冷藏车来运输。苗木到达目的地后，要立即打开苗包，进行假植。但在运输时间长，苗根失水严重的情况下，应先将根部用水浸若干小时再进行假植或栽植。

【任务过程】

5 苗木包装运输技术

5.1 保湿技术

5.1.1 露根喷水加苫布 主要用于休眠期掘苗出圃、耐旱性较强的树种，在短途运输不超过1～2d时采取的措施。敞篷货车运送中应加盖苫布，防止日晒和风吹造成失水，有条件的使用封闭集装货厢更好，途中对根及枝干应及时喷水补湿，如国槐、柳树、杨树、臭椿等。运输露根小花灌木，则注意装车堆积不要过紧，避免发热、烂条。

5.1.2 蘸泥浆或保温剂护根 将苗木根系蘸上泥浆，使根系形成湿润的保护层，能有效地保持苗木水分。此外还可使用苗木蘸根剂。苗木蘸根剂是一种新型的高分子材料，吸水性能是自身的数百倍。

5.1.3 卷包保温 目前生产上常用的包装材料有聚乙烯袋、聚乙烯编织袋、草包、麻袋等。有些现代化苗圃用浸蜡硬纸箱包装苗木。卷包内应放置持水量较高的保湿材料，如锯末、苔藓、蛭石、珍珠岩、草炭等，以保持包内的湿度。卷包封闭后，可较长时间保湿，但必须控制包内温度，防止发热发霉。应在包装材料上打孔通风，以利散热。

5.2 包装技术

5.2.1 裸根苗的包装 先将湿润物放在蒲包或草袋上，放进苗木，将湿润物包住根系，再将蒲包或草袋从根颈处绑好。

5.2.2 带土球树种包装 按照规格将苗木从圃地起出后，应立即放入蒲包内，然后将蒲包捆紧，再用草绳绕过土壤底部分层扎紧。

5.2.3 注意事项 根系要包严；顶芽要保护好；附标签，按包注明树种、苗龄、育苗方法、苗木株数、级别等。

5.3 装车运输技术

5.3.1 裸根苗装车运输 装车不宜过高过重，压得不宜太紧，以免压伤树枝和树根；树梢不准拖地，必要时用绳子围拴吊拢起来。绳子与树身接触部分，要用蒲包垫好，以防伤损干皮。卡车后厢板上应铺垫草袋、蒲等物，以免擦伤树皮，碰坏树根。装裸根乔木应树根朝前，树梢向后，顺序排码。长途运苗最好用苫布将树根盖严、捆好，这样可以减少树根失水。

5.3.2 带土球苗装车运输 一些常绿树和珍贵落叶树及萌芽恢复生长较慢的树种，应采用带土球方法移植出圃，这是保护根系最好的方法。一般土球外包都用草编袋、蒲包片，用草绳绑扎。如远距离运输，应注意包装材料的保湿，及时补充水分。

2m以下（树高）的苗木，可以直立装车，2m高以上的树苗，则应斜放，或完全放倒，土球朝前，树梢向后，并立支架将树冠支稳，以免行车时树冠摇晃，造成散坨。土球规格较大、直径超过60cm的苗木只能放1层；小土球则可放2～3层。土球应相互紧靠，还需用木块、砖头支垫，以防土球晃动。土球上不准站人或压放重物，以防压伤土球。运输大规格土球苗（苗高2m以上），苗木装车摆放要求树头向后，由车厢后向前依次码放。后车厢板与树干相接处应垫软物，防止破皮。长途运输需加盖苫布。

【相关阅读】

带土球苗木的包装方法

带土球苗木需运输、搬运时，必须先行包扎。最简易的包扎方法是四瓣包扎，即将土球放入蒲包或草片上，然后拎起四角包好。简易包扎法适用于小土球及近距离运输。大型土球包装应结合挖苗进行。方法是按照土球规格的大小，在树木四周挖一圈，使土球呈圆筒形，用利铲将圆筒体修光后打腰箍，第一圈将草绳头压紧，腰箍打多少圈视土球大小而定，到最后一圈，将绳尾压住，不使其分开。腰箍打好后，随即用铲向土球底部中心挖掘，使土球下部逐渐缩小。为防止倾倒，可事先用绳索或支柱将大苗暂时固定，然后进行包扎。草绳包扎有三种主要方式，木箱包装方法有一种。

（1）草绳包扎

1）橘子式。先将草绳一头系在树干（或腰绳）上，再在土球上斜向缠绕，草绳经土球底绕过对面经树干折回，顺同一方向按一定间隔缠绕至满球。接着再缠绕第二遍，缠绕至满球后系牢（图7-5）。

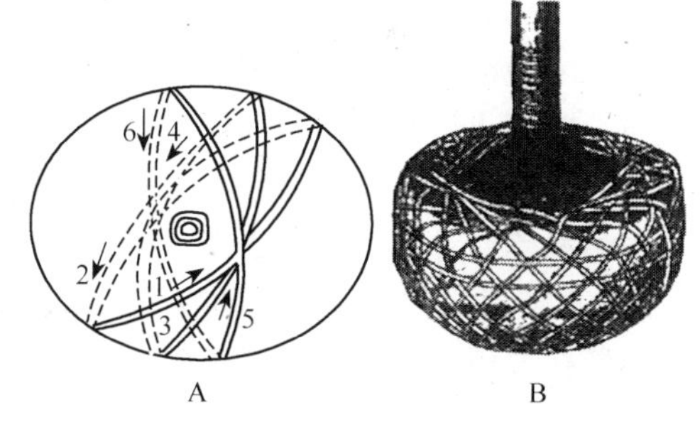

图7-5 橘子式包扎法

A. 正面；B. 侧面

2）井字式。先将草绳一端系于腰箍上，然后按图7-6A中所示数字顺序，由1拉到2，绕过土球下面拉到3，经3绕过土球下面拉到4，经4绕过土球下面拉到5……最后经8绕过土球下面拉回到1。按此顺序包扎满6～7道井字形为止，扎成如图7-6所示的状态。

3）五角星式。先将草绳一端系于腰箍上，然后按图7-7A中所示数字顺序，由1拉到2，绕过土球下面拉到3，经3绕过土球下面拉到4，经4绕过土球下面拉到5……最后经10绕到土球下面拉回到1。按此顺序包扎满6～7道五角星形为止。

井字式和五角星式适用于黏性土和运输距离不远的落叶树、1t以下常绿树，否则宜用橘子式。以上三种包扎方法，特别要注意的是，包扎时绳要拉紧，并用木棒击打，使草绳紧贴土球或能使草绳嵌进土球一部分，才能牢固可靠。如果在黏土地，可用草绳直接包扎，适用的最大土球直径可达3m左右。如果是砂性土壤，则应该用蒲包等软材料首先包住土球，然后再用草绳包扎。

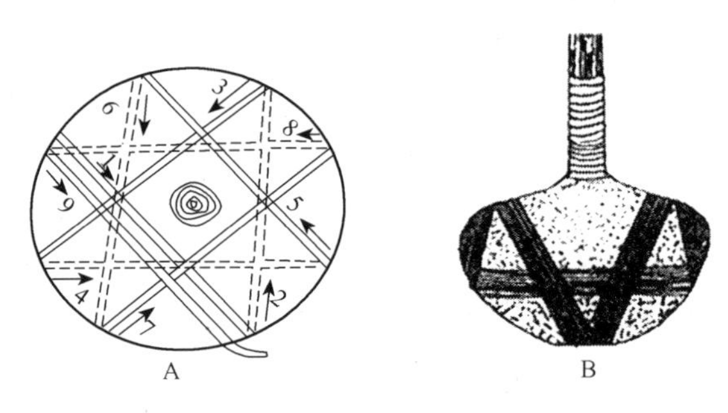

图 7-6 井字式包扎法
A. 正面；B. 侧面

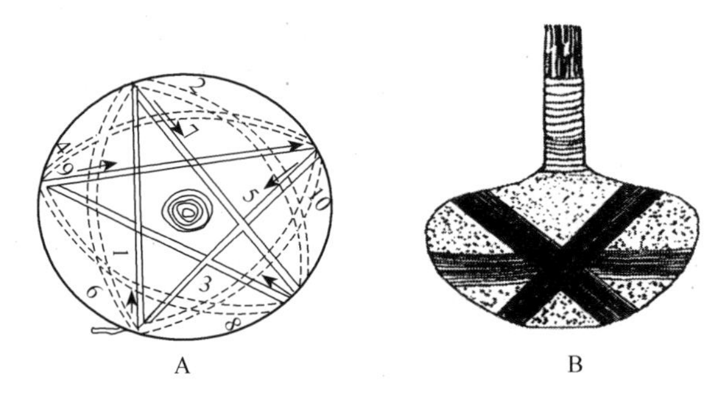

图 7-7 五角星形包扎法
A. 正面；B. 侧面

（2）木箱包装法　木箱包装法（图 7-8）适用于胸径在 15cm 以上的常绿树或胸径在 20cm 以上的落叶树。植株根部留土台的大小依树种及规格而定，一般按胸高直径的 6～8 倍确定。土台大小确定后，以树干为中心，比土台大 10cm 画一正方形线。将正方形内表土铲去，在四周挖宽 60～80cm 的沟，沟深与留土台高度相等，土台上端的尺寸与箱板尺寸一致，土台下端尺寸应比上端略小 5cm，土台侧壁略突出，以便于装箱板时紧紧卡住土台。土台挖好后先上四周侧箱板，然后上底板，土台表面比箱板高出 1cm，以便吊起时下沉，最后在土台表面铺一层蒲包，上井字形板。木箱上好后，即用吊车装在大型卡车上运往栽植地。

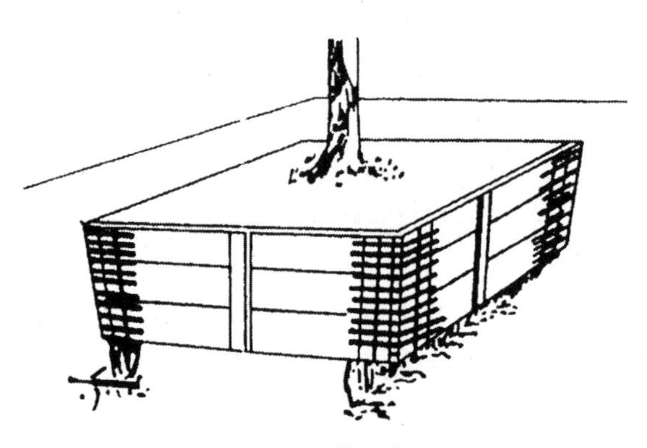

图 7-8 木箱包装法

任务6　苗木的假植和贮藏

【任务介绍】起苗后的苗木，如不能及时栽植，应妥善贮藏，最大限度地保持苗木的生命力。因此苗木假植与贮藏是起苗、移植作业的配套工程，是起苗后于正式栽植前，对苗木进行保护的一项临时措施。其目的是防止苗木根系脱水，保证苗木质量，提高苗木栽植成活率。

【任务要求】通过本任务的学习及相应实习，使学生达到以下要求：①了解苗木假植的目的及注意事项，掌握常见假植方法。②了解苗木低温贮藏的要点，掌握苗木低温贮藏常用方法。

【教学设计】要完成苗木假植和贮藏，首先应了解假植和贮藏的重要性及相关注意事项，根据生产需求选择合适的假植方式及贮藏方法。对于不同树种、不同贮藏需求有相应的假植或低温贮藏方法，因此，在教学过程中让学生掌握根据不同贮藏需求选用合适的假植技术或低温贮藏方法，培养他们根据生产实际进行苗木假植与贮藏的技能。

教学过程以完成苗木假植与贮藏为目标，同时让学生学习与苗木假植与贮藏有关的理论知识。可以采用讲授法，建议采用多媒体进行教学。还可结合实践开展常见园林苗木假植与贮藏。

【理论知识】

园林苗木在苗圃中经过一定时间的培育，达到了园林绿化的质量和规格要求，就可以开始苗圃外的栽植。出圃运输到施工现场后，有时会因劳动力或气候的因素不能立即栽植，这时就要进行苗木贮藏。

广义的苗木贮藏包括假植和贮藏。贮藏苗木的目的是为了保持苗木质量，减少苗木失水干枯，防止根系干燥，防止发霉和冻害，最大限度地保持苗木的生命力。现用的苗木贮藏方法主要有假植和低温贮藏。

1　苗木假植

假植是将苗木根系用湿润土壤进行暂时埋植。防止根系干燥的方法。苗木的根系比地上部怕干、细根又比粗根怕干，因而保护苗木首先要保护好根系。根据假植时间长短，通常分为临时假植和越冬假植。

1.1　临时假植　起苗后，苗木不能立即移植或运出园地，或运到目的地后不能及时栽植，需采取临时假植，或称短期假植。苗圃地可在掘苗区的一侧，施工地可在附近土层湿润处，在不影响作业的情况下，掘临时假植沟，一般苗木沟深20～30cm，宽20～30cm。将分级订捆的苗木直立或倾斜放入沟中，码成5捆或10捆一排，不捆的苗木可50株或100株一排，然后用挖下个沟的土埋好第一排苗木的根系，同时挖好第二排沟，再按埋第一排苗木的方法埋好第二排苗木，依此类推，将苗木全部假植完。此种方法时间不宜太长，一般5～10d，时间过长易造成苗木失水，影响成活。如遇大风或日照强，空气干燥，应适当喷水。

1.2　越冬假植　如果秋季起苗后，当年不栽植，通过假植越冬，称为越冬假植或长期假植。这种假植的时间长，要特别细致。选择地势高燥、排水良好、土壤疏松、避风、便于管理且不影响来春作业的地段开假植沟。沟的方向与当地冬季主风方向垂直，沟深一般是苗木高度的一半，长度视苗木数量而定。迎风面的沟壁作成45°的斜坡，将苗木靠在斜坡上，逐个码放，码一层苗木盖一层土，盖土深度一般达苗高的1/2～2/3处，至少要将根系全部埋进土内，盖土要实，疏松的地方要踩实、压紧。

在寒冷地区，易受冻害的苗木（如木槿等），为使苗木安全越冬，可用深80cm的深沟假植。封沟时，首先在苗梢上覆10cm厚的土，然后在土上加一层10cm左右厚的稻草或树叶，最后再覆15～20cm厚的土，这样即可得到更为理想的保温效果。在风沙危害大的地区，可在假植沟的迎风面设置风障，进行防风。

在南方冬季温暖且无大风的地区，为了少占用地，可将苗木直立假植，两侧培土。大量假植时，为了便于春季起苗和运苗，假植沟之间应留有道路。

1.3 假植注意事项

1）假植沟应选在背风处以防抽条；背阴处可防止春季栽植前发芽，影响成活；地势高排水良好的地方以防冬季降水时沟内积水。

2）落叶树入沟假植时，苗木不能带有树叶，以免枝条失水或枝叶腐烂。

3）根系的覆土厚度不能太厚，也不能太薄。一般覆土厚度在20cm左右。覆盖根系的土壤中不能夹杂草、落叶等易发热的物质，以免根系发热发霉，影响苗木的生活力。

4）沟内的土壤湿度，以其最大持水量的60%为宜，即手捏成团，松开即散。过干时，可适量浇水，但切忌过多，以防苗根腐烂。

5）一条假植沟最好假植同一树种、同一规格的苗木。若一条假植沟需假植两个树种或两个规格的苗木时，应在中间隔开一定的距离，以便管理。同一条假植沟的苗木，每排数目要一致，以便统计数量。假植完毕，假植沟要编号，并插标牌，注明苗木品种、规格、数量等。

6）假植期间要定期检查，土壤要保持湿润。早春气温回升，沟内温度也随之升高，苗木若不能及时运走栽植，应采取遮阴降温措施，以推迟苗木萌发期。

2 苗木低温贮藏

为了更好地保证苗木安全越冬，推迟苗木萌发期，以达到延长栽植时间的目的，可利用室内贮藏苗木。室内贮藏温度多控制在1～5℃，因此此种方法又称低温贮藏。

低温贮藏苗木的关键是要控制温度、湿度和通气条件。温度以1～5℃最为适宜，北方树种可更低（−3～3℃），南方树种可稍高（1～8℃），低温可以减低苗木在贮藏过程中的呼吸消耗。但温度过低会使苗木冻伤。空气相对湿度以85%～90%为宜，高湿可减少苗木失水。室内要注意适当通风。可利用冷藏库、冰窖、地窖、地下室等进行贮藏。有试验表明，将苗木置于贮藏箱内，苗木根部填充无菌的湿润珍珠岩，这样包装的苗木再贮存于气调冷库内，贮藏效果非常好。

对用假植沟假植易发生烂根现象的苗木，如核桃、青桐等，可采用地窖贮藏。在排水良好的地方挖窖，上面加盖，在窖顶中央或两侧留通风口，在一端设出入口。当窖内温度约3℃时将苗木入窖。可将苗木在窖内平放，根部向窖壁，一层苗木一层湿沙。也可按临时假植的方法。将苗木分排用砂土埋严苗根，苗干可不用埋，均可得到良好的贮藏效果。

【任务过程】

3　苗木假植和贮藏技术

3.1　苗木假植　　假植是将园林植物的根系用湿润的土壤暂时培埋起来，防止根系干燥的操作。根据假植时间的长短，可分为长期假植和临时假植两种。

3.1.1　长期假植

1）假植地点。应选择地势较高、排水良好、背风、便于管理和不影响翌春作业的地方，切忌选在低洼地或土壤过于干燥的地方假植，以防苗根霉烂或干燥。

2）假植时间。北方地区大约在10月下旬到11月上旬立冬前后假植为好。假植过早因地温高，苗木容易发热霉烂，造成损失。但也要避免因假植过晚使苗木冻在地里。

3）假植顺序。一般先阔叶树苗，后针叶树苗。由于刺槐、槐树、锦鸡儿等豆科树种苗木耐寒力较弱，根部水分较多，又有根瘤，既怕冻又怕地温高，因此假植不宜过早，可以在最后结冻前1～2d假植。

4）假植方法。育苗圃面积较小时，假植苗木数量不多，可以采取人工挖假植沟假植。即在选定的假植地点，用铁锹挖一条与主风方向垂直的假植沟（如东西向）。沟的规格因苗木的规格不同而异，播种苗一般深宽各30～35cm。将沟内挖出的土放于沟的一侧（如南侧），堆成45°的斜坡，迎风面的沟壁也做成45°的斜壁。然后，将苗木单株均匀地摆于斜壁上（苗梢向南），使苗木根部在沟内舒展开，苗木根径略低于地表。最后，用下一条沟内挖出的湿土将苗根及苗径的下半部盖严、踩实，使根系与土壤密接。

5）假植注意事项。假植时要做到单株（或小束）、深埋、踩实，使根土密接。假植地上隔一定距离留出步道。假植要分区、分树种、定数量（每几百株或几千株作一标记），在地头上插标牌，注明树种、苗龄、种类、数量、假植时间等内容，并绘出平面示意图，以便于管理。

假植期间要经常检查，发现覆土下沉要及时培土。春季化冻前要清除积雪，以防雪化浸苗。如早春苗木不能及时出圃栽植时，为了抑制苗木的发芽，可用席子或稻草、秸秆等覆盖遮阴，降低温度，适当推迟苗木的萌发。

3.1.2　临时假植　　临时假植与长期假植基本要求略同，只是在假植的方向、长度、集中情况等方面要求不那样严格。由于假植时间短，因而对较小的苗木允许成束地排列，不强调单摆、根系舒展，但也要做到深埋、踩实。

3.2　苗木低温贮藏　　苗木的低温贮藏就是将苗木置于低温（1～3℃）、湿润（空气相对湿度为80%～90%）、通气良好的条件下妥善保存。常见的低温贮藏方法有窖藏法、坑藏法和沟藏法。

3.2.1　窖藏法　　落叶松苗木采取窖藏越冬既可抑制春季萌动过早，又能避免苗木假植干梢的缺点。

一般选择地势高燥、排水良好的地挖窖。窖的规格：窖深1.5～2.0m，上口宽2.0m，底宽1.5m，窖长依贮苗量多少而定（如窖长20 m，可贮苗50万～60万株）。窖边略倾斜，中央设置木柱数根，柱上架横梁，窖顶两侧搭椽子，覆盖10cm厚的秫秸，上面用土盖严。窖顶每隔2m留一通气孔，孔口用木盖和草帘盖好，经常开启，以利通风换气、调节气温。窖底应挖深、宽各25cm的沟，内填卵石或石块，以利排出窖内积水。苗木入窖前，先要在窖底铺上 5～10cm 湿沙。当气温降低到 0℃左右，窖内低温情况下将苗木成捆（50 株或 100 株）平放于窖内两侧。苗木的根部朝向窖壁，距窖壁 3～5cm，填上一层湿润河沙（3～5cm 厚），因根部体积较大，应在苗梢一侧用去叶秫秸垫一下。摆完一层苗，上面再盖一层湿沙。湿沙要填平、压实、盖严，以不露苗根为宜。如此一层一层地放置，直到窖沿为止。苗木入窖后封严，窖藏期间可定期检查。

窖藏苗木要注意控制窖内湿度、温度和通气条件。温度应保持在 1～3℃，最高不超过 5℃，空气相对湿度可保持 85%～90%，经常通风换气，以保持窖内始终处于低温、湿润、通风良好的环境条件。

3.2.2 坑藏法 落叶松、油松、红松、云杉、冷杉等苗木也可以利用坑藏法贮藏，这种方法对确保苗木安全越冬，保证苗木的质量有良好的效果。

选择地势较高、排水良好且不影响翌春作业的苗圃空地，挖东西向坑，坑深、宽各 1m，坑长依贮苗量的多少而定（每 10m 长的坑可贮藏苗木 20 万株左右）。坑底再挖深、宽为 25cm 的渗水沟，填满河卵石。坑间距离 1.5～2.0m。坑藏时间应在结冻前的 10 月末或 11 月初。先在坑底垫铺 5cm 厚的沙子，把捆成小束的苗木在坑的两侧各摆放一排，苗根要朝向坑壁，距坑壁 3～5cm，把与把之间不要太挤，每摆一排苗木，垫一层 3cm 厚的半湿沙子，每摆 2～3 层就要垫几棵剥掉叶的秫秸，使苗梢与苗根齐平。摆至距地面 10cm 左右时，全部盖上半湿河沙，以防苗木干燥。为保持坑内低温和加速冻结，白天以草帘覆盖，晚间打开。当苗木全部冻结后，盖上一层草帘，在草帘上再覆盖整捆稻草（10～20cm 厚），并在坑上用整捆秫秸搭成前低后高的棚子，防止雪雨水渗入。坑口必须盖严，以免坑内温度变化。坑藏期间坑内温度以不超过 5℃为宜。特别是早春气候转暖，更应注意控制坑内温、湿度。

3.2.3 沟藏法 北方地区有的苗圃对一些落叶阔叶树苗木越冬时采用沟藏。沟藏的方法是将苗木于结冻前全部埋于沟中，沟内温度经常保持在 0℃左右，最高温度不超过 5℃。沟底应在地下水位以上。进行沟藏时，切忌苗木带叶。埋苗时苗上面盖土厚 30～40cm，翌春通过增盖草帘调节沟内温度，以防苗木发热霉烂。也有的利用山洞、固定地窖放置冰块，保持一定低温来贮藏苗木，此法可延长贮存时间，贮藏效果也较好。

【相关标准】

主要造林树种苗木质量分级（GB 6000—1999）。

城市绿化和园林绿地用植物材料　木本苗（CJ/T 24—1999），见附表 6-1。

项目 8 设施育苗技术

现代苗木繁育的宗旨是在有限的土地上，运用现代科技，大规模、专业化、高效率地生产出优质、标准化苗木，为生产优质苗木产品服务。当今世界苗木生产国都在逐步推行苗木的标准化、设施化、机械化、工厂化、规模化的生产。现代育苗技术是指在育苗方式、方法和规模上，应用先进的科学技术、现代的设施和现代的经营理念进行苗木繁育，以满足植物生产的苗木需求，如要求质量高、种性一致、不分季节等。随着科学技术的发展，近年来设施育苗已经非常普及，在人为控制生长发育所需要的各种条件下，按照一定的生产程序操作，连续不断地培育出优质的苗木。其中组织培养、无土栽培和容器育苗已经在苗木生产中被广泛运用。以植物组织培养试管苗为代表的现代育苗技术有别于传统的育苗技术（嫁接、扦插和压条等），其要点是育苗技术科学化，育苗操作管理省力化、机械化和自动化及生产标准化。

本项目通过对组织培养、无土栽培和容器育苗等任务的学习，使学生掌握现代育苗新技术。本项目重点包括植物组织培养外植体的选取、无菌体系的建立、继代培养、生根培养和移栽；无土栽培营养液配方及固体基质选择及容器育苗基质和容器的选择等内容。园林植物种类众多，树木种类不同，甚至品种不同，采取的育苗技术都可能存在差异。本项目在理论学习的基础上向学生介绍一些常见苗木的设施育苗技术。

任务 1 植物组织培养

【任务介绍】植物组织培养，是指在无菌条件下，将外植体接种于人工配制的培养基上，在人工控制光、温等条件下，进行离体培养，使其增殖、生长、发育成完整植株的一套技术方法。根据外植体的不同，植物组织培养可分为器官培养、组织培养、细胞培养、胚胎培养和原生质体培养等。植物组织培养的关键环节为外植体的选取、无菌体系的建立、继代培养、生根培养和移栽，这些环节决定植物组织培养的成功与否。

【任务要求】通过本任务的学习及相应实习，使学生达到以下要求：①了解植物组织培养概念、分类、简史、特点、用途和发展方向等；②了解植物组织培养实验室组成、培养条件；③了解培养基的种类、特点、组成成分和适宜剂量；④掌握外植体选取方法，掌握无菌接种步骤及具体操作过程；⑤掌握组培苗的炼苗移栽技术。

【教学设计】植物组织培养的首要任务是根据培养目的选取外植体，然后根据外植体特性确定合适的无菌培养体系，获得组培苗。由于园林植物种类繁多，不同树种选择外植体不同、外植体采取时间、消毒方法、无菌培养体系等也不尽相同，因此，重点应让学生在理解细胞全能性的基础上，根据育苗要求和树种特性选取合适的外植体，建立无菌培养体系，获得组培苗。

教学过程主要以讲授植物组织培养方法和程序为目标，同时让学生学习植物组织培养中的相关理论知识。采用讲授法和实验教学法，注意对培养方法进行分类比较，建议采用多媒体进行教学。

【理论知识】

1 植物组织培养的概念

植物组织培养，是利用植物离体的器官（根、茎、叶、花、果实、种子等）、组织（形成层、花药组织、胚乳等）、细胞（体细胞和生殖细胞）及原生质体等，在无菌和适宜的人工配制的培养基及光、温等条件下进行人工培养，使其增殖、生长、发育而形成完整的植株。培养的离体材料称为外植体。广义的植物组织培养根据外植体的不同，可分为胚胎培养、器官培养、组织培养（含愈伤组织）、细胞培养、花药培养、原生质体培养、细胞杂交等；狭义的植物组织培养是指微型繁殖或试管繁殖技术，即植物离体组织再生快繁技术。

植物细胞全能性是植物组织培养的主要理论依据。1902年，德国植物生理学家Gottlieb Haberlandt提出高等植物的器官和组织可以不断地分割，直至单个细胞，而且每个细胞都具有进一步分裂、分化、发育能力的观点。1958年，英国学者Steward首次用胡萝卜髓细胞悬浮培养再生植株成功，证实了Gottlieb Haberlandt的植物细胞全能性观点后，植物组织培养得到国际生物学界的高度重视。近年来，植物组织培养技术作为一种基本的实验技术和基础的研究手段，被广泛应用于植物学、遗传学、育种学、栽培学、解剖学、病理学等各个领域之中。目前植物组织培养的应用和研究主要涉及花卉、药用植物、农林蔬菜、木本观赏植物等方面。植物组织培养在植物类型、植株各种组织、器官、细胞、培养方式、培养基成分和培养条件方面等不断取得重大进展，工作面愈来愈广，经济效益愈来愈高。

2 植物组织培养的分类

植物组织培养根据外植体的来源、培养方式和培养过程可以分为不同的类型。

2.1 按外植体的来源分类 根据外植体来源的不同，植物组织培养可以分为植株培养、胚胎培养、器官培养、组织培养、细胞培养、原生质体培养等类型。

2.1.1 植株培养 指将小型的具有完整形态的植株接种于培养基，进行离体培养的方法。

2.1.2 胚胎培养 胚胎培养是通过对幼胚、成熟胚、胚乳、胚珠、子房等进行离体培养形成完整植株的过程。

2.1.3 器官培养 对植物体各种器官及器官原基进行的离体培养的方法。通常分为根系培养（根尖、切断）、茎培养（茎尖、茎段）、叶培养（叶原基、叶片、子叶）、花培养（花瓣、雄蕊）、果实培养、种子培养等类型。

2.1.4 组织培养 指对构成植物体各种组织或已诱导的愈伤组织进行的离体培养。通常分为分生组织、薄壁组织、输导组织的离体培养。通过组织培养可以对不同类型组织的起源、发育进行研究。

2.1.5 细胞培养 指对单个离体细胞或较小细胞团进行的离体培养。常用的细胞培养材料为有性细胞、叶肉细胞、根尖细胞、韧皮部细胞等。细胞培养方法有看护培养、平板培养、悬浮培养、微室培养等类型。其中，悬浮培养占有较为重要的地位。

2.1.6 原生质体培养 指对去掉细胞壁后所获原生质体进行的离体培养。由于去掉了细胞壁，从而能使不同的原生质体进行融合，即进行体细胞杂交。通常分为非融合培养、融合培养等类型。

2.2 依据培养方式分类 依据培养方式植物组织培养可分为固体培养和液体培养两类。

2.2.1 固体培养 在液体培养基中加入琼脂、明胶等凝固剂使培养基呈固体状态的培养方式。固体培养常用的凝固剂是琼脂，植物组织、细胞不能直接利用，在培养基中仅起固定支撑作用。琼脂的熔点约为98℃，凝固点42℃。大量的植物组织培养如根、茎、叶、茎尖及花药培养大都以固体培养为主。

2.2.2 液体培养 培养基不加任何凝固剂，经消毒后培养物直接置于液体中培养。可用于单细胞或少数细胞构成的细胞团的培养和原生质体的培养，或以迅速得到大量培养细胞为目的的规模化培养。

2.3 按培养过程分类

2.3.1 初代培养 将植物体上分离下来的外植体进行最初几代培养的过程。其目的是建立无菌培养物，诱导腋芽或顶芽萌发，或产生不定芽、愈伤组织、原球茎。通常是植物组织培养中比较困难的阶段，也称为启动培养。

2.3.2 继代培养 将初代培养诱导产生的培养物更新分割，转移到新鲜培养基上继续培养的过程。其目的是使培养物得到大量繁殖，也称为增殖培养。

2.3.3 生根培养 诱导无根组培苗产生根，形成完整植株的过程，其目的是提高组培苗田间移栽后的成活率。

3 植物组织培养的基本设备

3.1 实验室设置

3.1.1 化学实验室 植物组织培养及组培育苗时所需器具的洗涤、干燥、保存；药品的称量、溶解、配制；培养基的配装和分装；高压灭菌；植物材料的预处理，以及进行生理、生化的分析等各种操作，都在化学实验室进行。其要求与一般化学实验室要求相同。

3.1.2 接种室 接种室也称无菌室，是进行植物材料的分离接种及培养物转移的一个重要操作室。其无菌条件的好坏对组织培养成功与否起重要作用。在工作方便的前提下，接种室宜小不宜大，一般7～8m^2，要求地面、天花板及四壁尽可能密闭光滑，易于清洁和消毒。配置拉动门，以减少开关门时的空气扰动。接种室要求干爽安静，清洁明亮。在适当位置吊装1～2盏紫外线灭菌灯，用以照射灭菌。最好安装一个小型空调，使室温可控，这样可使门窗紧闭，减少与外界空气对流。接种室应设有缓冲间，面积2m^{2}为宜。进入无菌操作室前在此更衣换鞋，以减少进出时带入接种室杂菌的可能。缓冲间最好也安一盏紫外线灭菌灯，用以照射灭菌。

3.1.3 培养室 培养室是人工条件下培养接种物及试管苗的场所。要求室内整洁，有控温和照明设备。室内温度要求恒温，均匀一致、有自动调节温度的设备，一般要求25～27℃或依所培养的植物而定。光源以白色荧光灯为好，还应有培养架等装置。

3.1.4 洗涤室 洗涤室用于完成玻璃器皿等仪器的清洗、干燥和贮存。室内应配备大型水槽，最好是硬塑深水槽，防止碰坏玻璃器皿。上下水道要畅通。备有塑料筐，用于运输培养器皿。备有干燥架，用于放置干燥刷净的培养器皿。

3.2 仪器设备

3.2.1 电子分析天平和托盘天平 电子分析天平，用于称取大量元素、微量元素、维生素、激素等微量药品，精确度为 0.000 1g；托盘天平用于称取用量较大的糖和琼脂等，其精确度为 0.1g。天平应放置在干燥、不受震动的天平操作台上。

3.2.2　显微镜　一般体视显微镜较多，用于剥取茎尖，以及隔瓶观察内部植物组织生长情况。

3.2.3　空调　夏季高温不利于试管苗生长繁殖，必须配备空调。

3.2.4　冰箱　用以各种维生素、激素及培养基母液的贮藏；实验材料的保存；以及材料的低温处理等。

3.2.5　酸度测定仪　用于测定培养基的 pH。

3.2.6　培养架　固体培养时需用培养架，培养架分层，每层顶上有槽，固定灯座，应装 40W 日光灯 2 个。

3.2.7　恒温培养箱和烘箱　用于植物材料的培养，其内有温度感受器，控制箱内温度到所调指标。生化培养箱还配有光照装置。烘箱用于干燥洗净的玻璃器皿，也可用于干热灭菌和测定干物重。用于干燥需保持 80～100℃；进行干热灭菌需保持 150℃，达 1～3h；若测定干物重，则温度应控制在 80℃烘干至完全干燥为止。

3.2.8　高压灭菌锅　用于进行培养基和器械用具的灭菌。小规模实验室可选用小型手提式高压灭菌锅。如果是连续的大规模生产，应选用大型立式的或卧式的高压灭菌锅。通常以电作能源。

除以上必备的仪器设备外，还可备有显微摄影、离心机及悬浮培养用的转床、摇床等。

3.3　玻璃器皿和用具　在组织培养中配制培养基和进行培养需大量的玻璃器皿。根据培养的目的和要求，可以采用不同种类、规格的玻璃器皿。其中以试管、三角瓶、培养皿等使用较多。常用的器具可选用医疗器械或微生物实验所用的各种镊子、剪刀、解剖刀、解剖针等。

【任务过程】

4　植物组织培养的技术操作

4.1　玻璃器皿的洗涤　玻璃仪器表面常附着有游离的碱性物质，可先用 0.5% 的去污剂洗刷，再用自来水洗净，然后浸泡在 1%～2% 盐酸溶液中过夜（不少于 4h），再用自来水冲洗，最后用去离子水冲洗两次，在 100～120℃烘箱内烘干备用。使用过的玻璃器皿先用自来水洗刷至无污物，再用合适的毛刷沾去污剂（粉）洗刷，或浸泡在 0.5% 的清洗剂中超声清洗（比色皿决不可超声），然后用自来水彻底洗净去污剂，用去离子水洗两次，烘干备用（计量仪器不可烘干）。清洗后器皿内外不可挂水珠，否则重洗，若重洗后仍挂有水珠，则用洗液浸泡数小时后（或用去污粉擦洗），重新清洗。

洗液的配制：一般用重铬酸钾（10g），加入蒸馏水（100mL），加温溶化，冷却后再缓缓注入 90mL 工业硫酸。

4.2　培养基的配制

4.2.1　培养基的组成　植物组织培养所用的培养基，主要成分包括各种无机盐（大量元素和微量元素）、有机化合物（蔗糖、维生素类、氨基酸、核酸或其他水解物等）、螯合剂（EDTA）和植物激素（表 8-1）。一般进行固体培养还应加入琼脂使培养基固化。经常使用的培养基，可先将各种药品配成 10 倍或 100 倍的母液，放入冰箱中保存，用时再按比例取用。

表 8-1 常用培养基营养成分 （单位：mg/L）

培养基成分	MS（Murashige & Skoog，1962）	B5（Gamborg，1965）	N6（朱至清）	SH（Sckenk & Hildebrandt，1975）	NN（Nitsch J P & Nitsch C，1964）	White（White，1963）
$(NH_4)_2SO_4$		134	463			
NH_4NO_3	1 650				720	
KNO_3	1 900	2 500	2 830	2 500	950	80
$Ca(NO_3)_2 \cdot 4H_2O$						200
$CaCl_2 \cdot 2H_2O$	440	150	166	200	166	
$MgSO_4 \cdot 7H_2O$	370	250	185	400	185	720
KH_2PO_4	170		400		68	
$NaH_2PO_4 \cdot H_2O$		150				17
$NH_4H_2PO_4$				300		
$NaSO_4$						200
Na_2-EDTA	37.3	37.3	37.3	15.0	37.3	
Fe-EDTA						
$Fe_2(SO_4)_3$						2.5
$FeSO_4 \cdot 7H_2O$	27.8	27.8	27.8	20.0	27.8	
$MnSO_4 \cdot H_2O$				10		
$MnSO_4 \cdot 4H_2O$	22.3	10.0	4.4		25.0	5.0
$ZnSO_4 \cdot 7H_2O$	8.6	2.0	3.8	1.0	10.0	3.0
H_3BO_3	6.2	3.0	1.6	5.0	10.0	1.5
KI	0.83	0.75	0.8	1.00		0.75
$NaMoO_4 \cdot 2H_2O$	0.25	0.25		0.10	0.25	
MoO_3						0.001
$CuSO_4 \cdot 5H_2O$	0.025	0.250		0.200	0.025	
$CoCl_2 \cdot 6H_2O$	0.025	0.025		0.100		
盐酸硫胺素	0.1	10.0	1.0	5.0	0.5	0.1
烟酸	0.5	1.0	0.5	5.0	5.0	0.3
盐酸吡哆醇	0.5	1.0	0.5	5.0	0.5	0.1
肌醇	100	100		1000	100	
叶酸					0.5	
生物素					0.05	
甘氨酸	2		2		2	3
蔗糖	30 000	20 000	50 000	30 000	20 000	20 000
琼脂（g）	10	10	10		8	10
pH	5.8	5.5	5.8	5.8	5.5	5.6

1）大量元素。将药品称取后，分别溶解再依顺序混合定容，配成 10 倍浓度的母液。每配制 1L 培养基时取母液 100mL。

2）微量元素。微量元素用量少，为称取方便且精确，常配成 100 倍的母液或 1000 倍的母液。每配制 1L 培养基时取母液 10mL 或 1mL。

3）有机化合物类。同微量元素一样，可配成 100 倍或 1000 倍的母液，使用时每 1L 培养基中取用 10mL 或 1mL。

4）铁盐（螯合剂）。铁盐是单纯配制的，由硫酸亚铁（$FeSO_4 \cdot 7H_2O$）5.57g 和乙二铵四乙酸二钠（Na_2-EDTA）7.45g，溶于 1L 水中配成。每配制 1L 培养基取用 5mL。

5）植物激素。一般将植物激素配制成 0.1～0.5mg/mL 的溶液。由于植物激素多数难溶于水，可采用以下方法：①萘乙酸（NAA），可溶于热水中或先溶于少量 95% 乙醇中，再加水至一定浓度。②吲哚丁酸（IBA），可先用少量 0.4% 的 NaOH 溶液溶解，再加水到一定浓度。③吲哚乙酸（IAA），可先溶于少量 95% 乙醇中，再加水至一定浓度。④ 2, 4- 二氯苯氧乙酸（2, 4-D），可先用少量 3.65% 的盐酸溶液溶解，再加水到一定浓度。⑤细胞分裂素，6- 苄基嘌呤（6-BA）、激动素（KT）需用 3.65% 的盐酸或 0.4% 氢氧化钠溶液先溶解后，再加水到一定浓度。

以上所配制的各种母液或单独配制的各种药液，均应放到 2～4℃冰箱中保存，以防变质或微生物的污染。培养基中的蔗糖和琼脂，可依其需要量随用随称取。

4.2.2 培养基的制备程序 制培养基时，首先按需要量依次吸取各种药液，混合在一起。将蔗糖放入溶化的琼脂中溶解，然后注入混合液，搅拌均匀后用 0.4% 的氢氧化钠或 3.65% 的盐酸溶液调节 pH，再分装于三角瓶等培养容器内，占培养容器的 1/4～1/3 为宜，再用锡箔纸、羊皮纸等将容器口封紧包好。最后将分装后的培养基，放入高压灭菌锅中灭菌，一般采用的压力为 78.5～107.9kPa，温度为 121℃，消毒灭菌 15～20min，取出冷却凝固后备用。不同培养基在灭菌前应做好标记，防止混乱。

4.3 接种

4.3.1 接种前的准备 接种前植物材料（外植体）的大小和形状没有严格限制，但不能太小，否则细胞分裂难以发生；又不能太大，过大易造成感染，故一般要求切块的大小要适当。植物材料准备好以后，应准备解剖刀、接种针、剪刀、镊子等工具，酒精、无菌水等药品及滤纸等物品。

4.3.2 材料灭菌 为了得到无菌材料，在接种前必须先对植物材料进行消毒。一般采用化学试剂进行表面消毒。试剂的选择及处理时间的长短，依植物材料对试剂的敏感性来决定，并且要选用消毒后容易除去的药剂，防止产生药害，影响愈伤组织的发生。常用的消毒药剂有漂白粉（次氯酸钙）、安替福民（次氯酸钠）、升汞等（表 8-2）。在材料放入消毒剂之前，先用自来水冲洗或先在 70% 乙醇中漂洗一下，有利于消毒剂渗入植物材料并杀死微生物，放入消毒剂消毒后，必须用无菌水认真冲洗几次，才能进行接种。由于植物种类及所选用的植物器官或植物组织不同，因此，在消毒顺序和消毒时间上也各有不同。

表 8-2 常用消毒剂效果比较

消毒剂	使用浓度	消毒时间 /min	效果	残液去除难易
乙醇	70%～75%	0.1～3	好	易
新洁尔灭	10%～20%	5～30	好	易
氯化汞	0.1%～1%	2～15	最好	最难
过氧化氢	10%～12%	5～15	较好	最易
抗菌素	4～50mg/L	30～60	较好	较难
次氯酸钙 / 纳	9%～10%	5～30	好	易

4.3.3 材料的接种 接种用的植物材料接种全过程都应在无菌条件下进行。目前都是在超净工作台前进行工作，将植物材料接入培养基中即可。具体操作如下：左手拿试管或三角瓶，用右手轻轻取下包头纸，将容器口靠近酒精灯火焰，瓶口倾斜，以防空气中的微生物落入瓶中，瓶口外部在火焰上燎数秒钟，固定瓶口灰尘，用右手的拇指和中指慢慢取出瓶塞，以防气流冲入瓶中造成污染。将瓶口在灯焰上旋转灼烧，然后用消毒的镊子将外植体送入瓶中，将瓶塞在火焰上旋转灼烧数秒钟，塞回瓶口，包好包头纸，做好标记即可。

4.4 培养 植物组织培养首要问题是选择适合的培养基，培养基种类及培养基成分有上百种，要获得成功并用于生产实践，需经过大量的实验，筛选出最佳培养基种类。愈伤组织的生长、分化和生根，则又取决于培养基中激动素和生长素等的含量，过高过低都不利于生长，因此实验筛选出最佳植物激素种类和浓度也是植物组织培养获得成功的关键。

植物组织培养受温度、光照、培养基的pH等各种环境条件的影响，因此需要严格控制培养室的条件。由于植物的种类、所取植物材料部位等的不同，所要求的环境条件也有差异。一般培养室的培养条件多保持在（25±2）℃的恒温条件，低于15℃时培养物的生长停顿，高于35℃时也对生长不利；光照强度为2000lx，光照时间为10～12h；对培养室内的湿度，一般可以不加人为控制，因装有培养基的容器内的湿度基本上能满足要求，外界环境的湿度过高容易造成污染；培养基的pH通常为5.5～6.5，pH在4.0以下7.0以上对生长都不利，培养不同的植物，选用不同的培养基所要求的pH都不同。

污染和褐变的防止也是植物组织培养获得成功的关键。污染来自外植体和人为因素两个方面，防止外植体的污染可利用表面消毒和抗生素防止内部病菌来进行。人为污染的避免需用医用酒精擦洗双手，戴口罩，穿工作服，戴工作帽等。褐变的防止应选择合适的外植体及培养条件如保持较低的温度等，在培养基中加入抗坏血酸等抗氧化剂或通过连续转移来避免或减轻褐变的毒害作用。

4.5 移栽 将组培幼苗移栽成活是组培育苗的最后一个重要环节，但常因移栽不当而受到很大损失。组培幼苗移栽过程复杂，影响成活的因素较多。提高移栽成活率可采取下列措施：可在无菌条件下接种，培育瓶生壮苗，促进根、茎、叶组织的发生及功能的恢复，使用杀菌剂和抗蒸腾剂，必要时可进行试管苗的嫁接。当试管苗具有3～5条根后即可移栽。但长期在瓶内无菌条件下培养的小苗，直接移到室外，不能适应环境，必须经过一个过渡阶段。移栽前可将试管苗先打开，移栽时用清水洗去根上的琼脂再栽入盆中，其栽植土可选用通气透水好的粗砂、蛭石，为保持环境的温度，可用塑料薄膜覆盖，这样在室内保持10～30d，就可移入田间正常生长。由组培苗改为盆栽苗是组培育苗成败的关键，如何调剂好温度、湿度及光线等环境条件，因培养植物的不同而不同，必须了解其要求，分别加以对待。

【相关阅读】

园林植物的组培育苗

随着经济的发展，人民生活水平不断提高，人们对绿化美化环境的要求迫切，对园林植物的花色品种和质量的要求也日益提高，为促进园林植物生产的迅速发展，国际上已广泛采用植物组织培养技术来解决生产中的质量问题。特别是植物器官的培养技术，从20世纪60年代开始即走出实验室，进入生产领域。西欧和东南亚国家，利用植物组织培养方法，快速繁殖兰花的种类已达35个属150多种。美国现有的兰花工业中心10个以上，应用植物组织培养技术，不断提供新品种，年产值达5000万～6000万美元；新加坡仅出口兰花一项即获利500万美元。由于兰花工业化生产的成功，刺激了其他园林植物的组织培养技术的发展。目前世界上采用植物组织培养技术投入工厂化生产的花卉有兰花、菊花、香石竹、非洲菊、非洲紫罗兰、杜鹃、月季、郁金香、风信子等，组培成功的植物超过250种。我国利用植物器官培养，快速繁殖花木的工作总的来说起步较晚，但进展很快，现已获成功的园林植物有100多种。

任务2 无土栽培育苗

无土栽培是不用土壤，用营养液或固体基质加营养液栽培作物的种植技术。其核心和实质是营养液代替土壤向作物提供营养，独立或与固体基质共同创造良好的根际环境。这一栽培方法的应用，使人类的种植活动可以离开土壤，为实现农业、园艺、园林苗木及花卉等的生产，实现工厂化、自动化打开了广阔的前景。

【任务介绍】本任务内容主要如下：①了解无土栽培概念、类型及无土栽培特点；②掌握无土栽培常用的方法；③掌握固体基质的作用与选用原则；④了解几种观赏植物的无土栽培技术。

【教学设计】传统技术种植植物用天然土壤；无土栽培技术种植植物不用天然土壤，而用水和营养液。苗木在不同的发育时期对营养的需求不一样，对环境因子，如光照、温度、湿度等的需求也不一样。因此，在进行无土育苗时，要根据植物健康生长的需要，选择合适的营养液和基质。因此本任务的重点是在了解无土栽培类型、特点的基础上，了解营养液配方及固体基质的作用和选择，从而能够根据育苗要求，选用恰当的无土栽培方法，培育出优质苗。

教学过程采用多媒体形式，向学生展示传统栽培与无土栽培的差异，激发学生的学习兴趣。通过对无土栽培相关知识的详细讲授，使学生初步了解无土栽培概念、特点及营养液的配制。学生也可通过实地参观，增强对无土栽培的形式和植物的生长发育过程等的了解。

【理论知识】

1 无土栽培的发展简史与现状

无土栽培（soilless culture）是不用土壤，而用营养液或固体基质加营养液栽培植物的种植技术。植物在没有有机质存在的情况下，由人工供给养分而生长。1859～1865年，德国的沙奇斯（Sachs）和克诺普（Knop）把化学药品加入水中制成营养液栽培植物得到成功，他们把这种方法称为水培，此时属于科学无土栽培的试验探索时代，由此引领了无土栽培技术的发展。第一个将无土栽培用于商业化生产的是格利克（W.F.Gericke），1929年美国加利福尼亚大学教授格利克根据前人的研究结果，用无土栽培成功地生产了番茄，这意味着无土栽培技术趋于成熟，迈进了实用化时代。1960～1965年，无土栽培主要是固体基质探索时期，20世纪70年代末80年代初岩棉培取得成功，并以其来源广泛、体轻、易搬运等优点迅速在丹麦、荷兰、瑞典等国发展起来。由于无土栽培设施设备的开发应用，无土栽培技术的成熟，栽培模式的标准化、管理系统的建立及计算机控制技术的应用，使人类的种植活动可以离开土壤，为实现农业、园艺、园林苗木及花卉等的生产，实现工厂化、自动化打开了广阔的前景。

随着无土栽培技术的发展，世界上许多国家和地区前后成立了无土栽培技术研究和开发机构。1955年在第十四届国际园艺学会上成立了国际无土栽培工作组（IWGSC），隶属于国际园艺学会，并于1963年、1969年、1973年、1976年在意大利、西班牙轮流召开了四届国际无土栽培学术会议。1980年在荷兰召开第五届国际无土栽培学术会议，并改名为“国际无土栽培学会”（ISOSC），以后每4年举行一次年会。1984年、1988年均在荷兰召开。

荷兰是世界上无土栽培最发达的国家之一，国际无土栽培学会（ISOSC）总部设在荷兰，极大地提高了欧洲和荷兰的无土栽培的发展速度。1971年无土栽培的面积仅20hm^2，1986年发展到3522hm^2，1995年达到8500hm^2，2000年已超过10 000hm^2。无土栽培的主要作物有番茄、黄瓜、甜椒和花卉（主要是切花），其中花卉占50%以上。荷兰无土栽培的面积大；稳产、高产，如番茄平均产量达到52kg/m^2，黄瓜为75kg/m^2；主要采用岩棉，占无土栽培总面积的3/4；机械化、自动化程度高；管理水平高。

美国也是无土栽培应用最早的国家之一，也是世界上最早应用无土栽培进行商业化的国家。美国无土栽培研究水平相当先进，且应用较广，多数用于干旱、沙漠地区及宇航中心。1984年番茄产量达到27～33kg/m^2（1.8万～2.2万kg/亩）、黄瓜产量为27～45 kg/m^2（1.8万～3万kg/亩）、莴苣产量达33～50 kg/m^2（2.2万～3.3万kg/亩）。

2 无土栽培特点

2.1 无土栽培优点

1）产量高、质量好、生长快，可以直接供给植物生长所需要的养分和水分，为生长提供了优越的条件，由于基质的恰当选用，改变了通气条件，有利于苗木生长。

例如，北京东北旺苗圃用水培法播种的桧柏，一年生小苗高23cm，而在土壤中播种苗一年生小苗高13cm；连云港市园林处水培扦插的黄杨，生根率提高了8倍（表8-3），其培养条件均为气温24～40℃，空气湿度为85%～90%。同时，水培所用基质疏松，移苗方便，根系完整，因此成活率高。

表8-3 黄杨水培扦插实验比较

扦插基质	生根率/%	平均根长/cm	每年扦插次数	生根情况
蛭石	90	5～10	5～6	须根多
土壤	10	2	1	须根少

2）无土栽培能避免连作障碍。由于长期连作，土传病害加重，在无土栽培条件下，只要事先充分注意器材处理，就能防止各种病菌的传播。

3）由于设施的自动化、机械化，极大地节约了劳动力。

4）栽培环境的清洁化打破了“农业土壤不清洁”的传统概念。

5）无土栽培能大幅度提高某些苗木品种的单位面积产量；并且无土栽培不受场所限制，可进行工厂化育苗，也可在自家阳台进行。

2.2　无土栽培缺点　无土栽培要求有一定的设备，比普通育苗成本高，但随着技术的不断发展和改进是可以提高效率的。无土栽培温室环境调控水平较低，目前所用温室主要是普通塑料温室和日光温室，设施简陋，调控水平差。此外，无土栽培专用品种少，迫切需要选育出抗根系病害、耐低温、耐弱光照、优质、丰产、使用无土栽培的苗木新品种。

3　无土栽培的设备

3.1　场地　无土栽培对场地要求不严格，大小均可，只要能满足阳光、空气及充足的水源条件，人为提供矿质营养及基质条件即可。

3.2　容器　大规模生产可用水培槽，水培槽也可大可小，如挪威、丹麦等园艺场的水培槽长10m，宽3m，可放12cm口径花盆500个以上，种植用水培槽宽最好不超过1.5m，以便于操作，长度可不限。水培槽大体分为水平式水培槽和流动式水培槽两类（图8-1、图8-2、图8-3）。

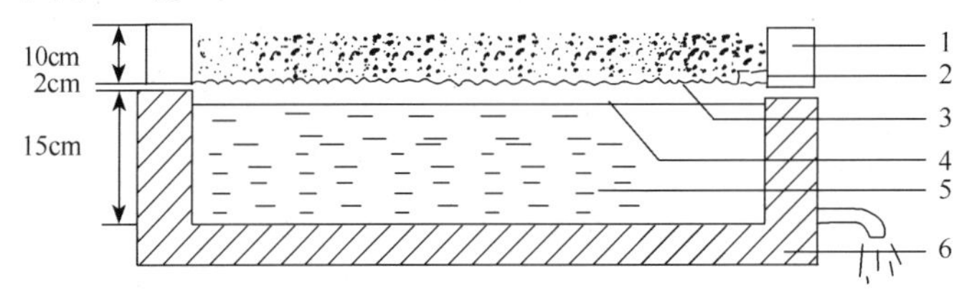

图8-1　水平式水培槽

1. 框架；2. 苗床（基质）；3. 栅栏；4. 空气层；5. 营养液；6. 防水槽

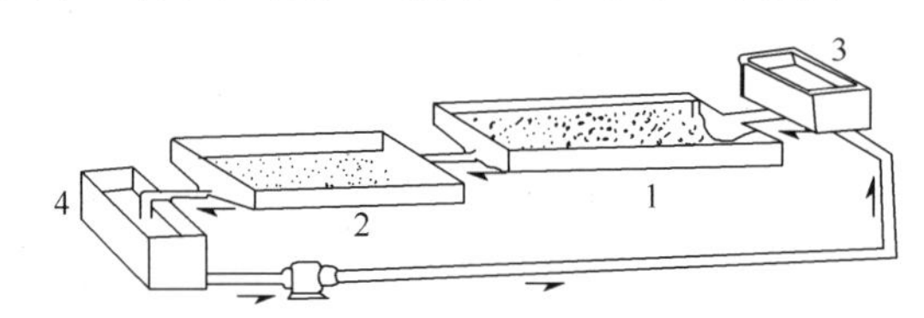

图8-2　流动式水培槽

1、2. 苗床（蛭石、砂砾等）；3. 扬液槽；4. 集液槽

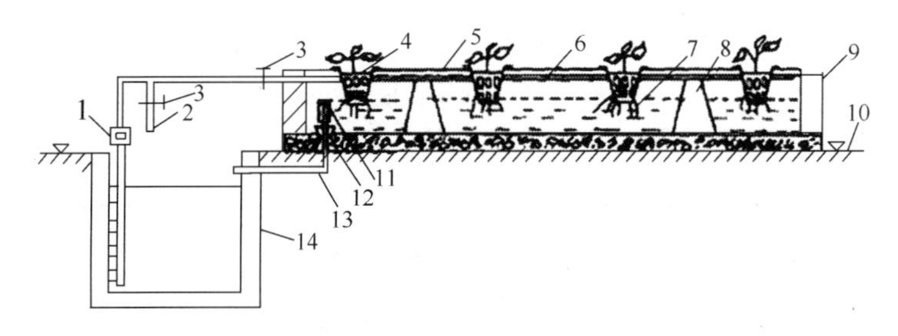

图8-3　改进型神园式深液流水培设施组成示意图

1. 水泵；2. 充氧支管；3. 流量控制阀；4. 定植杯；5. 定植板；6. 供液管；7. 营养液；8. 支撑墩；9. 种植槽；10. 地面；11. 液位控制管；12. 橡皮塞；13. 回流管；14. 贮液池

简易的小型水培设备，可用一容器放入营养液，上面用细网隔开并放入基质，进行苗木培育（图 8-4A）。更简单的还可用一浅塑料箱，设几个排水孔，内放基质，斜放，浇营养液进行苗木培育（图 8-4B）。

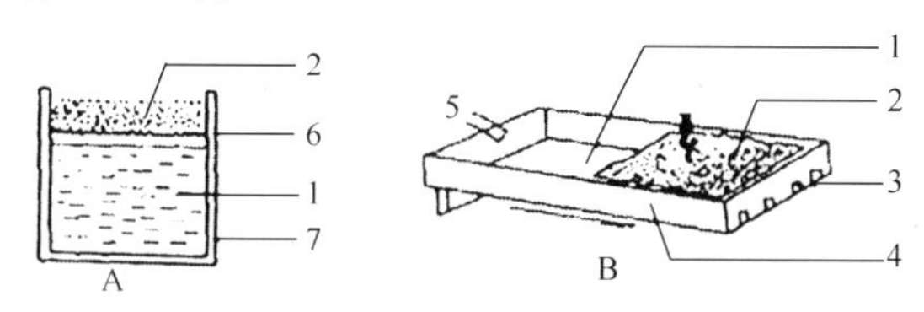

图 8-4　简易小型水培设备

1. 培养液；2. 基质；3. 排水孔；4. 塑料盒；5. 进水口；6. 栅栏网；7. 玻璃缸

4　无土栽培营养液成分

在选择营养液时，必须注意到植物正常生长的需要。这与人们进行常规育苗时一样，苗木在不同的时期施肥量和施用的种类也不同。所以配制营养液必须依不同的植物、不同的生长发育时期对营养的要求来定，同时还应考虑到环境因子的影响，如温度、湿度、光照等条件。几种常用的营养液配方见表 8-4 和表 8-5。

表 8-4　格里克基本营养液配方

化合物	化学式	重量 /g
硝酸钾	KNO_3	542.0
硝酸钙	$Ca(NO_3)_2$	96.0
过磷酸钙	$CaSO_4+Ca(H_2PO_4)_2$	135.0
硫酸镁	$Mg(SO_4)_2$	135.0
硫酸	H_2SO_4	73.0
硫酸铁	$Fe(SO_4)_2.n(H_2O)$	14.0
硫酸锰	$MnSO_4$	2.0
硼砂	$Na_2B_4O_7$	1.7
硫酸锌	$ZnSO_4$	0.8
硫酸铜	$CuSO_4$	0.6
总计		1000.1

表 8-5　凡尔赛营养液 /（g/L）

大量元素			微量元素		
化合物	化学式	重量	化合物	化学式	重量
硝酸钾	KNO_3	0.568	碘化钾	KI	0.002 84
硝酸钙	$Ca(NO_3)_2$	0.710	硼酸	$H_2P_4O_7$	0.000 56
磷酸铵	$(NH_4)_3PO_4$	0.142	硫酸锌	$ZnSO_4$	0.000 56
硫酸铵	$(NH_4)_2SO_4$	0.284	硫酸锰	$MnSO_4$	0.000 56
			氯化铁	$FeCl_3$	0.112
总计		1.704	总计		0.116 52

5 无土栽培固体基质作用及理化特性

固体基质是无土栽培的重要介质。即使采用水培方式，至少在育苗阶段和定植时也要用到少量固体基质来支持苗木。固体基质育苗具有性能稳定、设施简单、投资较少、管理容易的优点，近年来广泛使用于工厂化育苗中，并取得了较好的经济效益，因而人们越来越多地采用固体基质育苗来取代水培。

5.1 固体基质的作用 固体基质都具有支持固定、保水和透气作用。固体基质能够支持固定植株，防止植株在营养液中倒伏和沉埋，并有利于植物根系的伸展和附着等。由于固体基质具有保水性，就可以防止供液间歇期和突然断电时，植物吸收不到水分和养分或失水过多而干枯死亡。但是固体基质之间的持水能力差异很大，如珍珠岩能够吸收相当于本身重量 3～4 倍的水分，泥炭则可以吸收相当于本身重量 10 倍以上的水分。固体基质存有孔隙，孔隙内存有空气，因而可以供给作物根系呼吸所需要的氧气，同时固体基质的孔隙也是吸持水分的地方。因此，要求固体基质既具有一定量的大孔隙，又具有一定量的小孔隙，两者比例适当，可以有效协调解决透气和持水两者之间的对立统一关系，同时满足植物根系对水分和氧气的双重需求，从而有利于苗木根系的生长发育。

5.2 固体基质的性质 固体基质具备上述的各种作用，是由其本身的物理性质与化学性质所决定的。要清楚了解这些作用的大小、好坏，就必须掌握其主要理化性质。

5.2.1 基质的物理性质 对栽培苗木生长有较大影响的基质物理性质主要有容重、持水量、总孔隙度、大小孔隙比及颗粒大小等（表 8-6）。

表 8-6 常用基质物理特性

常用基质	容重 /（g/cm^3）	持水量 /%	总孔隙度 /%	通气孔隙 /%	持水孔隙 /%
草炭	0.27	250.6	84.5	16.8	67.7
蛭石	0.46	144.1	81.2	15.4	66.3
珍珠岩	0.09	568.7	92.3	40.4	52.3
糠醛渣	0.21	129.3	88.2	47.8	40.4
棉籽壳	0.19	201.2	89.1	50.9	38.2
炉渣灰	0.98	37.5	49.5	12.5	37.0
锯末	0.19	—	78.3	34.5	43.8
碳化稻壳	0.15	—	82.5	57.5	25.0

（1）容重 指单位体积基质的重量，用 g/L 或 g/cm^3 来表示，它反映基质的疏松或紧实程度。容重过小，则基质过于疏松，通透性较好，有利于苗木根系的伸展，但不易固定苗木；容重过大，则基质过于紧实，透气透水都较差，不利于苗木生长。基质理想的容重范围在 0.1～0.8g/cm^3，最合适的容重为 0.5g/cm^3。

（2）总孔隙度 指基质中持水孔隙和通气孔隙的总和，以相当于基质体积的百分数（%）表示。总孔隙度大的基质较轻，基质疏松，较有利于苗木根系生长，但对于苗木根系的支撑固定作用的效果较差，苗木易倒伏。例如，蔗渣、蛭石、岩棉等的总孔隙度在90%以上。总孔隙度小的基质较重，水气的总容量较少，如砂的总孔隙度在30%。因此，为了克服单一基质总孔隙度过大或过小所产生的弊病，生产上常将两三种不同颗粒大小的基质混合制成复合基质来使用，混合基质的总孔隙度以60%左右为宜。总孔隙度可以按下列公式计算：

$$总孔隙度=（1-容重/比重）\times 100\% \tag{8-1}$$

（3）大小孔隙比　大孔隙是指基质中空气占据的空间，也称为通气孔隙；小孔隙是指基质中水分所能够占据的空间，又称为持水孔隙。因为总孔隙度只能反映一种基质中空气和水分能够容纳的空气总和，它不能反映基质中空气和水分各自能够容纳的空间。而大小孔隙比能够反映出基质中水气之间的状况。大小孔隙比为通气孔隙与持水孔隙的比值。一般大小孔隙比为1：（1.5～4）时，苗木均能良好生长。

（4）颗粒大小　基质的颗粒大小直接影响着容重、总孔隙度和大小孔隙比。颗粒大小用颗粒粒径（mm）表示。基质颗粒越粗，容重越大，总孔隙度越小，大小孔隙比较大，通气好但持水性差，因此要增加浇水次数；基质颗粒越细，容重越小，总孔隙度越大，大小孔隙比较小，持水性好但通气性差，基质内水分积累，易沤根导致根系发育不良。

5.2.2　基质的化学性质　对栽培苗木生长有较大影响的基质化学性质主要有基质的化学组成及由此而引起的化学稳定性、酸碱性、物理化学吸收能力（阳离子代换量）等（表8-7）。

表8-7　常用基质的化学特性

常用基质	pH	电导率/（mS/cm）	阳离子代换量/（mol/kg）	有机质/（g/kg）	碱解氮/（mg/kg）	有效磷/（mg/kg）	速效钾/（mg/kg）
草炭	5.80	1.04	48.50	262.2	1 251.3	84.2	114.2
蛭石	7.57	0.67	5.15	0.6	9.3	22.2	135.0
珍珠岩	7.45	0.07	1.25	0.9	15.1	10.8	69.6
糠醛渣	2.28	5.10	18.93	365.2	267.8	190.0	13 500.0
棉籽壳	7.67	4.70	15.32	252.1	731.0	131.5	5 200.0
炉渣灰	7.76	2.23	4.12	0.0	40.1	52.6	120.4

（1）基质的化学稳定性　基质的化学稳定性是指基质发生化学变化的难易程度。无土栽培基质要求有很强的化学稳定性，以减少其对营养液平衡的影响。基质的种类不同，其化学组成不同，因而其化学稳定性也不同。一般由无机物质组成的基质，如河沙、石砾等化学稳定性较高；而主要由有机物质构成的基质，如木屑、稻壳等化学稳定性较差，但草炭的性质较为稳定，使用起来也最为安全。

（2）基质的酸碱性（pH）　基质的酸碱性各不相同，既有酸性，也有碱性和中性。过酸、过碱都会影响营养液的平衡和稳定。

（3）阳离子代换量　基质的阳离子代换量（CEC）以100g基质代换吸收阳离子的毫克当量数来表示。有的基质几乎没有阳离子代换量，有些却很高，CEC会对基质中的营养液组成产生很大影响。基质阳离子代换量高会影响营养液的平衡，其有利的一面是对酸碱反应有缓冲作用，保存养分。

（4）*基质的缓冲能力* 基质的缓冲能力是指基质加入酸碱物质后，本身所具有的中和酸碱性（pH）变化的能力。基质缓冲能力的大小，主要由阳离子代换量及存在于基质中的弱酸和其盐类的多少而定。一般阳离子代换量大的基质，其缓冲能力就大。一般植物性基质都有缓冲能力，而矿物质基质则有些有很强的缓冲能力（蛭石），但大多数矿物性基质缓冲能力都很弱，如珍珠岩、砂、岩棉。

（5）*基质的电导率* 是指基质未加入营养液之前，本身原有的电导率。它反映基质中原有的可溶盐分的多少，将直接影响到营养液的平衡。

5.3 基质的选用原则 在了解无土栽培固体基质的种类和主要理化性质以后，基质的选用原则可以从两个方面来加以考虑。一是基质的适用性。理想的无土栽培基质，其容量在 $0.5g/cm^3$ 左右，总孔隙度在60%左右，大小孔隙比在1：（1.5～4），化学稳定性强，酸碱度接近中性，没有有毒物质。第二个原则是经济性。所选用的基质应该是当地资源丰富的，经过简单处理能够满足无土栽培对基质的要求，能够达到较好的生产效果。这样既可以减少基质异地运输的成本，又可以充分利用当地资源，降低生产成本，提高经济效益。总之，选用基质时要本着对促进苗木生长有良好效果，并以基质来源容易、价格低廉为原则来选用。

5.4 各种基质的性能

5.4.1 无土栽培基质的分类 固体基质的分类方法很多，按基质的来源分为天然基质（砂、石砾、蛭石等）和人工合成基质（岩棉、泡沫塑料、多孔陶粒等）；按基质的组成分为无机基质（砂、石砾、岩棉、蛭石和珍珠岩等）和有机基质（树皮、泥炭、蔗渣、稻壳等）；按基质的性质分为惰性基质（砂、石砾、岩棉、泡沫塑料等）和活性基质（泥炭、蛭石等）。所谓惰性基质是指本身不起供应养分作用或不具有阳离子代换量的基质；所谓活性基质是指具有阳离子代换量或本身能供给植物养分的基质。按基质的组合分为单一基质和复合基质两类。所谓单一基质是指使用的基质是以一种基质作为生长介质的，如沙培、沙砾培使用的沙、石砾、岩棉培的岩棉，都属于单一基质。所谓复合基质是指由两种或两种以上的基质按一定的比例混合制成的基质。现在，生产上为了克服单一基质可能造成的容重过轻、过重、通气不良或通气过盛等弊病，常将几种基质混合形成复合基质来使用。一般在配制复合基质时，以2～3种基质混合而成为宜。

5.4.2 常用基质的性能

（1）*砂* 来源广泛，在河流、海、湖的岸边及沙漠等地均有分布，价格便宜。砂由于来源不同，其组成成分差异很大，一般含二氧化硅在50%以上。砂没有阳离子代换量，容重为 $1.5～1.8g/cm^3$。使用时选用粒径为0.5～3mm的沙为宜。砂的粒径大小配合应适当，如太粗易导致基质中持水不良，植株易缺水；太细则易在砂中滞水。

（2）*石砾* 来源于河边石子或石矿场岩石碎屑。由于来源不同，化学组成差异很大。一般选用的石砾以非石灰性的（花岗岩等发育形成的）为好，如不得已选用石灰质石砾，可用磷酸钙溶液处理后使用，以免磷含量太低影响苗木生长。

石砾的粒径应选1.6～20.0mm，其中总体积的一半的石砾直径为13.0mm左右。石砾应较坚硬，不易破碎。选用的石砾最好为棱角不太利的，特别是株型高的植物或在露天风大的地方更应选用棱角钝的，否则会使植物茎部受到划伤。石砾本身不具有阳离子代换量，通气排水性能良好，但持水能力较差。

由于石砾的容量大（1.5～1.8g/cm^3），给搬运、清理和消毒等日常管理带来很大麻烦，而且用石砾进行无土栽培时需建一个坚固的水槽（一般用水泥建成）来进行营养液循环。正是这些缺点，使石砾培在现代无土栽培中用得愈来愈少。特别是近20年，一些轻质的人工基质如岩棉、海氏砾石（多孔陶粒）等的广泛应用，逐渐代替了砂、石砾作为基质，但石砾在早期无土栽培生产上起过重要作用，且在当今深液流水培上，用作定植杯中的填充物还是合适的。

（3）*岩棉* 岩棉是1969年由丹麦的Hornum Research Station首先运用于无土栽培的。从那以后，应用岩棉种植的技术就先后传入瑞典、荷兰，现在荷兰的花卉无土栽培中有80%是利用岩棉作为基质的。目前全世界使用广泛的岩棉商品名为格罗丹（Grogen）。我国生产的岩棉主要是工业用的，现在已试生产农用岩棉，如沈阳热电厂生产的优质农用岩棉，售价较低。

岩棉是是由氧化硅和一些金属氧化物组成，是一种惰性基质，化学性质稳定，一般新岩棉的pH较高为7～8，经调整后的农用岩棉的pH比较稳定；岩棉质地较轻，不易腐烂分解，容重为70～100kg/m^3，孔隙度大，高达95%，透气性好；吸水能力强，可吸收相当于自身重量13～15倍的水分。岩棉制造过程是在高温条件下进行的，因此，它是进行过完全消毒的，不含病菌和其他有机物。经压制成形的岩棉块在种植苗木的整个生长过程中不会产生形态的变化。岩棉不吸附营养液中的元素离子，营养液可充分提供给作物根系吸收。

（4）*蛭石* 蛭石为云母类硅质矿物加热至800～1000℃时形成的海绵状物质。蛭石质地较轻，容重很小（0.07～0.25g/cm^3），孔隙度大（达95%），气水比（大小孔隙比）1：4.34，具有良好的透气性和保水性。电导率为0.36mS/cm，碳氮比低，阳离子代换量较高，具有较强的保肥力和缓冲能力。蛭石的pH因产地不同、组成成分不同而稍有差异。一般均为中性至微碱性，也有些是碱性的（pH在9.0以上）。当其与酸性基质如泥炭等混合使用时不会出现问题。如单独使用，因pH太高，需加入少量酸进行中和。蛭石的吸水能力很强，每立方米可以吸收100～650kg水。无土栽培用的蛭石的粒径应在3mm以上，用作育苗的蛭石可以稍细些（0.75～1.00mm）。但蛭石较容易破碎，而使结构受到破坏，孔隙度减少，因此在运输、种植过程中不能受到重压。蛭石一般使用1～2次，其结构就变差了，需重新更换。

（5）*珍珠岩* 珍珠岩是由一种灰色火山岩（铝硅酸盐）加热至1200℃时，岩石颗粒膨胀而成的，白色、质轻，其粒径为1.5～4mm。容重小，为0.13～0.16g/cm^3，总孔隙度约为60.3%，气水比为1：1.04，可容纳自身重量3～4倍的水，易于排水和通气，保冷隔热性能好。

珍珠岩的化学性质也比较稳定，阳离子代换量小于1.5meq/100g，pH为7.0～7.5。珍珠岩的成分为二氧化硅（SiO_2）74%、三氧化二铝（Al_2O_3）11.3%、三氧化二铁（Fe_2O_3）2%、氧化钙（CaO）3%、氧化锰（MnO）2%、氧化钠（Na_2O）5%、氧化钾（K_2O）2.3%。珍珠岩中的养分多为植物不能吸收利用的。

珍珠岩是一种较易破碎的基质，在使用时主要有两个问题：一是珍珠岩粉尘污染较大，使用前最好戴口罩，先用水喷湿，以免粉尘纷飞；浇水过猛，淋水较多时易漂浮，不利于固定根系。因此生产上多与其他基质混合使用。

（6）膨胀陶粒　膨胀陶粒又称多孔陶粒或海氏砾石（Hydite），它是用陶土在1100℃的陶窑中加热制成的，容重为1.0g/cm^3。膨胀陶粒坚硬，不易破碎。膨胀陶粒的化学成分和性质受陶土成分的影响，其pH为4.9～9.0，有一定的阳离子代换量（CEC为6～21meq/100g）。例如，有一种由凹凸棒石（一种矿物）发育的黏土制成的、商品名为卢素尔（Lusoil）的膨胀陶粒，其pH为7.5～9.0，阳离子代换量为21meq/100g。膨胀陶粒作为基质其排水通气性能良好，每个颗粒中间有很多小孔可以持水。常与其他基质混用，单独使用时多用在循环营养液的种植系统中或用来种植需通气较好的花卉。膨胀陶粒在连续使用后，颗粒内部及表面吸收的盐分会造成通气或供应养分上的困难，且难以用水洗去。

（7）泥炭　泥炭又称草炭，迄今为止被世界各国普遍认为是最好的无土栽培基质之一。泥炭容重为0.2～0.6g/cm^3，总孔隙度为77%～84%，持水量为50%～55%，电导率为1.1mS/cm，阳离子代换量属中或高，碳氮比低或中，偏酸性或酸性，富含有机质，有机质含量通常为40.2%～68.5%。虽然泥炭持水、保水能力强，但由于其质地细腻，容重小，透气性差，生产上常与沙、煤渣、蛭石等基质混合使用，以增加容重，改善结构。

6　无土栽培主要方法

无土栽培的方法很多，一般根据所用的培养基质，将其分为水培、砾培、砂培、岩棉培等。

6.1　水培　水培指植物大部分根系直接生长在营养液的液层中。根据营养液液层的深浅分为多种形式（表8-8）。

表8-8　各种水培方法比较

水培主要类型	英文缩写	液存深度/cm	营养液状态	备注
营养液膜技术	NFT	1～2	流动	根系置于定植槽底
深液流技术	DFT	4～10	流动	植株悬挂在定植板，部分根系浸入营养液中
浮板毛管技术	FCH	5～6	流动	营养液中有浮板，上覆无纺布，部分根系分布在无纺布上
浮板水培技术	FHT	10～100	流动或静止	植物定植在浮板上，浮板在营养液中自然漂浮

6.2　砾培　是无土栽培初期阶段（第二次世界大战结束到20世纪60年代）的主要形式。特点是营养液循环使用，水分、养分利用经济，但是砾石运输、清洁、消毒工作繁重，逐步被其他方式取代。然而在火山岩等砾石资源丰富的地区仍然是一种有效简单的方式。

砾培是一个封闭循环系统，以直径3mm的砾石作基质。主要设施有栽培槽、排液装置、贮液罐、水泵、转换式供水阀和管道等。按灌液方式可分为两种系统。美国系统的特点是营养液从底部进入栽培槽，再回流到贮液罐中，营养液在一个封闭系统内通过电泵强制循环供液。荷兰系统采用营养液悬空落入栽培槽，在栽培槽末端底部设有营养液流出口，直径为注入管口径的一半，整个循环系统形成一个节流状态。经流出口流入贮液罐的营养液与注入口一样悬空自由落入，使营养液溶氧量提高。营养液用电泵打入注入口循环使用。一般比较标准的砾石（容重在1.5g/cm^{3}左右，总孔隙度在40%，持水率在7%左右），白天每隔3～4h灌排液1次。如果基质总孔隙度在50%左右，持水率在

13% 左右时，则可每隔 5～6h 灌排液一次。定植初期允许灌入营养液后保留 1～2h 后排出，利于缓苗。

6.3 砂培 1969 年由美国开发的使用砂子作为基质的一种开放式无土栽培系统。可以看作是砾培的一种，但是砂子粒径比砾石小，且保水性比砾培高。砂培系统的特征是砂粒基质保湿能力强，既能满足作物生长需要，又能很好地排水。但是如果砂子粒径过小，湿度过大，在营养液不能循环流动时，导致溶氧量减少，通气不良。沙漠和半沙漠地区砂子资源极其丰富、不需从外地运入，价格低廉，砂子不需每隔 1～2 年进行一次更换。因此，砂培适于沙漠和半沙漠地区进行无土栽培生产。砂培的主要设施有栽培槽，固定式栽培槽为“V”形槽或倒“V”形槽，用砖和水泥砌成，底部有 1∶400 的坡降以利于排水，排液管设置在槽的底部最低处。全地面砂培床是在整个温室地面上全部铺上 30cm 的砂子，做成栽培床，床底做成 1∶200 的坡降，铺两层黑色聚乙烯薄膜，薄膜上按 1.5～2.0m 间隔，平行排列排液管，排液管孔朝下，排出的营养液流到室外的贮液池中；供液系统为滴灌系统。每天滴灌 2～5 次，每周应对排出液中的盐总量测定 2 次（电导率仪），如盐总量超过 2000mg/L 时，应该用清水灌溉数天，直至排出液盐浓度低于该盐浓度后重新灌溉营养液。

6.4 岩棉培 将岩棉切成块状，用塑料薄膜包成一枕头袋块状，成为岩棉种植垫。定植时将岩棉种植垫的上面薄膜开一个小圆孔，将带有小苗的岩棉块放在圆孔上，在定植的岩棉块上插入供给营养液的滴头管滴入营养液，根系扎入岩棉中吸收水分和养分。

根据供液方式不同可分为开放式岩棉培和循环式岩棉培。开放式岩棉培的特点是营养液不循环利用。通过滴灌滴入的营养液，多余的部分，从岩棉种植垫的底部流出排出室外。优点是设施结构简单，施工容易；造价低，管理方便，不会因营养液循环导致病害蔓延。缺点是营养液消耗较多，排出室外弃之不用会造成环境污染（使环境氮磷富营养化）。

循环式岩棉培的营养液通过回流管回流到地下贮液池内，循环使用。不会造成营养液浪费和环境污染。但循环式岩棉培设计复杂，基本建设投资较大，容易传播根际病害。主要设施有栽培床、供液装置、排液装置（循环供液不需要）。

【任务过程】

7 无土栽培技术

7.1 营养液的配制

（1）大量元素 硝酸钾 3g，硝酸钙 5g，硫酸镁 3g，磷酸铵 2g，硫酸钾 1g，磷酸二氢钾 1g。

（2）微量元素 乙二铵四乙酸二钠 100mg，硫酸亚铁 75mg，硼酸 30mg，硫酸锰 20mg，硫酸锌 5mg，硫酸铜 lmg，钼酸铵 2mg。

（3）水 5000mL。

将大量元素和微量元素分别配成母液，然后混合即为营养液。为了防止在配制母液时产生沉淀，所以不能将配方中的所有化合物放置在一起溶解。母液一般分为三类，A 母液：以钙盐为中心。B 母液：以磷酸盐为中心。C 母液：由铁盐和微量元素合在一起配制而成。

配制时依次正确称取A母液和B母液中的各种化合物，分别放在各自的贮备容器中，肥料一种一种加入，必须充分搅拌，且要等前一种肥料充分溶解后才能加入第二种肥料，待全部溶解后加水至所需配制的体积，搅拌均匀即可。有时为加速溶解，可用50℃的温水来促溶。C母液配制时是将微量元素与起稳定微量元素有效性（特别是铁）的络合物放在一起溶解。微量元素用量很少，不易称量，可扩大倍数配制，然后按同样倍数缩小抽取其量。例如，可将微量元素扩大100倍称重化成溶液，然后提取其中1%溶液，即所需之量。

营养液中大量元素浓度，一般不超过2‰～3‰，其营养液的总浓度不能超过4‰，浓度过高有害生长，不同植物要求浓度也不同，如杜鹃所用营养液浓度不超过1‰；蔷薇类则营养液浓度为2‰～5‰。

营养液的酸度以微酸为好，不同的植物对营养液酸碱度的反应及需求不同（表8-9）。

表 8-9　不同植物对营养液的适应范围

pH	4.8～5.2	5.8～6.2	6.3～6.7
植物名称	杜鹃、八仙花、山茶花、栀子、蕨类、马蹄莲、秋海棠类、报春、仙客来	鸢尾、羽衣甘蓝	白玉兰、桂花、牡丹、月季、风信子、水仙、晚香玉、文竹、菊花、香石竹

在进行较大规模的花卉无土栽培时，每次配制营养液多以1000L为单位，因而不可能用蒸馏水来配制，一般用自来水，因此必须事先对用水取样分析。如果是硬水，营养液中能够游离出来的离子数量会受到限制。自来水中的氯化物和硫化物对植物有毒害作用，所以在用自来水配制营养液时，应加少量的乙二胺四乙酸钠（EDTA钠）或腐殖质盐酸化合物来克服上述缺点。

7.2　无土栽培基质选择　为了固定植物，增加空气含量，使培养基质疏松通气又能保持水分。常用的基质有蛭石、珍珠岩、石英砂、焦渣和泥炭等，也可用其混合物；国外有使用刨花、干草、稻草锯末、棉岩等混合物或用磨碎的树皮等。

7.3　播种与扦插

7.3.1　播种　利用水培进行播种，小粒种子可以直接撒在苗床上，不需要覆盖，大粒的种子需插入苗床内，为了更好地保持湿度，在播小粒种子之前用稀释的营养液（水：营养液＝1：1），预先浇透苗床。一般水培播种苗都比土壤中的播种苗生长好，为提高苗床的育苗效益，对所使用的种子应加以精选，以保证出苗及质量。

7.3.2　扦插　水培插条，多用当年生半木质化枝条，顶芽饱满，无病虫害，经很多实验比较，其育苗效果均很好（表8-10）。

表 8-10　培养液和激素对红叶石楠生根的影响

培养液种类	激素 /（mg/L）	生根率 /%	平均根数 /（条 / 株）	平均根长 /cm
营养液	自制生根剂 1	13.3	1.50±0.267 2	1.80±0.213 8
	自制生根剂 5	58.3	6.30±0.374 8	0.84±0.320 6
	自制生根剂 10	91.7	8.30±1.825 0	0.73±0.348 6
	NAA 1	23.3	1.00±0.000 0	0.75±0.516 7

续表

培养液种类	激素 /（mg/L）	生根率 /%	平均根数 /（条 / 株）	平均根长 /cm
营养液	NAA 5	36.7	2.85±0.590 1	0.48±0.094 6
	NAA 10	0.0	0.00	0.00
	ABT 1	10.0	1.50±0.544 7	0.49±0.090 9
	ABT 5	56.7	2.80±0.995 4	0.91±0.503 3
	ABT 10	40.0	4.25±0.971 7	1.09±0.332 4
	0（CK）	3.3	1.00±0.000 0	0.60±0.086 6
清水	自制生根剂 1	63.3	1.33±0.516 4	0.80±0.604 7
	自制生根剂 5	88.3	5.90±0.695 3	0.75±0.409 3
	自制生根剂 10	100.0	6.86±0.760 7	0.53±0.151 1
	NAA 1	60.0	1.50±0.522 2	0.53±0.085 3
	NAA 5	90.0	2.40±0.928 2	0.43±0.467 8
	NAA 10	0.0	0.00	0.00
	ABT 1	13.3	1.50±0.544 7	0.38±0.027 4
	ABT 5	93.3	2.70±0.704 3	0.84±0.437 4
	ABT 10	63.3	3.10±0.900 3	0.78±0.339 8
	0（CK）	13.3	1.00±0	0.55±0.054 8

注：在生根的高峰期，根数和根长每隔 5d 统计一次，统计生根后即移入基质为泥炭：珍珠岩=2：1 营养钵中栽培，移栽成活率在 95% 以上。

以上红叶石楠水培实验中，配合生长素处理枝条能够获得更好效果。由于不同基质都有其固有的特性，因此对于基质的选择，对水培扦插生根也有一定的影响。

【相关阅读】

有机生态型无土栽培技术

（1）成果单位　中国农业科学院蔬菜花卉研究所。

（2）技术特性　本技术能够充分利用农业生态系统中可不断再生的丰富廉价及废弃资源，如各种作物秸秆、菇渣、锯末、中药渣、炉渣、沙等作为基质，无害化畜禽粪便等作为肥料来源，并能够有效降低产品硝酸盐的含量，大大提高农产品品质，符合我国“绿色食品”的施肥标准。有机生态型无土栽培技术针对传统化学营养液无土栽培的缺点，采用有机固态肥或基于沼液的有机营养液取代化学营养液，将有机农业成功导入无土栽培，在作物整个生长过程中只灌溉清水或有机营养液，突破了无土栽培必须使用化学营养液的传统观念，使一次性投资较最简单的营养液基质槽培降低 45.5%，肥料成本降低 53.3%。有机生态型无土栽培技术作为现代农业高新技术，除了克服传统化学营养液无土栽培的缺点外，同时保持了无土栽培的优点——不受地域限制、有效克服连作障碍、有效防治地下病虫害、节肥、节水、省力、高产等特点。

（3）产量表现　采用有机生态型无土栽培番茄技术，目前已使番茄每亩年产量超过了20 000kg，最高产量达到22 187.78kg，为目前国内最高产量水平，并且大大简化了无土栽培的操作管理规程，在“简单化”的基础上实现了无土栽培施肥管理的“标准化”，使无土栽培技术由深不可测变得简单易学，实现了无土栽培养分管理的“傻瓜化”。

（4）适宜推广范围　针对我国人多地少、水资源紧缺，温室蔬菜生产品质差、产量低、安全性缺乏保证等现状，可利用有机生态型无土栽培技术充分开发荒地、盐碱地、废矿区和中低产田及全国老菜区。

任务3　容器育苗

【任务介绍】容器又称营养器（营养钵）。利用各种容器装入培养基质培育苗木，称容器育苗。其所得的苗为容器苗。

【任务要求】本任务内容主要如下：①了解容器育苗发展概况；②了解容器育苗优缺点；③掌握育苗地的选择原则；④了解育苗容器类型；⑤掌握营养土的配制和施肥。

【教学设计】容器育苗是提高苗木质量和适应苗木种苗供应方式改变的主要手段。容器苗是林业发达国家林木种苗的主要供应形式，而我国仍然以裸根育苗为主，容器苗不足20%。容器苗具有播种量少，育苗期短、造林成活率高、造林季节长、无缓苗期、苗木规格和质量易于控制及便于工厂化育苗等优点。容器育苗的技术关键是基质配比和育苗容器的选择。因此，在进行容器育苗时，要根据植物健康生长的需要，选择合适的基质类型和配比、容器形状和规格。因此本任务的重点是在了解容器育苗特点的基础上，根据育苗要求，选用恰当的基质与容器，培育出优质苗。

教学过程采用多媒体形式，向学生展示传统育苗与容器育苗的差异，激发学生的学习兴趣。通过对容器育苗相关知识的详细讲授，使学生初步了解容器育苗的概念、特点、基质配制及容器选择。学生也可通过实地参观，增强对容器育苗的了解。

【理论知识】

1　容器育苗发展概况

容器育苗是当今世界各国广泛应用的苗木生产技术，它采用各种容器装入配制好的营养土进行育苗，具有造林成活率高、造林后缓苗期短、生长快等优点，发展速度异常迅速。从20世纪70年代世界各国开始试生产，到80年代容器苗生产得到迅猛发展，其中以高纬度地区应用最为成功，如加拿大、瑞典、挪威等，芬兰、南非、巴西的容器苗比例也较大。1974年瑞典的容器育苗在造林中的比重已达40%，芬兰30%；1973年加拿大容器苗比重占10%左右，但加拿大的阿尔伯达省已达75%；巴西是容器苗发展最快的国家，在造林中的比重高达92%。我国早在20世纪50年代，广东就已开始桉树、木麻黄等容器育苗。到70年代后期，容器育苗技术得到不断改进和提高，研制和使用了多种类型的育苗容器，基质配制和容器苗培育技术也逐步趋于完善，如浙江省从2001年开始，每年容器苗造林比例呈145.4%的速度递增。国内外容器育苗技术研究主要集中在各树种最佳的容器选择、基质、容器苗的根系变形及苗木的培育技术等方面。

2 容器育苗优缺点

2.1 容器育苗的优点

1）容器苗为全根、全苗移植，根系没有受到任何损伤，所以可以提高苗木的移栽成活率。特别是在我国北方干旱地区，采用容器苗移栽成活率可达到85%以上。

2）采用容器苗可以延长移植时间，不受移植的季节限制，有利于合理调配劳动力。

3）充分利用有限的种子资源。特别是对珍稀树种，由于种子数量有限，利用容器育苗能得到较高的出苗率。国外苗圃用容器育苗，每千克欧洲松种子，可培育苗木12万株，而我国樟子松种子（大小与欧洲松相近）在较先进的苗圃，每千克种子只能培育出3万株苗。

4）容器育苗管理方便，结合塑料大棚育苗，可以满足苗木对温度、湿度、光照的要求，有利于促进苗木的迅速生长，培育优质壮苗。

5）容器育苗培育的苗木均匀整齐，便于机械化作业，也不需占用肥力较好的土地。

6）容器苗移植后没有缓苗期，生长快，质量好。

2.2 容器育苗的缺点

1）容器育苗单位面积产苗量低。培育针叶树种，裸根苗每平方米能产苗300～500株，而容器育苗产量为100～200株。如用小径容器每平方米可产400株，但苗木根系不发达，影响苗木质量。

2）成本高。据我国的经验，容器苗的成本比裸根苗高5～10倍，国外高0.5～1倍。

3）育苗技术复杂。营养土的配制和处理等操作技术比一般育苗复杂且费工。

4）在栽植上也存在运输不便，运费高的问题，同时对容器的大小、规格、施肥灌溉的控制及病虫防治等抚育措施，都有待今后进一步总结和研究。

3 育苗容器

育苗容器又称营养杯，其种类很多，国内外用作营养杯的材料有泥炭土、纸、塑料薄膜、其他塑料及木制、竹制等。基本上分两大类型。

3.1 有壁容器

1）一次性容器。容器虽有壁，但易腐烂，填入培养土育苗，移栽时不需将苗木取出，连同容器一同栽植即可。如日本的蜂窝纸杯（图8-5A）。也可用废旧报纸等做成纸杯进行育苗。

2）重复使用容器。容器有外壁，其选用的材料不易腐烂，栽植时必须从容器中取出苗木，用完整的苗木根系进行栽植。容器可以重复利用，如各种塑料制成的容器（图8-5B）。

3.2 无壁容器 其本身既是育苗容器又是培养基质。如稻草-泥浆营养杯（用稻草和泥浆或加入部分腐熟的有机肥做成）；黏土营养杯（用含腐殖质的山林土、黄土和腐熟的有机肥制成）；泥炭营养杯（用泥炭土加一定量的纸浆为黏合剂制成）等。这种容器常称营养钵或营养砖、栽植时苗与容器同栽（图 8-6）。

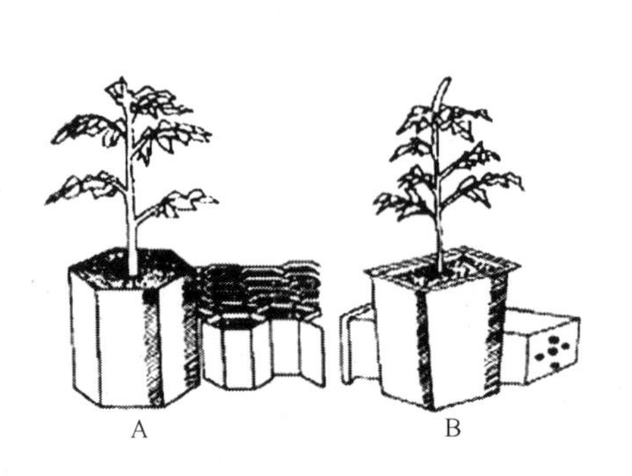

图 8-5 有壁容器育苗

A. 蜂窝纸杯；B. 塑料容器

图 8-6 无壁容器育苗（营养钵）

育苗容器的形状有圆柱形、棱柱形、方形、六角形、锥形、蜂窝状等，其规格因树种、培育时间的不同差异较大。据相关研究报道，薄膜容器用于培育 3～6 个月苗木时，其规格为（4～5）cm×（10～12）cm；培育一年生苗木，其规格为（4～6）cm×（12～15）cm。以培育小苗为主的容器育苗，则采用锥形单管硬质容器较好，不仅可以随时进行苗木分级，而且也可根据苗木的生长情况随时调整密度。容器规格对苗木生长有显著的影响，其趋势是在一定范围内容积增大，苗木地径、重量均相应增长，但对苗高影响不显著，适当增加容器直径，相应降低容器高度可以有效地促进苗木地径生长。

4 育苗基质

4.1 基质应具备的条件 基质是培育容器苗的生产基质，基质的合适与否，直接影响容器苗生产的成败，因而是容器育苗研究的重点，必须加以重视。基质应具备的条件：①具有种子发芽和幼苗生长所需要的各种营养物质；②经多次灌溉，不易出现板结现象，不论水分多少，体积保持不变；③保水性能好，而且通气好，排水好；④重量轻，便于搬运；⑤经过严格消毒，以杀灭病虫害及杂草种子；⑥含盐量低。

4.2 基质的制备 砂砾可以说是最早的栽培基质，随后 Salm-Horstmar 进行了用石英、河沙、水晶、碎瓷、纯碳酸钙、硅酸及活性炭作为燕麦的生根基质试验，蛭石被 Woodcock 用来作为兰花的栽培基质。随后可作为固体栽培的基质很快扩展到石砾、陶粒、珍珠岩、岩棉、海绵（尿醛）、硅胶、碱交换物（离子交换树脂，如斑脱土、沸石及合成的树脂材料）及泥炭、锯末、树皮、稻壳、酚醛泡沫（泡沫塑料）、炉渣和一些混合基质。轻型基质是近年研究的重点。De Boodt 和 Verdonck 的树皮、软木屑、椰子纤维，美国康奈尔大学开发的 4 种混合基质，英国温室作物研究所开发的 GCRI 混合物，荷兰的岩棉和泥炭等，德国工业啤酒花废料，波兰的泥炭与枯枝落叶或树皮粉等都根据当地的实际情况和取材的可能性提出了轻型基质的材料和配比方案。

国内基质研究最早应用于花卉生产。林木容器苗的培育基质，20 世纪 90 年代初主要以黄心土、火烧土、草灰土等添加一定的肥料为主，近年已朝轻型基质方向发展。材料主要有蛭石、泥炭、岩棉、树皮、木屑等。近几年我国北方还开展了秸秆复合育苗基质的研究，陈文龙等（1991）研制的秸秆复合基质重量轻、吸水量大、养分含量丰富、成本低，其作用优于蛭石和土壤。育苗实践中常用的配方如下。

（1）泥炭和蛭石的混合物　泥炭和蛭石的混合物是最常用的培养基质，常用的混合比例为 1∶1 或 3∶2 或 7∶3 等。二者混合的比例因容器、温室和树种等条件不同而异，一般蛭石越多，培养基的通气性和排水能力也越强；但蛭石过多，则培养基质过分疏松，不利于保持根团的完整性。使用泥炭和蛭石培养基时，通常加入少量石灰石或矿质肥料。

（2）泥炭、蛭石和表土的混合物　泥炭、蛭石和表土按 1∶1∶2 的比例混合使用。

（3）泥炭和树皮粉的混合物　泥炭和发酵腐熟的树皮粉按 1∶1 比例混合，并加入少量氮肥。因发酵树皮粉酸性较强，常加入石灰把 pH 调整到 6.0～6.5。

（4）泥炭和珍珠岩的混合物　泥炭和珍珠岩按 1∶1 或 7∶3 的比例混合使用。

4.3　营养土的酸碱度（pH）　一般针叶树育苗基质 pH 常为 5.0～6.0，阔叶树为 6.0～7.0。在育苗过程中，由于灌水、施肥等措施会引起 pH 发生变化。在苗木生长期，为了避免 pH 发生不适当的变化，可使用缓冲性强的基质。在基质中加入泥炭土和钙盐来控制 pH，可使 pH 保持较稳定不变状态。例如，加拿大为了调节容器中基质的 pH，常施用石灰，当 pH 为 3.5～7.0 时，在 1kg 干泥炭中加很细的石灰 30g，可以调节 pH。也可用氢氧化钠、硫铵或稀硫酸配成水溶液来调节 pH。

【任务过程】

5　容器苗培育

5.1　育苗地的选择　容器育苗的土、肥、水均由人工或机械管理，选择的圃地要有充足的水源和电源，便于灌溉和育苗机械化、自动化操作。对土壤肥力和质地要求不高，肥力差的土地也可进行容器育苗，但切忌选在地势低洼、排水不良、雨季积水和风口处；避免选用有病虫害的土地。

5.2　基质装填与容器排列　因容器中的基质多混有肥料，在装土前必须充分混合，以保证培育的苗木均匀一致。容器中填装的基质不宜过满，灌水后的土面一般要低于容器边口 1～2cm，防止灌水后水流出容器。

在容器的排列上，要依苗木枝叶伸展的具体情况而定，以既利于苗木生长及操作管理，又节省土地为原则。排列紧凑不仅节省土地，便于管理，而且可减少蒸发，防止干旱。但过于紧密则会形成细弱苗。

5.3　容器育苗的播种　容器育苗所用的种子必须是经过检验和精选的优良种子，播前应进行催芽，才能保证每个容器中都获得一定数量的幼苗，播后应及时覆土以减少蒸发。覆土厚度一般为种子厚度的 1～3 倍，微粒种子以不见种子为宜。覆土后至出苗要保持基质湿润。

5.4　容器育苗的施肥　容器苗施肥时间、次数、肥料种类和施肥量应根据树种特性和基质肥力而定。针叶树出现初生叶，阔叶树出现真叶，进入速生期前开始追肥。根据苗木各阶段生长发育期的要求，应不断调整氮、磷、钾等肥料的比例和施用量，如速生期以氮肥为主，生长后期应停止使用氮肥，适当增加磷肥、钾肥，促使苗木木质化。追肥应在傍晚或清晨结合浇水进行，严禁在午间高温时施肥浇水。追肥后要及时用清水冲洗幼苗叶面。

5.5 容器苗的灌水与管理 灌水是容器育苗成功的关键环节之一，其灌水方法一般采用喷灌，尤其在干旱地区，应更加注意灌水。在幼苗期水量应足，促进幼苗生根，到速生期后期控制灌水量，促其径的生长，使其矮而粗壮，抗逆性强。据实验证明，由于喷水量和喷水间隔期不同，经过6周后，表现出的生根状况不同：①喷水过多，容器壁因有保水力，使容器壁经常很湿，几乎不生侧根；②喷水不足，造成仅容器表面湿润，根生在容器的上部，侧根也很少；③采用一般的喷水间隔期，生长2～3条侧根；④采用喷水、干燥交替进行，即当容器壁干燥后再行灌水，则生侧根数多。

灌水时不宜过急，否则水从容器表面溢出而不能湿透底部；水滴不宜过大，防止基质从容器中溅出，溅到叶面上常影响苗木生长。因此，在灌水方法上常采用滴灌或喷灌。

【相关阅读】

无柄小叶榕容器育苗轻型基质配方筛选

为确定无柄小叶榕（*Ficus concinna* var. *subsessilis*）容器苗基质最佳配方，以轻型基质泥炭土、珍珠岩、木屑、稻谷壳等农林废弃物为基本材料，采用单形重心混料设计的试验方法，并用多目标决策综合评价得出，泥炭土（46%）、珍珠岩（27%）和木屑（27%）的比例组成是无柄小叶榕容器苗最为理想的轻型基质配方。

【相关标准】

中华人民共和国国家标准：育苗纸（GB/T 26201—2010）。

中华人民共和国国家标准：育苗技术规程（GB/T 6001—1985）。

中华人民共和国林业标准：林业机械林业工厂化育苗育苗穴盘（LY/T 2234—2013）。

中华人民共和国林业标准：平欧杂种榛绿植直立压条育苗技术规程（LY/T 2201—2013）。

中华人民共和国林业标准：容器育苗技术（LY/T 1000—2013）。

中华人民共和国林业标准：泡桐育苗技术规程（LY/T 2114—2013）。

中华人民共和国林业标准：悬铃木育苗技术规程（LY/T 2047—2012）。

中华人民共和国林业标准：黄连木育苗技术规程（LY/T 1939—2011）。

项目9 园林苗圃的经营管理

园林苗圃的经营管理是针对园林苗圃的特点，研究苗圃的建设、发展及其经济运作的客观规律，进一步指导苗圃的发展与生产实践。园林苗圃的经营管理主要内容包括生产计划的制订、生产指标的管理、项目成本的测算、苗木的销售及苗圃档案的建立等内容。制订合理的生产计划和实施计划用于指导和规范苗木生产，并在实施过程中对计划执行情况及时检查分析，以便补充和调整，使之更符合市场需求。生产指标的管理为生产决策提供依据和标准。生产成本的测算明确各成本项目，以便减低成本，提高利润。苗木的销售通过苗木市场情报的搜集、整理和分析；合理的苗木定价及苗木产品销售的渠道和手段来提高苗木在市场中的占有率。苗圃档案的建立为今后苗圃的生产和科学管理提供准确、可靠的科学数据（魏岩和石进朝，2012）。

园林苗圃的经营管理涉及内容广泛并且复杂，在实施过程中要细心搜集周边苗圃的科学管理经验，对苗圃进行现场的调查分析，掌握第一手资料，再经过多年的经验积累，才能使生产经营方案更符合实际，更合理有效。

任务1 生产计划的制订

【任务介绍】园林苗圃生产计划的制订决定苗圃的发展方向和成败，计划主要包括苗圃品种的选择、生产实施计划和管理计划等。通过任务的完成，能制订正确的生产计划，并按计划进行生产。

【任务要求】①能根据绿化市场的需求、苗木的生长习性、苗圃的规模及圃地的立地条件确定苗木的品种；②能结合季节、劳动力的内外分配情况制订生产实施计划；③能根据苗圃规划、产品结构制订苗木繁殖实施计划，能根据苗木的生长习性及圃地的立地条件制订苗木管理实施计划；④能仔细查找资料，并能与组内同学分工合作，完成此项任务。

【教学设计】教学中重点应让学生掌握影响苗圃生产计划制订的条件，以及调查当地绿化市场需求的方法，从而能结合生产实际和苗圃规模，灵活应用。

教学过程以制订当地某一苗圃生产计划为目标，在让学生学习苗木的生长习性相关理论知识和方法的基础上，开展市场调查实训。建议采用理实一体化教学，即让学生边学边做，以小组为单位开展实践操作。

【理论知识】

1 生产品种的确定

园林苗圃建立与发展的最关键问题是生产过程中苗木生产品种的确定。原则上应以市场适销的品种为主。

1.1 依据市场调查确定生产苗木的品种 苗木品种的确定是苗圃生产经营中的重要环节，要有针对性地投入一定精力进行市场调查。要了解市场各个品种的容量，目前已繁育的数量。要掌握本地区园林苗木品种的规划，要了解绿地设计、绿地行业用户、本地居民都欣赏的品种；同时要注意开发、引进新优苗木品种，更新原有的苗木品种结构，丰富本地区园林绿化植物种类，提升绿化质量，掌握新优品种生产的主动权，再根据市场应用情况确定繁育的种类。树立“你无我有、你少我多、你多我精”的经营方针。不可为了简单，把生产繁育品种的重点放在附近某个基地大量繁育的品种上。否则，在有限的市场内，竞争激烈，利润降低。

新品种的引进要慎重，要经过引种试验。要严格遵循引种原则，引进的品种要保证能够适应当地的环境条件（抗寒、抗旱、抗病虫害等）；要有较高的观赏价值、经济价值；且移栽的成本较低、移植的成活率较高。

新品种引进的数量也要适量。因为从新品种的出现到绿化建设市场（应用市场）的认知还需要一个过程，过量的引种容易造成过大的成本积压，最好不要超过苗圃容量的10%。

1.2　根据苗木的生长习性确定生产苗木的品种　苗木的生长习性是苗木生长过程中外观表现及内在生理反应，包括苗木的生物学特性、移植过程中成活的难易程度、苗木的抗性表现等。一般情况下，从以下几个方面考虑苗木品种的种类。

1.2.1　依据常绿、落叶品种，乔木、灌木品种的搭配比例　从苗圃总体规划上看，保持1/3常绿品种、2/3落叶品种比较合理，常绿、落叶类中分别保持1/3灌木品种、2/3乔木品种比较合适。通常情况下，常绿品种的生长周期要大于落叶品种的生长周期，乔木品种的生长周期大于灌木品种的生长周期。常绿、落叶品种的比例是根据市场需求量而定的，乔木、灌木品种的比例是根据苗木的经营周期而定的。苗圃的发展主要在于乔木类大苗的培育，但相对占地面积较大，在圃时间较长，资金周转较慢，为使苗圃能在最短的时间内获得经济效益，就应适当培育一定量的灌木品种。在保证苗圃正常发展的前提下，能用3年左右的时间使苗圃进入正常的经营状态。这样既兼顾品种的社会需求，又形成苗木生长周期长、短结合的态势，形成良好的苗圃发展总格局。

1.2.2　根据苗木的生长速度　生长速度的快慢由苗木的生长周期决定。苗木从一年生幼苗到成苗出圃的生长时间为苗木在苗圃的生长周期。在常绿、落叶品种的搭配比例确定的前提下，要根据生长速度选择具体的品种。一般情况下，针叶品种类（表9-1），生长周期特长的品种控制在5%～10%，生长周期长的品种可控制在40%～60%，生长周期短的品种（如柏类）可控制在30%～50%；这样的品种比例搭配比较适合近期的经营及远期的发展。

表 9-1　针叶树木生长速度分类

生长周期	品种
生长周期特长（生长速度极慢）（30年左右）	东北红豆杉、青杆云杉等
生长周期长（生长较慢）（20年左右）	红松、油松、雪松、南方红豆杉、冷杉、油杉、罗汉松、五针松、水杉、落羽杉等
生长周期短（生长较快）（10年左右）	侧柏、圆柏、龙柏、铺地柏等

阔叶乔木的品种搭配相对比较复杂（表9-2）。可根据阔叶乔木的生长周期（生长速度）分为生长周期长（长速慢）、生长周期次长（长速较慢）、生长周期中等（中速）、生长周期较短（长速较快）、生长周期短（长速快）5类。

表9-2 阔叶树木生长速度分类

生长周期	品种
生长周期长（长速慢）	银杏、小叶朴、文冠果、暴马丁香（乔木）、拧筋槭、红枫、楠木、羽毛枫等
生长周期次长（长速较慢）	皂角、元宝槭、色木槭、九角枫、紫叶稠李、树锦鸡、桃叶卫矛、紫椴、糠椴、水榆花楸、欧亚花楸、黄栌、灯台树、龙爪槐、桂花、国槐、紫穗槐等
生长周期中等（中速）	山杏、京桃、山定子、光辉海棠、王族海棠、红肉苹果、稠李、山桃稠李、樱花、枫香、无患子、深山含笑、马褂木、石榴、枣树、木莲、紫薇、紫荆等
生长周期较短（长速较快）	山樱、枫杨、白蜡、水曲柳、怀槐、刺槐、黄檗、白桦、栾树、国槐、垂榆、金叶垂榆、桑、龙爪桑、臭椿、千头椿、梓树、黄金树、赤杨、杜英、樟树、女贞、合欢、金合欢、茶花、茶梅、青枫等
生长周期短（长速快）	银中杨、新疆杨、垂柳、旱柳、金丝垂柳、火炬树、白榆、金叶榆、糖槭、英桐、法桐、龟甲冬青、红叶石楠、花叶络石、海桐等

这5类品种在苗圃建设中要进行合理的分配。一般情况下，从市场经济学角度考虑，植物生长速度加快，竞争强度加强，利润空间降低；从经营角度考虑，植物生长速度加快，经营时间缩短，见效的速度加快。所以苗木品种的配置要兼顾苗圃苗木利润的大小和盈利快慢的矛盾。一般情况下按生长速度从慢到快按10%、20%、30%、25%、15%的搭配比例较为合适。但苗圃管理是动态的，确定的比例是从苗圃整体布局考虑的，会受到苗圃的规模、苗圃的专业性、市场需求等多方面因素影响，所以苗圃的生产经营者要因地制宜，统筹发展。

1.2.3 根据苗木的生物学特性和市场的认知程度 园林苗圃的苗木最终要进入绿化市场，即被园林绿化工程所应用。施工过程中苗木移栽成活的难易程度，施工后苗木生长状况的优、劣等都决定市场的认知程度。如最近几年应用的元宝槭、油松、金叶榆等因移栽的成活率高，成活后的长势很好，而备受设计者、施工者的青睐，苗圃的生产经营者选择品种时要考虑这样的因素。

生物学特性的另一考虑因素是各类苗木的观赏价值。不同的品种，其观赏特点不同。如白桦、华山松的树干，金丝垂柳、金枝龙爪柳、红瑞木、芽黄红瑞木、偃伏梾木的冬态枝条，山杏、京桃、海棠、红肉苹果、暴马丁香、红花刺槐的花，桃叶卫矛、山楂、水栒子的果，俄罗斯红叶李、王族海棠、金叶榆、金叶垂榆、复叶槭（纯金）、金叶国槐的彩叶，龙爪槐、垂榆、金叶垂榆等都有其独特的观赏价值。可根据这些特点结合总体布局的实际，选择生产的苗木品种，在苗圃中合理分配。

1.2.4 近缘树种要根据树木的形态特征择优选择 在树木种类基本确定的前提下，还要充分考虑近缘种不同树种间形态特征的差异。如杉属苗木有臭冷杉、白杆云杉、青杆云杉、红皮云杉等，由于圃地面积的限制，育苗过程不可能面面俱到，在生长速度、移栽成活率等主要生物学指标相近的情况下，一定要选择形态特征优良的品种。白杆云杉和红皮云杉相比，无论外观形态、枝条密实效果、干皮光滑程度等前者都有很大优势，因此要选择优势的树种进行繁育。

1.2.5 要选择抗性强的品种

（1）选择抗寒品种　苗圃苗木一定要能够承受当地寒冷气候的冻害，尤其是北方苗圃。如没有确切试验根据，绝不能盲目引进，以免造成损失。对于属于地理纬度分布范围内的外来品种，也要经过引种试验，方可大面积栽植。

（2）选择抗旱品种　元宝槭、假色槭、拧筋槭、水曲柳、新疆杨、水冬瓜赤杨、柞树（蒙古栎）、黄檗等抗旱能力较强，对于干旱地区可优先选择。

（3）选择抗病虫害（回避危险性虫害）品种　抗病虫害强的品种在必要的化学药物防治下，基本可以控制危险性的病虫害。杨属苗木的病虫害较为普遍，病害以杨水泡溃疡、杨烂皮病为主；虫害以杨干象、白杨透翅蛾为主，一旦发生，较难防治。如果当地其他苗圃或周围环境这几种病虫害较重，要选择抗病虫害强的品种如银中杨。所以在苗圃苗木品种的选择时一定要进行周边植物病虫害的调查，如果周边环境有苗圃所要选择的树种，要注意有无危险性虫害，尤其是蛀干害虫。蛀干害虫危险性可由每年的繁殖代数确定，每年繁殖的代数越多危险性越大，一年繁殖 2 代以上的为特危险虫害、一年繁殖 1 代的为危险虫害、两年以上繁殖 1 代的为较危险虫害，如果周边存在每年繁殖 1 代以上的蛀干害虫及寄主，该寄主苗木最好不要作为此苗圃生产经营的品种。臭椿沟眶象多的地区不要选择臭椿和千头椿；光肩星天牛多的地区不要选择糖槭、复叶槭；日本松干蚧多的地区不要选择油松、赤松、美人松；白蜡窄吉丁多的地区不要选择白蜡、小叶白蜡、水曲柳、花曲柳等。

（4）选择抗污染、抗盐碱品种　在污染地区、盐碱地区（如沿海地区）建设园林苗圃，更要注意选择苗木品种。抗盐碱植物有杨柳科大部分品种、柽柳、榆科榆属大部品种、桑、臭椿、刺槐、紫穗槐、油松、侧柏、皂角、国槐、白蜡、合欢、山杏、山楂、山里红、枣等。在选择品种时可参考近缘种相似的理论进行驯化。如山皂角的抗污染能力较强，通常认为皂荚属苗木具备抗污染驯化的基础。同时要注意最好不在污染、盐碱地选择慢生树种栽植。

1.3　根据苗圃的土质选择合适的品种　苗木生产的最终目的要应用于园林绿地。苗木品种不同、苗木移植季节不同，移植的方式不同。常绿苗木要带土球移植，落叶乔木、灌木生长季节移植也要带土球进行。所以苗圃的土质情况决定苗木品种的选择。常绿树种（针叶）必须生长在土质黏重等级为壤土以上的土壤中才能进行正常移植，落叶乔木必须生长在土质黏重等级为砂壤土以上的才能保证带冠移植和生长季移植，砂土或少量砂壤土的苗圃只能培育春季裸根移植的落叶乔木、花灌木、常绿（针叶）树种的小苗或营养钵苗。

1.4　根据苗圃的规划确定生产苗木品种的数量　苗圃生产品种的数量要结合苗圃的规划进行，否则就会出现生产的无计划性和生产过程的浪费，导致生产成本的增加。苗木生产品种的数量可由生产地块的多少初步确定（个别地块为了增加品种，也可将少量已规划好的单个地块一分为二，但最好不要超过所规划地块总数的 1/3）。苗圃的规划受苗圃规模的制约，苗圃的规模大（＞50 亩），可适当扩大单个地块的规划面积，苗圃的规模小（＜20 亩），可适当缩小单个地块的规划面积。通常情况下 0.5～1 亩地为一个规划地块。苗圃中苗木的品种并非越多越好，品种多，销售的范围广；但品种的增多会降低单一种类的数量，如果数量降到一定程度就会降低销售的竞争力，限制苗圃的发展，形成植物园式的苗圃。

国外园林苗圃经营苗木品种比较单一，但很专业，技术分工明确。形成单一品种、单一规格的规模化生产，可以降低生产成本，提高苗木品质，加大经济效益，值得借鉴。

2 生产实施计划的制订

苗圃的生产实施计划除几个必要的工作环节外，一定要结合劳动力的内外分配情况，再结合季节灵活安排。例如，每年的早春，有人力的情况下，可安排早春修剪，去蘖工作，如果人力不足，这项工作也可放在生长季进行，也可在入冬前进行。本生产实施计划是按冀东地区苗圃实际情况制订的，其他地区的苗圃可参考本计划，结合当地实际进行修订。

2.1 苗木繁殖的实施计划 根据苗圃规划、产品结构确定繁殖的数量，推算出用种子数量和插条数量，按育苗的技术规程和要求按季节安排生产任务。

2.1.1 硬枝扦插 硬枝扦插插穗的采集、剪制，一般于3月中旬进行，扦插一般于4月上旬进行。为了保证苗木的质量，扦插插穗最好采用一年生萌条，每穗保证3个芽以上。插穗顶部用蜡封好，于冷窖中湿砂储存备用，防止失水。如果地上解冻超过10cm，一般在4月初即可取出插穗进行扦插，有条件的可在扦插前将插穗用杀菌剂浸泡12h，以控制病害的发生。扦插后注意扦插基质的湿度，如果扦插后数日扦插地比较干，可适当灌水1～2次，墒情好的地块可一次扦插成型不灌水。

2.1.2 苗木嫁接 嫁接接穗的采集、剪制，一般于3月中旬进行。接穗最好采集3个芽以上、直径0.7～0.8cm的一年生小枝，最好不用萌生枝条。接穗两端用蜡封存，于冷窖中湿砂储存备用，防止失水。嫁接于4月进行。嫁接方式主要以劈接和插皮接为主。插皮接在韧皮部与木质部分离到砧木叶芽萌动前进行，劈接可在插皮接之前进行。一般用事先准备好的接穗进行嫁接。实践中也有随采接穗随嫁接的，但一定要在接穗叶芽萌动前进行，这种方法不易控制时间，一般用于储存接穗不足时的辅助嫁接，生产应用中不提倡大面积推广。

2.1.3 种子处理、播种育苗 在每年的3月中旬前将冬藏的种子取出，调整好温度催芽，待种芽基本整齐后可陆续进行苗床播种。根据不同种子催芽的快慢和生长习性，时间一般于4月中下旬开始，可持续到5月中下旬，多数采用条播的方式。有些品种的种子需要冬藏和催芽，如朝鲜黄杨、珍珠绣线菊、白榆、矮紫杉等，采用“随采随播”的方式。播种前一定要种子催芽整齐，初露芽后再播，否则不便于床面管理。

2.1.4 常绿针叶树的嫩枝扦插 主要针对柏科、紫杉等木本植物的繁殖，一般在4月中旬至5月中旬进行。插穗提前几天剪制，用于生根和消毒处理。具体时间可根据品种而定。

2.1.5 落叶灌木的嫩枝扦插 主要针对种子繁殖困难或种子繁殖变异大的灌木品种，如连翘、金焰绣线菊、麦李、红黄刺梅、冷香玫瑰、锦带、金叶榆、水椏木等。一般在6月中下旬至7月的中下旬。对不易生根的红刺梅、黄刺梅、冷香玫瑰、麦李、水椏木的嫩枝扦插可结合全光喷雾设备，提高生根率。

2.1.6 芽接 每年的8月中旬至月末，接穗的秋芽形成以后进行芽接。芽接的砧木选择一至二年生苗木为宜。目前芽接的主要品种有海棠类接山定子、紫叶稠李接稠李、红花刺槐接刺槐、复叶槭接糖槭等。

2.1.7 分株繁殖 主要应用于宿根花卉及部分灌木品种的繁殖，整个生长季节均可进行，但具体时间应依品种而定。

2.2 苗木管理的实施计划

2.2.1 小苗的生产管理 小苗的生产包括扦插和播种、换床、留床苗木床面的锄草、施肥、灌水、病虫害防治等。换床为去年扦插、播种成活的苗木，为扩大株行距，在每年的3月下旬后陆续起苗、移植的操作，一般株行距重新调整为0.2m×0.2m。留床为生长速度较慢苗木，当年床面空间没有封满，继续在原苗床生长。一般留床一年后于翌年春季移植大田定植。无论是扦插苗、播种苗、换床苗、留床苗等都要进行严格细致的温度、水、肥、除草、打药等管理工作，贯穿全年进行。

2.2.2 苗木的定植 3月下旬至4月下旬重点进行苗木的定植操作。这项工作是苗圃一年中的重点工作。河北、山东、河南等以南的地区，多采用秋季定植，即阔叶苗木在落叶休眠后进行定植；东北地区由于冬季气温寒冷，秋季苗木断根定植后容易产生冻害，一般都集中在春季定植。定植的工作集中在春季苗木发芽前很短的时间，所以定植的时间应尽量提前。北方苗圃有条件、计划周密的应在去年入冬前将定植的坑穴挖好备用，以节省春季定植苗的时间，分解定植工作量。

苗圃的苗木定植一般有两项内容：一为本圃繁殖苗木的定植，二为外引苗木的定植。生产上定植苗木的顺序应该遵循“以外引苗为主，以本圃苗为辅”的方针。力争做到外引苗木到圃地后不假植直接进行定植。特殊情况需要假植的，也要尽快完成定植，以提高成活率。本圃繁殖苗木的定植要充分结合外引苗木的定植，有效地利用空余时间，在外引苗木到来前迅速完成本圃已起挖苗木的定植工作，在完成外引苗定植后，重新起挖新的苗木。

乔木苗木定植前一定做好选苗和修剪工作。选苗，按苗木大小、质量分出Ⅰ、Ⅱ、Ⅲ级。重点进行Ⅰ、Ⅱ级苗木定植，不同等级的苗木最好定植在不同地块上，如果圃地地块数量有限，Ⅰ、Ⅱ级苗木必须定植在同一地块时，也要分开定植，避免混杂在一起造成欺苗现象。Ⅲ级苗木可视情况进行矮截，培育独干球类苗木，这样能提高苗木的整齐度和苗木质量。修剪可根据培育苗木的用途选择不同的方法。一般乔木苗木多作行道树和庭荫树，定植的苗木可截干修剪。亚乔木截干高度为1.5～1.8m，大乔木截干高度为1.8～2.4m。高度不达标的苗木定植保留顶尖（芽）不截干。

定植苗木的株行距可根据培育苗木规格确定：新定植苗木，行距0.65m、株距0.5m；培育胸径6～8cm的乔木，行距1.3m、株距1m；培育胸径8～10cm的乔木，行距1.3m、株距2m；培育胸径10cm以上的乔木，行距2.6m、株距2m；培育针叶乔木、大灌木也可根据这一株行距，适当考虑冠幅大小而制订株行距。

2.2.3 大苗的生产管理 春季定植后，于5月上中旬至10月末要全面进行大苗的管理工作。

（1）整地、中耕除草 整地工作主要是将春季集中售苗后的树坑平整好，为下阶段的管理工作作准备。以后季节的售苗可随着起苗随着平整。中耕除草是苗圃每年的重要工作，苗圃的管理水平很大程度取决于中耕除草的及时程度，它所消耗的管理成本是苗圃管理中最大的。正常情况下苗圃要想全部管理到位，每年要进行6～7遍的犁地和铲地。个别较荒地块、作业道两侧也可配合灭生性除草剂进行。

（2）施肥 北方苗圃大田的施肥时间非常关键，施肥过早会加重春旱旱情，增大苗圃管理负担。施肥过晚会使苗木秋后徒长，木质化程度降低，冬季造成冻害。北方最佳的施肥季节最好在7月上中旬，施肥结束，雨季接踵而至，既不增加旱情，也不会造成秋后徒长，充分地发挥了肥效，提高了苗木生长量；施肥的方式多采用根部穴施的方法。新定植的苗木第一年最好不施或少施无机肥。

（3）病虫害防治　苗圃苗木的病虫害防治一定要有选择地进行，不可主次不分，否则既加大防治成本，又无法重点控制危险性虫害。苗圃苗木的病虫害防治可遵循以蛀干、枝干、地下（苗床）害虫为主，以食叶害虫为辅；食叶害虫以每年繁殖多代的虫害为主，以每年繁殖一代的为辅；以潜叶害虫为主，以裸露食叶害虫为辅的防治原则。但如果出现裸露食叶害虫虫口密度过大的情况，也要及时防治。

（4）苗木修剪　苗木修剪分乔木提干修剪、整形苗的修剪、灌木的修剪。

乔木提干修剪：重点对落叶乔木定植苗提干修剪，修剪的目的是为了培养乔木的主干，剪去乔木的下部侧枝及根部的萌孽。修剪要贴近主干或根部进行，侧枝剪口处一定保持平滑，修剪的高度最好控制在苗木高度的1/3～1/2。若修剪强度轻（低于苗高的1/3），再修剪时侧枝过粗，剪口太大不易愈合，主干上易留下大疤影响干的形象；若修剪强度过重（超过苗高1/2），易造成苗木冠部弯垂，同时降低苗木生长量。根据苗木的生长速度快慢，每年保证1～3次修剪。柏、杉类乔木一般不做修剪。

整型苗的修剪：是苗圃修剪的主要工作，一般情况要保持每月一次，长速过慢的品种两月一次。整形苗木修剪注意两个关键环节，一是雏形培育，二是型面的控制。雏形培育主要在最初一、二次的修剪，除特殊培育的情况外，一定要注意其高度。最初定雏形矮截时落叶乔木、灌木高度应保持在0.3～0.6m为宜，针叶品种最好保持在0.5m左右。型面的控制主要是型苗最终控制的标准界面，它受制于苗木的株行距，即苗木的株行距决定型苗的最终型面，如株行距1m×1.3m的苗木，培育型苗的最终型面尺寸（如球形）直径（ϕ）<0.9m，在接近0.9m这一标准时修剪一定要“收”（压缩），在此标准前的修剪要最大限度地“放”（扩张）。另外需要注意的是北方针叶树进入8月中旬（秋季）以后要停止修剪，否则修剪后发出的新芽会在冬季形成冻害，可将秋季的一次修剪移至早春。

灌木的修剪：主要针对分孽能力差的灌木，为了增加分孽或控制其高生长优势，在一定程度上进行根部平茬或冠部矮截，如黄刺梅、丁香、金叶风箱果等。

任务2　生产指标的管理

【任务介绍】 生产指标就是把各项作业标准进行量化，衡量生产管理水平，便于指导检查苗木生产，为生产决策提供依据。通过任务的完成，能制订合理的生产指标管理标准。

【任务要求】 ①能根据苗木繁殖的数量、苗木移植的数量和苗木出圃量，对苗木生产数量指标进行管理。②能确定苗圃地苗木生产技术及质量指标。③能仔细查找资料，并能与组内同学分工合作，完成此项任务。

【教学设计】 教学中重点应让学生掌握苗木生产数量指标及生产技术和质量指标管理的方法，从而能结合生产实际为生产决策提供参考。教学过程以制订当地某一苗圃生产指标管理标准为目标，在让学生学习苗木生产技术及质量指标相关理论知识的基础上，结合苗圃实际，尝试制订数量和质量指标。建议采用理实一体化教学，即让学生边学边做，以小组为单位开展实践操作。

【理论知识】

1 生产数量指标的管理

苗木生产计划的数量指标可用苗木繁殖的数量、苗木移植的数量和苗木出圃的数量表示。通过以上三项指标的管理，可以计划生产规模，调整产品结构，降低成本。它们之间的关系通常为苗木出圃数量占苗木总数量的10%左右，移植数量大于出圃数量的25%左右，繁殖数量大于移植数量的60%左右。

1.1 苗木繁殖的数量 苗木繁殖的数量是苗木生产的基础。苗木繁殖的数量取决于繁殖品种的数量和各品种的繁殖量两个因子。繁殖数量的确定要以苗木市场为依据，同时还要结合苗圃生产条件和技术能力。有些品种在本苗圃生产条件下培育困难的可以考虑外引，以取得较低的成本。苗木繁殖量应以最后繁殖成活量为准，不能依据繁殖计划量。

1.2 苗木移植数量 苗圃中经播种、扦插、嫁接等方法育出的小苗必须经过移植，给苗木提供适当的生长空间和土肥水条件，为园林绿化提供优质的大规格苗木。苗木移植在整个育苗生产过程中所占的工作量比例较大，质量控制事关重大。苗木移植结合水肥、病虫害防治、修剪等养护管理，苗木生长量就会大，就能达到育苗规范制订的生长量指标。

1.3 苗木出圃数量 苗木出圃是育苗工作中的最后一个重要环节，关系到苗木的质量和经济效益。出圃量取决于土地规模、土地利用率，出圃品种及其规格，但最终取决于苗木生产技术水平和管理水平。出圃量和经济效益不形成比例关系，因产品结构和规格不同，经济效益相差很大。

如何使三项指标趋于合理，在建圃初期就要对苗圃进行合理的规划及制订生产定植计划。要充分考虑投资情况。资金情况好的可以引进各种规格的大苗，使苗圃在1～2年的时间成型，这种投资方式特点：投资数量大、投资风险大、见效快。如果资金情况一般，可以适当引进一定数量的中规格苗木（3～4cm），其余都以小苗为主，这种投资方式比较灵活，见效稍慢。如果资金情况紧张可全部以繁殖、引进小苗为主，随着生产管理逐渐把小苗培育成大苗，按规划层次合理定植、培育大苗，这种投资小、风险小、管理技术含量高、见效慢（5～6年时间）。规划要根据不同品种的生长规律确定单株苗木的占地面积（表9-3），再结合选择的不同苗木品种进行。

表9-3 不同规格单株苗木占地面积（魏岩和石进朝，2012）

品种类型	规格（D/cm，W/m，H/m）	单株面积
落叶乔木	D=3～4	0.5m×0.65m
	D=5～6	1m×0.65m
	D=6～8	1m×1.3m
	D=8～10	2m×1.3m
	D=10～12	2m×2.6m
落叶灌木	W=0.5～0.8	0.5m×6.5m
	W=0.8～1	0.5m×1.3m
	W=1.0～1.2	1m×1.3m
	W=1.2～2	2m×1.3m
	W>2	2m×2.6m

续表

品种类型	规格（D/cm，W/m，H/m）	单株面积
针叶乔木杉、松	新定植苗木	0.5m×0.65m
	H=1.0～1.5	1m×1.3m
	H=2～3	2m×2.6m
	H=3～5	4m×2.6m 或 3m×3m
针叶乔木柏	新定植苗木	0.3m×0.65m
	H=1.5～2	0.6m×0.6m
	H=2～3	1.2m×1.3m
	H=3～4	2m×1.3m
	H=4～6	2m×2.6m
针叶灌木	新定植苗木	0.3m×0.65m
	H=1.5～2.5	0.6m×1.3m

注：D 代表地径；W 代表冠幅；H 代表株高。

2　苗木生产技术指标

2.1　资料分析　组织专业技术人员，根据园林苗圃技术规程、行业标准、苗圃档案及工作实际，制订各育苗作业的质量标准，育苗实施时严格按技术标准进行管理。

2.2　苗木生产技术质量指标　根据育苗作业方式，制订不同的标准。

2.2.1　繁殖　扦插、播种育苗的株行距控制在 5～10cm 为宜，换床苗木的株行距控制在 20～25cm，床面无杂草。亲和力差、生长快、砧木过粗的嫁接苗木（劈接、插皮接），嫁接成活后的两个月中要进行 2～3 次的修剪，避免接穗生长过快在接口处造成“松动”或“风劈”。

2.2.2　定植

1）定植苗木的起挖注意保持根系完整，起挖根幅控制在地径的 10 倍以上。

2）定植阔叶乔木前，要选苗并分别修剪成“1”字性，够高度的按照同一高度定干短截，不够高度的保持顶芽不受损伤。

3）起挖、选苗、修剪后的苗木尽可能及时定植，来不及当天定植的一定要“假植”。

4）为了使苗木生长充分利用空间，苗木定植或育大苗定植时，定点、定线、栽植要整齐，并且犬牙交错。

5）苗木定植时土壤埋实度宜浅不宜深，以定植灌水后不产生大量倒伏为准，新定植苗木控制在原苗木地径以上 5～10cm，育大苗定植时根据苗木的大小控制在原苗木地径以上 10～15cm 为宜。

6）定植后初水灌透，水落扶正。以后尚需 2～3 遍水，可根据墒情控制时间，在初水后的第 10 天、第 25 天左右进行，每次灌水后都要注意扶正倒伏的苗木。

2.2.3　养护管理

1）整形树最初修剪定型高度：阔叶乔木、灌木根据需要保持在 30～60cm 为宜，针叶最好保持在 50cm 左右。

2）型苗保持型面修剪平缓，新发嫩梢均匀。一旦生长不均匀，个别顶枝明显生长加快时，就要进行下一次修剪。

3）中耕除草每20～25d进行一次，每年首次管理应先犁后铲，以后管理铲后及时中耕，保证定植苗木无恶性杂草或草荒。

4）危险性病虫害保持在零，发现一株处理一株。

2.2.4 乔木 有些乔木品种，苗木的顶端优势弱，生长的主干质量差。为了更好地培育这类苗木的主干，可在苗木换床和定植后进行1～2次平茬，重新选择优势芽培育苗木，这样培育的乔木既不影响其长速，又能使其主干更直，质量更好。如白榆、黄波罗、茶条槭、色木槭、山杏等。

乔木提干修剪时，每次提干的高度不要超过苗高的1/3～1/2。侧枝修剪时，保持枝基部和树干平滑，严禁留桩。阔叶乔木保持主干通直、分枝点适度、树冠基本匀称。针叶乔木保持树冠完整、均匀，分枝点从地面起的柏类、杉类苗木，最下轮枝要保持不受损害，松类乔木分支点适度。

2.2.5 灌木 灌木品种保持苗木分蘖均匀，对个别分蘖能力差的品种，如黄刺梅在下床定植后可进行一次根部平茬，灌木品种苗木之间以树冠相接为生产培育终点、苗木销售或育大苗的起点。

2.2.6 区划 苗圃规划时各个地块规划的宽度最好不超过60m，长度可以酌情考虑，以备将来大苗出圃时更方便。

任务3 项目成本的测算

【任务介绍】 苗圃项目成本的测算是一个复杂的过程，明确项目产值、成本、利润，便于进行成本控制，使计划的制订与实施更合理。并通过任务的完成，能正确测算苗圃项目的成本、产值、利润。

【任务要求】 ①能结合苗木调查进行苗圃产值的测算；②能对苗圃各个项目成本进行测算；③能对苗圃的利润进行测算；④能仔细查找资料，并能与组内同学分工合作，完成此项任务。

【教学设计】 教学中重点应让学生掌握正确测算苗圃项目的成本、产值、利润的方法，从而能结合生产实际进行成本控制。教学过程以测算当地某一苗圃项目成本为目标，在让学生学习项目产值、成本、利润等相关理论知识的基础上，结合苗圃实际，测算苗圃项目的成本、产值、利润。建议采用理实一体化教学，即让学生边学边做，以小组为单位开展实践操作。

【理论知识】

1 成本的测算

成本测算是一个非常复杂的过程，要通过多年经验的积累，才能使测算的数据更符合实际，更合理可靠。

1.1 苗圃产值的测算 产值的测算可结合苗木调查表，在调查表的最后加一列，注明单价，这一单价要结合现阶段苗木价格的实际水平，避免测算值偏高。

1.1.1 苗木规格要按下限 如单方地块6～9cm（苗高）的苗木，确定单价时要以6cm

的规格为作价基础；如果这方地块苗木确定7cm以上的规格占多数，最大限度可以偏中线至以7cm规格作为价格基础，不可以8cm、9cm苗木规格为基础作价，否则就会造成计算产值偏高。

1.1.2 苗木单价要以当地市场价格的平均价确定 当地没有的苗木可参考近纬度带的外地品种的苗木价格；苗木单价还要考虑苗圃距中心城市的远近，距中心城市远的要适当降低价格，距中心城市近的适当提高苗木价格。所有苗木单价确定后，计算汇总即为该苗圃的实际产值测算。

1.2 苗圃成本的测算 苗圃成本含以下几项：土地租赁费、建筑成本费、机械设备费、设施费、人工费、材料费、水电费、燃料费等。

苗圃项目总成本费＝土地租赁费总值＋建筑成本费＋机械设备费＋设施费＋∑人工费＋∑材料费＋∑水电费＋∑燃料费＋∑税金

苗圃年成本费＝ 当年土地租赁费＋建筑成本折旧摊销费＋机械设备折旧摊销费＋设施折旧摊销费＋当年人工费＋当年材料费＋当年水电费＋当年燃料费＋税金

建筑成本折旧，可根据具体情况按30～50年摊销。人工费，即生产和管理人员的工资及附加费用。材料费，即购买种子、种苗及耗用的农药、肥料、基质等费用。燃料水电费，即耗用的固体、液体燃料费和水电费用。废品损失费，指未达到指标要求的部分产品损失而分摊发生的费用。设备折旧费，即各种设施、设备按一定使用年限折旧而提取的费用，机械设备折旧一般按10年摊销。其他费用，如土地开发费、借款利息支出及运输、办公、差旅、试验、保险等事项所发生的费用。税金，包括土地使用税、营业税、教育附加税、城建税等，由于各地区经济发展的情况不同及地区的实际情况不同，税率的多少不尽相同。土地使用税具体标准：大城市0.5～10元/m^2，中等城市0.4～8元/m^2，小城市0.3～6元/m^2，县城、矿区0.2～4元/m^2。营业税一般按销售额的5%，教育附加税一般为营业税的3%，城建税一般为营业税的7%。

以上费用概括分为两类，一是人工费用，二是物质资料费。

产品总成本＝人工费用＋物质资料费用

产品单位面积成本＝产品总成本/产品种植面积

多年生园林苗木产品单位成本＝（往年费用＋收获年份的全部费用）/产品种植总面积

某园林苗木产品总成本＝(各种园林苗木总成本之和/各种园林苗木种植面积之和）×某种园林苗木种植面积

2 利润的测算

苗圃从建设到生产经营及未来的发展情况要靠测算利润的方式才能看出。苗圃将来的发展要看苗圃存量利润，苗圃以前的经营情况要看苗圃累计净利润，苗圃当年的经营情况要看当年苗圃净利润。

2.1 苗圃存量利润

苗圃存量利润＝苗圃苗木的总产值－苗圃项目总成本

苗圃存量利润越大，发展的潜力越好、前景越宽。

2.2 苗圃累计净利润

苗圃累计净利润＝苗圃累计销售总额－苗圃项目总成本

同龄苗圃来说，累计净利润越大，苗圃以前经营得越好、越科学。

2.3 当年苗圃净利润

当年苗圃净利润＝苗圃当年销售额－苗圃当年成本

当年苗圃净利润越大，说明当年的生产经营做得越好。

苗圃的生产经营及发展水平要在以上三个指标同时考核情况下才能看出，缺一不可。

任务 4 苗木的销售

【任务介绍】苗木的销售关系到苗圃业的生存和发展，受宏观环境、国家政策、经济体制、市场竞争、技术进步、制度管理、人力资源等多种因素的影响和制约。通过项目任务的完成，能运用现代市场营销的基本理论，注意分析营销环境并灵活运用营销策略，制订销售方案。

【任务要求】①能对苗木进行市场调查；②能对苗木进行定价；③能针对苗圃现状，采用相应的销售渠道和销售手段。

【教学设计】教学中重点应让学生掌握苗木定价和销售方案制订的方法，从而能结合生产实际分析营销环境并灵活运用营销策略。教学过程以制订当地某一苗圃的销售方案为目标，在让学生调查当地苗木销售市场的基础上，结合本苗圃实际，制订销售方案。建议采用理实一体化教学，即让学生边学边做，以小组为单位开展实践操作。

【理论知识】

1 市场调查

园林苗木市场调查是有计划、有目的地对园林绿化苗木市场情报进行系统的收集、整理和分析，并依据其如实反映的市场情况，得出结论，在此基础上，对市场未来的发展变化趋势作出描述和量的估计，是市场预测的基础。

1.1 园林苗木市场调查的意义

1.1.1 认识苗木市场最基本的方法 园林苗木市场是一个不断变化的环境，只有经常进行苗木市场调查，才能探求苗木市场供求矛盾运动的规律性，把握苗木市场动向，及时抓住良机。

1.1.2 获取市场信息的重要手段 市场信息是反映市场动态的各种情报资料，缺乏足够的苗木市场信息，就无法决策苗圃苗木生产的品种和数量。例如，一位苗圃营销员在山东一带发现海棠优良品种，观赏价值极高，市场前景看好，及时将此信息反馈给苗圃，苗圃及时调整生产计划，对原有小苗进行嫁接，改变海棠苗木品种，使滞销苗变成了畅销苗，不仅减少了苗圃不必要的损失，而且增加了苗圃盈利。

1.1.3 苗圃制订竞争性策略的条件 市场是一个竞争环境，要想在竞争中取得优势，就必须做到知己知彼，采取正确的竞争策略。例如，一位苗圃营销员在销售市场调查时发现一般苗圃常规绿化苗较多，在调查中发现近年彩叶树种走俏，价格不断升高，可以及时调整生产计划，使苗圃的经营活动处于有利地位。

1.2 市场调查对象 市场需求调查对象主要是园林苗木的需求者和生产者。对象有参加园林苗木展销会展销商；园林设计、施工、养护的公司、院、所；园林苗木销售公司和园林苗木代理商（经纪人）；政府园林绿化管理部门、行业协会等。

1.3　市场调查方法　可通过个人访问、苗木市场实地观察、电话访问和网络信息、开座谈会、问卷调查等方式获得市场信息。也可向市场投入少量某苗木新品种，进行销售实验，视其实验结果决定生产规模。

1.4　市场调查内容　园林苗木市场需求的变化直接影响苗圃经营的调整。市场上苗木供求状况、苗圃拥有市场的苗木状况是市场需求调查的主要内容。

1.4.1　园林苗木供求状况　苗木供求状况调查，就是调查苗木的供求有无缺口、缺口有多大。供过于求的原因是什么，改变供求的状态，苗圃存在什么样的机会，组织哪些代替品可弥补供需缺口，苗木产品所处生命周期的阶段等问题。

1.4.2　园林苗木市场容量　苗木市场容量是指苗木市场对某种苗木在一定时期内需求量的最大限度。超过苗木市场容量必然造成滞销积压。

1.4.3　园林苗木市场占有率　市场占有率分为绝对市场占有率和相对市场占有率。

绝对市场占有率，是指苗圃生产的某种苗木在一定时间内的销售量占同类苗木市场销售总量的份额。

相对市场占有率，是指本苗圃的某种苗木的销售量与同行业销售额最高的苗圃同类苗木销售额的比值。通过苗木市场占有率的调查，能够反映本苗圃苗木在苗木市场的地位和竞争能力。

1.4.4　园林苗木品种更新　园林苗木品种更新和新品种苗木的问世，能够对苗木市场供求现状产生强烈影响，它可以改变需求观念，缩短原有苗木品种的生命周期。人们对新品种苗木的追求，可使供求大体平衡的苗木市场重新表现为不平衡。及时掌握关注这些变化，就会在竞争中立于不败之地。

1.4.5　主要竞争对手调查　调查主要竞争对手的市场占有份额，竞争对手的经济实力、苗木类型、销售方式及其规模和特色，竞争的主要焦点，竞争对手的数量等，以便采取应对措施。

2　苗木定价

苗木产品定价是苗圃苗木市场营销组合中唯一不增加成本的因素，但制订出合理价格绝非易事。因为园林苗木产品不仅包括苗木本身，而且还包括为购买者提供的便利与服务。苗木自身主要指构成苗木产品的要素（包括苗木产品的质量、特色、包装、品牌），而良好的服务指供应苗木的时间、地点、方式和方法适应购买者的要求；在苗木的起挖时间、方法、地点和包装、运输等方面做到顾客满意；做到苗木供应及时、方便，不错过栽植季节，并在提取、运输苗木等方面尽量方便顾客。

2.1　园林苗木产品定价目标　苗木产品定价目标是苗木产品价格实现以后，苗圃应达到的目的。

2.1.1　扩大当前苗木产品利润为定价目标　这一目标的侧重点是短期内的最大利润。选择这一目标的前提是苗圃的生产技术和苗木产品质量在苗木市场上居领先地位，同行竞争对手的力量较弱；购买者对该苗木品种、质量的评价较高或该品种苗木供不应求。不具备这两个条件，盲目地提高苗木价格，不仅难以扩大苗圃当前利润，还会阻塞该品种苗木的销路，造成苗木积压，使苗圃遭受不必要的损失。

2.1.2 扩大苗木产品市场占有率为定价目标 该目标在于追求长期的利润。市场占有率是苗圃苗木销售量在同类苗木市场销售总量中所占的比重。要扩大市场占有率，苗圃必须相对地降低苗木的价格水平和利润水平。通过低价吸引购买者，扩大销售量，即薄利多销策略。

选择这一目标，苗圃必须具备该苗木大批量生产的条件和能力，苗木总成本的增长速度低于该苗木总产苗数的增长速度，否则不仅不能增加利润，还会影响苗圃的扩大再生产。

2.1.3 稳定苗木产品价格为定价目标 为了避免不必要的价格竞争，增加市场的安全性，在这些行业中处于领导地位的大型苗圃，往往将价格稳定在一定水平上。这一定价目标的优点在于即使苗木市场发生急剧变化，价格也不至于发生大的波动，有利于大型苗圃稳固地占领市场，长期经营该类苗木产品。在大型苗圃稳定价格的情况下，小型苗圃为维持自身利益，也愿意追随大型苗圃定价，一般不轻易变动价格。如果中小型苗圃将价格定得过低或过高，有可能导致大型苗圃采取报复手段，使小型苗圃蒙受损失。

2.2 园林苗木产品定价方法

2.2.1 成本附加定价法 成本附加定价法是以苗圃生产成本加上事先决定的利润作为价格。

价格（元/株）=（固定成本+变动成本+期望的利润）/产苗数量

生产成本包括固定成本和变动成本。固定成本是指不随产苗数量、销售量的变化而变化的成本，如苗圃土地、机具设备折旧费等。变动成本是随产苗数量和销售量的增减而变化的成本，如原材料（种子、插穗、接穗、砧木、化肥、水电费等）、销售费用等，它一般与产苗量成正比例关系。

这种方法优点是容易计算，对苗圃有保障。但利润与苗木成本相关联而非与苗木销售量相关联，苗木价格也与苗木市场需求无关。成本附加法适用于价格波动对苗木销售量没有影响而且苗圃有能力去控制价格的情况。

2.2.2 成本加成定价法 成本加成定价法是以苗圃生产成本加上某一利润加成作为价格。这是苗圃和苗木销售商最常采用此种方法。

价格=苗木单株生产成本/（100% −加成百分数）

这种方法优点是简单明了。一般而言，苗木成本的不确定性比苗木需求的不确定性小，将苗木价格根据每株成本定价，苗圃和苗木中间商可简化定价工作，而不必经常根据苗木市场需求状况的变动来调整价格，普遍被苗圃所采用。

2.2.3 同行价格定价法 同行价格定价法是竞争导向定价原则，是使本企业产品与市场主流产品的价格保持一致，企业可与竞争者和平共处，可避免激烈的竞争产生的风险。在同行的价格下，企业产品的价格可能与主要竞争者的产品价格相同，也可能高于或低于主要竞争者。小型苗圃一般采用此法定价，依据市场领先者的价格变动。

3 苗木产品销售

3.1 需求者对苗木市场的基本期望和要求

3.1.1 购买到称心如意、符合所在单位园林绿化需要的苗木 购买者的基本要求是购买到称心如意、符合所在单位园林绿化需要的苗木。包括苗木的品种、类型、规格、造型、数量、质量、苗木包装等方面符合购买者的心意。即既能满足园林绿化的要求，又要能满足人们心理上的要求。

3.1.2　期望苗木价格合理，同自己的经济能力相适应　人们对园林绿化的要求是无止境的，往往希望购买符合市场潮流的高档次绿化苗木，但这又会受到其购买力的限制。因此，每一个苗木需求单位，购买苗木产品时，总是希望在自己有限的经济范围内，花费最少的代价得到最大的满足。这就要求苗圃或苗木经销者要关注不同经济层次的顾客，提供各种苗木产品的特性、绿化效能、价格等材料，供需求者挑选，尽量让购买者满意。

3.1.3　期望苗木供应及时、方便　苗圃或苗木经销者应在苗木的起挖时间、方法、地点、包装、运输等方面做到顾客满意，苗木及时供应，不要错过栽植季节，并在提取、运输苗木等方面尽量方便顾客。

3.1.4　期望得到良好的服务　良好的服务，包括良好的服务态度和服务质量（苗木起挖、包装、运输等方面的质量）、周到的售后服务等。周到的售后服务，即派人帮助购买者选择苗木栽植地，教给苗木栽植方法和管理方法，使需求者栽活并栽好园林植物，提高苗木成活率，从而赢来苗木购买的“回头客”。

3.2　产品销售渠道　园林苗木产品销售渠道主要有直接销售和间接销售。

3.2.1　直接销售　商品从生产领域转移到消费领域时，不经过任何中间商转手的销售方式（图 9-1）。

图 9-1　苗木产品直接销售渠道流程图

其优点是生产者与消费者直接见面，企业生产的商品能更好地满足消费的要求，实现生产与消费的结合；能及时了解市场行情，调整生产计划，提高市场竞争能力；不经过任何中间环节，也可以节约流通费用。其缺点是企业要承担繁重的销售任务，要投放一定的人力、物力和财力，如经营不善，会造成产销之间失衡。

3.2.2　间接销售　商品从生产领域转移到消费领域时，有中间商参与，商品所有权至少要转移两次或两次以上，商品流转时间较长（图 9-2）。

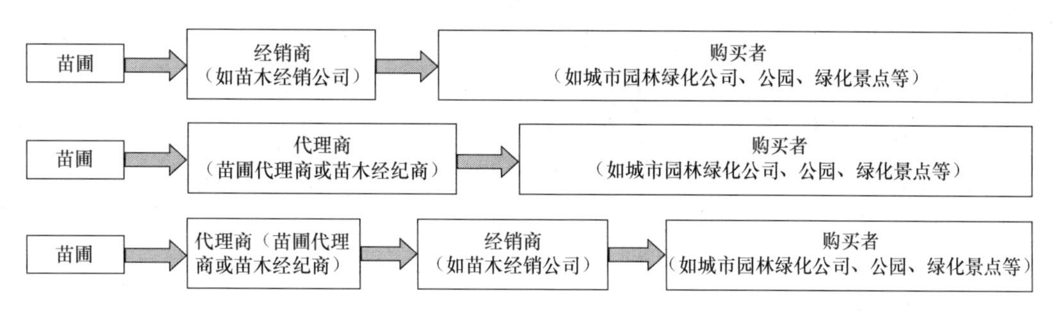

图 9-2　苗木产品间接销售渠道流程图

代理商是指不具有商品所有权，接受生产者委托，从事商品交易业务的中间商。经纪人（又称经纪商）是为买卖双方洽谈购销业务起媒介作用的中间商。经销商是将商品直接供应给最终消费者的中间商。

其优点是运用众多的中间商，能促进商品的销售；生产企业不从事产品经销，能集中人力、物力和财力组织好产品生产；中间商遍布各地，利用中间商有利于开拓市场。缺点是间接销售将生产者与消费者分开，不利于沟通生产与消费之间的联系，增加了中间环节的流通费用，提高了商品价格，因消费者需求的信息反馈较慢，易造成产销脱节。

3.3 直接销售手段

3.3.1 人员推销 苗圃派出推销人员直接到园林绿化单位，与购买者直接面谈业务。通过面谈，向购买者介绍苗木种类、规格、价格，签订购销合同。

3.3.2 苗木展销 参加苗木展销会，树立苗圃形象，散发苗木产品传单，为苗木业务联系提供方便和支持。

3.3.3 网络销售 利用电子销售平台，建立专业的产品信息网站或在专业网站上发布产品信息。为苗木业务联系提供方便和支持。

苗木销售工作是非常复杂的，苗圃的苗木销售必须结合苗木的生产与规划，才能最大限度地降低成本，实现苗圃产品销售的最大化。苗木销售没有固定规格，从市场供、销的整体情况看：苗木规格越小，竞争的情况越复杂、激烈，利润空间越小；苗木规格越大，竞争的激烈程度越差，利润空间越大。所以苗圃发展的宗旨是科学地培育更多的大规格苗木。

任务5 苗圃档案的建立

【任务介绍】在完成苗圃生产、经营、管理等各项工作基础上，按档案项目整理档案材料归档。完成苗圃档案的建立工作。

【任务要求】①会独立整理、分析苗木生长调查档案；②在调查基础上，会编写苗圃中苗木生长、移植、抚育和出圃等作业技术档案；③能调查园林苗圃的苗木数量，分树种、规格、用途列出出圃计划；④能搜寻苗木市场价格，结合市场调研和网络资源，开展苗木询价和销售信息发布；⑤培养学生严谨细致的工作作风、实事求是的职业素养，使学生具有初步经济效益核算和创业意识，培养学生对外联络的能力。

【教学设计】教学中重点应让学生掌握苗圃档案建立的方法，从而能结合生产实际按档案项目整理档案材料归档。教学过程以建立当地某一苗圃的档案为目标，在让学生整理、分析苗木生长调查档案、编写作业技术档案和销售档案的基础上，结合本苗圃实际完成苗圃档案的建立。建议采用理实一体化教学，即让学生边学边做，以小组为单位开展实践操作。

【理论知识】

1 苗木档案的建立

1.1 年度生产计划 根据市场的需求和本苗圃的实际情况制订年度生产计划（表9-4，表9-5）。

表 9-4 _____ 年度育苗生产计划总表

单位名称：

苗木类别	合计		树种类别产量 / 株					其中造林苗 / 株	备注
	面积 /m²	产量 / 株	针叶树	阔叶树	灌木	藤本	绿篱		
播种									
扦插									
换床									
留床									
移植大苗									
定植									
育大苗									
引种苗									
嫁接苗									
轮作									
合计									

计划人：

表 9-5 _____ 年（春 / 秋）苗木出圃计划明细表

苗木类别	树种	苗龄	规格				计划出圃					备注
			地径 /cm	胸径 /cm	冠幅 /cm	苗高 /cm	量 / 株	大苗 / 株	小苗 / 株	造园整形苗 / 株	街道定向 / 株	

汇总日期： 计划人： 负责人：

1.2 苗木品种及数量 通过调查了解苗木的名称、数量、苗龄、苗木的生长势、苗木病虫害危害状况，苗木种源种类、引进的地区，填写调查表格（表 9-6、表 9-7）。

表 9-6 定植苗在圃档案表

地块编号	地块面积 /m²	苗木种类	规格 /cm	数量 / 株	是否已开放销售	备注
001	5000	梓树	6～8	3800	否	苗木整齐
002	5000	白蜡	8～10	935	是	苗木不整齐
…						

表 9-7 _____ 年育苗生产完成情况统计表

苗木类别	年计划量		实际完成量		树种类别产量 / 株						其中造林株数	备注
	面积 /m²	株数	面积 /m²	株数	针叶	阔叶	灌木	果苗	藤本	绿篱		
播种												
扦插												
换床												
留床												
移植大苗												
定植												
育大苗												
引种苗												

续表

苗木类别	年计划量		实际完成量		树种类别产量 / 株						其中造林株数	备注
	面积 /m²	株数	面积 /m²	株数	针叶	阔叶	灌木	果苗	藤本	绿篱		
嫁接苗												
轮作												
合计												

汇总日期：　　　　　　　　汇总人：　　　　　　　　负责人：

1.3　苗木生长调查　苗木生长调查包括树种名称、育苗年限、苗龄、繁殖方法、移植次数，移植间隔期，苗木的生长量，苗木物候的观察、记载和分析。物候观察包括开始出苗、大量出苗、芽膨大、顶芽形成、芽展开、开花、坐果、叶变色、开始落叶、完全落叶、果实成熟、落果等物候相出现的时间、特征等。苗木生长量包括苗高、地径、根系、冠幅等的月度、季节、年度生长特点。

对苗木的所有生长发育情况进行定期观察记载，了解苗木的生长发育周期及各种抚育管理措施对苗木的影响，在分析总结的基础上，确定有效的管理措施。完成苗木生长调查表（表 9-8）和苗木生长总表（表 9-9）。

苗木生长总表是以标准地开展调查，涉及损失株数（病虫、间苗、作业损失），现存株数，生长情况包括调查苗高、苗木地径、苗木干径、苗木冠幅，以及灾害发生发展情况摘记。

表 9-8　苗木生长调查表

育苗年度：　　　　　　　　填表人：

项目	树种	苗龄	繁殖方法	移植次数	开始出苗期	大量出苗期	芽膨大期	芽展开期	顶芽形成期	叶变色期	开始落叶期	完全落叶期
项目	生长量 /cm											
	__月__日	__月__日	__月__日	__月__日	__月__日	__月__日	__月__日	__月__日	__月__日	__月__日	__月__日	__月__日
苗高												
地径												
根系												
出圃	级别	分级标准						每公顷产量 / 株			总产量 / 株	
	Ⅰ级	高度 /cm										
		地径 /cm										
		根系										
		冠幅 /cm										
	Ⅱ级	高度 /cm										
		地径 /cm										
		根系										
		冠幅 /cm										
	Ⅲ级	高度 /cm										
		地径 /cm										
		根系										
		冠幅 /cm										
	等外苗											

表 9-9 苗木生长总表（___年度）

树种___播种（扦插、嫁接、移植）期___　　发芽最盛期：自___月___日至___月___日
播种量（kg/hm², 粒/m²）___种子催芽方法___　　耕作方式___土壤___酸碱度___厚度___
发芽日期：自___月___日至___月___日　　坡向___坡度___施肥种类___施肥量（kg/hm²）___施肥时间___

调查次序	调查日期	标准地			前次调查各点合计株数	损失株数				现存株数	生长情况/株										灾害发生发展情况摘记
											苗高			苗粗		苗根		冠幅			
		行数	标准地/m²	合计面积/m²		病害	虫害	间苗	作业损失		较高	一般	较低	较粗	较细	主根长	根幅	较宽	一般	较窄	

1.4 苗木移植和出圃 苗圃中的移植栽培情况，苗木的出圃调查和数据分析（表 9-10）。

表 9-10 ___年苗木出圃情况统计表

苗木类别	树种	苗龄	出圃株数				单价/元	金额/元	备注
			胸径/cm	冠幅/cm	苗高/m	合计/株			

汇总日期：　　　　制表人：　　　　负责人：

2 技术档案的建立

苗圃技术档案是苗圃中一切生产活动和科学实验的长期原始记录。内容包括记录各种苗木从种子、插条、接穗处理开始直到起苗、包装、假植、贮藏、出圃为止的育苗全过程。这些资料的积累，可以为苗木生长特征分析提供依据，提高育苗技术水平。

2.1 苗圃土地利用档案 记录苗圃土地的利用和耕作情况，以便从中分析圃地土壤肥料的变化与耕作之间的关系，为合理轮作和科学的经营苗圃提供依据。

建立这种档案，可用表格形式，把各作业区的面积、土壤质量、育苗树种、育苗方法、作业方式、整地方法、施肥和施用除草剂的种类、数量、方法和时间，灌水数量、次数和时间，病虫害的种类，苗木的产量和质量等，逐年加以记载、归档保管备用。

为了便于工作和以后查阅方便，在建立这种档案的同时，应当每年绘出一张苗圃土地利用情况平面图，并注明和标出圃地总面积，各作业区面积，各育苗树种的育苗面积和休闲面积等（表 9-11）。

表 9-11 苗圃土地利用表

作业区号：　　　　作业面积：　　　　土壤质量：　　　　填表人：

年度	树种	育苗方式	作业方式	整地情况	施肥情况	除草剂情况	灌水情况	病虫害情况	苗木质量	备注

2.2 育苗技术措施档案 每一年内把苗圃各种苗木的整个培育过程，从种子或种条处理开始，直到起苗包装为止的一系列技术措施用表格形式，分树种记载下来（表 9-12～表 9-17）。根据这种资料可分析总结育苗经验，提高育苗技术。

表 9-12 播种苗（容器苗）档案表

树种： 苗龄： 施业面积： 净面积： 前茬：

作业方式	土壤耕作				种子情况									播种前土壤消毒			
	耕作时间	耙地时间	压地时间	作床（垄）时间	产地	采集（调入时间）	净度 /%	千粒重 /g	发芽率 /%	消毒方法	催芽方法	催芽处理起止日期	播种状态	方法	时间	药名	每平方米用量

播种作业				苗木平均生长过程 /cm 苗木从出苗到出齐的起止日期__年__月__日														
时间	方法	播种量	床面落种数 / m^2	覆沙（土）厚度 /mm	覆盖物类型	6 月 1 日苗高	6 月 15 日苗高	6 月 30 日苗高	7 月 15 日苗高	7 月 30 日苗高	8 月 15 日苗高	8 月 30 日苗高	9 月 15 日苗高	9 月 30 日苗高			出齐密度 /（株 / m^2）	出齐后 30d 的密度 /（株 /m^2）
														地径	鲜重 /（g/ 株）	干重 /（g/ 株）		

9 月 15 日			施肥							灌溉				间苗（__次 / 年）							
密度	截根时间	截根深度 /cm	基肥			追肥				方式	灌溉量 /[m^3/（生长期 · hm^2）]	次数	最后一次灌溉时间	第一次		第二次		第三次		第四次	
			种类	用量 /（kg/ hm^2）	容器育苗基质配比 /%	时间	种类	各元素含量 /%	用量					时间	留苗密度 /（株 /m^2）	时间	留苗密度 /（株 /m^2）	时间	留苗密度 /（株 /m^2）	时间	留苗密度 /（株 /m^2）

松土除草							病虫害防治						起苗假植				
人工除草次数 / 年	机械除草次数 / 年	化学除草					病虫、灾害类型	时间	药剂名称	用量 /（kg/ hm^2）	浓度 /%	效果	起苗			假植	
		时间	药剂	用量 /（kg/hm^2）	浓度 /%	效果							时间	工具	起苗率 /%	方法	时间

苗木质量				苗木直接生产成本 / 元												主要经验及教训
总产（万株）	平均单产 /（万株 /hm^2）			合计		数量	金额	物料费	肥料费	药料费	人工费	水电费	机械费	成本		
	Ⅰ级	Ⅱ级	Ⅰ、Ⅱ级比例 /%	用工数	金额									万株	hm^2	

表 9-13　营养繁殖苗档案

树种：　　　　苗龄：　　　　施业面积：　　　　净面积：

作业方式	土壤耕作与消毒					穗条（砧木）情况							
	耕地时间	耙地时间	镇压时间	作床（垄）时间	土壤消毒	来源	割条时间	剪条时间	贮藏方法	穗长/cm	扦插嫁接时间	扦插（嫁接）密度/（株/m^2）	成活率/%

苗木平均生长量										
6月1日苗高/cm	6月15日苗高/cm	6月30日苗高/cm	7月15日苗高/cm	7月30日苗高/cm	8月15日苗高/cm	8月30日苗高/cm	9月15日			
							苗高/cm	鲜重/（g/株）	干重/（g/株）	密度/（株/m^2）

施肥				松土除草		灌溉		
基肥		追肥		人工松土除草次数/年	机械、畜力松土除草次数/年	灌溉方式	灌溉量/[m^3/（生长期·hm^2）]	最后一次灌水时间
种类	用量/（kg/hm^2）	种类	用量（有效成分）/（kg/hm^2）					

表 9-14　移植调查表

项目	树种	苗龄	计划量		实际作业量			备注
			面积/m^2	产量/株	面积/m^2	株行距/m	繁移植株数/株	

汇总日期：　　　　制表人：　　　　负责人：

表 9-15　苗圃 ______ 年种子、穗条引入登记表

树种	产地	数量	育苗面积/hm^2	种穗品质							播种或插条前贮藏和处理方法	每公顷成本			备注
				千粒重（条/g）	净度/%	优良度/%	室内		场圃发芽率/%	插条成苗率/%		用种量	单价	金额	
							场圃发芽率/%	插条成苗率/%							

填表人：　　　　校核人：　　　　登记日期：

表 9-16　引种登记表

引入日期	植物名称	规格/cm	数量/株	材料类别	价格/元	合计/元

表 9-17 育苗技术措施表

树种： 苗龄： 育苗年度： 填表人：

育苗面积（公顷数、畦数）		前茬			
繁殖方法	实生苗	种子来源 ____ 播种方法 ____ 覆盖情况 ____ 起止日期 ____	贮藏方法 ____ 播种量 /（kg/hm^2） ____ 间苗时间 ____	贮藏时间 ____ 覆土厚度 /cm____ 留苗密度 /（株 /m^2）____	催芽方法 ____ 覆盖物 ____
	扦插苗	插条来源 _____ 扦插密度 /（株 /m^2）____	贮藏方法 ____ 成活率 %____	扦插方法 ____	
	嫁接苗	砧木名称 ____ 嫁接日期 ___ 解缚日期 _____	来源 ____ 嫁接方法 ____ 成活率 /%____	接穗名称 ____ 绑扎材料 ____	来源 ____
	移植苗	移植时间 ____ 苗木来源 ____	移植时的苗龄 ____	移植次数 ____	株行距 /m____
整地	耕地日期 ____ 耕地深度 /cm____ 作畦日期 ____				
施肥	基肥 ____	施肥日期 ____	肥料种类 ____	用量 /（kg/hm^2）____	方法 ____
	追肥 ____	追肥日期 ____	肥料种类 ____	用量 /（kg/hm^2）____	方法 ____
灌水	次数 ____ 时间 ____ 遮阴时间 ____				
中耕	次数 ____ 时间 ____ 深度 /cm____				

		名称	发生时间	防治日期	药剂名称	浓度	方法	效果
病虫害防治	病害							
	虫害							

出圃类型	日期	总公顷数	每公顷产量 / 株	合格苗 /%	起苗与包装
实生苗					
扦插苗					
嫁接苗					
新技术应用效果					
存在问题和改进意见					

2.3 气象观测档案 气象观测档案，记录各种天气状况和气候因子，如日照时间、降雨量、降雪量、温度（最高、最低、平均）、风向、风力、空气湿度、霜害、寒害等的发生情况。气象观测资料可以就近从气象台站抄录，大中型苗圃可自设气象观测站。气象资料观测、统计分析以日、旬、月度变化为区段，分析变化特征，同时结合苗木生长状况、生长特征，开展气象因子与苗木生长的关系分析，也可以从气象因子的变化分析对于病虫害发生和发展及抚育管理措施的影响，揭示苗木生长管理存在的问题和解决途径。在一般情况下，气象资料可以从附近的气象站抄录，但最好是本单位建立气象观测场进行观测。记载时可按气象记载的统一格式填写（表 9-18）。

表 9-18 气象记录表

年份： 填表人：

月份	平均气温 /℃				平均地表温 /℃				蒸发量 /mm				降雨量 /mm				相对湿度 /%				日照			
	平均	上旬	中旬	下旬	平均	上旬	中旬	下旬	平均	上旬	中旬	下旬	平均	上旬	中旬	下旬	平均	上旬	中旬	下旬	平均	上旬	中旬	下旬
1 月																								
…																								
12 月																								
全年																								

气象变化与苗木生长和病虫害的发生发展有着密切关系。记载气象因素，可分析它们之间的关系，确定适宜的措施及实验时间，利用有利气象因素，避免或防止自然灾害，达到苗木的优质高产。

2.4 苗圃作业日记 苗圃作业日记不仅可以了解苗圃每天所做的工作，便于检查总结，而且可以根据作业日记，统计各树种的用工量和物料的使用情况，核算成本，制订合理定额，更好地组织生产，提高劳动生产率（表 9-19）。

表 9-19 苗圃作业日记

记录日期： 填表人：

树种	作业区号	育苗方法	作业方式	作业项目	人工	机工	作业量		物料使用量			工作质量说明	备注
							单位	数量	名称	单位	数量		
总计													
记事													

苗圃技术档案能提高生产，促进科学技术的发展和苗圃经营管理水平。要充分发挥苗圃技术档案的作用就必须做到：①要真正落实，长期坚持，不能间断。②要设专职或兼职管理人员。多数苗圃由技术员兼管，人员应尽量保持稳定，工作调动时，要及时另配人员并做好交接工作。③观察记载要认真负责，实事求是，及时准确。要做到边观察边记载，务求简明、全面、清晰。④一个生产周期结束后，有关人员必须对观察记载材料及时进行汇总整理，按照材料形成时间的先后或重要程度，连同总结等分类整理装订、登记造册，归档、长期妥善保管。最好将归档的材料，输入计算机中贮存。

3 销售档案的建立

3.1 苗木年出圃数量 根据年生产计划和销售计划，按 CJ/T 23—1999《城市园林苗圃育苗技术规程》调查苗圃当年可出圃的苗木的种类、数量、规格。

3.2 育苗成本记录 按出圃苗木的种类、规格记录育苗成本（表 9-20～表 9-24）。

表 9-20 苗圃年用工计划表

地号	树种	育苗方法	施业面积	合计用工		每公顷劳动定额														
				每公顷	总用工	种子处理	整地作床	播种覆盖	扦插移植嫁接	松土除草		间苗抹芽		开沟培土	抗旱遮阴	病虫防治		施肥		起苗假植	其他人工
				人工	人工		人工			次数	人工	次数	人工			次数	人工	次数	人工		

表 9-21 苗圃年种穗、肥料、药料消耗计划表 （单位：kg）

树种	施业面积	种、穗		肥料					物料					药料				
		每公顷	合计	名称	用途	次数	数量		名称	用途	次数	数量		名称	用途	次数	数量	
							每公顷	合计				每公顷	合计				每公顷	合计

表 9-22 ____ 年各项收支情况表 （单位：元）

收入					支出								其他支出		
合计	苗木	花卉	草坪	付出	合计	行政费	人工费	种苗费	物料	药料	肥料	水电	合计	建筑	维修

汇总人： 负责人： 记录日期：

表 9-23 ____ 年苗圃年成本费 （单位：元）

序号	费用明细	成本
1	当年租赁费	
2	建筑成本折旧摊销费	
3	机器设备折旧摊销费	
4	设施折旧摊销费	
5	当年人工费	
6	当年材料费	
7	当年水电费	
8	当年燃料费	
9	税金	
	合计	

表 9-24 ____ 年苗木生产直接成本 （单位：元）

苗木类别	合计		人工费		种苗费		物料费	药料费	肥料费	水电费	机械费	成本		备注
	株数 / 株	面积 /hm^2	用工数	金额	数量	金额						百株	公顷	

计算人： 负责人： 记录日期：

3.3 调查苗木市场 通过苗木展销会、网络平台等各种渠道，了解苗木市场需求、市场容量、主要竞争对手、苗木价格（表 9-25）。记录本年度苗木销售的种类、数量、价格（表 9-26）。

表 9-25 苗木市场调查表

地点	调查内容				
	园林苗木供求关系	园林苗木市场容量	园林苗木市场占有率	主要竞争对手	园林苗木品种更新

计算苗木出售的经济总额，生产成本，扣除成本后的效益状况等。

表 9-26 销售计划表

日期	植物名称	规格	数量 / 株	询价		定价 / 元	备注
				调查途径	销售价格 / 元		

苗木调查一定要真实准确，大苗调查的准确性决定苗木销售工作的偏差，准确性不够会带来不必要的经济损失和信誉损失；小苗调查的准确性决定生产计划的偏差。

3.4 苗圃客户档案的建立 苗圃客户档案就是有关购苗客户情况的档案资料，是反映客户本身及与客户关系有关的所有信息的总和。包括客户的基本情况、市场潜力、经营类型、付款信誉、采购量等有关信息。建立客户档案的目标是为了提高服务客户的质量和水平，保持稳定的主要客户源，有效规避市场风险，寻求扩展业务所需的新市场和新渠道，改善企业经营的针对性和有效性。苗圃客户档案建立主要包括以下内容。

3.4.1 收集客户档案资料 建立客户档案就要专门收集客户与公司联系的所有信息资料，以及客户本身的内外部环境信息资料。主要包括以下内容。

1）有关客户最基本的原始资料，包括客户单位名称、地址、企业领导、联系人、联系人职务、通信方式等。这些资料是客户管理的起点和基础，需要通过销售人员对客户的访问来收集、整理归档而形成。

2）关于客户特征方面的资料，主要包括客户单位所处地区的文化、气候、发展潜力、单位主要业务特征等。

3）关于客户周边竞争对手的资料，如客户周边地区主要苗圃信息、苗木品种、价格行情等。

4）关于交易现状的资料，主要包括客户的销售活动现状、财务状况、信用状况、未来的发展潜力、存在的问题等。

3.4.2 苗圃客户档案的整理 苗木客户信息是随着苗圃经营的年限而不断变化的，客户档案资料会不断地补充、增加，所以客户档案的整理必须具有管理的动态性。根据营销的运作程序，可以把客户档案资料进行分类、编号定位并活页装卷。也可以充分利用现代多媒体技术，通过计算机等分类、储存。

1）可以按照客户所在地区或主要城市分类管理。

2）可以根据客户采购量大小分类管理。

3）可以根据客户经营类型分类管理，如政府园林管理部门、园林企业、园林苗圃、房地产公司等。

4）可以根据财务信誉度进行分类管理。

3.4.3 苗圃客户建档工作应注意的问题

1）客户档案信息必须全面详细（表 9-27）。客户档案所反映的客户信息，是对该客户确定一对一具体销售政策的重要依据。因此，档案的建立，除了客户名称、地址、联系人、电话这些最基本的信息之外，还应包括它的经营特色、行业地位和影响力、资金实力、商业信誉、与本公司的合作意向等这些更为深层次的因素。

2）客户档案内容必须真实。这就要求业务人员的调查工作必须深入实际，那些为了应付检查而闭门造车胡编乱造客户档案的做法是不可取的。

3）客户档案注意保密。客户档案是苗圃经营的重要商业信息，在客户档案管理过程中要十分注意客户档案信息的安全性，不轻易泄露。

表 9-27 苗圃客户档案登记表

<table>
<tr><td rowspan="3">单位基本信息</td><td>单位名称</td><td></td><td>详细地址</td><td></td></tr>
<tr><td>单位负责人</td><td></td><td>联系方式</td><td></td></tr>
<tr><td>单位联系人</td><td></td><td>联系方式</td><td></td></tr>
<tr><td>单位主要业务情况</td><td colspan="4"></td></tr>
<tr><td rowspan="3">苗木采购基本信息</td><td>2015 年</td><td colspan="3">（品种、规格、数量等）</td></tr>
<tr><td>2016 年</td><td colspan="3">（品种、规格、数量等）</td></tr>
<tr><td>2017 年</td><td colspan="3">（品种、规格、数量等）</td></tr>
<tr><td>付款信誉度</td><td colspan="4"></td></tr>
<tr><td>其他信息</td><td colspan="4"></td></tr>
</table>

【相关标准】

城市园林苗圃育苗技术规程（节选）

《中华人民共和国城镇建设行业标准》（CJ/T 23—1999）

9 技术档案

9.1 苗圃必须建立完整的技术档案 要及时收集，系统积累，进行科学整理与分析，掌握育苗规律，总结经营管理经验。

9.2 技术档案的主要内容如下。

9.2.1 育苗地区、场圃概况

1）气候、物候、水文、土质、地形等自然条件的图表资料及调查报告。

2）苗圃建立历史及发展计划。

3）苗圃构筑物、机具、设备等固定资产的现状及历年增减损耗的记载。

9.2.2　育苗技术资料

1）苗木繁殖：按树种分类记载，包括种条来源、种质鉴定、繁殖方法、成苗率、产苗量及技术管理措施等。

2）苗木抚育：按地块分区记载，包括苗木品种、栽植规格和日期、株行距、移植成活率、年生长量、存苗量、存苗率、技术管理措施、苗木成本、出圃数量和日期等。

3）使用新技术、新工艺和新成果的单项技术资料。

4）试验区、母本区技术管理资料。

9.2.3　经营管理状况

1）苗圃建设任务书，育苗规划，阶段任务完成情况等。

2）职工组织，技术装备情况，投资与经济效益分析，副业生产经营情况等。

9.2.4　各类统计报表和调查总结报告等。

9.3　技术资料应每年整理一次，编好目录，分类归档。

项目 10　常见园林植物的繁殖方法

世界园林植物数量达8000多种（不包括高山植物和野生草花）。原产我国的花卉和园林植物，包括观赏乔木20属350余种、观赏灌木60多属2421种、观赏藤本20余属228种、草本宿根花卉30属1991种、草本球根花卉7属85种、草本一至二年生花卉6属209种。园林植物的种类繁多，生态习性也千差万别，其繁殖方法也不尽相同，需要根据具体植物的生长、繁殖特点，结合各种繁殖技术措施等条件来确定。

本项目通过参考《园林植物繁殖技术手册》（赵梁军，2010）、《常用绿化树种苗木繁育技术》（陈志远等，2010）、《园林苗圃学》（苏金乐，2010）、《北方主要树种育苗关键技术》（彭祚登，2011）与《南方主要树种育苗关键技术》（郭起荣，2011）等书籍，对我国常见园林植物的苗木繁殖方法作了简要介绍，并总结为表10-1。通过具体园林植物繁殖技术等任务的学习，使学生掌握不同园林植物的播种繁殖、扦插、嫁接、分株、压条等不同的繁殖方法。本项目重点包括常见园林植物的主要繁殖方法。由于园林植物种类繁多，不同园林植物的繁殖习性各异，繁殖方法存在较大的差异，因此在教学过程中，需将园林植物进行分类，让学生了解不同植物类型的繁殖特点。在此基础上，结合实习实训，运用案例教学法和实验教学法让学生掌握各类型中具代表性的常见园林植物的繁殖方法。

表 10-1　常见园林植物的繁殖方法

针叶树类

编号	树种	繁殖方法
1	油松	播种（播前温水浸种或混沙催芽）、扦插
2	白皮松	播种（播前种子沙藏处理）
3	黑松	播种（播前种子沙藏处理）
4	乔松	播种、嫩枝扦插、嫁接（以华山松为砧木）
5	华山松	播种（播前温水浸种或混沙催芽）
6	五针松	播种、嫁接（以黑松为砧木）
7	雪松	播种、嫩枝扦插
8	侧柏	播种（播前温水浸种或催芽处理）
9	金枝侧柏	播种（播后要株选）、嫩枝扦插、嫁接（以侧柏为砧木）
10	日本花柏	播种、嫩枝扦插、线柏、绒柏、凤尾柏等变种用嫁接方法（以花柏为砧木）
11	桧柏	播种（种子隔年发芽必须沙藏处理）
12	龙柏	扦插（以5月下旬至6月中旬最适）嫁接（以桧柏或侧柏为砧木）
13	笔柏（塔柏）	扦插（其他桧柏的变种也多用扦插繁殖）
14	金叶柏	扦插（以5月最适）、嫁接（以桧柏为砧木）
15	砂地柏	播种（种子沙藏处理）、嫩枝扦插
16	翠柏	扦插（以5月下旬至6月中旬最适）、嫁接（以桧柏或侧柏为砧木）
17	铺地柏	扦插、嫁接（以桧柏或侧柏为砧木）
18	辽东冷杉	播种（温水浸种或沙藏催芽）
19	紫杉	扦插（以5～6月最适）
20	矮紫杉	扦插（以5～6月最适）
21	杉木	播种（适宜早春播）、扦插（用萌条最好）

续表

编号	树种	繁殖方法
22	柳杉	播种、扦插（春夏进行）
23	水杉	播种、扦插（实生苗条扦插生根率高）
24	池杉	播种、扦插
25	罗汉松	播种、扦插
26	金钱松	以播种繁殖为主、也可扦插、嫁接繁殖
27	南洋杉	播种（随采随播）
28	杜松	播种
29	华北落叶松	播种（沙藏、雪藏或温水浸种）
30	云杉	播种
31	马尾松	播种
32	樟子松	播种（温水浸种后混沙催芽）

常绿乔灌木类

编号	树种	繁殖方法
1	广玉兰	播种（催芽前应去掉种皮油质，混沙催芽）、扦插、压条、嫁接（以玉兰或辛夷作砧木）
2	含笑	分株、压条、扦插、播种
3	樟	播种（采后即播为好）
4	月桂	扦插、春播为好
5	十大功劳	播种、扦插、分株
6	阔叶十大功劳	播种、扦插、分株
7	南天竹	播种（播前应混沙贮藏）、扦插、分株
8	蚊母树	扦插、播种
9	山茶花	扦插为主、播种、压条、嫁接多靠接
10	厚皮香	播种、扦插
11	金丝桃	播种、扦插、分株
12	杜鹃	扦插、播种、嫁接（以野生杜鹃为砧木）
13	海桐	播种、扦插
14	石楠	播种为主（播前混沙催芽）、扦插、压条
15	火棘	播种、扦插
16	大叶黄杨	扦插为主、播种、压条
17	枸骨	播种为主、扦插
18	小叶黄杨	播种为主（秋播为好）、扦插
19	锦熟黄杨	播种为主（秋播为好，播前应混沙贮藏）、扦插
20	雀舌黄杨	扦插为主、分株
21	八角金盘	扦插为主、播种、分株
22	夹竹桃	扦插为主、压条
23	女贞	播种（播前应混沙催芽）、扦插容易
24	小叶女贞	播种为主、扦插、分株
25	桂花	嫁接（嫁接以小叶女贞为砧木）、扦插、压条
26	栀子花	扦插为主、压条、分株、播种
27	珊瑚树	扦插为主、播种
28	棕榈	播种（播前混沙催芽）
29	苏铁	播种（随采随播）、分株
30	鹅掌楸	播种（播前应混沙催芽）、扦插（多用根插）

续表

编号	树种	繁殖方法
31	红花檵木	播种、扦插和分株，播前应混沙贮藏，扦插繁殖容易
32	扶桑	扦插和嫁接繁殖，以扦插为主
33	槟榔	播种（混沙层积催芽）
34	红花羊蹄甲	扦插、嫁接
35	红千层	播种、扦插
36	金花茶	播种、嫁接、扦插、高压
37	鱼尾葵	播种
38	柑橘	嫁接为主（以枸橘、枳橙、酸橘等为砧木）
39	椰子	播种
40	朱蕉	分根、扦插、播种
41	平枝栒子	播种、压条、扦插
42	山楂	播种（种子沙藏）、嫁接（以实生苗为砧木）
43	龙眼	播种、高压、嫁接
44	香龙血树	扦插、压条、播种
45	胡颓子	扦插、嫁接
46	枇杷	播种、嫁接（以实生苗为砧木）
47	大叶桉	播种（春播为主，可秋播）
48	虎刺梅	扦插
49	榕树	扦插
50	银桦	播种（当年 7～8 月为好）
51	扶桑	扦插（春季）
52	酒瓶椰子	播种
53	冬青	播种（沙藏一年）
54	茉莉	扦插、压条、分株
55	荔枝	播种（随采随播）、高压、嫁接
56	蒲葵	播种（混沙层积催芽）
57	杧果	播种、嫁接
58	木莲	播种
59	杨梅	播种、压条、嫁接（以实生苗为砧木）
60	油橄榄	扦插为主、播种、嫁接、压条
61	楠木	播种（混沙层积贮藏、催芽）
62	加拿利海枣	播种
63	鹅掌柴	播种
64	皱叶荚蒾	播种、扦插

落叶乔灌木类

编号	树种	繁殖方法
1	银杏	播种（种子隔年发芽，必须混沙催芽）、嫁接（嫁接以实生苗作砧木）
2	紫玉兰	压条、分株
3	白玉兰	嫁接（紫玉兰为砧木）、压条、扦插、播种
4	腊梅	嫁接（以狗牙腊梅野生种或实生苗为砧木）、压条、分株
5	悬铃木	扦插（实生苗扦插成活率高）、播种（播前温水浸种或混沙催芽）
6	毛白杨	扦插（根蘖苗条扦插易生根）、嫁接、留根、分蘖
7	加杨	扦插

续表

编号	树种	繁殖方法
8	新疆杨	埋条、扦插
9	河北杨	埋条、分割萌生苗
10	旱柳	扦插为主、播种
11	馒头柳	扦插
12	垂柳	扦插
13	刺槐	播种
14	红花刺槐	播种（播后选株）、嫁接（以刺槐为砧木）
15	球冠无刺槐	嫁接（以刺槐为砧木）
16	毛刺槐	多高接（以刺槐为砧木）
17	国槐	播种（播前热水浸种或混沙催芽）
18	龙爪槐	高接（以国槐为砧木）
19	蝴蝶槐（五叶槐）	高接（以国槐为砧木）
20	杜仲	播种为主、扦插
21	朴树	播种
22	珊瑚朴	播种
23	白榆	播种为主、分蘖
24	榔榆	播种
25	桑树	播种（随采随播）
26	龙桑	嫁接（以桑为砧木）
27	枫杨	播种
28	梧桐	播种
29	臭椿	播种
30	泡桐	播种为主、分根、埋根
31	毛泡桐	播种、埋根
32	香椿	播种、分根、扦插
33	栾树	播种（种子隔年发芽要经沙藏处理）
34	无患子	播种
35	七叶树	播种（采下即播）、扦插、高压
36	槭树类	播种（温水浸种或混沙层积催芽）、嫁接（各变种繁殖）
37	黄檗	播种为主、分蘖
38	楝树	播种
39	糠椴	播种（种子需要沙藏处理）
40	皂荚	播种（种子催芽处理）
41	榉树	播种（随采随播，或翌年雨水至惊蛰播种）
42	柘树	分根、扦插
43	文冠果	播种、嫁接、根插
44	小叶白蜡	播种
45	洋白蜡	播种
46	合欢	播种（播前热水浸种或混沙催芽）
47	丝棉木	播种
48	梓树	播种
49	楸树	播种、埋根、根插
50	小果海棠	播种（种子需沙藏处理）

续表

编号	树种	繁殖方法
51	海棠花	嫁接（以海棠、山荆子等为砧木）
52	垂丝海棠	嫁接（以海棠、西府海棠为砧木）
53	樱花	播种（播前应混沙贮藏）、嫁接（以樱桃作砧木）、分蘖、扦插
54	紫叶李	嫁接（以山桃和山杏为砧木）
55	榆叶梅	嫁接（以山桃或榆叶梅实生苗为砧木）
56	红碧桃	嫁接（以山桃或毛桃为砧木，其他各栽培品种均嫁接繁殖）
57	黄刺梅	分株为主、扦插、压条
58	玫瑰	分株、压条、扦插、埋根
59	月季	扦插、嫁接（以蔷薇品种或劣质月季作砧木）、压条、分株
60	现代月季	扦插、嫁接
61	木香	扦插、嫁接、压条
62	棣棠	扦插、分株
63	鸡麻	播种、扦插
64	梅	播种、嫁接（以实生苗或山桃、山杏为砧木）、压条、扦插
65	重瓣郁李	分株、扦插
66	白鹃梅	播种、扦插
67	毛绒绣线菊	播种
68	珍珠梅	分株
69	贴梗海棠	播种、扦插、嫁接
70	日本贴梗海棠	播种、扦插
71	木槿	扦插、播种
72	太平花	播种
73	锦带花	播种（播前应混沙贮藏）、扦插、分株
74	猬实	播种（种子需沙藏处理）
75	东陵八仙花	播种（种子需催芽处理）
76	连翘	播种、扦插
77	紫丁香	播种为主、分株、压条、扦插
78	黄栌	播种（沙藏处理）
79	红瑞木	扦插、压条、分株
80	金银木	播种、分株、扦插
81	花椒	播种（种子混沙贮藏）
82	枸杞	播种、扦插
83	紫薇	播种（播前应混沙贮藏）、扦插（用一至二年生粗壮枝）
84	小紫珠	播种
85	紫荆	播种、分株、扦插、压条
86	迎春	扦插、分株、压条
87	桃	嫁接（以山桃和毛桃作砧木）、播种（播前应混沙催芽）、压条
88	鸡爪槭	播种（播前应混沙贮藏）、园艺变种常用嫁接繁殖（用三至四年生鸡爪槭实生苗作砧木）
89	日本小檗	播种（播前应混沙贮藏）、扦插繁殖容易
90	牡丹	播种（播前应混沙贮藏）、分株、嫁接（以芍药根作砧木）
91	石榴	播种、扦插、分株、压条、嫁接（以三至四年生酸石榴或实生苗作砧木）
92	木芙蓉	扦插、播种、压条、分株
93	糯米条	播种、扦插、分株

续表

编号	树种	繁殖方法
94	猕猴桃	播种、嫁接
95	八角枫	播种
96	紫穗槐	播种、插条
97	重阳木	播种、扦插
98	木棉	播种、分蘖、扦插
99	构树	播种、分蘖、扦插
100	大叶醉鱼草	播种、分株、扦插、压条
101	锦鸡儿	播种、分株
102	板栗	播种（春播或秋播）、嫁接（实生苗或野板栗为砧木）
103	木瓜	播种、扦插、嫁接
104	流苏树	播种、嫁接
105	毛梾木	播种（沙藏催芽）、插根、嫁接
106	多花栒子	播种、压条、扦插
107	珙桐	播种、扦插
108	溲疏	播种、分株、压条、扦插
109	柿树	嫁接（以君迁子、野柿、油柿为砧木）
110	卫矛	播种、扦插、压条、分株
111	无花果	扦插为主、播种、压条、分蘖
112	水曲柳	播种（春播，需催芽）
113	沙棘	播种为主（春播，温水浸种催芽）、插条（春秋两季）
114	胡桃	播种（浸种或沙藏催芽）、嫁接（野核桃、核桃楸、枫杨为砧木）
115	胡枝子	播种
116	黄连木	播种（秋季随采随播或沙藏后春播）
117	黄波罗	播种为主（秋播，春播需催芽）、分蘖
118	金露梅	播种、分株、扦插
119	杏	嫁接（以山杏为砧木）
120	山桃	播种、嫁接
121	火炬树	播种、根插
122	接骨木	播种、扦插、分株
123	乌桕	播种（早春播或冬播，播前热水浸种去蜡）、嫁接
124	柽柳	扦插为主、播种（早采早播）
125	欧洲琼花	扦插
126	枣	分株为主、嫁接、播种、扦插

藤本类

编号	树种	繁殖方法
1	金银花	播种、扦插、压条、分株
2	藤本蔷薇	扦插
3	云实	播种
4	紫藤	播种（播前热水浸种催芽）、分株、压条、扦插、根插、嫁接
5	地锦	扦插、播种（播前应混沙贮藏）、分株、压条、埋根
6	美国凌霄	播种、扦插、压条、分株
7	中华常春藤	扦插、播种、压条

续表

编号	树种	繁殖方法
8	络石	压条、播种、扦插
9	葡萄	扦插
10	南蛇藤	播种、扦插、压条
11	铁线莲	扦插、压条、播种
12	叶子花	扦插

竹类

编号	树种	繁殖方法
1	箭竹	带母竹繁殖、移鞭繁殖、播种
2	孝顺竹	分兜、埋兜、埋秆、埋节
3	佛肚竹	扦插、分株
4	龟甲竹	扦插、播种、分株
5	紫竹	分株、埋鞭
6	刚竹	埋鞭
7	毛竹	播种、分株、埋鞭、压条、起苗留鞭
8	早园竹	带母竹繁殖、移鞭繁殖、播种

主要参考文献

白涛，王鹏．2010．园林苗圃．郑州：黄河水利出版社．

陈文龙，冯学赞，王大双，等．1991．秸秆复合育苗基质的研究．河北林业科技，4：10～13．

陈志远，陈红林，周必成．2010．常用绿化树种苗木繁育技术．北京：金盾出版社．

成仿云．2012．园林苗圃学．北京：中国林业出版社．

丁彦芬，田如男．2003．园林苗圃学．南京：东南大学出版社．

范安国，余本付，黄国清．2001．山茱萸落花落果及大小年原因探讨．林业科技开发，15（6）：59．

高润清，刘建斌，陈新露，等．2001．丁香的无性繁殖技术．北京农学院学报，16（2）：31～35．

巩振辉，申书兴．2013．植物组织培养．北京：化学工业出版社．

郭起荣．2011．南方主要树种育苗关键技术．北京：中国林业出版社．

郭淑英．2010．园林苗圃．重庆：重庆大学出版社．

郝建华，陈耀华．2003．园林苗圃育苗技术．北京：化学工业出版社．

李保印．2004．石榴．北京：中国林业出版社．

李立颖．2012．苗木风障防寒．国土绿化，1：52．

李新华，尹晓明，贺善安．2001．南京中山植物园秋冬季鸟类对植物种子的传播作用．生物多样性，9（1）：68～72．

厉彦霞，王爱，王世芬，等．2008．龙柏嫁接育苗分段培育技术．河北林业科技，1：64～65．

刘晓东．2006．园林苗圃．北京：高等教育出版社．

柳振亮．2005．园林苗圃学（第2版）．北京：气象出版社．

莫翼翔，康克功，王晓群，等．2002．实用园林苗木繁育技术．北京：中国农业出版社．

牛焕琼．2013．观赏植物苗圃繁殖技术（英汉双语）．北京：中国林业出版社．

彭祚登．2011．北方主要树种育苗关键技术．北京：中国林业出版社．

舒迎澜．1993．古代花卉．北京：农业出版社．

苏付保．2004．园林苗木生产技术．北京：中国林业出版社．

苏金乐．2010．园林苗圃学（第2版）．北京：中国农业出版社．

孙时轩．2001．造林学．北京：中国林业出版社．

万蜀渊．1996．园艺植物繁殖学．北京：中国农业出版社．

王大平，李玉萍．2014．园林苗圃学．上海：上海交通大学出版社．

王行轩，张利民，孙馗力，等．2001．提高红松人工林种子经济效益研究．林业科技通讯，9：12～14．

王秀娟，张兴．2007．园林植物栽培技术．北京：化学工业出版社．

王振龙．2008．无土栽培教程．北京：中国农业大学出版社．

魏岩，石进朝．2012．园林苗木生产与经营．北京：科学出版社．

魏岩．2003．园林植物栽培与养护．北京：中国科学技术出版社．

吴少华．2004．园林苗圃学．上海：上海交通大学出版社．

叶要妹．2011．园林绿化苗木培育与施工实用技术．北京：化学工业出版社．

俞玖．1998．园林苗圃学．北京：中国林业出版社．

俞禄生．2002．园林苗圃．北京：中国农业出版社．

臧润国．1995．红松阔叶林林冠空隙动态的研究．北京林业大学博士学位论文．

张东林，束永志，陈薇．2003．园林苗圃育苗手册．北京：中国农业出版社．

张运山，钱拴提．2007．林木种苗生产技术．北京：中国林业出版社．

赵和文，石爱平，刘建斌．2004．园林树木栽植养护学．北京：气象出版社．

赵梁军．2010．园林植物繁殖技术手册．北京：中国林业出版社．

Burdett, A N. 1979. New methods for mearuring root growth capacity: Their value in assessing lodgepole pine stock quality. Canadian Journal of Forest Research, 9(1): 63～67.

Dirr M A, Henser Jr C W. 2006. The reference manual of woody plant propagation: from seed to Tissue Culture. 2nd Edition. Portland, Oregon: Timber Press.

Gunn B, Agiwa A, Bosimbi D, et al. 2004. Seed handling and propagation of Papua New Guinea's tree species. Canberra: CSIRO Forestry and Forest Products.

Jackie French. 2007. New Plants from Old-Simple, Natural, No-Cost Plant Propagation. 2nd Edition. Flemington, Victoria: Aird Books Pty. Ltd.

Kester D E, Davies F T, Geneve R L. 2002. Hartmann and Kester's Plant Propagation: Principles and Practices. 7th Edtion. Upper Saddle River, New Jersey: Prentice Hall.

Lewis W J, Alexander D McE. 2008. Grafting and Budding: A Practical Guide for Fruit and Nut Plants and Ornamentals. 2nd Edition. Collingwood, Victoria: Landlinks Press.

Mason J. 2004. Nursery Management. 2nd Edition. Collingwood, Victoria: Landlinks Press.

Menzies M I, Holden D G, Rook D A. 1981. Seasonal frost-tolerance of *Eucalyptus saligna*, *E. regnans*, and *E. fastigata*. New Zealand Journal of Forestry Science, 11(3): 254～261.

Okada T, Catanach A S, Johnson S D, et al. 2007. An *Hieracium* mutant, *loss of apomeiosis 1*（*loa1*）is defective in the initiation of apomixis. Sexual Plant Reproduction, 20（4）: 199～211.

Ronald C S. 2010. Home Propagation Techniques. Fargo, North Dakota: North Dakota State University.

Vozzo J A. 2002. Tropical Tree Seed Manual. Washington: UADA Forestry Service.

Scholander P F, Hammel H T, Hemmingsen E A , et al. 1964. Hydrostatic pressure and osmotic potential in leaves of mangroves and some other plants. Proceedings of the National Academy of Sciences, 52(1): 119～125.

Scholander P F, Bradstreet E D, Hemmingsen E A, et al. 1965. Sap pressure in vascular plants: Negative hydrostatic pressure can be measured in plants. Science, 148(3668): 339～346.

附录1 高级园林绿化工职业技能岗位标准

1. 知识要求（应知）

（1）了解生态和植物生理学的知识及其在园林绿化中的应用。

（2）掌握绿地布局和施工理论、熟悉有关的技术规程、规范。掌握绿化种植、地形地貌改造知识。

（3）掌握各类绿地的养护管理技术，熟悉有关的技术规程、规范。

（4）了解国内外先进的绿化技术。

2. 操作要求（应会）

（1）组织完成各类复杂地形的绿地和植物配置的施工。

（2）熟练掌握常用观赏植物的整形、修剪和艺术造型。

（3）具有一门以上的绿化技术特长，并能进行总结。

（4）对初级工、中级工进行示范操作，传授技能，能解决操作中的疑难问题。

附表1-1 高级园林绿化工职业技能岗位鉴定规范

项目	鉴定范围	鉴定内容	鉴定比重	备注
知识要求			100%	
基础知识25%	1. 绿地施工基本知识 15%	（1）绿化施工图的内容、特点与要求	10%	掌握
		（2）地形、地貌改造图的内容、特点与要求	5%	掌握
	2. 植物生理与生态知识 10%	（1）植物生理基本知识	2%	了解
		（2）当地的生态环境	3%	了解
		（3）树木、花卉与生态环境的关系	5%	掌握
专业知识75%	1. 植物配置 30%	（1）根据植物材料的特点及生态习性进行植物配置	10%	掌握
		（2）根据绿地的不同类型及功能进行植物配置	10%	掌握
		（3）根据不同季节的观赏要求进行植物配置	10%	掌握
	2. 植物栽培新工艺 10%	（1）组织培养知识	1%	了解
		（2）生长刺激素的性能、配置及使用	4%	掌握
		（3）生长调节剂的性能、配置及使用	3%	了解
		（4）其他新工艺、新技术	2%	了解
	3. 园林植物养护管理知识 30%	（1）园林植物生长发育规律	8%	了解
		（2）园林植物各器官的生长发育关系	7%	了解
		（3）园林植物的物候规律	5%	了解
		（4）园林植物的生长发育与生态环境、栽培技术的关系	10%	掌握
	4. 绿化信息 5%	国内外绿化先进技术信息	5%	掌握

续表

项目	鉴定范围	鉴定内容	鉴定比重	备注
操作要求			100%	
操作技能 75%	1. 复杂或大型绿化施工 30%	（1）现场施工放样、配置	20%	掌握
		（2）局部现场施工技术指导	10%	掌握
	2. 观赏植物的整形修剪 15%	（1）观赏花木的整形修剪	10%	掌握
		（2）观赏植物的艺术造型	3%	了解
		（3）衰老树复壮	2%	了解
	3. 技术特长 20%	（1）具有一门以上绿化技术特长	10%	掌握
		（2）具有绿化工作中的关键技术	10%	掌握
	4. 技术总结和传授 5%	（1）总结绿化养护管理技术资料	2%	了解
		（2）传授技术	3%	掌握
	5. 应用先进技术 5%	独立或借助技术人员应用国内外绿化先进技术	5%	了解
工具设备的使用与维护 10%	1. 起吊机 5%	起吊机的使用方法	5%	掌握
	2. 其他园林机具 5%	（1）常用机具的维护保养技术	2%	了解
		（2）一般故障的排除	3%	掌握
安全及其他 15%	1. 安全措施 10%	（1）安全技术操作规程	5%	掌握
		（2）各种施工现场的安全	5%	掌握
	2. 文明施工 5%	（1）工完场清、文明施工	2%	掌握
		（2）绿地保护	2%	掌握
		（3）古树名木保护	1%	了解

附录 2 高级园林育苗工职业技能岗位标准

1. 知识要求（应知）

（1）熟悉苗木的生理、生态习性及其在育苗工作中的应用。

（2）掌握苗圃全年工作计划及育苗全过程的操作方法。

（3）熟悉生长激素和除莠剂的配制、保管、使用。

（4）了解无土育苗的方法和引种驯化、苗木遗传育种的一般知识。了解国内外育苗新技术。

（5）掌握中型、小型苗圃的建圃知识。

（6）熟悉苗木在园林绿化中的配置知识。

2. 操作要求（应会）

（1）识别播种繁殖小苗 20 种以上。

（2）掌握名贵苗木的繁殖、抚育以修剪造型。熟练掌握非移植季节的苗木移植。

（3）掌握建圃工料估算和苗圃土地区划的方法，并能进行小型苗圃建圃施工。

（4）在专业技术人员指导下，进行树木引种驯化、遗传育种、新技术育苗等试验工作，并收集、整理和总结育苗技术资料。

（5）对初级、中级工进行示范操作，传授技能，能解决操作中的疑难问题。

附表 2-1 高级园林育苗工职业技能岗位鉴定规范

项目	鉴定范围	鉴定内容	鉴定比重	备注
知识要求			100%	
基础知识 20%	1. 植物生理基本知识 8%	（1）植物生理基本知识	3%	了解
		（2）园林苗木的生理特性	2%	掌握
		（3）园林苗木生理与生产的关系	3%	掌握
	2. 园林气象知识 6%	（1）大气、天气和气候	1%	了解
		（2）气候对园林植物的影响关系	1%	了解
		（3）24 节气与园林生产活动	2%	掌握
		（4）灾害性天气及其预防	2%	掌握
	3. 园林植物生态知识 6%	（1）生态园林	1%	了解
		（2）生态群落	2%	了解
		（3）生态园林与苗木生产	3%	掌握
专业知识 70%	1. 苗圃学知识 40%	（1）园林苗圃的建立与区划	10%	掌握
		（2）园林苗圃的土地耕作	10%	掌握
		（3）苗圃全年生产计划和生产过程	10%	掌握
		（4）除莠剂知识	4%	掌握
		（5）苗木检疫	3%	了解
		（6）育苗新技术	3%	了解
	2. 引种和育苗知识界 20%	（1）园林苗木的引种驯化	6%	掌握
		（2）园林苗木的选择育种	6%	掌握
		（3）园林苗木的杂交育种	3%	了解
		（4）其他育种方法	3%	了解
		（5）品种退化和良种繁育	2%	了解
	3. 草坪植物栽培知识 10%	（1）当地草种资源的开发和利用	2%	了解
		（2）冷地型草坪植物	3%	掌握
		（3）暖地型草坪植物	3%	掌握
		（4）草坪植物的生产	2%	掌握

续表

项目	鉴定范围	鉴定内容	鉴定比重	备注
相关知识 10%	1. 规划设计知识　3%	苗木在园林绿化中的配置	3%	了解
	2. 质量管理知识　4%	(1) 苗木质量管理	2%	了解
		(2) 生产工艺质量管理	2%	了解
	3. 吊袋　3%	(1) 吊袋机具的应用	1%	了解
		(2) 吊装吨位的估算	2%	掌握
操作要求			100%	
操作技能 75%	1. 苗木识别　20%	识别主要树种播种小苗 20 种以上	20%	掌握
	2. 技术特长　20%	(1) 全苗圃育苗工作的计划安排与技术指导	8%	掌握
		(2) 当地育苗工作的关键技术	8%	掌握
		(3) 收集、整理和总结育苗计划	2%	掌握
		(4) 传授育苗技能	2%	掌握
	3. 名贵苗木的栽培　15%	(1) 名贵苗木及难育树种的育苗	10%	掌握
		(2) 名贵苗木的修剪造型	5%	掌握
	4. 中、小型苗圃的建立 10%	(1) 苗圃建圃规划	3%	掌握
		(2) 建圃工料估算	3%	掌握
		(3) 建圃施工	4%	掌握
	5. 苗木引种、育种　10%	(1) 引种驯化实验与操作	6%	掌握
		(2) 选种、育种实验与操作	4%	了解
工具、设备的使用和维护 10%	1. 苗圃生产机具　5%	(1) 常用机具的使用	3%	掌握
		(2) 常用机具的维护与保养	2%	掌握
	2. 吊装机具　5%	(1) 吨位与使用场地	3%	掌握
		(2) 吊装辅助工作	2%	掌握
安全及其他 15%	1. 安全生产　10%	(1) 育苗工作安全操作规程	6%	掌握
		(2) 各类机具的安全使用要求	4%	了解
	2. 文明生产　5%	各育苗工序的文明施工与操作	5%	掌握

附录 3　主要园林树种的种实成熟采集、调制与贮藏方法

附表 3-1　主要园林树种的种实成熟采集、调制与贮藏方法

树种	种子成熟期	种实成熟特征	种实采集与调制方法	出苗率 /%	贮藏法
银杏	9～10 月	肉质果实橙黄色	击落，收集，捣烂，淘洗，阴干	20～30	湿藏，干藏
冷杉	10 月	球果紫褐色	采集，摊晒，脱粒，筛选	5	干藏
雪松	10 月中下旬	球果褐色	采集，摊晒，脱粒，筛选		干藏
落叶松	8 月下旬至 9 月	球果黄褐色	采集，摊晒，脱粒，筛选	3～6	密封干藏
云杉	9～10 月	球果浅紫色或褐色	采集，摊晒，脱粒，筛选	3～5	干藏或密封
华山松	9～10 月	球果浅绿褐色	采集，摊晒，脱粒，筛选	7～10	干藏
白皮松	9 月中旬	球果浅绿褐色	采集，摊晒，脱粒，筛选	5～8	干藏
马尾松	11 月	球果黄褐色微裂	采集，脱脂，摊晒，脱粒，筛选	3	干藏
油松	10 月	球果黄褐色微裂	采集，摊晒，脱粒，筛选	3～5	干藏
黑松	10 月	球果黄褐色微裂	采集，摊晒，脱粒，筛选	3	干藏
湿地松	9 月中下旬	球果黄褐色	采集，摊晒，脱粒，去翅，筛选	3～4	密封干藏
红松	9 月中上旬	球果浅绿褐色	摘果，摊晒，脱粒，筛选	10	湿藏，干藏
金钱松	10 月中下旬	球果淡黄色	采集，摊晒，脱粒，去翅，筛选	12～15	干藏
杉木	10～11 月	球果黄色微裂	采集，摊晒，脱粒，去翅，筛选	3～5	密封干藏
水杉	10 月下旬	球果黄褐色微裂	采集，摊晒，脱粒，去翅，筛选	6～8	干藏
柳杉	11 月上中旬	球果黄褐色微裂	采集，摊晒，脱粒，筛选	5～6	干藏
池杉	10 月中下旬	果实栗褐色	采集，摊晒，脱粒，筛选	9～12	干藏
柏木	9 月下旬至 10 月上旬	果实暗褐微裂	采集，摊晒，脱粒，筛选	13～14	干藏
侧柏	9 月	球果黄褐色微裂	采集，摊晒，脱粒，筛选	10	干藏
桧柏	11～12 月	果实栗褐色	采集，捣烂，淘洗，阴干，筛选	25	湿藏
冲天柏	9～10 月	果实暗褐微裂	采集，摊开暴晒，脱粒，筛选	2	干藏
竹柏	10 月中下旬	球果黄褐色	采摘，忌暴晒，不宜久藏	20	干沙贮藏
铅笔柏	10～11 月	果实蓝绿具白霜	采集，捣烂，淘洗，阴干，筛选	10～15	湿藏
红豆杉	10～11 月	果实红色	采集，捣烂，淘洗，阴干，筛选	35～60	湿藏
枫扬	8～9 月	翅果黄褐色	采集，摊晒，去翅，筛选		干藏，湿藏
白桦	8～9 月	果穗黄褐色	采果穗，摊晒阴干，揉出种子	10～15	密封干藏
板栗	9～10 月	刺苞早褐色微裂	收集，去刺苞，阴干	35～60	湿藏
麻栎	9～10 月	坚果黄褐色有光泽	击落收集，水选或粒选，阴干	70	湿藏
青檀	8～9 月	翅果黄褐色	摘取翅果，阴干，去翅		干藏
大果榆	5 月上旬	翅果黄褐色	摘取翅果，阴干，去翅		密封干藏
榆树	4 月下旬	翅果黄白色	地面扫集，阴干，去翅		密封干藏或干藏
构树	7～9 月	瘦果突出，鲜红色	摘果或地面收集，揉烂，淘洗，阴干，筛选		干藏，湿藏
桑	6～7 月	果紫黑色或乳白色	摘果或地面收集，揉烂，淘洗，阴干，筛选	2～3	密封干藏
小檗	9～10 月	果实红色或紫红色	摘果，揉烂，淘洗，晒干		干藏

续表

树种	种子成熟期	种实成熟特征	种实采集与调制方法	出苗率 /%	贮藏法
南天竹	9～10 月	果实橘红，鲜红色	摘果，揉烂，淘洗，阴干		低温干藏
白玉兰	9 月中下旬	聚合果褐或紫红色	摘果堆放，干裂脱粒阴干		湿藏
腊梅	6～9 月	果实褐色	采果，晒干脱粒，筛选		干藏，湿藏
大花溲疏	9～10 月	果实灰绿色	采果，晒干，捣碎，筛选		干藏
太平花	10 月	果实褐色	采果，晒干，捣碎，筛选		干藏
杜仲	10 月	翅果黄褐色淡棕色	采果或击落收集，阴干，筛选		干藏，湿藏
悬铃木	10～11 月	坚果黄褐色	采集，摊晒，脱粒，筛选		干藏
木瓜	10 月	梨果暗黄色	采摘，剥开脱离，阴干，筛选		干藏，湿藏
贴梗海棠	10 月	梨果黄色或黄绿色	采摘，剥开脱离，阴干，筛选		干藏，湿藏
水栒子	9～10 月	梨果鲜红色	采摘，沤烂，淘洗，晾干		干藏，湿藏
山楂	10 月	梨果深红色具光泽	击落收集，捣烂，淘洗，阴干	20	湿藏
白鹃梅	9～10 月	蒴果黄褐色	采集，摊晒，脱粒		干藏
海棠花	10 月中下旬	果实红色	采摘，捣烂，淘洗，阴干	<1	干藏，湿藏
山荆子	9～10 月	果实黄色或红色	采摘，捣烂，淘洗，阴干	3	干藏，湿藏
山桃	7 月中下旬	果实淡黄或黄绿色	采摘，剥除果皮，阴干	30	干藏，湿藏
麦李	6～7 月	果实红色或深红色	采摘，揉烂，淘洗，阴干		干藏，湿藏
郁李	9 月	果实红色具光泽	采摘，揉烂，淘洗，阴干		干藏，湿藏
榆叶梅	5～6 月	果实橘红或橘黄色	采摘，阴干，去皮		干藏，湿藏
鸡麻	7～10 月	果实红色具光泽	采摘果实，晾干		干藏，湿藏
玫瑰	8～9 月	果实红色光滑	采摘，揉烂，淘洗，阴干		干藏，湿藏
珍珠梅	8～9 月	蓇葖果黄褐色	采果穗晒干，脱粒，筛选		干藏
花楸	9～10 月	果实红色或红褐色	采摘，沤烂，淘洗，阴干		干藏，湿藏
三裂绣线菊	9～10 月	蓇葖果深褐色	采果穗晒干，脱粒		干藏
紫穗槐	9～10 月	果实棕褐色	采集，摊晒，脱粒，筛选	70	干藏
紫荆	8～9 月	荚果黄褐色	采集，摊晒，脱粒，筛选	25	干藏
皂荚	10 月	荚果暗紫色	采集，摊晒，脱粒，筛选	25	干藏
合欢	10～11 月	荚果黄褐色	采集，摊晒，脱粒，筛选	20	干藏
红花锦鸡儿	5～6 月	荚果褐色	采摘，沙袋内摊晒，筛选		干藏
胡枝子	10 月	荚果黄褐色	采集，摊晒，脱粒，筛选	28	干藏
刺槐	7～10 月	荚果黄褐色，皮干枯	采集，摊晒，脱粒，筛选	10～20	干藏
槐树	10～11 月	果皮皱缩，黄绿色	采摘，揉烂，淘洗，晾干筛选	20	干藏
紫藤	9～10 月	荚果灰色，皮硬干枯	采集，摊晒，脱粒，筛选		干藏
黄柏	8～9 月	果实蓝褐色至黑色	采集，浸水捣烂，淘洗，晾干	8～10	干藏，湿藏
臭椿	9～10 月	蒴果深褐色，微裂	采集，摊晒，脱粒，筛选		干藏
苦楝	11～12 月	果橙黄色，有皱纹	采集，浸水捣烂，淘洗，阴干	20～45	干藏，湿藏
香椿	10 月	蒴果深褐色，微裂	采集，摊晒，脱粒，筛选	4～6	干藏
黄杨	7～8 月	蒴果深褐色，微裂	采摘，沙袋中晾干，筛选		干藏
黄栌	6 月中上旬	果实浅灰色或褐色	采集，摊晒，筛选	20～30	干藏，湿藏
盐肤木	10～11 月	果实红色或暗红色	采果穗，摊晒，去皮筛选		干藏，湿藏
火炬树	9 月	果实鲜红或红褐色	采果穗，摊晒，去皮筛选		干藏，湿藏
漆树	7～8 月	果实黄褐色灰褐色	采果穗，摊晒，去皮筛选	60	干藏，湿藏

续表

树种	种子成熟期	种实成熟特征	种实采集与调制方法	出苗率/%	贮藏法
南蛇藤	9～10月	蒴果黄色，开裂	采摘，去皮，洗去假种皮，晾干		干藏，湿藏
卫矛	9～10月	蒴果紫褐色	采摘，去皮，洗去假种皮，晾干		干藏，湿藏
丝棉木	9～10月	蒴果粉红色	采摘，去皮，洗去假种皮，晾干		干藏，湿藏
茶条槭	8～9月	翅果暗褐色	采集，摊晒，去翅，筛选		干藏，湿藏
梣叶槭	8～9月	翅果黄褐色	采集，摊晒，去翅，筛选		干藏，湿藏
元宝枫	9～10月	翅果黄褐色	采集，摊晒，去翅，筛选	50	干藏，湿藏
栾树	10月	蒴果红褐色	采果穗，晒干，脱粒，筛选		干藏
文冠果	7～8月	蒴果黄褐色微裂	采摘，晒干，脱粒，筛选		干藏，湿藏
鼠李	10月	浆果黑色	采果，揉烂，淘洗，晾干		干藏
爬墙虎	10月	浆果紫黑色	采摘，揉烂，淘洗，晾干		干藏，湿藏
紫椴	9～10月	果实淡紫褐色，多毛	采集，摊晒，筛选	60	干藏，湿藏
糠椴	9月	果实黄绿黄褐色	采集，摊晒，筛选		干藏，湿藏
软枣猕猴桃	9月	果实黄绿色	采摘，揉烂，淘洗，阴干		干藏，湿藏
中华猕猴桃	9～10月	果实棕褐色	采摘，揉烂，淘洗，阴干		干藏，湿藏
梧桐	9月	蓇葖果开裂，种子黄色有皱纹	采摘后稍阴干		湿藏
沙枣	9～10月	果实黄褐色，灰白色	采摘，揉烂，淘洗，阴干	30～40	干藏，湿藏
	10～11月	蒴果深褐色，褐棕色	采集，摊晒，脱粒，筛选		干藏
刺楸	9～10月	浆果状核果黑紫色	采果穗，揉烂，淘洗，阴干		湿藏
红瑞木	8～9月	果实白色或蓝白色	采果，揉烂，淘洗，晾干		干藏，湿藏
山茱萸	9月	果实红色	采果，揉烂，淘洗，晾干		干藏，湿藏
君迁子	10～11月	果实黄色变成黑色	击落收集，揉烂，淘洗，晾干		干藏，湿藏
雪柳	9～10月	果实黄褐色或褐色	采集，摊晒，筛选		干藏
连翘	9～10月	蒴果褐色或深褐色	采集，摊晒，去皮，筛选		干藏
白蜡	9～10月	翅果褐色或紫	采集，摊晒，筛选	40	干藏
水曲柳	9～10月	翅果黄褐色	采集，摊晒，筛选		干藏，湿藏
小叶女贞	10月中	果实紫黑色	采摘，捣烂，淘洗，阴干	60	干藏，湿藏
丁香	8～9月	果实棕褐色	采集，摊晒，脱粒，筛选	40	干藏
海州常山	10月	果实蓝紫色或黑色	采摘，揉烂，淘洗，晾干		干藏，湿藏
毛泡桐	9～10月	蒴果褐色	采摘，摊晒，脱粒，筛选		干藏
糯米条	11月	瘦果绿褐色	采摘，摊晒，揉碎，筛选		干藏
猬实	7～8月	果实深褐色具刚毛	采摘，摊晒，揉碎，筛选		干藏
金银花	10月	果实黑色	采摘，揉烂，淘洗，晾干		干藏，湿藏
金银木	10～11月	果实红色	采摘，揉烂，淘洗，晾干		干藏，湿藏
接骨木	6～7月	果实红转紫黑色	采摘，揉烂，淘洗，晾干		干藏
荚蒾	9～10月	果实红色	采摘，揉烂，淘洗，晾干		干藏，湿藏
锦带花	10月	蒴果褐色	采集，摊晒，脱粒，筛选		干藏

附录4 主要园林树木开始结实年龄、开花期、种子成熟期与质量标准

附表 4-1 主要园林树木开始结实年龄、开花期、种子成熟期与质量标准

树种	开始结实年龄 / 年	开花期 / 月	种实成熟期 / 月	种子千粒重 /g	发芽率 /%	主要栽培和引种地区
常绿树种						
桧柏	20	4	11～12*	20～30	50～70	华北、东北南部
侧柏	5～6	3～4	9～10	20～25	70～85	黄河及淮河流域
柏木	7	2～3	7～11*	3～3.5	50～70	长江以南
红松	80～100	5～6	9～10*	500	80～90	东北
樟子松	20～25	5～6	9～10*	6～7	70	东北、西北
油松	15	5	10*	25～49	85～90	华北、西北、东北南部
白皮松	8～15	4～5	10*	140～165	70	华北、西北南部
华山松	10～15	4	9～10*	300	80	西南
马尾松	6～10	4	10～11*	10	70～90	秦岭、淮河以南
雪松	20～30	10～11	10～11*	85～130	50～90	西南、长江黄河流域
云杉	20～50	4	9～10	4～5	40～70	西南、西北
红皮云杉	20～30	6	9～10	5～7	80	内蒙古、东北
辽东冷杉		5～6	9	50	30～60	东北
冷杉	40～50	5	9～10	10～14	10～34	西南
油杉	10～15	2～3	10～11	90～120	30～80	长江以南
南洋杉	15～20	10～11	7～8*	240	30	广东、广西、海南、福建
杉木	4～7	3～4	10～11	8	30～40	秦岭、淮河以南
柳杉	10	3	10～11	3～4	20	华南、河南、山东
紫杉	10	5～6	9～10	90～100	90	东北、华北
竹柏	10	4～5	10～11	450～520	90	广东、广西、福建、浙江
广玉兰	10	5～6	9～10	66～86	85	长江以南、兰州、郑州
樟树	5	4～5	11	120～130	70～90	长江流域及其以南
女贞	8～12	6～7	10～11	36	50～70	秦岭、淮河以南
银桦	5	4～5	6～7	11～13	70	福建、广东、广西、云南
木荷	8～10	4～5	9～10*	6	65	长江流域及其以南
柠檬桉	3～5	3～4，10～11	6～7*，9～11*	5	70～85	福建、广东、广西、云南
桂花	10	9～10	4～5*	260	50～80	云南、四川、广东、广西
南洋楹	4～5	4～5	7～9	17～26	80	海南、广东、广西、福建
相思树	20	4～5	7～8	20～31	80	台湾、福建、广东、江西
棕榈	8～10	4～5	10～11	350～450	50～70	秦岭以南、长江中下游
乐昌含笑	11	3～4	9～10	96	82	贵州、江西、湖南、广东
石楠		4～5	10～11	5～6	45	秦岭以南
十大功劳	4～5	10	12	60		华中、华南
落叶乔木						
银杏	20	3～4	9～10	2600	80～95	江苏、广州、沈阳
水杉	25～30	3	10～11	2	8	湖北、湖南、四川、辽宁

续表

树种	开始结实年龄 / 年	开花期 / 月	种实成熟期 / 月	种子千粒重 /g	发芽率 /%	主要栽培和引种地区
水松	5～6	2～3	10～11	11～15	50～60	长江流域及其以南
池杉	10	3～4	10～11	74～118	30～60	长江以南、河南、陕西
白玉兰	5	3～4	9～10	135～140		华中、华东、华北
马褂木	15～20	4～5	9～10	33	5	长江流域及其以南
檫树	6	3	6～8	50～80	70～90	长江以南、西南
合欢	15～20	6～8	9～10	40	60～70	华北、华南、西南
国槐	30	6～9	10～11	120～140	70～85	华北为主，全国有栽培
刺槐	5	4～5	7～9	16～25	70～90	华北、银川、西宁、沈阳
喜树	6～7	6～7	10～11	40	70～85	长江流域以南、西南
英国梧桐		4～5	10～11	1.4～6.2	10～20	长江和黄河中下游
毛白杨		3～4	4～5			黄河中下游、江苏、宁夏
小叶杨		3～4	4～5	0.4	90	东北、华北、华中、西北
旱柳		3～4	4～5	0.17		东北、华北、西北、华东
白桦	15	4～5	8	0.4	20～35	东北、华北、西北
枫杨	8～10	4～5	8～9	80～100	70～90	长江和淮河流域
榆树	5～7	3～4	4～5	6～8	65～85	华北、东北、西北、华中
榉树	10～15	3～4	10	12～16	50～80	淮河、秦岭以南
桑	3	4	5	1～2	80～90	长江流域、黄河中下游
杜仲	6～8	3～4	10～11	75～85	60～85	西南、湖北、陕西、山东
紫椴	15	6～7	9～10	35～40	60～90	东北、华北
梧桐		6～7	9～10	120～150	85～90	华北中部、华南、西南
木棉	5～6	2～3	6～7	60	70	西南、华南、福建
乌桕	3～4	5～7	10～11	130～180	70～80	长江流域及其以南
臭椿		5～6	9～10	翅果 32	70～85	华北、西北
楝树	3～4	4～5	11	700	80～90	华北南部、华南、西南
香椿	7～10	6	10～11	翅果 15	80	黄河与长江流域
栾树		6～7	9	150	60～80	华中、华北
元宝枫	10	4～5	9～10	翅果 150～190	80～90	华北、吉林、甘肃、江苏
黄连木	8～10	3～4	9～10	90	50～60	华北、华南
白蜡树	8～9	4～5	10	30～36	50～70	东北、华北、华南、西南
泡桐	8	4～5	10～11	0.2～0.4	70～90	黄河流域、辽宁南部
楸树	10～15	4～5	9～10	4～5	40～50	长江及黄河流域
落叶灌木						
梅花	2～3		6	1400	60	长江流域、西南
山荆子	5	4～5	9～10	5～6		东北、华北、甘肃
山桃	2～3	3～4	7	2090	80～90	黄河流域
榆叶梅	2～3	4	7	470	80	东北、华北、江苏、浙江
珍珠梅		6～9	9～10	0.9		华北
贴梗海棠		3～4	9～10	38～130		黄河流域以南、华北
海棠花	10	4～5	9			全国各地
太平花	3～4	5～6	8～9	0.5		辽宁、内蒙古、河北、山西
蜡梅		12	6～7	220～320	85	湖北、四川、陕西
紫荆	3	4	9～10	24～30	80～90	黄河流域及其以南

续表

树种	开始结实年龄 / 年	开花期 / 月	种实成熟期 / 月	种子千粒重 /g	发芽率 /%	主要栽培和引种地区
紫穗槐	2	5～6，8～9	9～10	9～12	80	东北、华北
金银木	2～3	5～6	9～10	5～6		东北、华北、西北、西南
牡丹	4～5	4～5	7～8	250～300	50	山东、河南、北京、四川
木槿		7～9	9～10	21	70～85	华北、华中、华南
紫薇	1～2	6～9	10～11	2	85	华北中部以南
卫矛		5	9～10	28	80～90	东北、华北、西北
黄栌		4～5	6～7	6～12	65	华北、华中、西南
连翘	2～3	3～4	8～9	5～8	80	华北、东北、华中、西南
小檗		4～5	9～10	12	50	东北南部、华北、秦岭
丁香	3～4	4～5	9～10	8		华北、东北、西北
枸杞	2～3	5～10	6～11	2	20～30	东北的西南、华南、西南
锦带花		5～6	10			华北
棣棠		4～5	8			长江流域、秦岭山区
其他						
锦熟黄杨	5～8	4	7	14		北京
小叶黄杨		4	7			华中
大叶黄杨		6～7	10			华北、华中
紫藤		4～5	9～10	500～600	90	东北的南部至华南
凌霄		6～9	10	8	30～50	东北的南部至华南
爬山虎			10	28～34	80	东北的南部至华南

* 指翌年。

附录 5 常用肥料及其养分含量

附表 5-1 主要化学肥料的组成及其成分

肥料名称	主要化合物	主要成分含量 /%	备注
氮肥			
硫酸铵	$(NH_4)_2SO_4$	N 20.5～21.2	
氯化铵	NH_4Cl	N 25～26	
硝酸铵	NH_4NO_3	N 32～34.8	
碳酸氢铵	NH_4HCO_3	N 16.5～17.7	
硝酸钠	$NaNO_3$	N 15.5～16.5	
硝酸钙	$Ca(NO_3)_2$	N 10～17.1	
液体氨	NH_3	N 82.3	
氨水	NH_4OH	N 15～20.6	
氮肥混合液	NH_3、$NH_4NO_3 \cdot (NH_2)_2CO$	N 20～55	
尿素	$(NH_2)_2CO$	N 43～46.7	
石灰氮	$CaCN_2$	N 21	
磷肥			
过磷酸钙	$CaH_4(PO_4)_2H_2O$	P_2O_5 15～22（W-P）	含有石膏 40%～50%，W-P 为水溶性磷
重过磷酸钙	$CaH_4(PO_4)_2H_2O$	P_2O_5 30～48（W-P）	不含石膏
沉淀磷酸钙	$Ca_2(HPO_4)_2$	P_2O_5 18～30（C-P）	石灰乳沉淀磷酸制成，C-P 为柠檬酸溶性磷
氨化过磷酸钙	$CaHPO_4NH_4H_2PO_4$、$CaSO_4$	P_2O_5 13，N2（W-P）	氨水拌过磷酸钙制成
钢渣磷肥	$Ca_4P_2O_9$	P_2O_5 9～12	用马丁炉炼钢的副产物
磷石灰粉	$Ca_3(PO_4)_2$	P_2O_5 20～30（T-P、C-P）	晶形磷矿粉，T-P 为难溶性磷
磷灰土粉	$Ca_3(PO_4)_2$	P_2O_5 20（T-P、C-P）	非晶形的磷矿粉
骨粉	$Ca_3(PO_4)_2$	P_2O_5 15～34	
钙镁磷肥	CaO、MgO、SiO_2、P_2O_5	P_2O_5 17～21MgO12～20	磷矿石加白云石高温熔融
苦卤磷肥		P_2O_5 10～13（C-P、W-P）	用苦卤处理磷矿石煅烧
钾肥			
硫酸钾	K_2SO_4	K_2O 45～54	
氯化钾	KCl	K_2O 50～63.2	
硫酸钾镁	$K_2SO_4 \cdot MgSO_4$	K_2O 17～26，MgO 8～16	
钾石盐	KCl、NaCl 及其他混合物	K_2O14 以上	
钾泻盐	KCl、$MgSO_4 \cdot 3H_2O$	K_2O 10～12	

附表 5-2 主要饼肥养分含量

名称	状态	氮 /%	磷 /%	钾 /%	性质	氮素含量计算折合大豆饼 /kg
大豆饼	风干物	7.1	1.32	2.13	迟效，微碱性	50
棉籽饼	风干物	6.05	2.20	1.63	迟效，微碱性	43.5
菜籽饼	风干物	4.60	2.48	1.43	迟效，微碱性	33
花生饼	风干物	6.32	1.17	1.34	迟效，微碱性	45
大米糠饼	风干物	2.33	3.01	1.76	迟效，微碱性	16.5
杏仁饼	风干物	4.56	1.35	0.85	迟效，微碱性	32.5

续表

名称	状态	氮 /%	磷 /%	钾 /%	性质	氮素含量计算折合大豆饼 /kg
胡麻饼	风干物	4.82	2.40	1.73	迟效，微碱性	34.5
大麻子饼	风干物	5.05	2.40	1.35	迟效，微碱性	36
洋麻子饼	风干物	3.73	1.65	1.94	迟效，微碱性	26.5
木梓枯饼	风干物	5.16	1.89	1.19	迟效，微碱性	37
苍耳子饼	风干物	4.47	2.50	1.74	迟效，微碱性	32
椿树子饼	风干物	2.78	1.21	1.78	迟效，微碱性	20
花椒子饼	风干物	2.06	0.71	2.50	迟效，微碱性	14.5
茶籽饼	风干物	1.11	0.37	1.23	迟效，微碱性	8

附表 5-3　主要动物肥料养分含量

名称	状态	氮 /%	磷 /%	钾 /%	性质
人粪	干物	9.12	3.16	2.98	速效，微碱性
人粪	鲜物	1.04	0.36	0.34	速效，微碱性
人尿	鲜物	0.43	0.06	0.28	速效，微碱性
猪粪	鲜物	0.60	0.45	0.50	速效，微碱性
猪尿	鲜物	0.30	0.13	0.20	速效，微碱性
猪粪	干物	3.0	2.25	2.50	速效，微碱性
羊粪	鲜物	0.75	0.6	0.3	迟效，微碱性
羊粪	干物	1.78	1.42	0.71	迟效，微碱性
羊尿	鲜物	1.40	0.45	2.20	速效，微碱性
马粪	鲜物	0.50	0.35	0.30	迟效，微碱性
马粪	干物	2.08	1.45	1.2	迟效，微碱性
马尿	鲜物	1.20	—	1.50	速效，微碱性

附表 5-4　绿肥养分含量

名称	状态	氮 /%	磷 /%	钾 /%	性质
紫云英	鲜物	0.40	0.11	0.5	迟效，微碱性
紫云英	风干物	2.75	0.50	2.06	迟效，微碱性
苜蓿	鲜物	0.72	0.16	0.45	迟效，微碱性
苜蓿	风干物	2.30	0.23	1.23	迟效，微碱性
豌豆	鲜物	0.51	0.15	0.52	迟效，微碱性
豌豆	风干物	1.29	0.68	1.32	迟效，微碱性
绿豆	风干物	1.45	0.23	2.57	迟效，微碱性
芝麻	风干物	1.31	0.26	2.90	迟效，微碱性
紫穗槐	风干物	3.12	0.68	1.81	迟效，微碱性
荆条	风干物	2.19	0.55	1.43	迟效，微碱性
黄花苜蓿	风干物	2.46	0.33	2.16	迟效，微碱性
水葫芦	风干物	1～2.38	0.1～1.5	1.22～3.38	迟效，微碱性
水花生	风干物	1.4～1.54	0.49～1.1	0.7～5.18	迟效，微碱性
水浮莲	风干物	1.29～1.94	0.11～1.67	0.32～3.02	迟效，微碱性
绿萍（红萍）	风干物	3～4	0.77～3.3	1.8～3.0	迟效，微碱性
浮萍	鲜物	0.6	0.07	017	迟效，微碱性
田菁	鲜物	0.5	0.15	0.18	迟效，微碱性
草木犀	鲜物	0.52	009	0.23	迟效，微碱性
水苋菜	风干物	2.15	0.84	8.39	迟效，微碱性

附录 6 城市绿化和园林绿地用植物材料 木本苗

附表 6-1 城市绿化和园林绿地用植物材料 木本苗（CJ/T 24—1999）

乔木类

类型	树种	树高 /m	干径 /cm	苗龄 /a	冠径 /m	分枝点高 /m	移植次数 / 次
常绿针叶乔木	南洋杉	2.5～3	—	6～7	1.0	—	2
	冷杉	1.5～2	—	7	0.8	—	2
	雪松	2.5～3	—	6～7	1.5	—	2
	柳杉	2.5～3	—	5～6	1.5	—	2
	云杉	1.5～2	—	7	0.8	—	2
	侧柏	2～2.5	—	5～7	1.0	—	2
	罗汉松	2～2.5	—	6～7	1.0	—	2
	油松	1.5～2	—	8	1.0	—	3
	白皮松	1.5～2	—	6～10	1.0	—	2
	湿地松	2～2.5	—	3～4	1.5	—	2
	马尾松	2～2.5	—	4～5	1.5	—	2
	黑松	2～2.5	—	6	1.5	—	2
	华山松	1.5～2	—	7～8	1.5	—	3
	圆柏	2.5～3	—	7	0.8	—	3
	龙柏	2～2.5	—	5～8	0.8	—	2
	铅笔柏	2.5～3	—	6～10	0.6	—	3
	榧树	1.5～2	—	5～8	0.6	—	2
落叶针叶乔木	水松	3.0～3.5	—	4～5	1.0	—	2
	水杉	3.0～3.5	—	4～5	1.0	—	2
	金钱松	3.0～3.5	—	6～8	1.2	—	2
	池杉	3.0～3.5	—	4～5	1.0	—	2
	落羽杉	3.0～3.5	—	4～5	1.0	—	2
常绿阔叶乔木	羊蹄甲	2.5～3	3～4	4～5	1.2	—	2
	榕树	2.5～3	4～6	5～6	1.0	—	2
	黄桷树	3～3.5	5～8	5	1.5	—	2
	女贞	2～2.5	3～4	4～5	1.2	—	1
	广玉兰	3.0	3～4	4～5	1.5	—	2
	白兰花	3～3.5	5～6	5～7	1.0	—	2
	芒果	3～3.5	5～6	5	1.5	—	2
	香樟	2.5～3	3～4	4～5	1.2	—	2
	蚊母	2	3～4	5	0.5	—	3
	桂花	1.5～2	3～4	4～5	1.5	—	2
	山茶花	1.5～2	3～4	5～6	1.5	—	2
	石楠	1.5～2	3～4	5	1.0	—	2
	枇杷	2～2.5	3～4	3～4	5～6	—	2

续表

类型	树种	树高 /m	干径 /cm	苗龄 /a	冠径 /m	分枝点高 /m	移植次数 / 次
落叶阔叶乔木	银杏	2.5～3	2	15～20	1.5	2.0	3
	绒毛白蜡	4～6	4～5	6～7	0.8	5.0	2
	悬铃木	2～2.5	5～7	4～5	1.5	3.0	2
	毛白杨	6	4～5	4	0.8	2.5	1
	臭椿	2～2.5	3～4	3～4	0.8	2.5	1
	三角枫	2.5	2.5	8	0.8	2.0	2
	元宝枫	2.5	3	5	0.8	2.0	2
	洋槐	6	3～4	6	0.8	2.0	2
	合欢	5	3～4	6	0.8	2.5	2
	栾树	4	5	6	0.8	2.5	2
	七叶树	3	3.5～4	4～5	0.8	2.5	3
	国槐	4	5～6	8	0.8	2.5	2
	无患子	3～3.5	3～4	5～6	1.0	3.0	1
	泡桐	2～2.5	3～4	2～3	0.8	2.5	1
	枫扬	2～2.5	3～4	3～4	0.8	2.5	1
	梧桐	2～2.5	3～4	4～5	0.8	2.0	2
	鹅掌楸	3～4	3～4	4～6	0.8	2.5	2
	木棉	3.5	5～8	5	0.8	2.5	2
	垂柳	2.5～3	4～5	2～3	0.8	2.5	2
	枫香	3～3.5	3～4	4～5	0.8	2.5	2
	榆树	3～4	3～4	3～4	1.5	2	2
	榔榆	3～4	3～4	6	1.5	2	3
	朴树	3～4	3～4	5～6	1.5	2	2
	乌桕	3～4	3～4	6	2	2	2
	楝树	3～4	3～4	4～5	2	2	2
	杜仲	4～5	3～4	6～8	2	2	3
	麻栎	3～4	3～4	5～6	2	2	2
	榉树	3～4	3～4	8～10	2	2	3
	重阳木	3～4	3～4	5～6	2	2	2
	梓树	3～4	3～4	5～6	2	2	2
	白玉兰	2～2.5	2～3	4～5	0.8	0.8	1
	紫叶李	1.5～2	1～2	3～4	0.8	0.4	2
	樱花	2～2.5	1～2	3～4	1	0.8	2
	鸡爪槭	1.5	1～2	4	0.8	1.5	2
	西府海棠	3	1～2	4	1.0	0.4	2
	大花紫薇	1.5～2	1～2	3～4	0.8	1.0	1
	石榴	1.5～2	1～2	3～4	0.8	0.4～0.5	2
	碧桃	1.5～2	1～2	3～4	0.1	0.4～0.5	1
	丝棉木	2.5	2	4	1.5	0.8～1	1
	垂枝榆	2.5	4	7	1.5	2.5～3	2
	龙爪槐	2.5	4	10	1.5	2.5～3	3
	毛刺槐	2.5	4	3	1.5	1.5～2	1

灌木类

类型		树种	树高 /m	苗龄 /a	蓬径 /m	主枝数 / 个	移植次数 / 次	主条长 /m	基径 /cm
常绿针叶灌木	匍匐型	爬地柏	—	4	0.6	3	2	1～1.5	1.5～2
		沙地柏	—	4	0.6	3	2	1～1.5	1.5～2
	丛生型	千头柏	0.8～1.0	5～6	0.5	—	1	—	—
		线柏	0.6～0.8	4～5	0.5	—	1	—	—
常绿阔叶灌木	丛生型	月桂	1～1.2	4～5	0.5	3	1～2	—	—
		海桐	0.8～1.0	4～5	0.8	3～5	1～2	—	—
		夹竹桃	1～1.5	2～3	0.5	3～5	1～2	—	—
		含笑	0.6～0.8	4～5	0.5	3～5	2	—	—
		米仔兰	0.6～0.8	5～6	0.6	3	2	—	—
		大叶黄杨	0.6～0.8	4～5	0.6	3	2	—	—
		锦熟黄杨	0.3～0.5	3～4	0.3	3	1	—	—
		云锦杜鹃	0.3～0.5	3～4	0.3	5～8	1～2	—	—
		十大功劳	0.3～0.5	3	0.3	3～5	1	—	—
		栀子花	0.3～0.5	2～3	0.3	3～5	1	—	—
		黄蝉	0.6～0.8	3～4	0.6	3～5	1	—	—
		南天竹	0.3～0.5	2～3	0.3	3	1	—	—
		九里香	0.6～0.8	4	0.6	3～5	1～2	—	—
		八角金盘	0.5～0.6	3～4	0.5	2	1	—	—
		枸骨	0.6～0.8	5	0.6	3～5	2	—	—
		丝兰	0.3～0.4	3～4	0.5	—	2	—	—
	单干型	高接大叶黄杨	2	—	3	3	2	—	3～4
落叶阔叶灌木	丛生型	榆叶梅	1.5	3～5	0.8	5	2	—	—
		珍珠梅	1.5	5	0.8	6	1	—	—
		黄刺玫	1.5～2.0	4～5	0.8～1.0	6～8	1	—	—
		玫瑰	0.8～1.0	4～5	0.5～0.6	5	1	—	—
		贴梗海棠	0.8～1.0	4～5	0.8～1.0	5	1	—	—
		木槿	1～1.5	2～3	0.5～0.6	5	1	—	—
		太平花	1.2～1.5	2～3	0.5～0.8	6	1	—	—
		红叶小檗	0.8～1.0	3～5	0.5	6	1	—	—
		棣棠	1～1.5	6	0.8	6	1	—	—
		紫荆	1～1.2	6～8	0.8～1.0	5	1	—	—
		锦带花	1.2～1.5	2～3	0.5～0.8	6	1	—	—
		腊梅	1.5～2.0	5～6	1～1.5	8	1	—	—
		溲疏	1.2	3～5	0.6	5	1	—	—
		金银木	1.5	3～5	0.8～1.0	5	1	—	—
		紫薇	1～1.5	3～5	0.8～1.0	5	1	—	—
		紫丁香	1.2～1.5	3	0.6	5	1	—	—
		木本绣球	0.8～1.0	4	0.6	5	1	—	—
		麻叶绣线菊	0.8～1.0	4	0.8～1.0	5	1	—	—
		猥实	0.8～1.0	3	0.8～1.0	7	1	—	—
	单干型	红花紫薇	1.5～2.0	3～5	0.8	5	1	—	3～4
		榆叶梅	1～1.5	5	0.8	5	1	—	3～4
		白丁香	1.5～2	3～5	0.8	5	1	—	3～4
		碧桃	1.5～2	4	0.8	5	1	—	3～4
	蔓生型	连翘	0.5～1	1～3	0.8	5	—	1.0～1.5	—
		迎春	0.4～1	1～2	0.5	5	—	0.6～0.8	—

藤木类

类型	树种	苗龄 /a	分枝数 / 支	主蔓茎 /cm	主蔓长 /m	移植次数 / 次
常绿藤木	金银花	3～4	3	0.3	1.0	1
	络石	3～4	3	0.3	1.0	1
	常春藤	3	3	0.3	1.0	1
	鸡血藤	3	2～3	1.0	1.5	1
	扶芳藤	3～4	3	1	1.0	1
	三角花	3～4	4～5	1	1～1.5	1
	木香	3	3	0.8	1.2	1
落叶藤木	猕猴桃	3	4～5	0.5	2～3	1
	南蛇藤	3	4～5	0.5	1	1
	紫藤	4	4～5	1	1.5	1
	爬山虎	1～2	3～4	0.5	2～2.5	1
	野蔷薇	1～3	3	1	1.0	1
	凌霄	3	4～5	0.8	1.5	1
	葡萄	3	4～5	1	2～3	1

竹类

类型	树种	苗龄 /a	母竹分枝数 / 支	竹鞭长 /m	竹鞭个数 / 个	竹鞭芽眼数 / 个
散生竹	紫竹	2～3	2～3	＞0.3	＞2	＞2
	毛竹	2～3	2～3	＞0.3	＞2	＞2
	方竹	2～3	2～3	＞0.3	＞2	＞2
	淡竹	2～3	2～3	＞0.3	＞2	＞2
丛生竹	佛肚竹	2～3	1～2	＞0.3	—	2
	凤凰竹	2～3	1～2	＞0.3	—	2
	粉箪竹	2～3	1～2	＞0.3	—	2
	撑蒿竹	2～3	1～2	＞0.3	—	2
	黄金间碧竹	3	2～3	＞0.3	—	2
混生竹	倭竹	2～3	2～3	＞0.3	—	＞1
	苦竹	2～3	2～3	＞0.3	—	＞1
	阔叶箬竹	2～3	2～3	＞0.3	—	＞1

棕榈类

类型	树种	树高 /m	灌高 /m	树龄 /a	茎基 /cm	冠径 /m	蓬径 /m	移植次数 / 次
乔木型	棕榈	6～0.8	—	7～8	6～8	1	—	2
	椰子	1.5～2	—	4～5	15～20	1	—	2
	王棕	1～2	—	5～6	6～10	1	—	2
	假槟榔	1～1.5	—	4～5	6～10	1	—	2
	长叶刺茎	0.8～1.0	—	4～6	6～8	1	—	2
	油棕	0.8～1.0	—	4～5	6～10	1	—	2
	蒲葵	0.6～0.8	—	8～10	10～12	1	—	2
	鱼尾葵	1.0～1.5	—	4～6	6～8	1	—	2
灌木型	棕竹	—	0.6～0.8	5～6	—	—	0.6	2
	散尾葵	—	0.8～1	4～6	—	—	0.8	2

附录7　练习题与参考答案

项目1　园林苗圃的区划与建设

一、名词解释

生产用地　辅助用地

二、填空题

1. 园林苗圃按使用年限分类，可分为 _____ 和 _____。

2. 园林苗圃按苗圃育苗种类分类，可分为 _____ 和 _____。

3. 降雨量较多的地区，黏重土壤易积水的圃地，或地势较低排水条件差的地区适于用 _____ 的播种育苗方式。

4. 苗圃辅助用地包括 _____、_____、_____ 和 _____ 等。

5. 苗圃生产用地可分为 _____、_____、_____ 和 _____ 等不同的生产区。

三、判断题

1. 坡度较大时，苗圃作业区的长边应与等高线垂直。（　　）

2. 一般情况下，苗圃作业区长边最好采用东西向。（　　）

四、简答题

简述园林苗圃用地选择考虑的条件。

参考答案

一、名词解释

生产用地：指直接用于培育苗木的土地。

辅助用地：又称非生产用地，是指苗圃的管理区建筑用地和苗圃道路、排灌系统、防护林带、晾晒场、积肥场及仓储建筑等占用的土地。

二、填空题

1. 固定苗圃　临时苗圃

2. 专类苗圃　综合性苗圃

3. 高床育苗

4. 道路系统　排灌系统　防护林带　管理区建筑用房

5. 播种繁殖区　营养繁殖区　苗木移植区　大苗区

三、判断题

1.（×）　2.（×）

四、简答题

简述园林苗圃用地选择考虑的条件。

一是经营管理方便，从以下几个方面说明：①交通条件；②人力条件；③电力条件；④销售条件；⑤周边环境条件；⑥技术力量；⑦苗圃面积等。

二是圃地自然条件与育苗树种特性相适应，从以下几个方面作答：①地形；②水源及地下水位；③土壤；④气象条件；⑤病虫害。

项目2 园林植物种实生产

一、名词解释

种实　发芽势　净种　标准含水量　种实调制　强迫休眠　自然休眠　安全含水量　种子寿命　生理后熟

二、填空题

1. 同一地区，同一树种，坡向不同，成熟期也有差异，阳坡的树木种子成熟 _____，阴坡树木种子成熟 _____。

2. 同一地区，同一树种，分布在低海拔处的树木种子成熟 _____，高海拔处成熟 _____。

3. 混合样品的数量，一般不少于送检样品的 _____ 倍。

4. 使抽取的样品具有充分的 _____，这是种子品质检验获得正确结果的首要条件。

5. 种实成熟后，除了颜色的变化外，还会出现 _____、_____、_____ 等味道上面的变化。

6. 干果类的种实包括 _____、_____、_____、_____4 类。

7. 影响种子活力的环境因素有 _____、_____ 和 _____。

三、判断题

1. 种子含水量越低，能贮藏的时间越长。（　）

2. 完全成熟的种子，不易贮藏。（　）

3. 用靛蓝染色法测定种子生活力时，种胚全染色的为无生活力的种子。（　）

4. 用四唑染色法测定种子生活力时，种胚全染色的为有生活力的种子。（　）

5. 悬铃木和国槐的果实成熟后，不立即脱落，采种时间可以延长。（　）

6. 天气影响种子的成熟和脱落，采摘已开裂的小粒种子时，晴天、气温高的天气条件更好。（　）

7. 层积催芽的方法与种子湿藏的方法不同。（　）

8. 寿命短、生命力强、种子含水量大，易丧失生活力的种子如杨、柳、君子兰等可随采随播。（　）

9. 采种母株的选择，应该在与育苗地环境差异大的地区进行。（　）

10. 杜仲、榆树的翅果在调制时应在阳光下晒干，然后去除杂物即可。（　）

四、简答题

1. 简述影响种子产量与质量的因素。

2. 简述影响种子寿命的因素。

3. 简述肉质果类种实的调制方法。

4. 简述种子贮藏的方法。

参考答案

一、名词解释

种实：在园林苗圃学中，通常将用于繁殖园林苗木的种子和果实统称为种实。

发芽势：是发芽种子数达到高峰时，正常发芽种子的总数与供检种子总数的百分比。

净种：净种是清除种子中的各种夹杂物，如种翅、鳞片、果皮、果柄、枝叶、空粒、土块及异类种子等。

标准含水量：种子干燥的程度，一般以种子能维持其生命活动所必需的水分为标准。这时的含水量称为种子的标准含水量（安全含水量）。

种实调制：种实调制是指种实采集后，为了获得纯净而质优的种实并使其达到适于贮藏或播种的程度所进行的一系列处理措施。

强迫休眠：是由于外界环境条件达不到种子萌发的要求而造成的种子休眠。当种子得到适宜的温度、水分、空气等条件时就能自动解除休眠，很快发芽。

自然休眠：指种子在休眠期即使在适宜种子萌发的条件，也不能萌发生长，必须经过一段时间的休眠，人工打破休眠后，才能萌发生长的现象。

安全含水量：既能保持种子活力，又能安全贮藏种子的含水量对保存种子最为有利。这时的种子含水量称为安全含水量（标准含水量）。

种子寿命：指种子从完全成熟到失去生命力的时间。不同植物的种子寿命长短不同，这与种子的种皮结构、含水量和营养成分的组成有关。根据种子寿命的长短，种子被分为短命种子、中命种子、长命种子三类。

生理后熟：有些植物的种子虽然在形态上已显现成熟的特征，但胚并未发育完全，还需要一段时间才能完成胚的发育，这种现象称为生理后熟。这类种子在完成了生理成熟后才能萌发。

二、填空题

1. 早 晚
2. 早 晚
3. 10
4. 代表性
5. 酸味下降 甜味增加 涩味消失
6. 蒴果 荚果 翅果 坚果
7. 空气相对湿度 温度 通气状况

三、判断题

1.（×） 2.（×） 3.（√） 4.（√） 5.（√） 6.（×） 7.（×） 8.（√） 9.（×） 10.（×）

四、简答题

1．简述影响种子产量与质量的因素。

内在因素：①树木的年龄；②母树的生长发育状况；③个体遗传上的差异性；④树木的开花与传粉习性。

外界因素：①气候和天气条件；②土壤条件；③生物因子。

2．简述影响种子寿命的因素。

影响种子生命力的内在因素：①种子内含物质；②种皮的保护作用；③种子含水率；④种子成熟度；⑤净度。

影响种子寿命的环境因子：①温度；②空气相对湿度；③通气条件；④生物因子。

3．简述肉质果类种实的调制方法。

提示，应从以下三方面思考回答：①种粒较小的肉质果。②种粒较大的肉质果。

③果肉不易分离的肉质果。

4. 简述种子贮藏的方法。

提示，应从以下三方面思考回答：①干藏法：普通干藏、低温干藏、密闭干藏。②湿藏法：坑藏、堆藏。③水藏。

项目 3 苗木的播种繁殖技术

一、填空题

1. 播种的方法包括 _____、_____ 和 _____。

2. 浸种和发芽的方法因水温不同而分为 _____、_____ 和 _____。

3. 一般把一年生播种苗的年生长周期分为 4 个时期：即 _____、_____、_____ 和 _____。

4. 降雨量较多的地区，黏重土壤易积水的圃地，或地势较低排水条件差的地区适于用 _____ 的播种育苗方式。

5. 一般在降雨量少，较干旱，雨季无积水的地区多用 _____ 的播种育苗方式。

6. 用条播方法进行播种繁殖时，苗行的方向应用 _____。

二、判断题

1. 旱金莲、瓜叶菊可以通过分期播种的方式，达到全年分批开花的目的。（　　）

2. 在南方多雨，或地势低、易积水地块播种时，适宜做高床以利于排水防涝。（　　）

3. 春播越早越好。（　　）

4. 核桃适合用撒播的播种方式。（　　）

三、简答题

1. 简述播种的技术要点。

2. 比较春播与秋播的特点。

参考答案

一、填空题

1. 撒播　条播　点播

2. 热水浸种　温水浸种　冷水浸种

3. 出苗期　幼苗期　速生期　苗木硬化期

4. 高床育苗

5. 低床

6. 南北向

二、判断题

1.（√）　2.（√）　3.（×）　4.（×）

三、简答题

1. 简述播种的技术要点：①划线；②开沟与播种；③覆土；④镇压。

2. 比较春插与秋播的特点。

春播的特点：①春季播种适合很多树种的特性，符合树木生长的自然规律；②春季播种土壤水分充足，土壤温度逐渐提高，种子发芽早，种子在土壤中的时间短，受害的机会少；

③可减少幼苗出土后遭受低温及霜冻的危害（与秋播比较）；④播种地不易板结，管理比秋播省工。春播的主要缺点是播种时间较短，田间作业紧迫，容易拖延播种期而降低苗木质量。

秋播一般多用于休眠期长的种子，如山桃、山杏、白蜡等。秋播的主要优点：①秋播工作时间长，便于安排劳力；②休眠期长的种子，冬季在苗圃地里完成了催芽过程，第二年春季发芽早，出苗整齐，出苗率高；③减少了种子的冬季贮藏及催芽工作。这在经济上有一定意义。秋播的主要缺点：①北方地区秋播，第二年春季土壤容易板结，或遭风蚀、土埋、圃地冻裂等自然危害，常常使场圃发芽率降低，出现严重缺苗现象。②秋播后种子在土壤中的时间长，鸟兽危害的机会多，第二年春季出苗早，幼苗容易遭受晚霜危害。

项目4　苗木的营养繁殖技术

任务1　扦插育苗

一、填空题

1. 插穗有两种生根方式，一种是______，另一种是______。
2. 影响插穗成活的内部因素有______、______、______、______。
3. 影响插穗成活的外部因素有______、______、______、______、______、______。
4. 常用的扦插基质有______、______、______、______、______等。
5. 常见由“皮部”直接生根的植物有______、______、______、______、______、______。
6. 常见由愈伤组织分化生根的植物有______、______等。
7. 根据插穗的木质化程度，枝（茎）插可分为______、______、______。
8. 硬枝扦插时，常用的生长素有______、______、______等。
9. 适宜用根插进行繁殖的植物有______、______、______、______、______等。
10. 适宜用叶插进行繁殖的植物有______、______、______、______等。

二、简答题

1. 夏天扦插木本植物，应采集什么样的枝条作插穗？
2. 秋天扦插木本植物，应采集什么样的枝条作插穗？
3. 菊花的老茎上有芽为什么用老茎扦插不生根？
4. 硬枝扦插时，为什么基质的温度应高于室温？
5. 有愈伤组织生根的植物插穗下剪口应切在节的下边，为什么？

参考答案

一、填空题

1. “皮部”直接生根　伤口处先长出少量愈伤组织，再由愈伤组织分化出根
2. 插穗植物的生物学特性　插穗的木质化程度　插穗的内源激素状况　插穗的养分积累
3. 温度　湿度　空气　光照　环境的清洁　外源激素的使用
4. 河沙　蛭石　珍珠岩　过筛后的炉渣　壤土
5. 柳树　富贵竹　玻璃翠　红瑞木　金银花　地棉
6. 月季　法桐

7. 嫩枝扦插 硬枝扦插 半嫩枝扦插

8. 萘乙酸（NAA） 吲哚乙酸（LAA） 吲哚丁酸（IBA）

9. 泡桐 臭椿 千头椿 香椿 洋槐 漆树

10. 豆瓣绿 大岩桐 八宝景天 秋海棠

二、简答题

1. 夏天扦插木本植物，应采集什么样的枝条做插穗？

答：①尽量采用一年生或两年生幼树上的枝条。②没有一至二年生的实生苗时，采中年苗木上当年发的枝条作插穗。③采用枝条上部作插穗。

2. 秋天扦插木本植物，应采集什么样的枝条做插穗？

答：①尽量采用一年生或两年生幼树上的枝条。②没有一至二年生的实生苗时，采中年苗木上当年发的枝条作插穗。③采用枝条下部作插穗。

3. 菊花的老茎上有芽为什么用老茎扦插不生根？

答：老茎代谢缓慢，生理活动减弱，细胞的脱分化和再分化能力减弱，甚至积累了一些次生物质，会抑制不定根或不定芽的形成。

4. 硬枝扦插时，为什么基质的温度应高于室温？

答：较低的气温（5～20℃）能减少插穗的蒸腾，避免消耗过多的营养；较高的气温（15～20℃）又能促使插穗尽快长出愈伤组织，分化出不定根。

5. 有愈伤组织生根的植物插穗下剪口应切在节的下边，为什么？

答：节处有居间分生组织，居间分生组织更容易形成愈伤组织，所以应切在节的下边，露出居间分生组织。

任务2～3 分株压条繁殖

一、填空题

1. 分株繁殖包括 _____、_____、_____ 和 _____。

2. 根据球根的来源和形态差异可分为 _____、_____、_____、_____ 和 _____ 五大类。

3. 有些具有块茎的花卉，由于不能分生小块茎，生产上常采用播种方法繁殖，如 _____ 和 _____。

4. 地面压条的4种方式是 _____、_____、_____ 和 _____。

5. 适合地面压条的常见植物有 _____、_____、_____、_____、_____、_____、_____、_____、_____、_____ 等。

6. 适合堆土压条的常见植物有 _____、_____、_____、_____。

7. 对一些不容易生根的植物进行压条繁殖时，埋土前应对埋土部分进行 _____、_____、_____、_____ 等处理。

8. 分根、分根蘖时应注意 _____；_____；_____。

二、判断题

1. 吊兰和虎耳草可以利用匍匐茎繁殖。（ ）

2. 所有百合科的植物都可以利用株芽繁殖。（ ）

3. 只有薯蓣科的植物才产生零余子，可以用来繁殖。（ ）

4. 植物的吸芽只在根部产生。（ ）

5. 荷花可以利用根状块茎繁殖，藕就是它的根状茎　(　　)

三、简答题

1. 观察周围的园林植物有哪些是可以分生繁殖的，并说明它们属于哪种分生方式。

2. 堆土压条，新生苗移植后应注意些什么？

3. 压条繁殖有哪些优越性？

4. 空中压条时，压条生根后应注意些什么？

5. 压条繁殖与扦插繁殖的不同点是什么？

6. 买来的水仙鳞茎常常是大球和小球连在一起，而小球往往不开花。为什么？怎样才能使小球开花？

7. 仔细观察野牛草草坪，如何在保证原有野牛草草坪不受伤害的条件下扩大野牛草的种植面积？

参考答案

一、填空题

1. 分根蘖繁殖　吸芽繁殖　匍匐茎繁殖　珠芽与零余子繁殖

2. 鳞茎　球茎　块茎　根茎　块根

3. 仙客来　大岩桐

4. 单点压条　水平压条　波状压条　堆土压条

5. 连翘　黄蝉　夹竹桃　葡萄　地棉　紫藤　黄刺梅　八仙花　棣棠　紫穗槐

6. 黄刺梅　八仙花　棣棠　紫穗槐

7. 折断　刻伤　环割　扭曲

8. 新植株要尽量多带一些根系　对植株进行根茎修剪，去除伤根、病根，对伤口要进行消毒　分株后要立即假植或栽种，种植后立即浇水，并遮荫养护一段时间

二、判断题

1.（√）　2.（×）　3.（×）　4.（×）　5.（√）

三、简答题

1. 观察周围的园林植物有哪些是可以分生繁殖的，并说明它们属于哪种分生方式。

答：棣棠——分根蘖繁殖；芦荟——吸芽繁殖；草莓——匍匐茎繁殖；卷丹——珠芽繁殖；百合——球根繁殖；吊金钱——零余子繁殖。

2. 堆土压条，新生苗移植后应注意些什么？

答：新生苗移植后，需要一段时间的遮阴养护或进行部分修剪，以减少蒸腾过强造成的失水萎蔫。

3. 压条繁殖有哪些优越性？

答：压条繁殖的优越性是操作简便，适应范围广，成活率高。不受时间、地点和规模的限制。有些空中压条甚至可以观察一年，能够详细观察和记录植株生根和枝条的生长过程；为科研和生产提供相关参数。

4. 空中压条时，压条生根后应注意些什么？

答：应积极地逐步切断压条与母体的联系。要在枝条生根后分4～6次锯断压条与母

体的联系部分；每次要把韧皮部和木质部同时锯断，以压条上部的叶不萎蔫为度。

5. 压条繁殖与扦插繁殖的不同点是什么?

答：从子体与母体的关系、所用的基质、繁殖时间、生产量的多少、外源激素的使用等方面进行考虑。

6. 买来的水仙鳞茎常常是大球和小球连在一起，而小球往往不开花。为什么？怎样才能使小球开花?

答：小球是当年生的鳞茎，还没有形成花芽，所以不开花。把小球继续种植积累养分，就可以开花了。

7. 仔细观察野牛草草坪，如何在保证原有野牛草草坪不受伤害的条件下扩大野牛草的种植面积?

答：野牛草草坪生长一段时间后会长出匍匐茎，把匍匐茎上的芽剪下来，种在平整好的土地上，过一段时间就会长成一片新的野牛草草坪。

任务4 嫁接育苗

一、填空题

1. 嫁接是根据育种目标，利用植物之间的 _____；将一种植物的 _____，接到另一种植物的 _____ 或 _____ 上；使它们愈合、生长在一起，形成一个完整新植株的技术。

2. 在嫁接中用来嫁接的枝或芽称为 _____，生产中俗称 _____；用来承接接穗的带根植株称为 _____。

3. 亲和力即嫁接后能互相结合，生长在一起的能力。一般情况下，砧木和接穗的亲缘关系越 _____，亲和力越强。亲和力强，嫁接成活率 _____；接口愈合 _____ 而 _____，寿命也 _____；嫁接成活后能正常生长、开花、结果。亲和力 _____，则嫁接成活较难。

4. 实生苗是指利用 _____ 繁殖所得到的苗木。

二、选择题

1. 关于嫁接前砧木选择错误的一项是 ( )

A. 砧木应为实生苗　　B. 砧木与接穗应该具有较强的亲和力

C. 砧木应比接穗发育速度快　　D. 砧木应该来源丰富，易于大量繁殖

2. 关于嫁接前接穗选择错误的一项是 ( )

A. 所选接穗的母株品种纯正，观赏价值或经济价值高，优良性状稳定

B. 母树任何部位的枝条都适合作为接穗

C. 所选枝条应无病虫害

D. 挑选健壮枝条作为接穗

3. 下列哪一项不是影响嫁接成活的因素 ( )

A. 砧木与接穗之间的亲和力　　B. 砧木与接穗的粗细

C. 空气湿度　　D. 氧气　　E. 空气温度

三、简答题

1. 如何检查枝接或芽接是否成活?

2. 嫁接成活后需要做哪些管理工作?

四、分析应用题

在腺果大叶蔷薇的引种过程中，将腺果大叶蔷薇嫁接在藤本月季（多特蒙德）上，

嫁接后当年成活，第二年开花，没有结果。在第二年夏季，在成活的腺果大叶蔷薇接口上方约10cm的地方将多特蒙德得枝条剪断。第三年嫁接苗开花并结果，但在6月份嫁接的腺果大叶蔷薇枝条突然干枯死亡，请你分析一下嫁接枝条死亡的原因。

参考答案

一、填空题

1. 亲和力　枝或芽　茎　根
2. 接穗　“码子”　砧木
3. 近　高　快　平滑整齐　长　弱
4. 播种

二、选择题

1.（C）　2.（B）　3.（B）

三、简答题

1. 如何检查枝接或芽接是否成活？

提示，枝接：一般在嫁接后20～30d检查成活情况。接穗上的芽新鲜饱满甚至已经萌动，即说明嫁接成活；如果接穗干枯、变黑或者腐烂，就说明嫁接失败。

芽接：在嫁接后7～14d检查成活情况。接芽上有叶柄，用手轻触叶柄，一触即落说明接穗已经成活；叶柄干枯不落则表明接穗死亡。对于接芽没有叶柄的：解除绑缚物检查，如果接芽新鲜，已经产生愈伤组织，表明嫁接成活，要把绑缚物重新扎好，如果芽片干枯变黑，表明接芽已经死亡。

2. 嫁接成活后需要做哪些管理工作？

需要做的工作：①检查成活率；②解除绑缚物；③减砧去萌；④立支柱扶持；⑤田间管理。

四、应用分析题

提示，从影响嫁接成活的因素、嫁接后的管理方面去分析。

项目5　大苗培育技术

一、填空题

1. 苗木移植最适宜的季节是在_____。
2. 苗木移植成活的基本原理是如何维持地上部与地下部的_____。
3. 将苗木地上部在距地面2～5cm截断，重新培养干形的整形修剪的方法称为_____。

二、简答题

1. 苗木移植有什么意义？
2. 苗木整形修剪有哪些意义？

参考答案

一、填空题

1. 休眠期
2. 水分和营养物质供给的平衡

3. 截干

二、简答题

1. 苗木移植有什么意义?

移植是把苗木从原来的育苗地起出来，移栽到另一块育苗地，继续培育。这一环节是培育大苗的重要措施。

2. 苗木整形修剪有哪些意义?

(1)通过整形修剪可培养出理想的主干、丰满的侧枝，使树体圆满、匀称、紧凑，从而培养出优美的树形。

(2)整形修剪能改善苗木的光照和通风条件，减少病虫害，使苗木生长健壮。

(3)整形修剪是人工矮化的措施之一。园林中有些观赏植物，需要通过重修剪并结合一些其他措施，使之矮化，放入室内、花坛等处发挥其观赏作用。

项目6　园林苗圃栽培管理

一、填空题

1. 为了给种子发芽、幼苗出土创造良好的条件，提高场圃发芽率，播种前的整地应做到：_____ 和 _____。

2. 除草剂按使用方法分类，可分为 _____ 和 _____；按除草剂在植物体内的移动性分类，可分为 _____ 和 _____。

3. 追肥方法有 _____、_____ 和 _____。

4. 除草剂按作用方式分类，可分为 _____ 和 _____；按化学结构分类，可分为 _____ 和 _____。

二、判断题

1. 耕地深度越深效果越好。 (　　)

2. 氮肥与磷肥同时施肥效果最好，比单施氮肥或磷肥的效果好得多。 (　　)

3. 触杀型除草剂接触到植物体任何一处后，就能使整株植物受害或死亡。 (　　)

4. 除草剂不能与肥料混用。 (　　)

三、简答题

1. 简述土壤耕作的作用。

2. 简述除草剂的选择性原理。

3. 简述施肥的必要性。

参考答案

一、填空题

1. 细致平坦　上塇下实

2. 土壤处理剂　茎叶处理剂　触杀型除草剂　传导型(内吸型)除草剂

3. 沟施法　撒施法　浇施法

4. 选择性除草剂　灭生性除草剂　无机除草剂　有机除草剂

二、判断题

1. (×)　2. (√)　3. (×)　4. (×)

三、简答题

1. 简述土壤耕作的作用。

（1）土壤耕作可以提高土壤的保水能力和渗透作用。

（2）耕作能改善土壤的温热条件。

（3）土壤耕作能提高土壤的通气性能，便于气体交换，使土壤中的二氧化碳和其他有害气体能及时排出（硫化物、氢氧化物对苗木有害），有利于根系呼吸和生长。

（4）在北方地区，秋耕后，土壤垡片经过冬季冻、晒，能促进土壤风化和释放养分。

（5）土壤耕作能使肥料在耕作层均匀分布，并翻土覆盖肥料，可以提高肥效。

（6）合理的土壤耕作，结合施有机肥，能促进团粒结构的形成。

（7）通过耕作，能消灭杂草和病虫害。

（8）对于盐碱地，土壤耕作能防止盐碱上升。

2. 简述除草剂的选择性原理。

除草剂进入植物体后所以能引起杂草死亡，其作用机制是干扰和破坏了植物体正常的生理生化活动，包括生理上的选择性、形态上的选择性、时差选择性、位差选择性。

3. 简述施肥的必要性。

苗圃施肥之所以是必要的，主要有以下两方面原因：①苗木消耗很多土壤中的 氮、磷、钾。②苗木收获时，要求连主要根系一起从土壤中挖出，还常常带土起苗。因此，育苗后的圃地，土壤养分消耗很多，但给土壤留下的有机质太少。

项目7 苗木质量评价与出圃

一、填空题

1. 苗木出圃前的调查方法有 _____ 和 _____。

2. 五年生黄刺玫移植苗，经过2次移植，再次移植后栽植2年，它的苗龄表示方法是：黄刺玫 _____。

3. 人工起苗分为 _____ 和 _____ 两种。

4. 全面评价苗木质量，要用 _____ 和 _____ 来衡量。

5. 两年生刺槐留床苗的苗龄表示方法是：刺槐 _____。

二、判断题

1. 苗木的茎根比值较小，苗木质量越高。（　）

2. 所有苗木连作都会使苗木质量和产量下降。（　）

三、简答题

1. 简述壮苗的条件。

2. 简述苗木假植的作用及方法。

参 考 答 案

一、填空题

1. 标准行法　标准地法

2. (1-2-2)

3. 裸根起苗　带土起苗

4. 形态指标　生理指标

5. （2-0）

二、判断题

1. （×）　2. （×）

三、简答题

1. 简述壮苗的条件。

从形态上讲，壮苗应具备下列条件：①根系发达，侧根和须根多，主根短而直。根系有一定长度。②苗干粗而直，上下均匀，有一定高度。③苗木的茎根比值较小，而重量大。④无病虫害和机械损伤。⑤对萌芽力弱的针叶树种，要有发育正常而饱满的顶芽。

在此应说明一点，评价苗木质量，只从形态指标衡量是不全面的。形态指标好，不一定能成活。还应从生理指标考虑。

2. 简述苗木假植的作用及方法。

假植的目的主要是防止根系干燥，保证苗木质量。

假植的方法，选择排水良好，背风的地方，挖一条与主风向方向垂直的沟。

沟的规格因苗木大小而异。播种苗一般深、宽各30～40cm，迎风面的沟壁做成45°的斜壁。

临时假植将苗木在斜壁上成捆排列，然后培土。长期假植把苗木单株排列在斜壁上，然后把苗木的根系和苗干的下部用湿润土壤埋上，压实覆土，使根系和土壤密接。

假植沟的土壤如果干燥时，假植后应适量浇水，但切忌过多。浇水过多如遇高温会使苗根腐烂。北方地区在风沙危害严重的地方，可在迎风面设防风障，苗梢可用秸秆覆盖，以防冻害。

项目8　设施育苗技术

一、名词解释

细胞全能性　植物组织培养　脱分化　再分化　容器育苗

二、填空题

1. 植物快速繁殖的步骤包括 _____、_____、_____、_____。

2. 植物组织培养所需要的实验室包括 _____、_____、_____。

3. 高压灭菌锅是组织培养最基本的设备之一。当水沸腾后，应该让锅内温度保持在 _____，并且维持 _____min。

4. 植物组织培养成功的关键是培养基的选择。MS培养基是常用培养基，其主要成分包括 _____、_____、_____、_____ 和 _____。其特点是 _____、_____。除MS培养基以外，还有 _____、_____、_____ 培养基等。

5. 培养基中无机化合物的主要生理作用有 _____、_____、______、_____。

6. 生长素在配制时需使用 _____ 助溶；细胞分裂素需使用 _____ 助溶；赤霉素需使用 _____ 助溶。

7. 选择外植体时应根据 _____ 选择、_____ 选择、_____ 选择。

8. 花粉（药）培养在育种方面的应用有 _____、_____ 和 _____。

9. 激素浓度之间的关系是影响植物愈伤组织形成的关键因素，研究表明：生长素：细胞分裂素 _____1时，有利于愈伤组织的形成；比值 _____1，有利于根的形成；比值

_____1，有利于芽的形成。

10．叶培养的方式有两种，分别是 _____ 和 _____。影响叶培养成功的因素有 _____、_____。

11．无土种植的浸液方法有两种：_____ 和 _____。

12．目前容器育苗采用的育苗容器基本有两种类型，一种是 _____，一种是 _____。

13．无土栽培的基质的作用是 _____，其次是最大限度地得到 _____。

三、简答题

1．简述 MS 培养基的配制过程。

2．简述无菌接种操作步骤和注意事项。

3．容器育苗中营养土应具备哪些条件？

参考答案

一、名词解释

细胞全能性：植物体的每个细胞都具有该种的全部遗传信息，所以每一细胞也都具有发育成完整植株的潜在能力。

植物组织培养：是利用细胞全能性原理，通过无菌操作，分离植物的一部分包括器官、组织、细胞甚至原生质体，接种于适当的培养基中，在人工控制的条件下进行培养，以形成完整植株或生产具有经济价值的其他生物产品的一种技术。

脱分化：指已分化的植物细胞或组织重新回到分生组织状态，并形成未分化的愈伤组织的过程。

再分化：指通过“脱分化”后的细胞或组织再由分生组织状态重新发生器官分化的过程。

容器育苗：容器育苗就是利用各种容器装入各种营养基质培育苗木，所培育出的苗称为容器苗。

二、填空题

1．无菌苗的建立　无菌苗的增殖　无菌苗的生根　无菌苗的移植

2．化学实验室　接种室　培养室

3．121℃　15～20

4．大量元素　微量元素　有机附加物　铁盐　生长调节剂　无机盐浓度高　能满足植物生长对矿物质的需要　White　N6　B5

5．组成各种化合物，构成有机体结构　参与新陈代谢　维持离子浓度平衡　影响植物形态发生和组织器官的形成

6．95% 乙醇　盐酸　乙醇

7．植物体生长阶段和年龄　根据母体植株的配置　根据取材时间和季节

8．易获得纯合二倍体、缩短育种年限　有利于远源杂交新类型的培育和稳定　与诱变育种技术相结合，可提高诱变率

9．$=$　$>$　$<$

10．直接诱导不定芽的形成　先诱导愈伤组织，再分化形成植株　外植体的选择　激素种类和浓度

11. 间断浸液法　长期浸液法
12. 连苗定植容器　回收容器
13. 固定植物　通气

三、简答题

1. 简述 MS 培养基的配置过程。

答：按要求添加大量元素、微量元素、有机附加物、铁盐和生长调节物质→溶化琼脂和糖→将配好的培养基母液和溶化的琼脂混合，并定容至一定体积→用 pH 试纸测试溶液的 pH 值→分装→灭菌→冷却备用。

2. 简述无菌接种操作步骤和注意事项。

答：无菌室灭菌→肥皂洗手，去掉手上的污物→用 70% 乙醇擦拭双手和工作台面→操作中必须在酒精灯周围进行，所有工具必须用火焰烧烤→操作时，瓶口应保持倾斜→操作完毕，瓶口应在火焰上灼烧 1～2s，然后用封口膜盖住瓶口。

3. 容器育苗中营养土应具备哪些条件？

答：①经多次灌溉，不易出现板结现象；②不论水分多少，体积保持不变；③保水性能良好，通气性好；④不带草种、害虫和病原体；⑤重量要轻，便于搬运；⑥含盐量低；⑦用土要经过火烧或高温熏蒸消毒，消灭病虫害和杂草种子。

项目 9　园林苗圃的经营管理

一、填空题

1. 园林苗圃指标管理一般归纳为 ______、______、______、______。
2. 园林苗圃指标管理的“二新”是指 ______ 和 ______。
3. 园林苗圃指标管理的“三率”是指 ______、______、______。
4. 园林苗圃指标管理的“四量”是指 ______、______、______、______。
5. 园林苗木产品定价方法有 ______、______、______。
6. 园林苗木促销策略主要有 ______、______、______。

二、简答题

1. 园林苗圃产品结构确定的依据是什么？
2. 园林苗圃年度生产计划制订的内容有哪些？
3. 苗圃技术档案的内容有哪些？
4. 如何做好园林苗圃质量管理？
5. 园林苗圃市场风险的规避策略有哪些？

参考答案

一、填空题

1. 一优　二新　三率　四量
2. 新优品种　新技术工艺
3. 繁殖苗的成品率　移植苗的成活率　养护苗的保存率
4. 苗木出圃量　苗木繁殖量　苗木生长量　苗木在圃量
5. 成本附加定价法　成本加成定价法　通行价格定价法

6．人员推销　广告宣传　苗木展销

二、简答题

1．园林苗圃产品结构确定的依据是什么？

答：①繁殖计划；②移植计划；③销售出圃计划。

2．园林苗圃年度生产计划制订的内容有哪些？

答：①全年及阶段性用工、用料计划；②苗圃的科研计划；③外引苗木计划。

3．苗圃技术档案的内容有哪些？

答：①苗圃土地利用档案；②育苗技术措施档案；③气象观测档案；④苗木生长调查档案；⑤苗圃作业日志。

4．如何做好园林苗圃质量管理？

答：①编制质量体系文件；②做好质量管理的计量工作；③做好质量信息工作；④建立质量责任制；⑤开展质量教育，加强技术培训。

5．园林苗圃市场风险的规避策略有哪些？

答：①风险适应策略；②风险抑制策略；③风险分散策略；④风险回避策略。